백두산의
버섯도감

Mushrooms of Mt. Baekdu (vol.1)

지은이 _ 조덕현

- 경희대학교(학사)
- 고려대학교 대학원(석 · 박사)
- 영국 Reading대학교 식물학과
- 일본 鹿兒島대학 농학부
- 일본 大分버섯연구소에서 연구

- 광주보건대학교 교수
- 우석대학교 교수
- 한국자원식물학회 회장
- 현) 경희대학교 자연사박물관 객원교수
  한국자연환경보전협회 명예회장
  한국과학기술 앰배서더

- 저서

『한국의 식용 독버섯도감』, 『한국의 버섯』, 『암에 도전하는 동충하초』, 『버섯』, 『원색한국버섯도감』, 『푸른아이 버섯』, 『제주도버섯』, 『자연을 보는 눈 "버섯"』, 『한국의 버섯도감 I』, 『버섯과 함께한 40년』 외 다수, 논문 「백두산의 균류상」 외 200여 편

백두산의 버섯도감 ①

초판인쇄	2014년 11월 21일
초판발행	2014년 11월 21일

지은이	조덕현
펴낸이	채종준
기 획	조현수
편 집	박선경
디자인	박능원 · 이효은

펴낸곳	한국학술정보(주)
주 소	경기도 파주시 회동길 230 (문발동)
전 화	031) 908-3181(대표)
팩 스	031) 908-3189
홈페이지	http://ebook.kstudy.com
E-mail	출판사업부 publish@kstudy.com
등 록	제일산-115호(2000.6.19)

I S B N	978-89-268-5303-0 93520
	978-89-268-5301-6 (전2권)

Mushrooms of Mt. Baekdu Vol. 1

Edidered by Duck-Hyun Cho

© All rights reserved Fitst edition, Nov. 2014.

Published by KSI Co., Ltd., Seoul, Korea.

백두산의 버섯도감

Mushrooms of Mt. Baekdu (vol.1)

조덕현 지음

협력연구자 **왕바이**(王栢)_중국길림장백산국가급자연보호구관리연구소
(中國吉林長白山國家及自然保護區管理局研究所)
김수철(金洙哲)_중국연변대학농학원(中國延邊大學農學院)
정재연_버섯 전문큐레이터
박성식_(전) 마산 성지여자고등학교

| 머리말

한국 사람으로 처음 백두산의 원시림에서 버섯을 채집, 연구하여 『백두산의 버섯도감』을 출간하게 되었다. 언젠가는 백두산의 화산이 폭발할 것으로 예견하므로 이 도감은 한국은 물론 중국에도 둘도 없는 중요한 자료가 될 것이라 확신한다. 이 도감이 담고 있는 백두산의 원시림에서의 생물다양성 연구는 처음이자 마지막이 될 것이다. 앞으로 백두산의 균류는 물론 다른 자연자원을 채집하는 것은 불가능하다. 물론 통일이 된다면 백두산의 버섯 연구는 가능하게 될 것이다. 현재는 중국의 생물다양성 보호정책이 강화되어 외국인이 광물 및 생물자원을 수집하는 것을 엄격히 금하고 있다. 이것은 세계적인 추세로 각 나라마다 자국의 자연자원 누출을 막기 때문에 백두산의 버섯 연구도 이것이 마지막이 될 것이다.

세계는 자원 확보를 위해서 소리 없는 전쟁을 하고 있다. 백두산의 생물자원에 대해서 너무나 소극적이며 정보가 미흡한 현실이다. 물론 정치적 현실 문제로 남북한이 학문적 교류가 없는 탓이다. 생물다양성 정보란 중국의 문헌, 아니면 오래 전의 것들이 대부분이다. 그것도 주로 동식물이 전부다. 백두산의 균류다양성에 관한 정보는 중국에서도 아주 미미한 현실이다. 오늘날 생물다양성에서 새롭게 대두되는 균류 자원의 정보는 거의 전무한 상태다. 백두산의 새로운 균류 자원을 연구하기 위해서 선진국의 많은 학자들이 최근에 와서 채집하여 갔다고 한다.

필자는 중국연변대학농학원의 김수철 교수, 길림장백산국가급자연보호구관리연구소의 왕바이(王柏) 학자, 버섯 전문 큐레이터 정재연, 전 마산 성지여자고등학교의 박성식 선생과 공동으로 백두산 일대의 원시림에서 10여 년에 걸쳐 균류를 채집하여 분류, 동정하였다. 수집된 많은 표본과 사진, 기록물을 토대로 백두산의 버섯도감을 집필하게 되었다.

이 도감은 앞으로 통일이 되었을 때를 대비하여 남북한의 균류다양성 연구에 기초 자료를 제공하고 산업발전에 유용하게 이용될 것이다. 기회가 된다면 백두산에서 남북한 공동조사가 이루어지기를 기원한다.

지금까지 균류 연구에 끊임없는 격려를 하여 주시는 학술원의 이영록 회원, 전 전주교육대학 총장 이지열 박사께 다시 한번 감사드린다. 경제적 어려움에도 본 도감을 출간하여 주신 (주)한국학술정보 채종준 사장님과 직원들에게도 감사드린다.

2014. 8.

조덕현

| 일러두기

· 사진은 조덕현, 왕바이가 주로 찍었고 일부는 박성식이 찍었다. 버섯의 기재는『長白山傘菌圖
  志』와 참고문헌을 이용하였다.

· 학명은 Indexfungorum.org(2013)의 것을 따랐고 과거의 학명도 병기하였다.

· 한국의 보통명은『한국 기록종 버섯의 총정리』를 준용하였으며 적절치 못한 보통명은 개칭하
  였다.

· 한국보통명은 국제명명규약에 따라 출판권의 우선을 택하였으며 미기록 속, 종, 개칭 등은 편
  집상 생략하였다.

· 학명은 편의상 이태릭체로 하지 않고 고딕체로 표기하였다.

· 기본종의 변종, 형태종(품종)이 기본종으로 통일된 것은 모양, 색깔 등이 다르지만 동일종이
  되었다.

차 례

담자균문 Basidiomycota

주름균아문 Agaricomycotina

주름균강 Agaricomycetes

담자균문
BASIDIOMYCOTA
∨
주름균아문
AGARICOMYCOTINA
∨
주름균강
AGARICOMYCETES
∨

주름버섯목

Agaricales

등색주름버섯

Agaricus abruptibulbus Peck

형태 균모의 지름은 5~11cm로 처음에는 난형에서 둥근산모양을 거쳐서 편평형이 된다. 표면은 비단 같은 광택이 있으며 흰색-연한 황색이다. 손으로 강하게 만지면 탁한 황색의 얼룩이 진다. 살은 흰색이고 자루의 살은 공기에 접촉하면 약간 황색을 띤다. 주름살은 자루에 대하여 떨어진주름살(remote)로 백색에서 홍색으로 되었다가 자갈색으로 되며 폭이 넓고 촘촘하다. 자루의 길이는 9~13cm, 굵기는 1~1.5cm로 백색에서 연한 피부색을 띤다. 밑동이 급격히 부풀어져 있고 표면은 약간 솜 같은 미세한 인편이 있다. 턱받이는 위쪽에 있고 흰색에서 연한 황색으로 되며 대형의 막질이며 아래쪽에는 솜찌꺼기모양의 부속물이 있다. 자루의 속은 비어 있다. 포자의 크기는 6.5~7.5×3.5~5μm로 타원형이며 표면은 매끈하고 암갈색이다.

생태 여름~가을 / 활엽수림, 침엽수·활엽수의 혼효림, 죽림 등의 낙엽이 많은 땅에 군생

분포 한국(백두산), 중국, 일본, 유럽, 북아메리카

키다리주름버섯

Agaricus annae Pilát

형태 균모의 지름은 7~9cm로 어릴 때 원추형에서 원추상의 종모양으로 되었다가 편평해지며 중앙은 낮은 둥근형으로 된다. 표면에 섬유상 인편이 있으며 중앙은 황토색이고 그 외는 황토색 섬유질로 비단 같은 백색이지만 나중에 퇴색한다. 주름살은 자루에 대하여 끝붙은주름살이고 적색을 가진 살색-핑크색이다. 가장자리는 연한 핑크색이다. 살은 어릴 때는 상처 시 적색으로 변색하나 오래 계속되지 않으며 냄새는 약간 난다. 자루의 길이는 10~16cm, 굵기는 1~1.5cm로 길고 가늘며 가끔 위쪽으로 구부러지고 기부는 부풀지 않고 땅에 단단히 고정한다. 어릴 때는 턱받이 아래로 섬유상 인편이 있고 나중에 밋밋해지며 표면은 상처 시 적색으로 물든다. 턱받이는 아래로 늘어지고 얇으며 쉽게 탈락한다. 포자는 7.5~9.5×4.5~5.5μm로 타원형이며 비교적 큰 편이다. 낭상체가 많이 있다.

생태 여름~가을 / 숲속의 땅에 군생

분포 한국(백두산), 중국, 유럽(이탈리아)

흰주름버섯

Agaricus arvensis Schaeff.

형태 균모의 지름은 8~20cm로 난형에서 둥근산모양을 거쳐 편평형으로 된다. 표면은 크림백색에서 연한 황색이 되지만 손으로 만진 부분은 황색으로 변색한다. 가장자리는 흔히 외피막의 파편이 붙어 있다. 살은 두껍고 흰색이지만 약간 황색을 띤다. 주름살은 자루에 대하여 떨어진주름살이고 백색에서 회색을 띤 홍색으로 되었다가 나중에 흑갈색으로 된다. 폭이 넓고 빽빽하다. 자루의 길이는 5~20cm, 굵기는 1~3cm로 백색과 크림백색을 띤다. 표면은 어릴 때는 밋밋하지만 오래되면 다소 섬유상의 인편이 생기며 밑동이 약간 부풀어 있다. 손으로 만지면 황색을 띤다. 턱받이는 백색 막질로 위쪽에 있고 아래쪽에는 방사상으로 찢어진 부스럼 모양의 부속물이 있다. 자루의 속은 비어 있다. 포자의 크기는 6.3~7.7×4.4~5.3μm로 타원형, 표면은 매끈하며 암갈색으로 포자막은 두껍다. 포자문은 암자갈색이다.

생태 여름~가을 / 풀밭, 숲의 가장자리, 죽림, 숲속의 땅에 군생

분포 한국(백두산), 중국, 일본, 유럽, 북아메리카, 전 세계

참고 식용, 흔한 종

실비듬주름버섯

Agaricus augustus Fr.

형태 균모의 지름은 10~20cm로 둔한 난형에서 둥근산모양으로 되었다가 차차 편평해진다. 황갈색의 바탕색에 밤갈색의 섬유상 인편이 피복하는 데 중앙에 밀집한다. 가장자리는 방사상으로 인편이 산재된다. 살은 두껍고 백색에서 붉은 백색으로 되고 버섯의 맛과 냄새가 강한 아몬드의 쓴맛이 있다. 주름살은 자루에 대하여 끝붙은주름살로 밀생하며 백색에서 갈색으로 된다. 자루의 길이 10~20cm, 굵기 2~4cm, 유백색에서 황백색으로 되며 작은 인편이 부착하며 인편은 연한 갈색으로 된다. 위쪽에 백색의 막질의 큰 턱받이가 늘어져 있고 턱받이는 오래되면 갈색으로 변색하며 상처 시 황색으로 변색한다. 자루의 속은 차 있고 기부는 때때로 부푼다. 포자의 크기는 7~10×4.5~5.5μm로 타원형이며 표면은 매끈하고 황색의 암갈색으로 포자막은 두껍다. 포자문은 자갈색이다.

생태 여름~가을 / 숲속의 땅에 단생 · 군생

분포 한국(백두산), 중국, 유럽

참고 맛 좋은 식용균

꼬마주름버섯

Agaricus diminutivus Peck

형태 균모의 지름은 1~4cm로 둥근산모양 또는 원추상의 둥근산모양에서 편평하게 되며 중앙이 약간 돌출되거나 편평하다. 표면은 건조하고 백색, 표면에 압착된 적갈색-흑갈색의 비단결 같은 인편이 덮여 있다. 살은 유백색이며 변색하지 않는다. 주름살은 자루에 대하여 떨어진주름살로 백색에서 복숭아색 또는 갈색을 띠고 나중에 암갈색으로 되며 밀생한다. 자루의 길이 3~5cm, 굵기 3~7mm로 위쪽으로 가늘고 기부는 약간 부푼다. 표면은 백색 혹은 황색이며 오래되거나 상처를 입으면 갈색으로 된다. 털은 없거나 표층에서 생긴 비단 같은 솜털이 있다. 자루의 속은 차 있다. 포자의 크기는 6.5~7×4.5~5.5μm로 타원형-난형이며 표면은 매끈하고 갈색이며 포자벽은 두껍다.

생태 가을 / 숲속의 낙엽, 나무 밑에 군생

분포 중국(백두산) 한국, 일본, 북아메리카

양송이버섯

Agaricus bisporus (Lange) Imbach

형태 균모의 지름은 5~12cm로 구형에서 차차 편평하게 된다. 표면은 회갈색 또는 백색이며 매끄럽고 비늘 조각이 있기도 하며 상처를 입으면 적갈색의 얼룩이 생긴다. 가장자리는 오랫동안 아래로 말린다. 살은 백색에서 연한 홍색으로 된다. 주름살은 자루에 대하여 끝붙은주름살로 폭이 넓고 밀생하며 백색에서 갈색으로 되었다가 흑갈색으로 된다. 자루의 길이는 4~8cm이고 굵기는 1~3cm로 속이 차 있으며 기부가 굵으나 오래되면 상하가 같은 굵기로 되며 백색이다. 턱받이는 백색의 막질이다. 포자의 크기는 6.5~9×4.5~7μm로 광타원형, 표면은 매끈하고 회갈색이고 벽은 두껍다. 담자기는 20~25×7.5~8.5μm로 2-포자성이다. 기부에 꺽쇠가 있다.

생태 여름 / 풀밭에 군생

분포 한국(백두산), 중국, 일본, 유럽, 북아메리카, 전 세계, 자연생은 북반구 온대

참고 세계에서 널리 재배되는 식용균으로 품종이 많고 연중 재배

자색주름버섯

Agaricus porphyrizon P. D. Orton

형태 균모의 지름은 5~8cm로 반구형에서 둥근산모양을 거쳐 편 평하게 된다. 때때로 중앙이 울퉁불퉁하다. 표면은 칙칙한 구릿 빛 적색에서 핑크갈색으로 되며 방사상의 섬유실이 눌려서 섬유 실의 인편으로 되며 나중에 점차 연한 핑크색을 거쳐 백색으로 되 지만 중앙은 구릿빛 갈색이지만 표피의 밑은 백색이다. 가장자리 는 갈라져서 섬유실의 인편처럼 되며 오랫동안 아래로 말리며 나 중에 막질의 톱니상으로 된다. 살은 백색이나 상처 시 약간 노란 색으로 되고 두꺼우며 아몬드 같은 맛으로 온화하다. 자루의 살은 상처 시 노란색으로 된다. 주름살은 자루에 대하여 끝붙은주름살 로 백색에서 회색-핑크색을 거쳐 흑자색으로 되며 폭은 넓다. 변 두리는 톱니상이다. 자루의 길이는 5~8cm, 굵기 5~10mm, 원통 형이며 단단하고 속은 차 있다가 빈다. 표면은 턱받이 위는 백색, 그 외는 때때로 핑크색을 띠며 세로줄의 섬유실이 있으며 때로는 약간 세로줄의 홈선이다. 자루는 상처 시 기부 쪽으로 노란색으로 된다. 턱받이는 아래로 축 늘어진 형이고 때때로 갈라지고 찢어진 다. 포자의 크기는 5.5~6×3.5~4.5μm이고 타원형, 표면은 매끈하 고 검은 갈색이며 벽은 두껍다. 담자기는 18~25×6~7.5μm로 막대 형이며 4-포자성이다. 기부에 꺾쇠가 없다.

생태 여름~가을 / 숲속의 땅에 단생·군생

분포 한국(백두산), 중국, 유럽, 북아메리카 해안

참고 희귀종

광양주름버섯

Agaricus dulcidulus Schulzer
A. purpurellus (Møller) Møller

형태 균모의 지름은 1.5~4.5cm로 처음에는 난형에서 둥근산모양을 거쳐 편평형이 되며 중앙은 약간 돌출된다. 표면은 거의 흰색 바탕에 적자색-적갈색의 섬유상 또는 미세한 인편이 피복되어 있고 중앙에 밀집된다. 살은 흰색이나 대부분 나중에 황색을 띤다. 주름살은 자루에 대하여 떨어진주름살로 흰색에서 살색으로 되었다가 회갈색이 되며 촘촘하다. 자루의 길이는 3.5~6cm, 굵기는 3~6mm로 아래쪽으로 굵어지고 밑동은 때에 따라 약간 구근상이다. 표면은 작은 막질의 턱받이가 있고 그 아래쪽은 솜 같은 미세한 인편이 덮여 있지만 그 외는 밋밋하다. 처음에는 흰색이나 손으로 만지면 황색-오렌지갈색으로 변색한다. 포자의 크기는 4~7.5×2.5~3.5μm로 타원형, 표면은 매끈하다.

생태 여름~가을 / 주로 침엽수림의 땅에 군생

분포 한국(백두산), 중국, 일본, 유럽

참고 식용가치 없다.

숲주름버섯

Agaricus silvaticus Schaeff.

형태 균모의 지름은 5~10cm로 반구형에서 둥근산모양으로 된다. 표면은 백색의 바탕에 황토색-갈색의 섬유상으로 미세하게 갈라져 생긴 섬유상 인편이 압착되어 덮여 있다. 연한 적갈색의 얼룩을 이루고 가장자리로 방사상의 비늘이 있으며 밋밋해진다. 살은 백색이나 자르면 적색으로 변색한다. 주름살은 자루에 대하여 끝붙은주름살이며 분홍색에서 흑갈색으로 된다. 자루의 길이는 5~8cm이고 굵기는 1~1.2cm로 백색이며 하부는 굵은 비늘로 덮이고 속은 비어 있다. 턱받이는 상부에 있고 갈색이며 턱받이는 위쪽은 줄무늬선이 있고 그 아래에는 솜털이 있다. 포자의 크기는 4.5~5.5×3~4μm로 타원형이며 자갈색이고 표면은 매끄럽다.
생태 여름~가을 / 침엽수림 속의 낙엽층의 땅에 군생
분포 한국(백두산), 중국, 일본, 유럽, 북아메리카

담황색주름버섯

Agaricus silvicola (Vitt.) Sacc.

형태 균모의 지름은 5~12.5cm, 반구형에서 차차 편평하게 되며 중앙은 약간 돌출한다. 표면은 마르고 매끈하며 유백색, 회백색 또는 연한 황색이고 중앙은 가끔 다갈색이다. 섬유상의 털이 압착 되어 붙어 있으며 상처를 받으면 황색으로 된다. 가장자리는 처음에 아래로 감기고 드문드문 피막의 잔편이 붙어 있다. 살은 약간 두꺼우며 백색인데 상처를 받으면 황색으로 되며 맛은 온화하다. 주름살은 자루에 대하여 떨어진주름살로 밀생하며 폭이 좁고 길이가 같지 않으며 처음은 백색에서 연분홍색으로 되었다가 갈색을 거쳐 자갈색으로 된다. 자루의 길이는 6~12cm, 굵기는 0.6~1.2cm로 위쪽으로 가늘어지며 기부는 구경상으로 부풀고 백색에서 황갈색으로 되며 상처를 받으면 황색으로 된다. 턱받이는 상위이고 막질로 상면은 백색이고 하면은 솜털모양으로 대형이고 탈락하기 쉽다. 포자의 크기는 6.5~7×3.5~4μm로 타원형이며 자갈색이고 표면은 매끄러우며 4-포자성이다. 연낭상체는 난형 또는 서양배모양이고 폭은 15~20μm이다. 포자문은 암갈색이다.

생태 여름~가을 / 분비나무, 가문비나무 숲 또는 잣나무 숲, 이깔나무 숲, 활엽수 및 혼효림의 땅에 단생 · 산생

분포 한국(백두산), 중국, 일본, 유럽, 북아메리카

참고 식용

붉은갓주름버섯

Agaricus subrufescens Peck

형태 균모의 지름은 4.5~7.5cm로 반구형에서 차차 편평하게 된다. 표면은 마르고 백색이고 유연하나 오래되면 부서지기 쉽다. 살의 맛은 온화하다. 주름살은 자루에 대하여 떨어진주름살로 밀생하며 폭은 좁고 백색에서 분홍색을 거쳐 흑갈색으로 된다. 변두리는 처음에 가는 털이 있다가 없어진다. 자루의 길이는 5~15cm, 굵기는 1~1.2cm로 위로 가늘어지며 기부는 구경상으로 부푼다. 턱받이의 위쪽은 백색으로 털이 없어서 매끄러우며 아래쪽은 균모의 인편과 동색인 솜털과 미세한 인편으로 덮인다. 자루의 속은 차 있다가 빈다. 턱받이는 약간 하위이며 막질로서 크며 2층, 상면은 매끄럽고 백색이고 하면은 솜털 같고 연한 황토색이다. 포자의 크기는 6.5~8×4~5μm이고 타원형이며 암자색으로 표면은 매끄럽다. 포자문은 흑갈색이다. 연낭상체는 원주형에 가깝고 가늘다.

생태 봄~가을 / 숲속 땅에 군생·단생

분포 한국(백두산), 중국, 일본, 유럽, 북아메리카, 전 세계

참고 식용

낙엽송주름버섯

Agaricus urinascens (Schäff. & Møller) Sing.
A. excellens (Møller) Møller

형태 균모의 지름은 10~15cm로 반구형에서 둥근산모양으로 된다. 흰색이고 오래되면 중앙이 약간 황색을 띤다. 표면에는 동색의 미세한 섬유상 인편이 밀포되어 있어서 비단 같은 광택이 있다. 살은 두껍고 흰색이며 절단하면 약간 분홍색을 나타내는 때도 있다. 주름살은 자루에 대하여 떨어진주름살이고 연한 회분홍색이며 폭이 넓고 촘촘하다. 자루의 길이는 10~14cm, 굵기는 2~3.5cm로 상하가 같은 굵기이며 흰색이고 기부는 가끔 약간 굵어진다. 턱받이는 흰색의 막질로 큰 편이다. 포자의 크기는 8.5~11.5×5.1~6.6μm로 타원형이며 표면은 매끈하고 꿀 같은 갈색으로 포자벽이 두껍다.

생태 가을 / 숲속의 개활지 또는 숲속 이외의 풀 사이에 나며 특히 가문비나무, 낙엽송 등의 숲속의 땅에 군생

분포 한국(백두산), 중국, 일본, 유럽, 북아프리카

참고 식용

흰갈대버섯

Chlorophyllum molbydites (Meyer) Massee

형태 균모의 지름은 10~15cm로 처음 구형에서 종모양을 거쳐 편평하게 되지만 중앙은 볼록하다. 처음 갈색의 표피로 덮여 있지만 생장하면 표피는 중앙부 이외는 불규칙하게 갈라져서 인편으로 되어 점점이 산재하며 백색 해면질의 바탕을 나타낸다. 살은 처음에 치밀하거나 해면질처럼 되며 백색 또는 살색이다. 주름살은 자루에 대하여 떨어진주름살로 약간 밀생하며 처음 백색에서 녹색으로 되며 상처 시 갈색으로 변색된다. 자루의 길이는 10~25cm, 굵기 1~2.5cm로 기부 쪽으로 부푼다. 표면은 섬유상으로 백색에서 회갈색으로 되며 속은 비었고 상부는 두꺼운 턱받이가 있으며 위아래로 이동이 가능하다. 포자의 크기는 8~11.5×6~7μm로 난형-광타원형이며 포자막은 두껍고 꼭대기에 발아공이 있다. 연낭상체는 18~44×12~20μm로 서양 배모양 또는 곤봉형이다.

생태 봄~가을 / 죽은 풀, 떨어진 나뭇가지 등에 단생 · 군생

분포 한국(백두산), 중국, 일본

독흰갈대버섯

Chlorophyllum neomastoideum (Hongo) Vellinga
Macrolepiota neomaestoidea (Hongo) Hongo

형태 균모의 지름은 8~10cm로 처음에는 구형에서 둥근산모양을 거쳐 차차 편평하게 되고 중앙부가 돌출된다. 균모가 퍼지면서 연한 황갈색의 표피가 인편으로 되어 중앙에 크게 대형으로 남아 있고 때때로 약간의 소형의 인편이 가장자리에 산재된다. 바탕색은 흰색의 섬유상인데 가는 거스러미가 있다. 살은 흰색이고 상처를 입으면 적색으로 변색한다. 주름살은 자루에 대하여 떨어진주름살로 흰색이며 폭이 넓고 빽빽하다. 자루의 길이는 10~12cm, 굵기는 4~8mm로 표면은 거의 흰색이지만 오래되면 탁한 갈색으로 된다. 밑동은 급격히 부풀어 져 있고 속은 비어 있다. 턱받이는 유백색으로 고리(반지)모양을 나타내며 상하로 움직일 수 있다. 포자의 크기는 7.5~9.5×5~6μm로 타원형-난형이며 발아공이 있으며 표면은 매끈하다.

생태 가을 / 대밭, 숲속에 다수 군생하며 때에 따라서 균륜을 형성

분포 한국(백두산), 중국, 일본

참고 독버섯

끝말림먹물버섯

Coprinus aokii Hongo

형태 균모의 지름은 2~3cm이며 어릴 때 원주상의 난형에서 차차 편평하게 되며 마침내 가장자리는 위로 말린다. 표면은 처음에 구리 갈색에서 연한 갈색으로 되며 성숙하면 회갈색으로 되며 중앙에 연한 갈색이 남아 있고 미세한 털이 밀생한다. 살은 매우 얇고 연한 갈색이나 오래되면 균모 가장자리의 일부가 녹아서 위로 오므라든다. 주름살은 자루에 대하여 거의 끝붙은주름살로 폭은 1~1.5mm이며 처음 백색에서 암회갈색을 거쳐 흑색으로 된다. 자루의 길이는 4~10cm, 굵기는 1.5~2.5mm로 백색이며 가늘고 길며 속은 비었고 표면은 미세한 털이 분포한다. 포자의 크기는 10~13.5×6~7μm로 타원형이며 끝이 돌기모양이며 발아공이 있으며 표면은 매끈하다. 연낭상체는 주머니모양이며 30~64×20~39μm이고 측낭상체는 매우 작거나 없다.

생태 봄~가을 / 죽은 풀, 떨어진 나뭇가지 등에 단생 · 군생

분포 한국(백두산), 중국, 일본

먹물버섯

Coprinus comatus (O. F. Müller) Pers

형태 균모의 지름은 지름 4~6cm 또는 6~12cm이며 처음에는 원주형으로 꼭대기는 둥글고 나중에 종모양 또는 편평형으로 된다. 표면은 백색이나 꼭대기는 연한 황토색이며 처음은 매끈하다가 나중에 파열되어 눕고 뒤집혀서 감긴 양털모양의 인편으로 된다. 인편의 꼭대기는 황갈색이다. 가장자리는 처음에 반반(매끈)하나 나중에 가는 홈선이 나타나고 분홍빛을 띤다. 살은 중앙부가 약간 두꺼우며 가장자리로 가면서 점차 얇아지고 백색이며 맛은 온화하다. 주름살은 자루에 대하여 떨어진주름살로 밀생하며 폭은 넓은 편이고 처음은 백색이나 나중에 분홍 회색을 거쳐 흑색으로 되었다가 가장자리와 함께 먹물모양으로 액화한다. 자루의 높이는 10~20cm, 굵기는 1~1.6cm로 원주형이며 기부로 점차 굵어지나 기부 아래는 뿌리처럼 점차 가늘어진다. 표면은 백색이며 매끄럽다. 자루의 속은 비어 있다. 턱받이는 막질이고 백색으로 상하로 이동할 수 있으며 탈락하기 쉽다. 포자의 크기는 $12.5~19 \times 7.5~9.5 \mu m$로 타원형이고 흑색이며 발아공이 있으며 표면은 매끄럽다. 포자문은 흑색이다. 낭상체는 드물고 곤봉상이고 위아래의 굵기가 같으며 꼭대기는 둥글고 약간 굽으며 $25~60 \times 11~14 \mu m$이다.

생태 봄~가을 / 숲속의 초지, 풀밭, 길가의 땅에 단생·군생

분포 한국(백두산), 중국, 일본, 유럽, 북아메리카, 전 세계

애먹물버섯

Coprinus rhizophorus Kawam. ex Hongo & Yokoy.

형태 균모의 지름은 1~5cm이고 난형에서 종모양을 거쳐 편평하게 되며 중앙부는 약간 돌출하고 변두리는 방사상으로 갈라진다. 균모 표면은 백색에서 회색 또는 갈색으로 된다. 표피는 갈라져서 끝이 갈색인 탈락성인 인편으로 되고 인편이 없어지면 방사상의 줄무늬홈선이 나타난다. 가장자리는 미세하게 울퉁불퉁하며 가끔 갈라지고 뒤집혀 감기며 액화한다. 살은 얇고 백색이며 막질이다. 주름살은 자루에 대하여 떨어진주름살로 밀생하며 폭(나비)은 넓은 편이고 초기는 백색에서 분홍색을 거쳐 흑색으로 되며 나중에 액화하여 먹물처럼 된다. 자루의 높이는 5~8cm, 굵기는 0.5~0.7cm이고 위아래의 굵기가 같거나 기부가 가늘고(기부는 뾰족한 아래 끝으로 흑갈색의 균사 속에 이어진다) 구부정하다. 표면은 백색이며 초기에 있던 비단 빛의 섬유모가 나중에 없어지면 매끈해지며 섬유질이다. 자루의 속이 비어 있다. 포자의 크기는 6~7×4~4.5μm로 타원형으로 녹슨 갈색이며 표면은 매끄럽다. 포자문은 흑색이다.

생태 여름~가을 / 숲속의 썩는 나무에 속생

분포 한국(백두산), 중국, 일본

낭피버섯

Cystoderma amianthinum (Scop.) Fayod
Lepiota amianthinum (Scop.) Karst.

형태 균모의 지름은 2~5cm이며 반구형에서 차차 편평하게 되며 중앙부는 넓게 돌출하거나 조금 돌출한다. 표면은 마르고 전체에 알갱이모양의 주름이 방사상으로 배열되었으며 연한 황토색이지만 중앙은 색깔이 더 진하다. 가장자리에 피막의 잔편이 붙어 있다. 살은 다소 두꺼우며 연한 황색 또는 황색이고 맛은 온화하다. 주름살은 자루에 대하여 올린주름살로 밀생하며 폭이 좁고 백색이나 나중에 황색을 띤다. 자루의 높이는 2.5~5cm, 굵기는 0.2~0.6cm로 위아래의 굵기가 같거나 간혹 위로 가늘어지는 것도 있다. 턱받이 위쪽은 백색으로 털이 없으며 아래쪽은 균모와 동색이고 알갱이모양의 가는 인편으로 덮인다. 턱받이는 중간쯤에 있고 균모와 동색이며 상면은 막질이고 하면은 알갱이모양의 가는 인편으로 덮이고 쉽사리 탈락한다. 포자의 크기는 6~8×3~4㎛이고 타원형이며 표면은 매끄럽다. 포자문은 백색이다. 낭상체는 방추형이다.

생태 여름~가을 / 잣나무, 분비나무, 가문비나무 숲, 활엽수림, 혼효림의 땅에 산생

분포 한국(백두산), 중국, 일본, 유럽, 북아메리카, 전 세계

참고 식용

흰분말낭피버섯

Cystoderma carcharias (Pers.) Fayod

형태 균모의 지름은 2~6cm로 원추형에서 둥근산모양을 거쳐 차차 편평하게 되지만 중앙이 약간 볼록하다. 표면은 분홍베이지색에서 살색으로 되고 미세한 알갱이가 입자모양으로 밀포된다. 가장자리는 톱니모양이며 백색의 외피막 잔편이 붙기도 한다. 주름살은 자루에 대하여 끝붙은주름살이고 백색이며 밀생하고 폭이 좁다. 자루의 길이는 6~9cm이고 굵기는 3~7mm로 균모와 같은 색이다. 턱받이 위쪽은 밋밋하고 백색이며 아래쪽은 연한 분홍의 백색으로 미세한 알갱이가 분상으로 피복된다. 턱받이는 살색의 막질이다. 포자의 크기는 4~5.5×3~4μm로 난형이며 표면은 매끈하고 투명하며 아미로이드(전분질) 반응이다. 포자문은 백색이다.

생태 여름~가을 / 침엽수림의 땅에 단생

분포 한국(백두산), 중국, 일본, 유럽, 북아메리카, 전 세계

참고 식용

귤낭피버섯

Cystoderma fallax A. H. Smith & Sing.

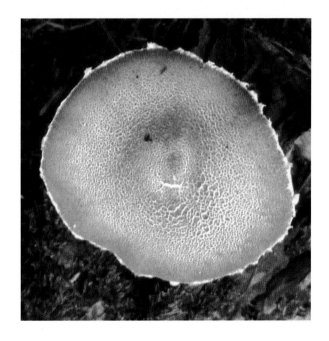

형태 균모의 지름은 2.5~5cm로 처음에는 둥근산모양에서 차차 편평형으로 된다. 표면은 황갈색-녹슨 갈색의 분상 또는 알갱이 물질이 피복되어 있다. 살은 얇고 흰색이다. 주름살은 자루에 대하여 바른주름살로 유백색이고 폭이 좁으며 밀생한다. 자루의 길이는 5~7.5cm이고 굵기는 3~5mm로 상하가 같은 굵기로 때때로 밑동이 굵으며 위쪽에 적갈색의 턱받이가 있다. 턱받이의 위쪽은 밋밋하고 흰색이며 아래쪽은 균모와 같은 색으로 미세한 알갱이가 분상으로 피복되어 있다. 포자의 크기는 3.5~5.5×2.8~3.6μm로 타원형이며 표면은 매끈하고 투명하며 아밀로이드 반응이다. 포자문은 백색이다.

생태 가을 / 침엽수림의 낙엽 사이나 이끼 사이에 군생

분포 한국(백두산), 중국, 일본, 유럽, 북아메리카

원추낭피버섯

Cystoderma jasonis (Cke. & Mass.) Harm

형태 균모의 지름은 1.2~3.5cm로 원추형-둥근산모양에서 편평한 원추상으로 되나 보통 중앙은 넓게 돌출된다. 표면은 황토색이며 가루가 있고 주름진다. 가장자리는 미세한 털이 있다. 살은 얇고 노란색이다. 주름살은 자루에 대하여 바른주름살로 백색에서 연한 크림색으로 되고 밀생한다. 자루의 길이는 4~7.5cm, 굵기는 0.2~0.5cm로 위쪽으로 가늘고 보통 굽었다. 표면은 약간 비단결이며 위는 밋밋하고 크림-황토색 턱받이 테가 있다. 포자의 크기는 6~7.5×3~3.5μm로 타원형에서 아몬드모양이며 표면은 매끈하고 아미로이드 반응이다. 포자문은 백색이다. 담자기는 20~24×5~7.5μm로 가는 막대형이며 4-포자성이다. 기부에 꺽쇠가 있다. 낭상체는 없다.

생태 8월 / 산성 땅, 참나무 숲속의 땅, 또는 풀더미 땅, 이끼 속에 군생

분포 한국(백두산), 유럽

참고 낭피버섯(C. amianthinum)과 혼동하기 쉬우나 자실체 전체가 검은색인 희귀종

신낭피버섯

Cystoderma neoamianthinum Hongo

형태 균모의 지름은 1.5~4(6)cm로 둥근산모양에서 거의 편평하게 되며 표면은 황색-황토색의 작은 알갱이가 밀포되어 있다. 살은 거의 백색에서 약간 황색으로 된다. 주름살은 자루에 대하여 올린주름살로 거의 백색이고 빽빽하며 폭은 3~5mm이다. 자루의 길이는 2~6cm이고 굵기는 3~7mm, 턱받이 위쪽은 약간 황색을 띠고 분상이며 아래쪽에는 황색-황토색의 작은 알갱이가 덮여 있다. 자루의 속은 차 있고 턱받이는 폭이 좁고 탈락하기 쉽다. 포자의 크기는 3.5~4×2.5~3μm로 구형-광타원형이며 표면은 매끈하고 투명하며 아밀로이드 반응이다.

생태 여름~가을 / 참나무류 등의 낙지, 쓰러진 나무, 대나무의 그루터기 등에 군생

분포 한국(백두산), 중국, 일본

황갈색가루낭피버섯

Cystodermella cinnabarina (Alb. & Schwein.) Harmaja
Cystoderma terrei (Berk. & Br.) Harmaja

형태 균모의 지름은 2.5~6cm로 둥근산모양에서 차차 편평하게 된다. 표면은 마르고 작은 과립이 밀생하며 홍갈색이다. 가장자리에 피막의 잔편이 붙어 있다. 살은 두꺼운 편이며 연한 황백색으로 표피 아래는 홍색을 띠며 맛은 유하다. 주름살은 자루에 대하여 떨어진주름살로 밀생하고 폭이 넓고 백색이다. 자루의 높이는 4~7cm, 굵기는 0.3~0.6cm로 위로 가늘고 기부는 다소 굵다. 턱받이의 위쪽은 백색이고 아래쪽은 균모와 동색으로 홍갈색의 작은 과립으로 덮여 있다. 자루는 속이 비어 있다. 턱받이는 하위이고 균모와 동색이고 얇으며 잘 부서지고 쉽게 소실된다. 포자의 크기는 4~4.5×2.5~3μm로 타원형으로 표면은 매끄럽다. 난아미로이드(nonamyloid) 반응이다. 연낭상체는 30~43×5~6μm로 선단은 피침형이며 때때로 결정체가 부착한다. 포자문은 백색이다. 낭상체는 털모양으로 꼭대기는 화살모양이다.

생태 가을 / 침엽수와 활엽수의 혼효림의 땅에 산생

분포 한국(백두산), 중국, 일본, 유럽, 북아메리카

참고 식용

가루낭피버섯

Cystodermella granulosa (Batsch) Harmaja
Cystoderma granulosum (Batsch) Fayod

형태 균모의 지름은 1~4.5cm로 난형에서 차차 편평하게 되며 중앙부는 약간 돌출한다. 표면은 마르고 연한 홍갈색이며 중앙이 진하고 가장자리 쪽으로 연해지며 흑갈색의 알갱이로 덮이는 데 중앙에 더 밀집한다. 가장자리는 처음에 아래로 감긴다. 살은 얇고 희며 맛은 쓰고 냄새는 좋지 않다. 주름살은 자루에 대하여 떨어진주름살 또는 홈파진주름살로 밀생하며 폭은 넓고 백색에서 황색으로 된다. 자루의 높이는 2~5cm, 굵기는 0.1~0.6cm이고 위로 가늘어지며 턱받이 위쪽은 갈색 섬유털로 덮이고 아래쪽은 균모와 동색인 알갱이 인편으로 덮인다. 자루의 속은 비어 있다. 턱받이는 상위에 치우치고 막질에 가깝고 아래로 드리우며 하면에 균모와 동색의 알갱이로 덮이고 영존성이다. 포자의 크기는 4~5×2.5~3μm로 타원형이고 표면은 매끄럽다. 포자문은 백색이다. 낭상체는 털모양으로 꼭대기는 날카롭고 지름은 2~3μm이다.
생태 여름~가을 / 잣나무, 활엽수 혼효림 또는 분비나무, 가문비나무 숲의 땅에 산생·군생
분포 한국(백두산), 중국, 일본, 유럽, 북아메리카
참고 식용

자매솜갓버섯

Cystolepiota sistrata (Fr.) Sing. ex Bon & Bellu

형태 균모의 지름은 8~15mm로 어릴 때 원추형-종모양에서 둥근산모양을 거쳐 차차 편평하게 된다. 표면은 백색에서 크림색, 연한 황색의 바탕색에 백색가루가 분포하며 나중에 과립으로 되며 약간 밝은 핑크색이다. 가장자리는 예리하고 가끔 표피의 막질이 매달린다. 살은 백색이며 얇고 냄새가 나며 맛은 온화하다. 주름살은 자루에 대하여 끝붙은주름살, 어릴 때 백색의 크림색에서 연한 황색으로 되고 폭은 넓으며 변두리는 밋밋하다. 자루의 길이는 20~40mm, 굵기는 1~2mm로 원통형으로 부서지기 쉽다. 자루의 속은 어릴 때 차 있지만 오래되면 빈다. 표면은 어릴 때 백색가루가 분포하나 노후 시 약간 밋밋하다. 표면의 위쪽은 백색에서 크림색이고 아래쪽으로 살색의 핑크색 또는 라일락 갈색으로 기부는 검다. 포자의 크기는 3.5~4.5×2.3~2.7μm로 타원형이며 표면은 매끈하고 투명하다. 담자기는 원통형-막대형으로 13~17×6~7.5μm로 4-포자성이다. 기부에 꺽쇠가 없다. 낭상체는 없다.

생태 여름~가을 / 기름진 땅의 주위에 단생·군생

분포 한국(백두산), 중국, 일본, 유럽, 북아메리카, 아시아

가시갓버섯

Echinoderma asperum (Pers.) Bon
Lepiota aspera (Pers.) Quél., Lepiota acutesqaumosa (Weinm.) P. Kumm.

형태 균모의 지름은 5~7cm로 반구형 또는 종모양에서 편평해지고 중앙부는 조금 돌출한다. 표면은 마르고 황갈색 또는 다갈색의 비로드모양 같으며 갈색의 직립한 뾰족한 인편으로 덮이며 이것이 중앙부에 더 밀집되지만 쉽사리 떨어진다. 가장자리는 처음에 아래로 감기며 피막의 잔편이 붙어 있고 오래되면 위로 올라간다. 살은 두껍고 백색이며 맛은 온화하다. 주름살은 자루에 떨어진주름살로 밀생하며 폭은 좁고 백색에서 황색으로 된다. 가장자리는 톱니상이다. 자루는 길이가 4~9cm, 굵기는 0.4~1.2cm로 위아래의 굵기가 같거나 위로 가늘어지며 기부는 구경상으로 부푼다. 턱받이 위쪽은 백색이고 아래쪽은 갈색이며 탈락성 인편이 있다. 자루의 속은 차 있다가 나중에 빈다. 턱받이는 상위이고 막질이며 회갈색으로 곧 탈락한다. 포자의 크기는 5~7.5×3.5~4μm로 타원형으로 표면은 매끄럽다. 포자문은 백색이다. 낭상체는 도난원형이고 폭은 8~16μm이다.
생태 여름~가을 / 분비나무, 가문비나무 숲과 혼효림의 땅에 산생·군생
분포 한국(백두산), 중국, 일본, 유럽, 북아메리카
참고 식용

성게가시갓버섯

Echinoderma echinaceum (J. Lange) Bon
Lepiota echinacea J. Lange

형태 지름은 2~5cm로 둥근산모양에서 차차 편평하게 되나 중앙은 둔하게 볼록하며 오래되면 물결형으로 된다. 표면은 노랑의 갈색, 적갈색의 바탕색에 원추형의 인편이 길이 1mm의 인편이 빽빽하게 덮이고 듬성듬성하게 알갱이-인편이 있으며 가장자리 쪽으로 강하게 압착되어 있고 중앙에는 이것들이 직립한다. 가장자리는 오랫동안 아래로 말리고 밋밋하다. 살은 백색이고 얇으며 냄새는 안 좋고 맛도 좋지 않고 온화하지만 불분명하다. 주름살은 자루에 대하여 끝붙은주름살이고 백색에서 크림색으로 폭이 넓다. 변두리는 약간 밋밋하다. 자루의 길이는 3~6cm, 굵기는 2.5~6mm로 원통형이고 기부는 부풀며 백색의 균사체가 있다. 자루의 속은 차 있다가 빈다. 표면은 단단하고 크림색, 턱받이 위는 밋밋하고 약간 섬유실로 되며 턱받이 아래는 밝은 갈색의 빽빽한 솜털 같은 인편이 밀생하며 나중에 섬유실로 된다. 포자의 크기는 4.5~6×2~3μm로 원주-타원형이고 투명하며 표면은 매끈하다. 거짓아미로이드 반응이다. 담자기는 원주-막대형이고 20~22×5~6μm로 4-포자성이다. 기부에 격쇠가 있다. 낭상체는 없다.

생태 여름~가을 / 숲속의 땅에 군생
분포 한국(백두산), 중국, 유럽

주름버섯목
담자균문 ≫ 주름균아문 ≫ 주름균강
34

여린가시갓버섯

Echinoderma jacobi (Vell. & Kundsen) Gminder
Lepiota langei Knudsen

형태 균모의 지름은 2~4cm로 어릴 때 원추형에서 원추상의 종모양을 거쳐 둥근산모양으로 되며 중앙은 약간 볼록하다. 표면은 크림색 바탕에 흑갈색의 인편이 점점이 분포한다. 살은 백색이고 얇으며 냄새는 조금 나고 맛은 온화하나 맛은 없다. 주름살은 자루에 대하여 끝붙은주름살로 백색에서 연한 크림색으로 되고 폭은 넓다. 변두리는 예리하고 밋밋하다. 자루의 길이는 3~5cm, 굵기는 3~6mm로 원통형이며 속은 차 있다가 비며 부서지기 쉽다. 표면의 꼭대기는 백색에서 황토색으로 되며 어릴 때 아래에 희미한 턱받이 띠가 있다. 기부 쪽으로 크림색-갈색의 바탕색에 회갈색 섬유상의 인편이 분포한다. 포자의 크기는 3.6~4.9 × 2.1~2.9μm로 타원형이며 표면은 매끈하고 투명하다. 거짓아미로이드 반응이다. 담자기는 막대-원통형으로 13~18 × 4.5~6μm로 기부에 꺽쇠가 있다.

생태 여름~가을 / 혼효림의 땅에 단생·군생

분포 한국(백두산), 중국, 유럽

참고 희귀종

뿔껍질가시갓버섯

Echinoderma hystrix (Møll. & Lange) Bon
Lepiota hystrix Møll. & Lange

형태 균모의 지름은 3~5(7)cm로 원추-둥근산모양에서 차차 편평하게 되지만 가끔 중앙이 약간 둥글게 볼록한 것도 있다. 표면은 회갈색이며 끝이 흑갈색인 피라미드모양의 거친 인편이 중앙 쪽으로 진하게 피복된다. 가장자리는 인편이 다소 소형이며 아래로 말린다. 어릴 때는 가장자리와 자루가 흰색의 막질로 연결된다. 살은 백색이며 두껍고 냄새는 안 좋으나 맛은 온화하다. 주름살은 자루에 대하여 떨어진주름살로 흰색이며 폭은 좁고 밀생하며 포크형이다. 자루의 길이는 5~6cm, 굵기는 6~10mm로 상하가 같은 굵기이며 턱받이의 위쪽은 흰색의 섬유상이고 아래쪽은 진한 흑갈색의 인편이 피복된다. 흔히 암갈색의 액체를 분비한다. 턱받이는 막질의 섬유상이다. 표면의 위쪽은 백색이고 아래쪽은 미세한 갈색의 털 인편이 있다. 포자의 크기는 5.4~6.9 × 2.1~2.9μm로 협타원형이고 표면은 매끈하다. 포자문은 백색이다.

생태 가을 / 숲속의 땅에 군생

분포 한국(백두산), 중국, 일본, 유럽, 북아메리카

흑꼭지갓버섯

Lepiota atrodisca Zeller

형태 균모의 지름은 5~12cm로 반구형에서 둥근산모양을 거쳐 편평하게 된다. 표면은 오백색이며 중앙은 흑갈색 인편이 가장자리 쪽으로 분포한다. 살은 백색이다. 주름살은 자루에 대하여 떨어진주름살이고 백색이고 밀생하며 폭은 좁고 포크형이다. 자루의 길이 6~13cm, 굵기 0.5~0.7cm로 원주형이다. 표면은 갈색이지만 상부는 옅은 색이다. 턱받이는 상부에 있고 막질로 백색이다. 기부는 팽대하며 자루의 속은 차 있다. 포자의 크기는 6~8× 3~5㎛로 타원형이며 표면은 매끈하고 무색으로 광택이 난다. 포자문은 백색이다.

생태 여름~가을 / 숲속의 땅에 단생·산생

분포 한국(백두산), 중국

고동색갓버섯

Lepiota boudieri Bres.

형태 균모의 지름은 3~5cm로 반구형에서 차차 편평하게 되며 중앙은 약간 둥근볼록형이다. 표면은 비단결처럼 밋밋해지고 다음에 섬유상으로 되지만 인편으로는 안 된다. 살은 얇고 백색이고 자루의 살은 약간 황색이며 맛과 냄새는 불분명하다. 주름살은 자루에 대하여 끝붙은주름살이고 백색 또는 약간 노란색이며 특히 변두리는 약간 노란색이고 폭은 좁다. 자루의 길이 3~6cm, 굵기 4~8mm로 원주형이며 기부 쪽으로 약간 부풀고 단단하고 약간 털이 있으며 쉽게 탈락하며 턱받이는 위쪽에 있다. 포자의 크기는 3.5~4.5×9~10μm로 포탄모양이고 치우친 돌기로 표면은 매끈하고 투명하다. 담자기는 20~25×7~8μm로 막대모양이며 4-포자성이다. 기부에 꺽쇠가 있다. 연낭상체는 22~34×8~12μm로 막대모양이며 측낭상체는 없다. 포자문은 백색이다. 거짓아미로이드 반응이다.

생태 여름 / 활엽수림의 땅에 소그룹으로 군생 · 단생, 드물게 썩는 너도밤나무의 고목에 발생, 가끔 쐐기풀 속에 발생, 광범위하게 분포

분포 한국(백두산), 유럽

밤색갓버섯

Lepiota castanea Quél.

형태 균모의 지름은 1.5~3cm로 원추형 또는 둥근산모양에서 차차 편평하게 되며 가운데가 약간 돌출한다. 표피는 밤갈색-오렌지갈색으로 얼마 안 되어 가늘게 균열되면서 알갱이모양의 작은 인편으로 된다. 살은 유백색이다. 주름살은 자루에 대하여 떨어진주름살로 처음에는 흰색-크림색에서 다갈색 또는 때로는 붉은색으로 변색하며 빽빽하다. 자루의 길이는 3~5.5cm, 굵기는 2.5~4mm로 밑동이 약간 굵어져서 표면은 오렌지갈색의 바탕에 균모와 같은 색의 작은 인편이 산재한다. 턱받이는 거미줄모양으로 흰색으로 쉽게 탈락한다. 자루의 속은 빈다. 포자의 크기는 8.3~10×3.5~4.1μm로 한쪽이 잘린 포탄형이고 표면은 매끈하고 투명하다. 아미로이드 반응이다. 포자문은 백색이다.

생태 여름~가을 / 숲속의 땅에 단생·군생

분포 한국(백두산), 중국, 일본, 유럽, 북아메리카

Lepiota clypeolaria (Bull.) P. Kumm.

형태 균모의 지름은 2.5~6.5cm로 종모양에서 차차 편평하게 되며 중앙부는 약간 돌출한다. 표면은 마르고 표피는 처음에 황색, 홍색의 황색 또는 홍색의 황갈색이며 중앙 이외의 표피는 갈라져 총모상 인편으로 되고 백색의 살이 노출한다. 가장자리에 피막의 잔편이 붙어 있고 오래되면 인편 아래의 바탕은 반반하나 가끔 가는줄무늬홈선이 있다. 살은 얇고 유연하고 백색이며 맛은 유하다. 주름살은 자루에 대하여 떨어진주름살로 밀생하며 폭은 넓은 편이고 백색에서 황색으로 된다. 변두리의 가장자리는 톱니상이다. 자루의 높이는 5~13cm, 굵기는 0.3~0.6cm이며 원주형이지만 기부는 조금 불룩하고 균모와 동색이다. 턱받이 아래쪽은 백색 또는 황색의 부드러운 털로 덮여 있다. 자루의 속은 차 있다. 턱받이는 상위이고 막질 또는 솜털모양이며 균모와 동색이고 쉽사리 탈락한다. 포자의 크기는 13~13.5×5.5~5.8μm로 방추형이며 표면은 매끄럽고 기름이 한 방울 들어 있다. 포자문은 백색이다. 연낭상체는 주머니모양으로 폭이 10~20μm이다.

생태 여름~가을 / 숲속의 땅에 단생

분포 한국(백두산), 중국, 유럽, 북아메리카, 전 세계

참고 식용

갈색고리갓버섯

Lepiota cristata (Bolt.) Kummer
L. cristata var. pallidior Bon

형태 균모의 지름은 2.5~5cm로 난형에서 종형을 거쳐 편평하게 된다. 표면은 마르고 표피는 처음에 홍갈색 또는 암홍갈색이나 나중에 중앙부 이외의 부분은 쪼개져서 동심원 무늬로 보이는 총모상 인편으로 된다. 가장자리는 인편이 적어 거의 백색으로 보인다. 살은 얇고 백색이며 냄새는 나쁘다. 주름살은 자루에 대하여 떨어진주름살로 밀생하며 폭은 좁고 백색이나 나중에 황갈색으로 된다. 주름살의 가장자리는 미세한 톱니상이다. 자루의 길이는 2~7cm이고 굵기는 0.1~0.4cm로 원주형이며 털이 없거나 비단 광택이 나는 섬유털로 덮인다. 표면은 백색 또는 회갈색이고 자루의 속은 비어 있다. 턱받이는 상위이고 막질로서 좁으며 백색 또는 홍색이고 쉽사리 탈락한다. 포자의 크기는 8~8.5×3.5~4μm로 포탄모양이며 표면은 매끄럽다. 포자문은 백색이다. 낭상체는 곤봉형으로 28~35×6.4~12.8μm이다.

생태 여름~가을 / 숲속 안팎의 초지 또는 활엽수 고목에 군생·산생

분포 한국(백두산), 중국, 유럽, 북아메리카, 전 세계

침갓버섯

Lepiota echinella Quél. & G. E. Bernard

형태 균모의 지름은 1.5~2.5cm로 둥근산모양의 종모양에서 둥근산모양을 거쳐 편평하게 된다. 표면의 색은 암회갈색이고 작은 인편의 가시로 덮이고 가장자리는 연한색이다. 살은 백색이며 맛은 없고 냄새는 향기롭다. 주름살은 자루에 대하여 끝붙은주름살로 백색이며 두껍고 약간 배불뚝이모양이다. 주름살의 변두리는 갈색이다. 자루의 길이는 2.5~5cm, 굵기는 0.2~0.4cm로 원통형이며 기부로 약간 부푼다. 표면은 작은 표피조각들로 덮이고 꼭대기는 솜털상의 인편이 있다. 턱받이는 중앙에 있고 턱받이 테의 아래쪽은 검고 털상이다. 포자문은 백색이다. 포자의 크기는 5~6.5×3~4μm로 타원형이며 표면은 매끈하다. 거짓아미로이드 반응이다.

생태 여름~가을 / 활엽수림의 땅에 군생
분포 한국(백두산), 중국, 유럽
참고 희귀종

껍질갓버섯

Lepiota epicharis (Berk. et Br.) Sacc.

형태 균모의 지름은 2.5~3.5cm로 둥근산모양에서 편평형으로 되지만 중앙부는 볼록하다. 표면은 황백색이며 중앙은 볼록하고 흑갈색의 인편이 있다. 가장자리는 전연이거나 간혹 갈라지는 것도 있다. 살은 황백색이고 얇다. 주름살은 자루에 대하여 떨어진 주름살이며 연한 황색에서 차차 희미한 황색으로 되며 포크형이다. 자루의 길이는 3.5~5cm, 굵기는 0.4~0.6cm이고 원주형으로 황회색이며 흑갈색의 인편이 있고 표면에 세로줄의 무늬선이 있고 자루의 속은 비었다. 턱받이는 자루의 위쪽에 있으며 탈락하기 쉽다. 포자의 크기는 5~7×4~5.5μm로 타원형이며 황색이지만 광택이 나고 표면은 매끄럽다. 연낭상체는 곤봉상-방추상이다.

생태 여름~가을 / 활엽수림의 숲속의 땅에 단생 · 산생

분포 한국(백두산), 중국

흰갓버섯

Lepiota erminea (Fr.) P. Kumm.
L. alba (Bres.) Sacc.

형태 균모의 지름은 3~7cm로 반구형에서 차차 편평하게 되며 중앙부는 돌출한다. 표면은 마르고 백색에서 연한 황색으로 되며 처음에는 섬유상의 가는 총생털로 있다가 나중에 이것이 인편으로 되며 오래되면 탈락된다. 살은 두꺼운 편이고 백색으로 맛은 온화하다. 주름살은 자루에 대하여 떨어진주름살로 밀생하고 폭이 넓은 편이고 백색이다. 자루의 길이는 5~7cm, 굵기는 0.4~0.6cm로 위아래의 굵기가 같거나 가끔 위쪽으로 가늘어지는 것도 있으며 백색이다. 자루의 턱받이 위쪽은 매끄럽고 아래쪽은 처음에 흰 가루가 있다가 없어진다. 자루의 속은 차 있다가 빈다. 턱받이는 섬유질이고 백색으로 쉽사리 탈락한다. 포자의 크기는 10~12×7~7.3μm로 타원형이며 표면은 매끄럽고 한 개의 기름방울이 있다. 포자문은 백색이다.

생태 여름~가을 / 톱밥에서 군생·속생

분포 한국(백두산), 중국, 일본, 유럽, 북아메리카

참고 식용

고양이갓버섯

Lepiota felina (Pers.) Karst.

형태 균모의 지름은 2~3cm로 반원형에서 둥근산모양을 거쳐 편
평형이 되고 때로는 가운데가 약간 돌출된다. 어릴 때는 암갈색-
암흑갈색의 외피가 싸고 있지만 자라면서 표피가 찢어져 균모
전체에 점모양으로 얼룩덜룩하게 산재되며 가운데는 진한 색깔
이다. 살은 흰색이나 갈색을 띠는 것도 있다. 주름살은 자루에 대
하여 떨어진주름살로 흰색이고 폭이 좁으며 약간 밀생한다. 자루
의 길이는 3~5cm, 굵기는 2~4mm로 섬유상이며 유백색이고 흑
갈색의 인편이 아래쪽으로 점점이 산재한다. 턱받이는 막질로 위
쪽은 흰색이고 아래쪽은 암회갈색이다. 포자의 크기는 6.5~7.5×
3.5~4μm이고 난형으로 표면은 매끈하다. 포자문은 백색이다.
생태 가을 / 침엽수림의 땅에 군생
분포 한국(백두산), 중국, 유럽

회녹색갓버섯

Lepiota griseovirens Maire

형태 균모의 지름은 25mm 정도이고 어릴 때 원추종형에서 종형으로 편평하게 되나 둔한 둥근모양이다. 표면은 흑갈색에서 흑갈색 과립이 중앙에 있다. 올리브 또는 자색을 띠며 가장자리로 작게 갈라진다. 백색의 바탕색에 동색의 인편이 있다. 살은 엷고 백색이며 상처 시 변색하지 않는다. 약간 냄새가 나며 떫으며 맛은 온화하다. 주름살은 자루에 대하여 끝붙은주름살로 백색에서 크림색이며 폭은 넓다. 주름살의 가장자리는 섬유상. 자루의 길이는 25~50mm, 굵기는 2~5mm이고 원통형이며 약간 기부로 부푼다. 자루의 속은 비고 단단하다. 표면은 백색에서 크림색으로 되며 턱받이 위쪽에 세로줄의 섬유가 있으며 아래로 흑갈색의 인편띠가 있다. 오래되거나 상처 시 기부로 오렌지갈색으로 변색한다. 포자의 크기는 19~24×7~8.5μm로 포탄형의 원통-부푼모양이고 표면은 매끈하고 투명하다. 거짓아미로이드 반응이다. 담자기는 원통형에서 막대형이며 2~4-포자성이다. 기부에 꺽쇠가 있다. 연낭상체는 막대형의 주머니모양으로 20~45×6~11μm이다.

생태 숲속의 땅에 단생 · 군생

분포 한국(백두산), 중국

선녀갓버섯

Lepiota oreadiformis Vel.

형태 균모의 지름은 2~3cm로 어릴 때 원추형에서 원추상의 종 모양을 거쳐 편평해지나 중앙은 약간 볼록하다. 표면은 크림색에서 밝은 황토색 또는 검은 황토색이지만 중앙은 적갈색이며 밋밋하고 갈색의 과립 인편으로 덮이고 방사상으로 주름진다. 건조하면 갈라진다. 가장자리는 예리하고 미세한 술장식이며 어릴 때 백색의 섬유가 있다. 살은 백색이며 얇고 흙냄새가 약간 나고 맛은 없지만 온화하다. 주름살은 자루에 대하여 끝붙은주름살로 어릴 때 백색으로 오래되면 밝은 황토색으로 되며 폭은 넓다. 가장자리는 약간 섬유상이다. 자루의 길이는 4~5cm, 굵기는 4~5mm로 원통형으로 속은 비고 질기다. 표면은 백색이고 위쪽에 섬유상의 턱받이가 있고 희미한 세로줄의 섬유무늬가 있으며 턱받이 아래쪽은 밝은 황토색으로 세로줄의 백색 섬유가 있다. 포자의 크기는 $10{\sim}16.2{\times}4.5{\sim}6.2\mu m$로 타원형이며 표면은 매끈하고 투명하다. 거짓아미로이드 반응이다. 담자기는 막대형으로 $25{\sim}35{\times}9{\sim}12\mu m$이다. 기부에 꺽쇠가 있다. 연낭상체는 막대형이고 $17{\sim}35{\times}7{\sim}12\mu m$이며 측낭상체는 없다.

생태 여름~가을 / 풀밭에 단생 · 군생

분포 한국(백두산), 중국, 유럽

참고 희귀종

가는대갓버섯

Lepiota subgracilis Wasser
L. kuehneriana Locq.

형태 균모의 지름은 1.5~2.5cm로 어릴 때 원추상의 종모양에서 둥근산모양의 편평형으로 된다. 표면은 흑갈색이나 올리브색 또는 자색을 띠며 흑갈색의 과립이 중앙에 밀집한다. 표피는 가장자리 쪽으로 갈라져서 작은 인편이 중앙에 집중적으로 형성하며 백색 바탕에 백색의 인편이 있다. 가장자리는 밋밋하고 예리하다. 살은 백색으로 상처 시 변색하지 않으며 얇고 냄새가 약간 나고 맛은 떫다. 주름살은 자루에 대하여 끝붙은주름살로 백색-크림색이고 폭은 넓다. 주름살의 변두리는 섬유상이다. 자루의 길이는 2.5~5cm, 굵기는 2~5mm로 원통형으로 단단하고 기부는 약간 부푼다. 표면은 백색에서 크림색으로 되며 턱받이 위쪽에 세로줄의 섬유무늬가 있다. 아래로 흑갈색의 인편의 띠가 있고 오래되거나 상처 시 기부 쪽은 오렌지갈색으로 변색한다. 자루의 속은 비었다. 포자의 크기는 6.5~9.5×3~4.5μm로 포탄형이고 끝이 한쪽으로 치우친 모양이며 표면은 매끈하고 투명하다. 거짓아미로이드 반응이다. 담자기는 원통형에서 막대형으로 19~24×7~8.5μm이고 2~4-포자성으로 기부에 꺽쇠가 있다. 연낭상체는 막대형 또는 주머니모양으로 20~45×6~11μm이다.

생태 여름~가을 / 숲속의 유기질이 풍부한 땅, 모래땅에 단생·군생
분포 한국(백두산), 중국, 유럽
참고 희귀종

털갓버섯

Lepiota tomentella J. E. Lange

형태 균모의 지름은 1~2.5cm로 처음에는 종모양에서 둥근산모
양을 거쳐 편평하게 펴지나 가끔 중앙이 볼록한 것도 있다. 표면
은 갈색의 인편과 미세한 솜털로 덮이며 중앙은 아주 밀집하여
있다. 살은 백색이고 맛과 냄새는 약간 나며 맛은 달콤하다. 주름
살은 자루에 대하여 끝붙은주름살로 배불뚝이형으로 살색-크림
색이고 약간 두껍다. 자루의 길이는 3~4cm, 굵기는 0.4~0.5cm로
막대모양이며 기부는 부푼다. 턱받이 아래쪽은 갈색의 인편이 산
포한다. 포자의 크기는 7.5~9×3~4μm로 방추형이며 표면은 매끈
하다. 거짓아미로이드 반응이다. 낭상체는 막대형이다. 포자문은
백색이다.
생태 여름 / 숲속의 땅에 군생
분포 한국(백두산), 중국, 유럽

볼록포자갓버섯

Lepiota ventriosospora Reid

형태 균모의 지름은 4~8cm로 원추상의 둥근산모양에서 거의 편평형으로 된다. 표면은 황토색이며 황색-갈색의 인편이 피복되어 있고 중앙은 검은색이며 밋밋하다. 살은 유백색이고 얇으며 자루의 살은 갈색 또는 적갈색이다. 주름살은 자루에 대하여 끝붙은주름살로 흰색이며 약간 촘촘하고 칼날형이다. 자루의 길이는 3~4cm, 굵기는 4~8mm로 균모와 같은 색이며 황색를 띤 솜모양의 털이 피복되어 있고 특히 밑동 쪽으로 심하다. 포자문은 백색이다. 포자의 크기는 13.3~16.5×4.2~5.1㎛로 방추형 또는 배불뚝이형이고 표면은 매끈하고 투명하다. 간혹 기름방울을 가진 것도 있으며 거짓아미로이드 반응이다. 담자기는 25~33×10~12㎛로 막대모양이며 4-포자성이다. 기부에 꺽쇠가 있다. 연낭상체는 22~35×11~20㎛로 막대모양이며 배불뚝이이고 서양배모양으로 4-포자성이다. 측낭상체는 없다.

생태 여름~가을 / 혼효림의 땅에 군생

분포 한국(백두산), 중국, 일본, 유럽

참고 식용

과립여우갓버섯

Leucoagaricus americanus (Peck) Velligna
Leucocoprinus bresadolae (Schulz.) S. Wasser

형태 균모의 지름은 5~10cm로 난형에서 둥근산모양을 거쳐 차차 편평하게 되지만 중앙은 돌출한다. 표면은 흰 바탕에 갈색의 낱알모양의 인피로 덮이며 중앙부에 밀집하여 진한 색을 나타내며 가장자리 쪽으로는 드문드문하게 분포한다. 가장자리에 방사상의 희미한 줄무늬홈선이 있다. 살은 백색이고 상처를 입으면 적색으로 변색한다. 주름살은 자루에 대하여 떨어진주름살로 백색-크림색이며 밀생한다. 자루의 높이는 5~13cm, 굵기는 1~3cm로 근부는 백색의 방추형이고 가루모양의 인편으로 덮인다. 자루의 속은 비어 있다. 턱받이는 암갈색의 막질이다. 포자의 크기는 9~10.5×6.5~7.5㎛이고 난형이다.

생태 여름~가을 / 톱밥 짚더미 나무의 그루터기에 군생 · 속생

분포 한국(백두산), 중국, 일본, 유럽

주홍여우갓버섯

Leucoagaricus rubrotinctus (Peck) Sing.
Leucocoprinus rubrotincta Peck

형태 균모의 지름은 5~8cm로 반구형에서 중앙이 높은 편평형으로 된다. 표면은 어두운 적갈색의 비로드모양이며 표피가 터져 인편으로 되어 산재한다. 살은 백색이다. 주름살은 자루에 대하여 끝붙은주름살로 백색이고 밀생한다. 자루의 높이는 8~12cm, 굵기는 3~6mm로 백색이며 기부는 부풀고 속은 비어 있다. 턱받이는 백색의 막질이고 언저리는 적색이다. 포자문은 백색이다. 포자의 크기는 7~8×4~4.5μm로 난형-방추상의 타원형으로 발아공은 없고 표면은 매끈하고 투명하다. 거짓아미로이드 반응이다. 담자기는 21~26×6~8μm로 막대형이며 4-포자성이다. 기부에 꺽쇠가 없다. 연낭상체는 20~46×7~13μm로 원통형-막대형이며 측낭상체는 없다.

생태 여름~가을 / 숲속 정원, 대나무밭 등의 땅에 단생 · 군생 · 속생
분포 한국(백두산), 중국, 일본, 유럽, 북아메리카

갈색중심각시버섯

Leucocoprinus brebissonii (Godley) Locq.

형태 균모의 지름은 2.5~5cm로 난형에서 종모양-원추형을 거쳐 편평하게 되고 중앙부는 크게 돌출한다. 표면은 솜털 인편으로 덮이며 레몬색이다. 가장자리는 방사상의 줄무늬홈선이 있고 부채살모양이다. 살은 얇고 황색이다. 주름살은 자루에 대하여 끝 붙은주름살로 순백색-연한 황색이며 밀생한다. 자루의 길이는 5~7.5cm, 굵기는 3~6mm로 하부는 곤봉상으로 부풀고 속이 빈다. 표면은 백색이며 레몬색의 가루 같은 물질로 덮인다. 턱받이는 막질이고 쉽게 탈락한다. 포자문은 백색이다. 포자의 크기는 8.5~11×5.5~8.5μm로 난형-타원형으로 발아공이 있으며 표면은 매끈하고 투명하다. 담자기는 18~28×10~12μm로 막대현이며 4-포자성이다. 기부에 꺽쇠가 없다. 연낭상체는 40~77×11~30μm로 막대형, 원통형에서 방추형-배불뚝형 등 다양하다. 측낭상체는 없다.

생태 여름~가을 / 잔디밭, 길가, 활엽수의 숲속의 땅에 군생

분포 한국(백두산), 중국, 일본, 유럽, 북아메리카, 열대-아열대

노란날개각시버섯

Leucocoprinus cepistipes (Sow.) Pat.

형태 균모의 지름은 2~6cm로 처음에는 난형에서 종모양-원추형을 거쳐 차차 편평형으로 된다. 표면은 흰색 바탕에 흰색의 가루 모양 또는 솜 같은 피복물이 덮여 있고 나중에 다소 크림색-회색을 띠게 된다. 가장자리는 방사상으로 줄무늬홈선이 있어서 부채살모양을 이룬다. 주름살은 자루에 대하여 떨어진주름살로 흰색이고 빽빽하며 가장자리는 분상이다. 자루의 길이는 5~12.5cm, 굵기는 3~6mm로 밑동은 곤봉모양으로 부푼다. 포자문은 분홍 크림색이다. 포자의 크기는 7.6~11.1×5.4~6.9μm로 타원형-난형이며 발아공이 있으며 표면은 매끈하고 투명하며 포자벽이 두껍다. 거짓아미로이드 반응이다. 담자기는 22~35×10~12μm로 막대형이며 4-포자성이다. 기부에 꺽쇠가 없다. 연낭상체는 12~30×4~8μm로 방추형 등이며 측낭상체는 없다.

생태 여름~가을 / 숲속의 부식토, 정원의 퇴비에 군생 또는 소수가 속생

분포 한국(백두산), 중국, 일본, 유럽, 북아메리카, 온대-아열대, 온대지방의 일부

흰주름각시버섯

Leucocoprinus cygneus (J. Lange) Bon
Lepiota cygnea Lange

형태 균모의 지름은 0.8~2cm로 종모양에서 차차 편평형으로 되고 보통 중앙이 돌출된다. 표면은 백색이고 때로는 중앙부에 희미한 가죽색을 띠며 비단 같은 섬유가 있다. 가장자리 쪽으로 미세하게 갈라진다. 주름살은 자루에 대하여 떨어진주름살로 흰색이고 폭이 좁으며 약간 밀생한다. 자루의 길이는 2~3.5cm, 굵기는 0.5~2mm로 흰색이고 밑동이 약간 굵어지기도 하며 속은 비어 있다. 표면은 처음에 다소 솜찌꺼기 같은 것이 있다가 나중에 없어진다. 막질의 턱받이가 있다. 포자의 크기는 5~6.5×3~3.5μm이고 타원형으로 표면은 매끈하다.
생태 여름~가을 / 혼효림의 부식토에 군생
분포 한국(백두산), 중국, 일본, 유럽, 북아메리카

여우꽃각시버섯

Leucocoprinus fragilissimus (Berk. & Curt.) Pat.

유균

형태 균모의 지름은 2~4cm로 원추형-종모양에서 둥근산모양을 거쳐 차차 편평하게 되고 중앙이 오목하다. 표면은 흰 바탕에 방사상의 줄무늬홈선이 부채살처럼 있으며 중앙에 가는 인편이 있고 황색으로 가장자리는 톱니상이다. 살은 아주 얇고 백색이다. 주름살은 자루에 대하여 떨어진주름살로 백색이며 약간 성기다. 자루의 높이는 4~8cm, 굵기는 2~3mm로 황색이고 근부는 부풀며 속이 비어 있다. 턱받이는 황색의 막질이고 턱받이의 하부에는 황색의 미세한 털이 있다. 포자의 크기는 9~12.5×6~8.5μm로 레몬형이며 발아공이 있고 표면은 매끄럽고 투명하다. 자루가 쉽게 꺾어지며 손으로 만지면 인편이 손에 묻는다.
생태 여름~가을 / 숲속, 정원 내 온실의 땅에 군생
분포 한국(백두산), 중국, 일본, 유럽, 북아메리카, 열대-온대

젖꼭지큰갓버섯

Macrolepiota mastoidea (Fr.) Sing.

형태 균모의 지름은 5~15cm로 원추형의 종모양에서 둥근산모양으로 되지만 중앙은 젖꼭지처럼 돌출한다. 연한 황토색에서 선명한 다색으로 되고 갈라져서 미세한 인편으로 되며 갈라진 사이로 백색의 살이 나타난다. 가장자리는 얇고 백색이며 예리하다. 살은 백색이고 변색하지 않으며 냄새가 불분명하고 맛은 온화하다. 주름살은 끝붙은주름살로 백색이고 폭은 좁으며 가장자리는 밋밋하다. 자루의 길이는 8~15cm, 굵기는 8~12mm로 원통형이며 기부는 부풀고 둥글며 속은 차 있다가 빈다. 턱받이 위쪽은 연한 황토색이고 털이 있다가 밋밋해지며 아래쪽은 크림색으로 되며 미세한 연한 황토색의 인편이 밴드로 된다. 턱받이는 막질이고 약간 가동성이며 위쪽은 갈색 반점이 있다. 포자는 12.5~16×8~10.5μm로 타원형이며 투명하고 매끈하며 발아공이 있다. 담자기는 막대형으로 45~55×12~16μm로 4-포자성이다.

생태 여름~가을 / 혼효림, 또는 풀밭의 땅에 단생 · 군생

분포 한국(백두산), 중국, 유럽, 북아메리카

큰갓버섯

Macrolepiota procera (Scop.) Sing.

형태 균모의 지름은 9~15cm로 난형 또는 종모양에서 반구형을 거쳐 차차 편평해지고 중앙부는 돌출한다. 표면은 마르고 처음에 매끄럽고 홍갈색이나 편평해진 다음에는 중앙부 이외의 표피층이 갈라져서 대형의 불규칙한 녹슨색의 인편으로 된다. 인편 아래의 바탕은 백색이다. 가장자리의 인편은 작고 색깔도 연하다. 살은 두껍고 흰색이며 유연하고 탄력성이 있으며 맛은 유하다. 주름살은 자루에 대하여 떨어진주름살로 백색이고 밀생하며 폭은 넓으며 얇다. 주름살의 가장자리는 솜털모양이다. 자루의 높이는 15~30cm, 굵기는 0.7~1.1cm로 원주형이며 상하의 굵기가 같으며 기부가 구경상으로 부푼다. 표면은 균모와 동색이며 녹슨 갈색의 작은 인편이 뱀무늬 같은 문양으로 덮인다. 자루의 속은 갯솜질이나 나중에 빈다. 턱받이는 상위이고 2층이며 좁고 두꺼우며 위아래로 움직일 수 있고 영존성이다. 포자의 크기는 13~15×8.5~10㎛로 타원형이며 표면은 매끄럽다. 포자문은 백색이다.

생태 여름~가을 / 숲속, 숲 변두리 또는 길가의 땅에서 산생 · 단생하며 소나무, 이깔나무, 신갈나무 등과 외생균근을 형성

분포 한국(백두산), 중국, 일본, 유럽, 북아메리카

참고 식용

잔피막흙주름버섯

Melanophyllum haematospermum (Bull.) Kreisel
M. echinatum (Roth) Sing.

형태 균모의 지름은 1~2.5cm로 원추상의 둥근산모양에서 종모양으로 되며 나중에 거의 편평하게 펴진다. 표면은 탁한 회갈색 또는 암회갈색인데 분질물로 덮여 있다. 가장자리 끝은 피막의 잔재물이 붙어 있다. 주름살은 자루에 대하여 떨어진주름살로 진한 분홍색에서 암적색또는 암갈색으로 된다. 자루의 길이는 2~4cm, 굵기는 1.5~3mm로 포도주 분홍색인데 회갈색의 분질이 덮여 있다. 포자문은 올리브갈색 또는 적갈색이다. 포자의 크기는 6~7×2.5~3μm로 막대-타원형이며 미세하게 거칠고 레몬노란색으로 포자벽은 두껍다. 담자기는 16~21×6~7.5μm로 원통형, 막대형 등 다양하며 4-포자성이다. 기부에 꺽쇠가 없다. 연낭상체와 측낭체는 관찰 안 된다.

생태 봄~가을 / 숲속의 습한 부식질, 토양, 불탄 자리에 군생

분포 한국(백두산), 중국, 일본, 인도네시아, 유럽

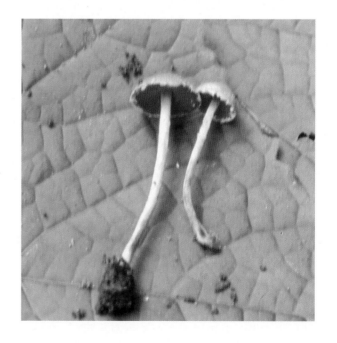

귀흑주름버섯

Melanophyllum eyrei (Massee) Sing.
Lepiota eyrei (Massee) J. E. Lange

형태 균모의 지름은 1~3cm로 둥근산모양-종모양이다. 표면은 연한 갈색이고 중앙은 황토갈색이다. 가장자리는 크림색-황갈색이며 미세한 알갱이가 있다. 어릴 때는 가장자리에 외피막의 잔존물이 부착한다. 살은 백색이며 자루의 살은 갈색이다. 주름살은 자루에 대하여 바른주름살로 청색 또는 청록색이며 약간 성기며 폭은 넓다. 자루의 길이는 1.5~2.5cm, 굵기는 1~2mm로 표면은 미세한 알갱이가 있고 균모와 동색이며 기부 쪽으로 진한 색이다. 포자의 크기는 4~5×2~2.5㎛로 난형이다. 포자문은 연한 녹색이다.
생태 여름~가을 / 활엽수 또는 침엽수림의 땅에 나며 보통 이끼류 사이에 발생
분포 한국(백두산), 중국, 유럽

턱받이금버섯

Phaeolepiota aurea (Matt.) Maire
Gymnopilus spectabilis (Fr.) Sing.

갈황색형

형태 균모의 지름은 5~15cm로 원추형-반구형에서 둥근산모양을 거쳐 중앙이 높은 편평형으로 된다. 표면은 황토색-황금색인데 같은 동색의 가루로 덮여 있으며 방사상의 주름이 있다. 살은 연한 황색이며 강한 냄새가 난다. 주름살은 자루에 대하여 끝붙은주름살로 황백색에서 황갈색으로 되며 밀생하고 광폭이다. 자루의 길이는 8~15cm, 굵기는 1.2~3.5cm로 원주형이며 세로는 달리는 주름이 있고 균모와 동색이다. 표면은 균모와 같은 색의 분질물로 덮인다. 턱받이는 크고 막질이며 상면은 황백색이고 하면은 가루로 덮이고 주름이 있다. 포자의 크기는 9~13×4~5μm로 방추상의 타원형이고 연한 황갈색이며 표면은 미세한 반점으로 덮인다. 포자문은 녹슨 황토갈색이다.

생태 여름~가을 / 숲속, 길가, 뜰, 밭두렁 등에 군생

분포 한국(백두산), 중국, 일본, 유럽, 북아메리카, 북반구 일대

참고 맛 있는 식용균

갈황색형(Gymnopilus spectabilis) 속생하며 균모는 갈황색(황금색)으로 독버섯이다.

흑변빵말불버섯

Bovista nigrescens Pers.

형태 자실체의 크기는 3~6cm로 구형 또는 아구형이고 약간 밑동이 뾰족하다. 어린 때는 표면이 밋밋하며 백색이고 흔히 쌀겨 같은 작은 그물눈 형태로 주름이 생기고 외피가 거칠어진다. 표면은 나중에 아래쪽에서 위쪽으로 검은색을 띠게 되며 외피가 벗겨지고 밋밋하거나 쭈굴쭈굴한 가죽모양의 내피가 드러난다. 내피는 암적갈색 또는 검은색이고 약간 광택이 나고 포자를 싸고 있다가 위쪽에 1~3cm 정도의 파열부가 생겨서 이곳에서 포자가 비산된다. 기본체의 내부는 백색에서 올리브갈색 또는 암갈색으로 된다. 포자의 크기는 6~6.5μm로 구형이며 표면에 미세한 사마귀의 반점이 있고 포자에 긴꼬리모양의 탄사가 있고 갈색으로 1개의 기름방울이 있다. 담자기는 20×9μm로 막대모양이며 4-포자성이다. 기부에 격쇠가 없다.

생태 여름~가을 / 고산대의 목초지나 초지에 부식층이 많은 곳 또는 활엽수나 혼효림의 땅에 군생

분포 한국(백두산), 중국, 유럽

참고 어릴 때 식용 가능

검은빵말불버섯

Bovista plumbea Pers.

형태 자실체는 2~4cm로 구형-아구형으로 자루는 없지만 기부에 섬유상 균사의 덩어리가 흙과 뭉쳐 있어서 자실체가 지면에서 이탈되지 못하게 된다. 외피는 두껍고 처음에 백색인데 점점 외피가 달걀껍질모양의 큰 박편으로 떨어져 나가서 부서지기 쉽다. 표면은 연한 백색-회백색의 가죽질 모양의 내피층이 드러나며 내피층은 점차 흑갈색으로 된다. 성숙하면 위쪽에 5~10mm 정도의 원형 구멍이 생겨 포자가 비산한다. 기본체의 내부는 백색에서 적갈색 또는 암자갈색으로 된다. 포자의 크기는 4~6.5× 3.5~5.5μm로 아구형-난형이며 포자에 긴꼬리모양의 탄사가 있고 표면은 매끄럽고 갈색이며 기름방울이 있다. 담자기는 10~20× 7~10μm로 막대모양이며 4-포자성이다. 기부에 격쇄가 없다.

생태 여름~가을 / 잔디밭, 목장, 골프장, 초지 등의 땅에 산생, 흔히 계곡 부근에 군생

분포 한국(백두산), 일본, 중국, 유럽

참고 어릴 때 식용 가능

애기빵말불버섯

Bovista pusilla (Batsch) Pers.
Lycoperdon pusillum Batsch

형태 자실체는 구형-아구형이며 무성기부는 없으나 짧은 자루가 있는 경우도 있다. 밑동에는 뿌리모양의 균사속이 있다. 어릴 때는 표면은 흰색에서 점토색으로 된다. 표면에 낮은 반점상의 비늘이 있으며 백색에서 갈색으로 된다. 말불버섯과 달리 자루가 없거나 극히 짧다. 기본체는 어릴 때는 흰색이지만 성숙하면 녹황색으로 된다. 포자의 지름은 3~4μm로 구형이며 표면은 매끄럽고 미세한 사마귀모양의 돌기가 있다.

생태 여름~가을 / 숲속의 땅 또는 풀밭의 땅, 길가 등에 군생

분포 한국(백두산), 중국, 일본, 유럽

참고 흔한 종

흰말징버섯

Calvatia cretacea (Berk.) Lloyd

형태 자실체의 지름은 2.5~5cm로 아구형에서 약간 편평해지며 외피는 아래쪽은 주름지고 기부는 가늘어지며 작은 점상들이 백색의 균사체에 부착한다. 자루가 있고 백색에서 갈색을 거쳐 황토색으로 되며 사마귀점은 두껍게 되고 아래로 밋밋하고 퇴색하여 밀가루 같은 비듬으로 된다. 때로는 위가 부드럽고 언제나 갈라지고 불규칙하며 많은 사마귀 집단을 만든다. 성숙하면 노출 정도에 따라 얇고 광택이 나며 은색의 갈색에서 초콜릿색으로 되고 내부의 표피는 아래의 밑쪽부터 갈라진다. 기본체는 황금색의 올리브색을 거쳐 초콜릿갈색으로 된다. 포자의 지름은 4.2~5.5μm로 구형이며 기름방울이 한 개 있으며 작은 돌기가 있고 미세한 사마귀점들이 있으며 투명한 껍질에 싸여 있다. 세모체는 실로 된 조각이며 포자와 동색이며 드물게 분지하며 많은 미세구멍이 있고 두께는 3~7μm이다.

생태 여름 / 숲속의 땅에 군생

분포 한국(백두산), 중국

큰말징버섯

Calvatia cyathiformis (Bosc) Morgan

형태 자실체의 지름은 7~15cm, 높이 9~20cm로 어릴 때는 거의 구형이지만 점차 팽이모양이나 서양배모양으로 위쪽은 둥글고 아래쪽은 좁아진다. 외피의 표면은 처음 밋밋하나 곧 작은 조각 또는 그물눈모양의 균열이 생기며 크고 작은 박막이 되어 탈락한다. 어릴 때는 백색이나 점차 그을린 회갈색, 자주색 또는 자갈색으로 된다. 내피층은 암자주색 또는 자갈색이고 밋밋하며 얇다. 성숙한 후에는 외피와 내피가 모두 탈락하고 포자가 비산되며 잔재된 자실체는 사발처럼 보인다. 기본체는 백색에서 황갈색-암자갈색으로 된다. 건조하면 외피가 탈락하면서 포자가 비산되고 후에는 스펀지모양으로 변한 무성기부만 남게 된다. 무성기부는 흰색에서 칙칙한 황갈색이며 최종적으로 암자색으로 된다. 포자가 비산된 후에는 이 암자색 무성기부만 컵모양으로 남게 된다. 포자의 지름은 3.5~7.5μm로 구형이고 분명한 침상의 돌기가 있다.

생태 가을 / 초지나 목장, 공원 등의 땅에 군생

분포 한국(백두산), 중국, 일본, 북아메리카

참고 어릴 때는 내부가 단단하고 식용

푸대말징버섯

Calvatia utriformis (Bull.) Jaap.

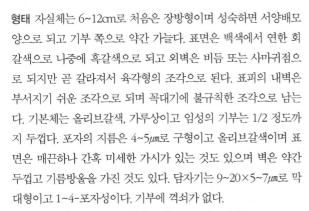

형태 자실체는 6~12cm로 처음은 장방형이며 성숙하면 서양배모
양으로 되고 기부 쪽으로 약간 가늘다. 표면은 백색에서 연한 회
갈색으로 나중에 흑갈색으로 되고 외벽은 비듬 또는 사마귀점으
로 되지만 곧 갈라져서 육각형의 조각으로 된다. 표피의 내벽은
부서지기 쉬운 조각으로 되며 꼭대기에 불규칙한 조각으로 남는
다. 기본체는 올리브갈색, 가루상이고 임성의 기부는 1/2 정도까
지 두껍다. 포자의 지름은 4~5μm로 구형이고 올리브갈색이며 표
면은 매끈하나 간혹 미세한 가시가 있는 것도 있으며 벽은 약간
두껍고 기름방울을 가진 것도 있다. 담자기는 9~20×5~7μm로 막
대형이고 1~4-포자성이다. 기부에 꺽쇠가 없다.
생태 여름~가을 / 보통 풀밭의 모래땅에 단생 · 군생
분포 한국(백두산), 중국, 유럽
참고 희귀종이며 어릴 때 식용

댕구알버섯

Lanopila nipponica (Kawam.) Y. Kobay.

형태 자실체의 지름은 15~40cm로 구형으로 축구공과 비슷하다. 표면은 두께 1~1.5mm의 두꺼운 가죽모양의 껍질로 싸이며 백색이다. 내부 기본체가 성숙함에 따라 다량의 액체를 내고 퇴색한다. 건조해지면 껍질은 불규칙하게 벗겨지며 황갈색-자갈색의 얇은 껍질로 싸인 기본체를 노출한다. 기본체는 백색이나 황갈색-자갈색으로 되고 낡은 솜모양으로 된다. 포자는 지름 6~7.6μm로 구형이고 황갈색이며 표면에 가시돌기가 나 있다.

생태 여름~가을 / 대나무밭, 초지, 숲속의 풀밭에 단생

분포 한국(백두산), 중국, 일본

흑보라말불버섯

Lycoperdon atropurpureum Vittad.

형태 자실체의 높이는 2~5cm로 아구형에서 팽이모양을 거쳐 서양배모양으로 되며 균사체로 기질과 연결된다. 표면은 황갈색이며 외피막에 갈색 침이 있고 침은 가늘고 직립하여 잘 발달되었으나 부서지기 쉽다. 내피는 표피의 갈라진 사이로 나타나고 광택이 나며 크림색이다. 기본체는 불분명한 주축이 있다. 포자문은 자색이 가미된 초콜릿갈색이다. 포자의 지름은 4.5~5.5μm로 구형이며 표면에 거친 사마귀반점이 있으며 사마귀반점은 서로 떨어져 있다. 세모체는 유연하고 적갈색이며 길이는 4.5~7μm이고 벽의 두께는 1~1.5μm이다.

생태 여름~가을 / 숲속의 땅에 단생·군생

분포 한국(백두산), 중국, 유럽

꼬리말불버섯

Lycoperdon caudatum J. Schort.

형태 균모의 높이는 5cm로 팽이모양에서 서양배모양으로 되며 약간 (쓰리가/부식에서) 뿌리 형성, 거짓(위) 균사는 없다. 외피는 강한 조락성이며 크림색에서 황노란색으로 되며 밀집된 가시가 있으나 쉽게 탈락하며 그물눈과 가시는 조각에 분리된다. 내피는 연한 벌집모양이고 라일락색의 갈색이다. 기본체는 올리브갈색에서 회갈색으로 되며 불분명한 거짓(위) 주축이 있다. 포자문은 올리브갈색에서 회갈색이다. 포자의 지름은 4~4.5μm로 구형에서 아구형이며 표면은 매끈하고 임성의 조각이 부착한다. 세모체의 길이는 35μm로 약간 유연하고 노란색에서 회갈색으로 되며 많이 존재한다.

생태 여름~가을 / 모래땅, 석회질 땅의 숲속에 단생 · 군생

분포 한국(백두산), 중국, 영국, 북아메리카

가시말불버섯

Lycoperdon echinatum Pers.

형태 자실체의 지름은 2~5cm로 구형이며 서양배모양의 무성기 부는 잘록해서 원추형이 된다. 밑동에는 뿌리모양의 백색의 균 사다발이 붙어 있다. 각피의 표면은 황갈색-갈색이고 두께는 3~5mm 정도의 다소 진한 색깔의 가시가 밀생되어 있다. 가시는 성숙하면 탈락하기 쉽다. 가시가 탈락하면 내피에 그물눈모양의 흔적이 남는다. 내피는 적갈색으로 종이 같으며 꼭지에 구멍이 생겨 포자가 비산한다. 기본체는 처음에 흰색에서 오렌지황색-갈색-자갈색으로 보인다. 포자문은 초콜릿갈색이다. 포자의 지름은 3~4μm로 구형으로 표면은 사마귀점 또는 가시가 있고 갈색이다. 담자기는 10~20×7~9μm로 막대형이며 2~4-포자성이다. 기부에 꺽쇠가 없다.

생태 여름~가을 / 숲속의 땅에 단생·군생
분포 한국(백두산), 중국, 일본, 유럽, 북아메리카

키다리말불버섯

Lycoperdon excipuliforme (Scop.) Pers.
Calvatia excipuliformis (Pers.) Perdeck

형태 자실체 머리 부분의 높이는 8~15cm, 폭이 5~10cm로 말불버섯처럼 머리 부분은 아구형-타원형이며 그 아래 다소 긴자루가 있다. 어릴 때는 연한 황갈색-연한 갈색의 외피에 미세한 침상돌기 또는 알갱이모양으로 부착되어 있다. 나중에 탈락하고 종이장모양의 내피가 드러난다. 침상돌기가 다 떨어져 나간 부분은 가는 그물눈모양으로 보인다. 백갈색의 내피는 갈색이 되어 성숙하면 위쪽부터 찢어져서 포자가 비산되고 대부분 무성기부만 남게 된다. 기본체는 백갈색이지만 성숙하면 자갈색이 된다. 포자의 지름은 4.5~5.5µm로 구형이며 갈색으로 표면에 뚜렷한 사마귀점들이 덮여 있다. 담자기는 12~15×6~8µm로 막대형이며 4-포자성이다. 기부에 꺽쇠가 없다.

생태 늦여름~가을 / 숲속의 땅, 목장, 개활지 등의 습기 많은 땅에 군생

분포 한국(백두산), 중국, 일본, 유럽, 북아메리카

참고 어릴 때는 식용

하늘색말불버섯

Lycoperdon lividum Pers.

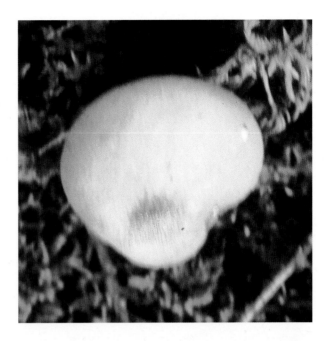

형태 자실체의 높이는 15~25mm, 지름은 15~30mm로 타원형에서 서양배모양으로 된다. 자루는 짧게 응축되어 원추형 비슷하다. 바깥 면은 모래를 뿌린 모양이고 드물게 가시를 가지며 건조 시 눈꽃모양이다. 어릴 때 황토색에서 갈색으로 되고 성숙하면 갈색이다. 표면은 밋밋하며 약간 맥상이며 오래되면 꼭대기는 파열되고 포자를 비산시킨다. 자루 기부는 야간 균사체가 있으며 부풀지만 나중에 부스럼처럼 된다. 기본체는 백색이며 자르면 백색의 기본체(글레바)와 큰방모양으로 구분된다. 성숙하면 기본체(글레바)는 솜털 같은 가루로 되고 갈색의 스펀지상이고 밀집하여 있다. 냄새와 맛은 독특하지 않다. 포자의 크기는 3.5~4.5×3.5~4μm로 아구형이고 표면에 미세한 반점이 있으며 갈색이며 포자벽이 두껍고 기름방울이 있다. 담자기는 짧은 막대형으로 8~10×7~8μm이다. 1~3-포자성이고 길이는 20μm로 기부에 꺽쇠가 없다.

생태 여름 / 숲속의 땅에 단생 · 군생

분포 한국(백두산), 중국

비늘말불버섯

Lycoperdon mammaeforme Pers.

형태 자실체의 지름과 높이는 3~5cm로 혹이 있는 넓은 서양배 모양이다. 외피는 보자기모양으로 양털 같은 털이 나지만 곧 터져서 큰 사마귀로 변하고 사마귀점은 표면을 드문드문 덮고 있다가 곧 떨어지며 기부에만 남는다. 사마귀점들 사이에 끝이 붙은 가는 가시가 겨처럼 붙으며 백색이다. 외피가 떨어진 후에 내피는 분홍백색에서 분홍갈색으로 되고 얇고 매끄러우며 꼭대기에 구멍이 생긴다. 기본체는 백색에서 황갈색으로 되며 탄사는 갈색이다. 포자의 지름은 4.5~5.3μm(가시 제외)로 구형이며 표면은 가시와 알맹이가 있고 기름방울을 가진다. 담자기가 안 보인다.
생태 여름~가을 / 활엽수림 내 낙엽층의 땅에 발생
분포 한국(백두산), 중국, 일본, 유럽, 북아메리카

여린말불버섯

Lycoperdon molle Pers.

형태 자실체의 높이는 25~50mm, 폭은 2~4cm로 구형이나 서양 배모양 또는 도원추형인 것도 있다. 기부에 자루 같은 것이 있고 바깥 면은 유연하고 회색-갈색의 침이 있다. 표면은 과립-비듬 같은 것이 부착하고 갈색이며 표피 아래쪽은 크림색에서 황갈색 이다. 자실체 전체가 밋밋하며 오래되면 가시는 떨어진다. 기본 체는 백색이고 큰 방처럼 되며 올리브갈색이다. 성숙한 자실체는 적색에서 초콜릿갈색의 포자를 꼭대기의 구멍을 통해서 방출한 다. 포자의 지름은 4~5.5μm(사마귀점 제외)로 구형이고 밝은 갈 색으로 표면에 거친 사마귀점이 있다. 담자기는 안 보인다.
생태 여름~가을 / 숲속의 땅에 군생
분포 한국(백두산), 중국, 일본, 아시아, 유럽, 북아메리카, 아프 리카

악취말불버섯

Lycoperdon nigrescens Pers.
L. foetidum Bonord.

형태 자실체의 지름은 2~5cm로 구형-장화형이다. 기부는 자루 모양이고 균사가 붙어 있으며 외피는 끝이 붙어서 피라미드를 만드는 암갈색의 짧은 가시로 덮인다. 가시 사이의 표면은 매끄럽고 갈색이고 드물게 흑갈색이며 내피는 크림색에서 갈색으로 된다. 표면은 그물꼴이나 나중에 가시가 떨어져 버린다. 기본체는 처음 백색에서 성숙하면 올리브갈색으로 되며 방이 크다. 자실체는 꼭대기에 있는 구멍을 통해 포자를 내보낸다. 어린 자실체에서는 불쾌한 냄새가 난다. 포자는 지름 4~5μm로 구형이며 알맹이와 사마귀점이 있거나 또는 매끈하고 기름방울이 있다. 담자기는 8~12×4~5μm로 막대모양이며 2~4-포자성이다. 기부에 꺽쇠가 없다.

생태 여름~가을 / 숲속, 풀밭에 발생

분포 한국(백두산), 중국, 일본, 유럽, 북아메리카

말불버섯

Lycoperdon perlatum Pers.
L. gemmatum Batsch

형태 자실체의 높이는 4~6cm로 머리 부분은 둥글게 부풀었고 그 속에 포자가 생긴다. 표면은 백색에서 회갈색으로 되며 뾰족한 알맹이모양의 돌기가 많이 있다. 기본체는 백색인데 포자가 성숙하면 회갈색의 낡은 솜모양으로 되어 머리 부분의 끝에 열린 작은 구멍에서 포자를 연기와 같이 내뿜는다. 자실체의 하반부는 원주상으로 이것이 자루로 되고 내부는 갯솜모양이다. 포자는 지름 3.5~5㎛로 구형이며 연한 갈색으로 표면에 미세한 사마귀점이 있고 갈색이며 포자벽이 두껍다. 담자기는 7~10×4~5㎛로 짧은 막대형이며 2~4-포자성이다. 기부에 꺽쇠가 없다.
생태 여름~가을 / 숲속이나 풀밭에 군생
분포 한국(백두산), 중국, 일본, 유럽, 북아메리카, 전 세계
참고 어릴 때 식용

목장말불버섯

Lycoperdon pratense Pers.
L. hiemale Bull., Vacellum pratense (Pers.) Kreisel

형태 자실체의 지름은 1~2cm로 구형-편구형이고 무성기부가 있는 경우에는 서양배모양이다. 처음에는 백색에서 황갈색으로 된다. 외피에는 여러 가지 형태로 된 백색-연한 갈색의 짧은 털이 3~4개씩 집합되어 있거나 또는 쌀겨모양의 분상물질이 덮여 있는데 성숙하면서 탈락한다. 내피는 얇고 밋밋한 종잇장모양이며 광택이 난다. 꼭대기에는 작은 구멍이 생긴 후 점차 크게 찢어지며 포자가 비산된다. 기본체는 올리브갈색(황녹갈색) 또는 황갈색의 분상포자 덩어리로 된다. 포자의 지름은 4~6μm로 구형이며 황색이고 표면은 미세한 사마귀반점이 덮여 있으며 벽은 두껍고 기름방울을 함유한다. 담자기는 8~18×5~7μm로 막대형이며 기부에 꺽쇠가 없다.

생태 여름~초가을 / 잔디밭, 초지, 숲속의 땅에 군생 · 단생

분포 한국(백두산), 중국, 일본, 유럽, 북아메리카, 전 세계

좀말불버섯

Lycoperdon pyriforme Schaeff.

형태 자실체의 높이는 2~4cm로 전체는 거꾸로 된 난형-구형이다. 머리 부분의 표면은 백색에서 회갈색으로 되고 대체로 매끄럽거나 가는 알맹이를 가졌으며 꼭대기 끝에 작은 주둥이가 열려 있다. 기본체의 내부는 백색이고 나중에 황록색에서 녹갈색으로 된다. 포자는 지름 3.5~4μm로 구형이며 표면은 매끄럽고 연한 황색-올리브갈색이고 포자벽은 두꺼우며 기름방울을 가지고 있다. 담자기는 9~13×3~4.5μm로 막대모양이고 기부에 꺽쇠가 없다.
생태 여름~가을 / 숲속의 썩은 나무 위에 군생
분포 한국(백두산), 중국, 일본, 유럽, 북아메리카, 전 세계
참고 어릴 때 식용

너도말불버섯

Lycoperdon umbrinum Pers.

형태 자실체의 지름은 2.5~3cm, 높이는 3~4cm로 편평한 구형이며 자루가 있고 전체가 서양배모양이다. 표면은 백색 또는 연한 갈색이나 나중에 황갈색-갈색으로 되며 작은 알맹이와 가시가 섞여 있으며 그들의 일부가 벗겨져서 매끈하게 된다. 기본체는 엷은 올리브색이나 나중에 올리브갈색 또는 자갈색으로 되며 분명한 주축이 있다. 성숙한 자실체는 꼭대기의 구멍을 통하여 갈색의 포자를 방출한다. 포자가 생기지 않는 기부는 자루의 속을 채우며 빈방은 조금 크다. 포자는 지름이 3.5~4.5μm로 구형이며 기본체와 같은 색이고 표면은 미세한 사마귀점과 짧은 돌기가 소경자에 붙는다. 담자기는 10~15×4.5~7μm로 짧은 막대형이고 2-포자성이다. 기부에 꺽쇠가 없다.

생태 가을 / 숲속의 땅에 군생

분포 한국(백두산), 중국, 일본, 유럽, 북아메리카

좀주름찻잔버섯

Cyathus stercoreus (Schw.) De Toni

형태 자실체의 높이는 1cm, 지름은 5mm로 가늘고 긴 컵모양이다. 외면은 황갈색에서 회갈색으로 되며 두꺼운 솜털이 밀생하나 나중에 벗겨져서 매끄럽게 되고 내면은 매끄러우며 검은색이고 맨 바닥에 여러 개의 검은색 소외피자가 들어 있다. 소외피자의 지름은 1.5~2mm로 바둑알모양이며 아랫면 중앙에 가는 끈이 붙는다. 포자는 크기는 22~35×18~30㎛로 아구형-광난형으로 미세한 과립이 있고 표면은 매끈하고 투명하며 포자벽이 두껍다. 담자기는 40~50×12~16㎛로 막대형이며 3개 이상의 포자 성이다. 기부에 격쇠가 없다.

생태 여름~가을 / 부식질이 많은 땅에 군생

분포 한국(백두산), 중국, 일본, 유럽, 북아메리카, 전 세계

주름찻잔버섯

Cyatus striatus (Huds.) Willd.

형태 자실체의 높이는 8~13mm, 지름은 6~8mm로 거꾸로 된 원추형이고 컵모양이다. 외면은 거칠고 털조각으로 덮이며 갈색-어두운 갈색이다. 내면은 회색-회갈색으로 반짝이며 세로로 달리는 뚜렷한 줄무늬선이 있다. 컵의 입은 백색의 막으로 덮여 있으나 곧 터져 없어진다. 바둑알모양의 작은 알맹이(소피자)는 지름 1.5~2mm로 하면의 중앙에 붙는 가는 끈으로 외피 밑바닥에 연결된다. 이것은 회흑색에서 흑갈색으로 된다. 단단한 껍질로 싸이고 내부에 자실층이 발달하여 포자를 만든다. 포자는 16~20×8~9μm로 장타원형이며 표면은 매끄럽고 투명하며 포자막은 두껍다. 담자기는 40~45×8.5μm로 막대모양이며 4-포자성이다. 기부에 꺾쇠가 없다.

생태 여름~가을 / 썩은 낙엽이 쌓인 곳에 군생

분포 한국(백두산), 중국, 일본, 유럽, 북아메리카, 전 세계

흰광대버섯

Amanita albocreata (G. F. Atk.) E-J. Gilbert

형태 균모의 지름은 2.5~8cm로 둥근산모양이 편평하게 되며 백색에서 연한 노란색이며 중앙은 연한 노란색이다. 표면은 습기가 있을 때 점성이 있고 건조 시 밋밋하거나 미세한 반점들이 있는 것도 있다. 표피는 쉽게 갈라진 조각으로 되거나 백색의 대주머니 파편으로 된 사마귀점이 있는 것이 있다. 살은 얇다. 주름살은 자루에 대하여 끝붙은주름살 또는 올린주름살로 폭은 좁거나 비교적 폭이 넓으며 밀생하고 백색이다. 자루의 길이는 5~15cm, 굵기는 5~13mm로 꼭대기 쪽으로 가늘어지고 속은 약간 차 있다. 표면은 작은 인편의 조각들이 부착하며 턱받이는 없다. 기부는 부풀고 백색이다. 대주머니는 백색이고 초 같으며 자루에서 떨어진 주머니로 약간의 털상이며 부서지기 쉬우며 조각으로 기부에 부착하기도 한다. 포자의 크기는 7~9.5×6.5~8.5μm로 아구형 또는 타원형이다. 난아미로이드 반응이다. 포자문은 백색이다.
생태 봄~여름 / 숲속 등지에 군생
분포 한국(백두산), 중국, 북아메리카
참고 식용불가

백황색광대버섯

Amanita alboflavescens Hongo

형태 균모의 지름은 4~6.5cm로 둥근산모양에서 편평하게 펴진다. 표면은 분상이고 거의 백색에서 나중에 연한 황색으로 되며 백색-황색의 반점들이 있거나 또는 막질의 크고 작은 외피막 파편이 부착한다. 가장자리 끝에는 외피막의 일부가 붙어 있기도 한다. 살은 백색이며 상처를 받으면 강한 오렌지색으로 변색한다. 주름살은 자루에 대하여 끝붙은주름살이며 백색이나 크림색이고 상처를 받으면 황색으로 변색한다. 가장자리는 분상이다. 자루의 길이는 5~7cm, 굵기는 8mm로 기부는 방추형 또는 도란형이고 표면은 균모와 같은 색이며 점모양의 작은 인편이 덮여 있고 꼭지 부분은 분상이다. 자루의 속은 차 있다. 턱받이는 막질인데 탈락하기 쉽다. 외피막은 대부분 자루의 팽대부에 부착한다. 포자의 크기는 8~12×4.5~6.5㎛로 장타원형이며 표면은 매끈하다.

생태 여름~가을 / 참나무류의 숲속의 땅에 단생

분포 한국(백두산), 중국, 일본

줄무늬광대버섯

광대버섯과 ≫ 광대버섯속

Amanita battarrae (Boud.) Bon

형태 균모의 지름은 7~10(12)cm로 어릴 때는 원추형에서 둥근 산모양을 거쳐 편평형으로 되며 중앙에 둔한 돌출이 생기지만 간혹 중앙이 오목해지는 것도 있다. 표면은 밋밋하고 방사상의 미세한, 눌려 붙은 섬유가 있고 황갈색, 회갈색-올리브갈색이며 줄무늬선이 균모의 1/3 정도까지 발달한다. 가장자리는 다소 연하고 둔하다. 살은 백색이고 중앙은 두껍고 가장자리는 얇다. 주름살은 자루에 대하여 떨어진주름살로 유백색으로 폭이 넓고 촘촘하며 가장자리는 갈색을 띤다. 자루의 길이는 10~13cm, 굵기는 1~1.2cm로 원주형이고 밑동 쪽으로 점차 굵어지며 부러지기 쉽고 어릴 때는 속이 차 있다가 빈다. 표면은 연한 황토색 바탕에 회갈색-적갈색의 얼룩진 반점이 덮여 있다. 꼭대기는 미세한 적갈색 분상이고 밑동은 칙칙한 백색의 막질주머니가 있다. 포자의 크기는 9.6~15.3×9.4~14μm로 구형-아구형이며 표면은 매끈하고 투명하다. 포자문은 백색이다.

생태 여름~가을 / 침엽수 또는 활엽수림의 숲속의 땅에 발생

분포 한국(백두산), 중국, 일본, 유럽, 북아메리카

흑갈색광대버섯

Amanita brunneofuliginea Z. L. Yang

형태 균모의 지름은 14cm 이상으로 대형이며 반구형에서 차차 편평해지나 중앙은 돌출한다. 표면은 밋밋하고 암갈색 또는 흑갈색이며 백색 또는 오백색의 별 같은 잔피막이 분포한다. 가장자리는 옅은 회갈색이며 줄무늬홈선이 있다. 살은 백색이다. 주름살은 자루에 대하여 떨어진주름살로 백색이고 포크형이다. 자루의 길이는 22cm, 굵기는 1.7~2.7cm로 거의 원주형이며 백색이고 위쪽으로 가늘어지는 것도 있다. 기부는 팽대하지 않으며 턱받이는 자루(푸대)모양으로 높이는 6~7cm, 폭은 3.5cm로 막질이며 백색이나 황갈색의 반점이 분포한다. 포자의 크기는 10.5~13×9.5~12㎛로 아구형 또는 타원형이며 드물게 구형이다. 난아미로이드 반응이다.

생태 여름 / 고산지대, 혼효림의 땅에 단생하며 외생균근을 형성
분포 한국(백두산), 중국

갈색점박이광대버섯

Amanita brunnescens G. F. Atk.

형태 균모의 지름은 3~10cm로 구형 혹은 거의 편평하며 가장자리에 줄무늬선은 없다. 표면은 회갈색이고 밋밋하며 광택이 나며 작은 인편이나 부서진 백색의 잔편이 있다. 살은 백색이다. 주름살은 자루에 대하여 떨어진주름살로 백색이고 비교적 밀생한다. 자루의 길이는 6~15cm, 굵기는 0.8~2.2cm로 백색으로 작은 인편이 부착한다. 기부는 거의 구형으로 막질의 대주머니가 있다. 포자의 크기는 7.8~9.5×7.8~8.8㎛로 아구형으로 포자벽은 막질이다. 담자기는 곤봉상이고 4-포자성이다.

생태 여름 / 혼효림의 땅
분포 한국(백두산), 중국
참고 독균으로 추정

민달걀버섯

Amanita caesarea (Scop.) Pers.

형태 균모의 지름은 7~13cm로 난형-종모양에서 반구형에서 차차 편평하게 되며 중앙부는 조금 돌출한다. 표면은 습기가 있을 때 점성이 있으며 매끄러우며 귤홍색 내지 귤황색이고 중앙부는 색깔이 진하다. 가장자리는 방사상의 줄무늬홈선이 있다. 살은 얇고 귤황색이며 표피 아래쪽은 귤홍색이고 맛은 유하다. 주름살은 자루에 대하여 떨어진주름살로 밀생 또는 성기며 폭이 넓고 귤황색이다. 주름살 가장자리는 반반하거나 물결모양이며 전연이다. 자루의 길이는 7~14cm, 굵기는 1~2cm로 원주형으로 상하의 굵기가 같다. 기부는 조금 불룩하며 광택이 나고 귤황색이며 속은 비어 있다. 턱받이는 상위이며 막질이고 아래로 처지며 줄무늬홈선이 있고 귤황색이다. 대주머니는 크고 주머니모양이고 위쪽으로 열리고 백색이며 영존성이다. 포자의 크기는 8.5~10×6~6.5μm로 타원형이며 표면은 매끄럽고 투명하다. 포자문은 백색이다.

생태 여름~가을 / 활엽수림 또는 소나무, 활엽수 등의 혼효림의 땅에 군생하며 신갈나무와 외생균근을 형성

분포 한국(백두산), 중국, 일본, 유럽, 북아메리카

참고 맛 좋은 식용버섯

점박이광대버섯

Amanita ceciliae (Berk. & Br.) Bas

형태 균모의 지름은 5~15cm, 처음에는 반구형에서 차차 둥근산 모양을 거쳐 편평하게 펴진다. 표면은 황갈색-암갈색이고 가장자리는 연한 색이며 약간 점성이 있으며 회백색-회흑색의 솜털 같은 외피막의 파편이 다수 부착된다. 가장자리는 방사상의 줄무늬선이 있다. 살은 연한 회색이고 무르다. 주름살은 자루에 대하여 떨어진주름살로 흰색이며 폭이 넓으며 가장자리 부분은 회색의 분상이며 다소 촘촘하고 가장자리는 분상이다. 자루의 길이는 9~15cm, 굵기는 1~2cm로 약간 가늘고 길며 위쪽이 가늘다. 표면은 회색의 점상의 반점 또는 섬유상의 작은 인편이 촘촘하게 덮여 있다. 자루의 속은 비어 있다. 포자의 크기는 10.4~14.1× 9.7~14μm로 구형이며 표면은 매끈하고 투명하다. 포자문은 백색이다.

생태 여름~가을 / 참나무류 등 활엽수 숲속의 땅에 군생

분포 한국(백두산), 중국, 일본, 유럽, 북아메리카, 북반구 온대

큰우산버섯

Amanita cheelii P. M. Kirk
A. vaginata var. punctata (Cleland & Cheel) Gilb.

형태 균모의 지름은 3~7cm로 종모양에서 둥근산모양을 거쳐 편
평하게 된다. 표면은 습기가 있을 때 점성이 있고 짙은 회색 또
는 회청색이며 중앙부의 색깔은 더 진하다. 가장자리는 방사상
의 줄무늬홈선이 있고 때로는 위로 뒤집혀 감긴다. 살은 희고 얇
으며 맛이 유화하며 자루의 살은 육질이다. 주름살은 자루에 대
하여 끝붙은주름살로 밀생한다. 주름살의 가장자리가 암회색으
로 되어 있는 것이 뚜렷한 특징이다. 자루의 길이는 8~13cm, 굵
기는 0.6~3cm로 위로 점차 가늘어진다. 표면은 백색 또는 회백
색이고 가루 조각으로 덮여 얼룩무늬를 나타내고 땅 속 깊이 묻
혀 있어서 대주머니는 백색의 자루모양으로 전혀 땅 위에 나타
나지 않는다. 자루의 속은 비어 있고 턱받이는 없다. 포자의 지름
은 10~12μm로 구형이고 표면은 매끄럽다.
생태 여름~가을 / 낙엽수림의 땅에 군생
분포 한국(백두산), 중국, 일본, 유럽, 북아메리카, 전 세계

애광대버섯

Amanita citrina (Schaeff.) Pers.
A. citrina var. alba (Gill.) Rea, A. citrina (Schaeff.) Pers. var. citrina

형태 균모의 지름은 4~7cm로 반구형에서 차차 편평하게 된다. 표면은 습기가 있을 때 점성이 있으며 연한 황록색-연한 유황색 또는 레몬황색 등으로 점차 색깔이 연해진다. 가끔 유황색 외피막의 잔편이 있으며 탈락하기 쉽다. 가장자리는 반반하다. 살은 얇고 백색이며 표피 아래쪽은 연한 색이고 맛은 온화하나 냄새는 고약하다. 주름살은 자루에 대하여 떨어진주름살로 밀생하며 폭은 넓고 백색이다. 자루의 길이는 7~15cm, 굵기는 0.5~0.7cm로 상하의 굵기가 같거나 위로 가늘어지며 백색-백황색-유황색의 가는 인편으로 덮인다. 자루의 속은 차 있다가 노후 시 속이 빈다. 턱받이는 상위이고 다소 넓으며 유황색이고 윗면은 반반하며 아랫면은 가는 솜털이 있다. 대주머니는 반구형의 기부를 둘러싸고 백색 또는 회백색이며 윗부분이 떨어져 있으며 쉽사리 탈락된다. 포자의 지름은 4.5~7μm로 구형이며 표면은 매끄럽다. 포자문은 백색이다.

생태 여름~가을 / 분비나무, 가문비나무 숲, 침 · 활엽수림의 혼효림 또는 신갈나무 숲속의 땅에 산생 · 단생하며 가문비나무, 분비나무, 소나무 또는 신갈나무 등과 외생균근을 형성

분포 한국(백두산), 중국, 일본, 유럽, 북아메리카

황색주머니광대버섯

Amanita crocea (Quél.) Sing.

형태 균모의 지름은 4~10cm로 어릴 때는 원추형에서 둥근산모양을 거쳐 차차 편평하게 되지만 중앙이 오목하다. 표면은 오렌지황색-오렌지황토색으로 중앙이 다소 진하다. 가장자리에 미세한 줄무늬홈선이 생긴다. 살은 흰색이고 표피 아래쪽은 약간 오렌지색이다. 자루의 길이는 10~15cm, 굵기는 10~20mm로 균모와 같은 색이거나 다소 연하며 거스름모양의 미세한 털이 많이 생긴다. 밑동은 굵어지지 않고 균모의 색깔을 약간 띤 흰색의 큰 대주머니막에 싸여 있다. 포자의 지름은 9~12μm로 구형이고 표면은 매끄럽다. 포자문은 유백색이다.

생태 여름~가을 / 자작나무 등 활엽수의 땅에 발생

분포 한국(백두산), 중국, 일본, 유럽

주름버섯목
담자균문 ≫ 주름균아문 ≫ 주름균강

90

방추광대버섯

Amanita excelsa (Fr.) Bertill.
A. excelsa var. spissa (Fr.) Neville & Poumarat, A. spissa (Fr.) P. Kumm.

형태 균모의 지름은 5~10cm로 둥근산모양에서 거의 평평하게 펴진다. 표면은 회갈색-갈색이고 회백색의 많은 외피막의 파편들이 반점모양 또는 분상으로 산포되어 있고 습기가 있을 때 점성이 있다. 살은 백색이다. 주름살은 자루에 대하여 떨어진주름살로 흰색이며 폭이 넓으며 촘촘하다. 자루의 길이는 5~12cm, 굵기는 15~25mm로 위쪽으로 가늘며 밑동은 방추형으로 굵어진 경우가 많고 포크형이다. 흰색의 바탕색에 회갈색의 가는 인편이 밀포되어 있거나 다소 얼룩덜룩한 모양으로 피복된다. 상부에는 흰색의 막질 턱받이가 있고 부풀어오른 밑동에는 솜찌꺼기모양의 외피막 파편이 부착되어 있다. 포자의 크기는 7.9~11.2×5.8~8.4μm이고 광타원형으로 표면은 매끈하고 투명하다. 포자문은 백색이다.

생태 여름~가을 / 침엽수 또는 침·활엽수 혼효림의 숲속의 땅에 발생

분포 한국(백두산), 중국, 일본, 유럽, 북아메리카, 북반구 온대 이북

황변광대버섯

Amanita flavescens (E.-J. Gilb. & Lundell) Contu
A. vaginata var. flavescens E.-J. Gilb. & Lund.

형태 균모의 지름은 4~8cm, 처음 종모양에서 둥근산모양으로 된다. 표면은 황색의 오렌지색에서 황색으로 된다. 가장자리는 강하게 아래로 말린다. 주름살은 자루에 대하여 끝붙은주름살로 백색이다. 자루의 길이는 11~15.5cm, 굵기는 9.5~18.5mm로 가늘고 상하가 같은 굵기이고 오래되면 위쪽은 약간 백색으로 된다. 대주머니는 백색이고 조각 같은 막질이다. 살은 백색이고 부서지기 쉽다. 포자의 지름은 9~12μm로 구형이며 표면은 매끈하고 투명하다.
생태 여름~가을 / 숲속의 땅에 단생·군생
분포 한국(백두산), 중국
참고 희귀종

누더기광대버섯

Amanita franchetii (Boud.) Fayod
A. aspera var. franchetii Boud.

형태 균모의 지름은 2.5~8cm로 처음에는 구형이나 점차 둥근산 모양을 거쳐 편평하게 된다. 표면은 광택이 나며 밋밋하고 회갈색 또는 올리브회색이나 중앙은 어두운 색이다. 황갈색의 다각형 반점이 있고 부정형의 가루모양 또는 솜털모양의 사마귀점들이 있는데 중앙에 많이 밀집한다. 표피는 벗겨지기 쉽고 가장자리는 얇다. 살은 백색이나 표피 아래쪽은 연한 갈색이며 얇고 치밀하며 맛과 냄새가 약간 좋지 않다. 주름살은 자루에 대하여 끝붙은 주름살이고 백색으로 광폭이고 밀생한다. 자루의 길이는 4~8cm, 굵기는 0.3~1cm로 위쪽이 가늘고 백갈색의 솜털이 있으며 꼭대기에 가는 줄무늬선이 있고 속이 차 있다가 빈다. 턱받이는 자루의 위쪽에 있으며 백갈색의 막질이고 위에 줄무늬홈선이 있다. 포자의 크기는 7.5~11×7~9.5㎛로 장난형이고 표면은 매끄럽다. 아미로이드 반응이다. 포자문은 백색이다.

생태 가을 / 낙엽, 침엽수림의 땅에 발생

분포 한국(백두산), 중국, 일본, 유럽, 북아메리카

참고 독버섯

회흑색광대버섯

Amanita fuligenia Hongo

형태 균모의 지름은 3~5cm로 처음에는 계란모양의 난형에서 둥근산모양을 거쳐서 거의 평평하게 펴진다. 표면은 섬유상으로 암회색이며 중앙부는 거의 흑색이다. 가장자리가 위로 치켜진다. 주름살은 자루에 대하여 떨어진주름살로 흰색이고 촘촘하다. 자루의 길이는 6~9cm, 굵기는 4~8mm로 균모보다 연한 색으로 섬유상의 작은 인편이 덮여 있다. 밑동은 흰색의 주머니모양의 외피막이 감싸고 있으며 고리모양이 있는 것도 있다. 자루의 위쪽에 막질의 턱받이가 있으며 회색을 띤다. 포자의 지름은 7.5~9μm로 구형이며 표면은 매끄럽다. 아미로이드 반응이다.

생태 여름~가을 / 메밀잣밤나무, 가시나무의 숲속에 군생

분포 한국(백두산), 중국, 일본

참고 맹독버섯

고동색우산버섯

Amanita fulva Fr.
A. vaginata var. fulva (Schaeff.) Sacc.

형태 균모의 지름은 4~10cm로 종모양에서 차차 편평해지며 중앙부는 돌출한다. 표면은 습기가 있을 때 점성이 있고 매끄러우며 홍갈색으로 중앙은 암색이다. 가장자리에 줄무늬홈선이 있다. 살은 백색으로 맛은 온화하다. 주름살은 자루에 대하여 떨어진주름살로 백색이며 밀생하고 폭은 넓다. 주름살의 가장자리는 톱니모양이다. 자루의 높이는 7~16cm, 굵기는 0.6~1cm로 아래로 가늘어지고 균모와 동색이고 연한 색의 가는 가루모양의 인편으로 덮이고 속은 비어 있다. 턱받이는 없다. 대주머니는 자루(주머니)모양으로 높이 4~5cm로 영존성이며 균모와 동색이거나 희미하고 황토색의 반점이 있다. 포자의 지름은 10~14μm로 구형이며 표면은 매끄럽다. 포자문은 백색이다.

생태 여름~가을 / 숲속의 땅에 산생

분포 한국(백두산), 중국, 일본, 유럽, 북아메리카, 전 세계

참고 식용은 가능하나 어떤 사람에게는 중독 현상이 나타남.

새싹광대버섯

Amanita gemmata (Fr.) Bertill.

형태 균모의 지름은 4~7cm로 어릴 때 반구형에서 둥근산모양을 거쳐 차차 편평하게 되지만 중앙은 약간 둥근 볼록형이다. 표면은 밋밋하고 습기가 있을 때 약간 미끄럽고 광택이 나며 건조하면 비단결 같고 레몬-황색이며 어릴 때 불규칙하게 백색의 사마귀점으로 덮여 있다. 살은 백색이고 표피 아래쪽은 황색이며 얇고 냄새는 없으며 맛은 온화하다. 가장자리는 예리하고 줄무늬선이 있다. 주름살은 자루에 대하여 끝붙은주름살로 백색이며 폭이 넓고 가장자리는 전연이다. 자루의 길이는 6~10cm, 굵기는 6~10mm로 원통형이고 기부 쪽으로 부풀어 있다. 어릴 때 속은 차 있다가 오래되면 빈다. 표면은 백색이고 밋밋하며 턱받이는 막질이며 쉽게 탈락한다. 턱받이 위쪽은 연한 황색이며 세로줄의 섬유상에서 약간 솜털상으로 되며 아래쪽은 백색이다. 포자의 크기는 8.9~10.8×6.8~8.7μm로 아구형-광타원형으로 표면은 매끄럽고 투명하다. 담자기는 막대형으로 42~48×12~15μm이며 기부에 격쇠가 없다.

생태 늦은 봄~가을 / 혼효림의 숲속의 땅에 단생 · 군생

분포 한국(백두산), 중국, 일본, 유럽, 북아메리카

참고 희귀종

달걀버섯

Amanita hemibapha (Berk. & Br.) Sacc.
Amanita hemibapha subsp. hemibapha (Berk. & Br.) Sacc.

형태 균모의 지름은 5.5~18cm로 둥근산모양에서 차차 편평하게 되는데 중앙부가 돌출한다. 표면은 오렌지적색으로 매끄럽고 습기가 있을 때 점성이 조금 있고 광택이 나며 밋밋하다. 가장자리는 방사상의 줄무늬홈선이 있다. 살은 연한 황색이고 중앙은 두껍다. 주름살은 자루에 대하여 끝붙은주름살로 황색이며 밀생하고 포크형이다. 자루의 높이는 10~17cm, 굵기는 0.6~2cm로 표면은 오렌지색, 황색, 황갈색 등이다. 보통 황적색의 얼룩무늬가 띠모양 또는 나선형의 띠를 이루고 상부에 황갈색의 막질의 큰 턱받이가 있다. 자루의 속은 차 있다가 빈다. 대주머니(덮개막)는 백색 막질로 두껍고 자루모양이다. 포자의 크기는 7.5~10× 6.5~7.5μm로 광타원형-아구형이며 광택이 나며 표면은 매끄럽다. 난아미로이드 반응이다.

생태 여름~가을 / 활엽수 · 침엽수(전나무)림 내 땅에 군생

분포 한국(백두산), 중국, 일본, 러시아, 스리랑카, 북아메리카

참고 희귀종, 식용(구우면 구수한 냄새)

자바달걀버섯(노란달걀버섯)

Amanita javanica Corner & Bas
A. hemibapha subsp. javanica Corner & Bas

형태 균모의 지름은 5.5~18cm로 둥근산모양에서 편평하게 되며 황색 또는 오렌지황색이나 중앙은 황토색이다. 가장자리는 방사상의 줄무늬홈선이 있다. 살은 연한 황색이고 중앙은 두껍다. 주름살은 자루에 대하여 끝붙은주름살로 황색이며 밀생하고 포크형이다. 자루의 길이는 10~17cm, 굵기는 0.6~2cm로 표면은 오렌지색, 황색, 황갈색 등이다. 보통 황적색의 얼룩무늬가 있고 턱받이는 황갈색의 막질이다. 자루의 속은 차 있다가 빈다. 대주머니는 백색 막질로 두껍고 자루모양이다. 포자의 크기는 7~9×5~7㎛로 구형이며 광택이 나며 표면은 매끄럽다.
생태 여름~가을 / 활엽수 · 침엽수림(전나무) 내 땅에 군생
분포 한국(백두산), 중국, 일본, 러시아, 스리랑카, 북아메리카
참고 달걀버섯의 변종이며 비슷하나 버섯의 전체가 황색인 점이 특징으로 흔한 종

흰돌기광대버섯

Amanita hongoi Bas

형태 균모의 지름은 5~17cm의 중형-대형으로 처음에는 반구형에서 둥근산모양을 거쳐서 평평하게 펴지며 중앙부가 약간 볼록하다. 표면은 유백색에서 연한 황갈색-연한 갈색으로 되고 다수의 끝이 추모양의 뾰족한 사마귀(외피막의 파편, 높이는 2~3mm)가 덮여 있다. 주름살은 자루에 대하여 떨어진주름살로 흰색-크림색이고 폭이 넓으며 밀생한다. 가장자리는 분상이다. 자루의 길이는 10~15cm이며 상부의 굵기는 2~3cm이고 아래쪽은 4~4.5cm 정도의 곤봉상으로 굵어지며 약간 갈색을 띤다. 표면에는 나란히 많은 작은 사마귀점들이 부착되어 있다. 자루의 속은 차 있다. 턱받이는 두꺼운 막질이고 자루의 위쪽에 늘어져 있으며 크림색이고 윗면에는 줄무늬선이 있다. 포자의 지름은 11~20μm로 난형의 아구형이며 표면은 매끄럽다.

생태 여름~가을 / 졸참나무 등 활엽수림 땅에 단생

분포 한국(백두산), 중국, 일본

긴골광대버섯아재비

Amanita longistriata Imai

형태 균모의 지름은 2~6cm로 난형에서 종모양에서 차차 둥근산
모양으로 되었다가 편평해진다. 표면은 밋밋하고 습기가 있을 때
약간 점성이 있고 회갈색이며 가장자리는 방사상의 줄무늬홈선
이 있다. 살은 얇고 거의 백색이며 표피 아래쪽은 약간 회색을 나
타낸다. 주름살은 자루에 대하여 끝붙은주름살로 연한 홍색이고
반점이 있다. 자루의 길이는 4~9cm, 굵기는 4~8mm로 상하가 같
은 굵기이나 아래로 가늘어지는 것도 있다. 표면은 백색이고 턱
받이 아래쪽은 밋밋하고 약간 섬유상이며 자루의 속은 수(髓)를
가지거나 빈다. 턱받이는 막질로 백색 또는 회색이다. 대주머니는
백색의 막질로 컵모양이다. 포자의 크기는 10~14×7.5~9.5μm로
난형이다. 포자문은 백색이다.

생태 여름~가을 / 활엽수림, 침 · 활엽수 혼효림의 땅에 발생

분포 한국(백두산), 중국, 일본

참고 식 · 독이 불분명

비듬마귀광대버섯

Amanita multisquamosa Peck
A. pantherina var. multisquamosa (Pk.) Jenkins

형태 균모의 지름은 8~10cm로 둥근산모양에서 차차 편평해지며 가운데가 오목해지기도 한다. 표면은 백색-유백색이며 중앙은 진한 황백색이고 백색의 각추상이 분포하며 과립상의 막편이 부착되어 있으나 쉽게 탈락한다. 가장자리는 인편상이고 줄무늬 홈선이 있다. 살은 백색이다. 주름살은 자루에 대하여 올린주름살로 백색이고 촘촘하며 포크형이다. 자루의 길이는 3.5~13cm, 굵기는 0.4~1.2cm로 아래쪽으로 약간 굵어지며 기부는 팽대되며 속은 비어 있다. 표면에 백색의 미세한 인편이 있다. 턱받이는 막질이며 두껍고 상부에 있으나 곧 탈락한다. 포자의 크기는 8~10×5.5~8μm로 아구형으로 표면은 매끄럽고 광택이 나며 백색이다.

생태 여름~가을 / 혼효림의 땅에 군생
분포 한국(백두산), 중국, 일본, 유럽, 북아메리카
참고 독버섯

광대버섯

Amanita muscaria (L.) Lam
A. muscaria var. formosa Pers.

형태 균모의 지름은 4.5~16cm로 둥근산모양에서 차차 편평해지며 약간의 희미한 줄무늬선이 가장자리까지 있다. 표면은 바랜 황색에서 오렌지황색으로 되었다가 가장자리 쪽으로 밝은 색이다. 표면은 밋밋하고 습기가 있을 때 약간 점성이 있으며 백색의 큰 막편의 인편이 점점이 분포한다. 살은 백색이고 표피 아래쪽은 황색이다. 주름살은 자루에 끝붙은주름살로 밀생하며 폭은 넓은 것과 좁은 것이 있으며 바랜 크림색이다. 자루의 길이는 4~15cm, 굵기는 0.7~3cm로 백색에서 크림 또는 바랜 황색으로 되며 미세한 털과 인편이 있다. 자루의 속은 차 있다. 턱받이는 자루의 위쪽에 부착하고 탈락하기 쉽다. 포자의 크기는 8.7~12.9×6.3~7.9μm로 광타원형이며 멜저액 반응은 난아미로이드 반응이다. 포자문은 백색이다.

생태 여름 / 숲속의 땅에 단생 · 군생
분포 한국(백두산), 중국, 일본, 유럽, 북아메리카
참고 독버섯으로 가끔 균륜(fairy ring)을 형성

노란막광대버섯

Amanita neoovoidea Hongo

형태 균모의 지름은 7.5~10cm로 처음에는 반구형에서 둥근산모양을 거쳐 편평형이 되고 중앙부가 약간 오목하게 된다. 표면은 습기가 있을 때 점성이 있고 흰색이며 가루모양의 물질이 덮여 있고 때로는 연한 황토색의 막모양의 외피막의 파편이 넓게 붙어 있기도 한다. 가장자리 끝에 흰색의 외피막 잔재물이 너덜너덜하게 붙어 있다. 살은 흰색이고 공기에 닿아도 변색되지 않는다. 주름살은 자루에 대하여 떨어진주름살로 흰색-연한 크림색이고 폭이 넓으며 촘촘하고 주름살의 가장자리는 분상이다. 자루의 길이는 11~13cm, 굵기는 12~15mm로 분상-솜찌꺼기모양이고 흰색으로 밑동은 곤봉상 또는 방추상으로 부풀어 있다. 포자의 크기는 7~9×5.5~6㎛로 타원형이며 표면은 매끈하다.

생태 여름~가을 / 혼효림에서 많이 발생, 때로는 절개지 토양에서도 서식

분포 한국(백두산), 중국, 일본

흰회색광대버섯

Amanita nivalis Grev.

형태 균모의 지름은 2.5~5cm로 난형에서 종모양을 거쳐서 둥근 산모양으로 되며 중앙은 둔하게 돌출한다. 표면은 밋밋하며 건조 시에 광택이 나고 습기가 있을 때는 미끈거리며 눌려 압축된 납작한 표피조각으로 덮여 있다. 색깔은 처음 백색에서 회백색 또는 크림-회베이지색으로 되지만 불규칙한 백색도 있다. 가장자리는 오랫동안 아래로 말리고 예리하며 줄무늬선이 있다. 살은 백색이고 얇으며 냄새는 없고 맛은 온화하다. 주름살은 자루에 대하여 끝붙은주름살로 백색에서 크림-백색으로 되며 폭은 넓다. 가장자리는 미세한 솜털상이다. 자루의 길이는 4~7cm, 굵기는 7~15mm로 원통형, 꼭대기 쪽으로 약간 굵다. 자루의 속은 차 있다가 비게 된다. 표면은 백색에서 유백색이고 거의 밋밋하며 꼭대기는 때때로 가루상이며 기부는 부풀지 않는다. 대주머니는 막질로 싸여 있고 백색으로 부서지기 쉽다. 포자의 크기는 7.5~11.5×7~11μm로 구형 또는 아구형이며 표면은 매끈하고 투명하다. 담자기는 막대모양으로 40~45×11~15μm이고 4-포자성이다. 기부에 꺽쇠가 없다.

생태 여름 / 숲속 또는 석회질의 땅에 단생 · 군생

분포 한국(백두산), 중국, 유럽

난포자광대버섯

Amanita ovalispora Boedijn

형태 균모의 지름은 4~7cm로 어릴 때 반구형에서 차차 편평해
지며 중앙은 약간 볼록하고 회색 또는 암회색이다. 표면은 밋밋
하고 백색이며 외피막의 잔편이 있다. 가장자리에 긴줄무늬홈선
이 있다. 주름살은 자루에 대하여 떨어진주름살로 백색이며 빽
빽하다. 자루의 길이는 6~10cm, 굵기는 0.6~1.5cm로 거의 원주
형으로 백색-엷은 회색이다. 표피에 백색 분상의 인편이 있고 기
부는 불규칙하게 팽대되어 있다. 턱받이는 없고 대주머니 외측
은 백색이고 내측은 백색-회색으로 술잔모양의 막질이다. 포자
의 크기는 8.5~12×7~9.5μm로 타원형이지만 간혹 아구형인 것
도 있다. 난아미로이드 반응이다.

생태 여름 / 활엽수림 또는 침엽수림의 땅에 단생하며 외생균근
형성

분포 한국(백두산), 중국

마귀광대버섯

Amanita pantherina (DC.) Krombh.

형태 균모의 지름은 5~10cm로 반구형에서 차차 편평해지며 중앙부가 조금 오목하다. 표면은 습기가 있을 때 조금 점성이 있고 마르면 다소 광택이 나며 솜 같은 각추형 모양의 인편이 있다. 색깔은 연한 회갈색, 암갈색 또는 암다색이고 중앙부는 암색이나 가장자리 쪽으로 연해진다. 가장자리에는 줄무늬홈선이 있다. 살은 백색이고 얇다. 주름살은 자루에 대하여 떨어진주름살로 밀생하며 백색이다. 자루의 길이는 7~18cm, 굵기는 0.7~1.6cm이며 원주형이며 상하의 굵기가 같거나 기부가 구경상으로 부풀며 백색이다. 턱받이 아래쪽은 섬유털의 고리무늬가 있으며 부서지기 쉽다. 자루의 속은 비어 있다. 턱받이는 중간쯤에 존재하고 막질로서 백색이다. 대주머니(덮개막)는 4~5개의 테모양이 있다. 포자의 크기는 9~10.5×7~8μm로 광타원형이며 표면은 매끄럽다. 난아미로이드 반응이다. 포자문은 백색이다.

생태 여름~가을 / 잣나무, 가문비나무, 분비나무 숲 또는 활엽수림, 혼효림의 땅에 군생하며 분비나무, 전나무, 소나무, 신갈나무 또는 피나무 등과 외생균근을 형성

분포 한국(백두산), 중국, 일본, 전 세계

참고 독버섯

노랑마귀광대버섯

Amanita pantherina var. **lutea** Chiu

형태 균모의 지름은 3.5~7.5cm로 반구형 또는 편반구형에서 둥근산모양으로 되었다가 편평해진다. 표면은 연한 황색 또는 황갈색이고 각추상의 백색 인편이 있다. 가장자리에 줄무늬홈선이 있다. 살은 백색이다. 주름살은 자루에 대하여 떨어진주름살(remote)이고 백색이며 밀생하고 포크형을 나타낸다. 자루의 길이는 6.5~9.5cm, 굵기는 0.8~1cm로 원주형이고 백색 또는 오백색이며 턱받이는 막질이며 하향이며 탈락하기 쉽다. 기부는 팽대하고 대주머니는 1~3개의 고리모양의 무늬가 있다. 포자의 크기는 8.5~10×6~7㎛로 아구형 또는 난원형이며 표면은 광택이 나고 매끄럽다.

생태 여름~가을 / 활엽수 숲속에 군생

분포 한국(백두산), 중국

참고 독버섯으로 추측

마귀광대버섯아재비

Amanita velatipes Atk.
A. pantherina var. velatipes (Atk.) Jenkins

형태 균모의 지름은 7~18cm로 둥근산모양에서 차차 편평해지나 가장자리는 줄무늬선이 있다. 표면은 밋밋하고 크림색에서 황백색으로 되나 가운데가 진하며 습기가 있을 때 점성이 있다. 살은 얇다. 주름살은 자루에 대하여 끝붙은주름살로 밀생하며 백색이다. 자루의 길이는 80~200mm, 굵기는 8~20mm이고 위쪽으로 가늘고 백색이며 속은 비었고 표면은 밋밋하다. 위쪽으로 미세한 털이 있고 아래쪽(기부)으로 빳빳한 털과 인편이 있다. 턱받이는 불규칙하고 중간에 있고 두껍고 백색이나 소실되기 쉽다. 기부는 난형의 막질로 부풀고 털상이고 백색의 얼룩이 있고 대주머니는 칼집모양이고 자루의 밑동이 되며 백색의 솜털모양의 사마귀점 같은 알갱이가 있다. 포자의 크기는 7.9~13.2×6.3~7.9μm로 광타원형으로 난아미로이드 반응이다. 포자문은 백색이다.
생태 여름 / 혼효림, 낙엽활수림의 땅에 단생 · 군생
분포 한국(백두산), 중국, 일본, 유럽, 북아메리카
참고 독버섯, 흔한 종

알광대버섯

Amanita phalloides (Vaill. ex Fr.) Link

형태 균모의 지름은 4~9cm이며 종모양에서 편평해지고 중앙부는 조금 돌출한다. 표면은 습할시 점성이 있고 마르면 비단실처럼 광택이 나며 방사상의 암색의 줄무늬홈선이 있으며 회록색, 올리브갈색, 연한 록황색 또는 회색 등이며 중앙부는 암색이다. 가장자리는 반반하다. 표피는 벗겨지기 쉽다. 살은 두꺼우며 백색이고 부서지기 쉽고 맛은 온화, 냄새는 고약하다. 주름살은 떨어진주름살로 밀생하며 폭은 넓고 백색이다. 주름살의 변두리는 반반하거나 물결모양이다. 자루의 길이는 7~15cm, 굵기는 0.8~1.2cm로 위쪽으로 가늘어지며 기부는 구경상으로 불룩하고 속은 비어 있다. 턱받이 위쪽은 백색이고 아래쪽은 균모보다 연한 색이며 매끄러우며 비단실처럼 인편으로 덮여 있다. 턱받이는 백색의 막질로서 영존성이다. 대주머니는 백색으로 근부를 둘러싸며 위쪽은 3~4조각으로 찢어지고 쉽게 탈락되지 않는다. 포자의 지름은 7.5~9μm로 구형이며 매끄럽다. 아미로이드 반응이고 포자문은 백색이다.

생태 여름~가을 / 가문비나무, 전나무, 분비나무 숲, 소나무 숲 또는 침엽수와 활엽수의 혼효림의 땅에 산생·군생하며 분비나무, 전나무, 가문비나무, 소나무 또는 신갈나무 등과 외생균근을 형성

분포 한국(백두산), 중국, 일본, 유럽, 북아메리카

암회색광대버섯

Amanita porphyria (Alb. et Schw.) Secr.

형태 균모의 지름은 4~9cm로 종모양에서 차차 편평해진다. 표면은 습기가 있을 때 점성이 있고 마르면 압착된 섬유털이 있으며 회갈색, 암회색, 갈색, 백색, 회갈색의 여러 색깔을 가지고 있으며 외피막의 잔편이 붙어 있다. 가장자리는 처음에 아래로 감기고 반반하며 얇다. 살은 백색으로 강인하며 고약한 냄새를 내 뿜는다. 주름살은 자루에 대하여 떨어진주름살로 밀생하며 백색이고 유연하다. 자루의 높이는 7~14cm, 굵기는 0.5~1.5cm로 상하의 굵기가 같은 원주형이며 기부가 가끔 굵으며 백색에서 회갈색으로 되고 턱받이의 위쪽은 비단 같은 부드러운 털이 있다. 턱받이는 하위이며 막질로 드리우고 얇으며 백색 또는 암회색으로 영존성이다. 자루의 속은 차 있다가 나중에 빈다. 대주머니(덮개막)는 백색 또는 회색이고 초기는 주머니모양이나 나중에 찢어진다. 포자의 지름은 6.5~9μm로 구형이며 표면은 매끄럽고 아미로이드 반응이다. 포자문은 백색이다.
생태 여름~가을 / 잣나무, 가문비나무, 전나무, 분비나무 숲의 땅에 산생·군생하며 분비나무, 전나무, 가문비나무, 소나무 등과 외생균근을 형성
분포 한국(백두산), 중국, 일본, 유럽, 북아메리카
참고 독버섯

암회색광대버섯아재비

Amanita pseudoporphyria Hong

형태 균모의 지름은 3~11cm로 반구형에서 둥근산모양을 거쳐 차차 편평하게 되며 중앙부가 약간 오목하다. 표면은 점성이 약간 있고 회색-회갈색인데 중앙은 진하다. 외피막의 잔편이 표면이나 가장자리 끝에 매달리나 곧 소실한다. 살은 희다. 주름살은 자루에 대하여 끝붙은주름살이며 백색이고 밀생한다. 주름살의 가장자리는 가루-솜털모양이다. 자루의 높이는 5~12cm이고 굵기는 6~18mm로 하부는 부풀고 근부는 백색의 뿌리모양이며 턱받이 하부는 인편이 다소 덮이고 속은 차 있다. 턱받이는 자루의 상부에 있고 백색의 막질이며 대주머니는 칼집 모양으로 백색의 막질이다. 포자의 크기는 7.5~8.5×4.5~5.5μm이고 난형-타원형으로 표면은 매끄럽다. 아미로이드 반응이다.

생태 여름~가을 / 활엽수, 침엽수림의 땅, 혼효림의 땅에 군생

분포 한국(백두산), 중국, 일본

참고 독버섯

우산광대버섯아재비

Amanita pseudovaginata Hongo

형태 균모의 지름은 4~6.5cm로 반구형에서 둥근산모양을 거쳐 차차 편평해지며 회갈색이나 중앙은 거의 흑색이며 줄무늬홈선이 가장자리에서 거의 중앙까지 발달한다. 가장자리는 크고 작은 대주머니의 막질 파편이 매달린다. 살은 백색 또는 유백색이며 표피 아래와 자루의 기부는 회색이며 냄새는 없고 맛은 온화하다. 주름살은 자루에 대하여 끝붙은주름살이고 백색이며 약간 성기고 포크형이며 폭은 4~6mm이다. 주름살의 변두리는 암색이고 미분상이다. 자루의 길이는 5~8.5cm, 굵기는 0.8~1.5cm로 원주형이며 꼭대기는 굵고 회색이며 꼭대기는 미세한 분상이다. 턱받이의 위는 백색이고 탈락하기 쉬우며, 아래쪽은 회색으로 섬유상이고 인편이 부착한다. 기부는 둥글고 부푼다. 자루의 속은 차 있다가 빈다. 포자는 크기가 8.5~12.5×8~10㎛로 광타원형이고 표면은 광택이 나고 매끄럽다. 담자기는 40~58×12~15㎛로 4-포자성이다.

생태 여름~가을 / 침엽수림과 낙엽수림의 혼효림의 땅에 단생·군생

분포 백두산 (백두산), 중국, 일본

참고 식용

쇠마귀광대버섯

Amanita parvipantherina Zhu L. Yang, M. Weiss & Oberw.

형태 균모의 지름은 3.5~6cm, 처음 산모양에서 편평하게 되지만 가끔 중앙이 들어간다. 회색에서 황토색으로 되며 중앙은 갈색, 습할 시 점성이 있다. 사마귀 잔편은 오백색 또는 회색에서 황색으로 되며 중앙에 밀집되며 상처를 받아도 변색하지 않는다. 가장자리는 결절의 줄무늬선이 있다. 살은 백색이고 냄새는 불분명하다. 주름살은 끝붙은주름살이고 백색으로 밀생하며 변두리는 미세한 털과 인편이 있다. 자루의 길이는 4~9cm, 굵기는 0.5~1cm로 류원주형이나 위쪽으로 가늘며 오백색에서 황색 또는 회색의 대주머니 잔편이 있다. 턱받이는 위쪽에 있고 백색이며 막질이고 과립으로 덮인다. 자루의 꼭대기는 백색이고 섬유상에서 매끈해지며 속은 푸석푸석한 상태에서 빈다. 기부는 아구형 모양으로 부풀고 백색에서 퇴색한다. 대주머니는 둥근모양이며 대주머니 잔편은 과립으로 되며 작은 사마귀점이 있다. 포자는 8.5~11.5×6.5~8.5μm로 광타원형이나 아구형인 것도 있으며 투명하며 매끄럽다.

생태 여름 / 혼효림의 땅에 단생 · 속생

분포 한국(백두산), 중국, 유럽

광대버섯아재비

Amanita regalis (Fr.) Mich.
A. muscaria var. regalis (Fr.) Bertillon

형태 균모의 지름은 6~12cm로 구형에서 반구형을 거쳐 둥근산모양으로 되었다가 편평하게 된다. 표면은 검은색의 적갈색-암적갈색이고 점성이 있고 황색 또는 크림황색의 막질의 파편이 테무늬 비슷하게 분포되어 있다. 가장자리에 줄무늬선이 있다. 살은 흰색, 표피 바로 아래쪽은 황색을 띤다. 주름살은 자루에 대하여 떨어진주름살로 흰색이고 폭은 7~12mm 정도로 넓고 촘촘하다. 자루의 길이는 8~15cm, 굵기는 1~2cm이고 백색-크림색으로 위쪽으로 가늘다. 턱받이는 위쪽에 있으며 막질, 아래쪽은 섬유상-털모양이다. 밑동은 구근상이고 외피막의 잔재물이 광대버섯과 같은 형태의 테모양으로 부착되어 있다. 포자의 크기는 9~12×6~9μm로 난형이다.

생태 여름 / 침엽수림의 양치식물이 자라는 곳에 단생

분포 한국(백두산), 중국

참고 희귀종

붉은점박이광대버섯

Amanita rubescens Pers.
A. rubescens Pers. var. rubescens

형태 균모의 지름은 6~15cm로 둥근산모양에서 차차 편평하게 되며 중앙이 들어가는 것도 있다. 가장자리가 물결모양이며 위로 뒤집힌다. 표면은 적갈색에서 회백색-연한 갈색으로 되고 가루모양의 외피막 파편이 붙는다. 살은 백색이며 상처를 입으면 적갈색으로 변색된다. 주름살은 자루에 대하여 끝붙은주름살로 백색이고 밀생하며 적갈색의 얼룩이 생긴다. 자루의 높이는 8~15cm, 굵기는 6~20mm로 연한 적갈색이고 위쪽에 백색 막질의 턱받이가 있고 근부는 부풀며 대주머니의 파편이 고리모양으로 붙어 있다가 차츰 없어진다. 포자의 크기는 8~9.5×6~7.5μm로 타원형-난형이며 표면은 매끄럽고 투명하다. 아미로이드 반응이다.

생태 여름~가을 / 침엽수 활엽수림의 땅에 군생 · 산생

분포 한국(백두산), 중국, 일본, 유럽, 북아메리카, 북반구 온대이북, 호주, 남아메리카

황색줄광대버섯

Amanita sinicoflava Tulloss

형태 균모의 지름은 2.5~6.5cm로 종모양에서 넓은 둥근산모양이며 중앙은 뚜렷하게 볼록하다. 표면은 황갈색에서 갈색으로 되며 올리브색조를 가진다. 중앙은 어둡고 보통 밋밋하며 건조 상태에서 사마귀점은 떨어진다. 가장자리에 줄무늬선이 있다. 살은 얇고 백색이며 냄새는 불분명하다. 주름살은 자루에 대하여 끝붙은 주름살 또는 약간 올린주름살로 밀생하고 가늘며 백색에서 크림색 또는 연한 오렌지색으로 된다. 자루의 길이는 7~14cm, 굵기는 7~13mm, 위로 가늘고 속은 비었고 턱받이는 없다. 표면은 백색에서 회색으로 되며 상처 시 어두운 색으로 변색하며 미세한 섬유상이다. 대주머니는 막질이고 부서지기 쉽다. 자루의 속은 연한 회색이며 적갈색으로 물들었다가 보통 사라진다. 포자문은 백색이다. 포자의 크기는 9~12×8~11.5μm로 아구형이며 표면은 매끈하고 벽은 얇고 투명하다. 난아미로이드 반응이다.

생태 여름~가을 / 혼효림의 땅에 산생 · 군생

분포 한국(백두산), 중국, 북아메리카

참고 독버섯으로 추정

막질광대버섯

Amanita submemranacea (Bon) Gröger

형태 균모는 4~6cm로 난형-종형에서 편평하게 되며 중앙은 둥근형으로 되며 껄끄럽다. 밋밋하고 매끄러우며 중앙은 표피 껍질의 조각이 있으며 줄무늬홈선이 중앙까지 발달한다. 회올리브색 또는 적갈색이다. 가장자리는 예리하고 줄무늬선이 있다. 살은 백색이고 균모 중앙은 두껍고 가장자리 쪽으로 얇으며 냄새는 없고 맛은 온화하다. 주름살은 끝붙은주름살로 백색에서 크림색이고 폭은 넓다. 주름살의 변두리는 솜털상이다. 자루의 길이는 5~9cm, 굵기는 9~12mm로 원통형이고 기부로 약간 굵다. 자루의 속은 비고 부서지기 쉽다. 표면은 백색으로 세로줄의 백색 섬유실이 있다. 기부는 회색의 솜털상이고 갈색의 얼룩 반점이 있다. 대주머니는 막질이다. 포자는 9~14.5×9~14μm로 구형 또는 아구형이며 매끈하고 투명하다. 담자기는 막대형으로 50~57×13~19μm로 2~4-포자성이다. 기부에 꺽쇠가 있다.

생태 여름~가을 / 숲속의 유기질이 풍부한 곳에 단생

분포 한국(백두산), 중국, 유럽

뱀껍질광대버섯

Amanita spissacea Imai

형태 균모의 지름은 4~12.5cm로 반구형에서 둥근산모양을 거쳐 차차 접시모양으로 되며 중앙이 오목해지는 것도 있다. 표면은 회갈색이고 약간 섬유상으로 암갈색인 각추형의 가루모양과 사마귀가 중앙에 밀집되고 그 외는 산재되어 분포한다. 표면이 균열되어 얼룩덜룩해지고 비를 맞거나 하면 쉽게 탈락한다. 살은 백색이다. 주름살은 자루에 대하여 끝붙은주름살 또는 내린주름살로 백색이며 밀생하며 변두리는 가루상이다. 자루의 높이는 5~15cm, 굵기는 5~15mm로 회색 또는 회갈색으로 섬유상의 가는 비늘 조각으로 덮이며 위쪽으로 가늘며 얼룩무늬가 있고 아래쪽은 둥글게 부푼다. 자루의 속은 차 있다. 턱받이는 회백색이고 윗면에 가는 선이 있다. 대주머니는 기부에 4~7열로 환상의 가루 또는 솜털모양을 이룬다. 포자의 크기는 8~10.5×7~7.5μm로 타원형-아구형이며 표면은 매끄럽고 아미로이드 반응이다.
생태 여름~가을 / 활엽수 · 침엽수림의 땅에 군생
분포 한국(백두산), 중국, 일본
참고 독버섯

뿌리광대버섯

Amanita strobiliformis (Paulet ex Vittad.) Bert.

형태 균모의 지름은 10~15cm로 반구형에서 곧 둥근산모양을 거쳐 편평하게 된다. 중앙은 때때로 톱니상이고 표면은 백색에서 회백색으로 되나 불규칙하며 때로는 검은색의 압착되고 연하며 부서지기 쉬운 파편으로 덮여 있다. 가장자리는 예리하고 백색의 크림 같은 표피의 파편이 매달린다. 살은 백색이며 부서지기 쉬우나 두껍고 냄새는 약간 좋고 맛은 온화하며 좋다. 주름살은 자루에 대하여 올린주름살에서 끝붙은주름살로 되며 백색에서 크림색이고 폭은 넓다. 주름살의 변두리는 밋밋한 상태에서 미세한 섬유상으로 된다. 자루의 길이는 12~20cm, 굵기는 2~3cm로 원통형이고 기부로 약간 굵다. 표면은 백색 또는 크림색으로 연하고 섬유실의 인편으로 덮이고 이것들은 단단하고 가늘게 된다. 어릴 때 백색의 턱받이 표면의 위는 줄무늬가 있다. 자루의 속은 차 있고 단단하다. 포자의 크기는 10~12.5×7.5~9μm로 광타원형이며 표면은 매끈하고 투명하다. 담자기는 가는 막대형으로 55~60×11~14μm로 4-포자성이다. 기부에 꺽쇠가 없다.

생태 여름~가을 / 숲속의 땅에 단생 · 군생

분포 한국(백두산), 유럽, 북아메리카

구형광대버섯아재비

Amanita subglobosa Zhu L. Yang

형태 균모의 지름은 5~10cm로 처음 거의 구형에서 둥근산모양을 거쳐 편평하게 된다. 처음 발생할 때는 백색의 외피막이 자실체 전체를 덮고 있으며 차차 자라면서 균모와 자루가 분리되면서 막편은 큼직하게 균모와 자루에 남는다. 표면은 처음 황갈색이나 노숙하면 적갈색으로 되며 중앙은 암갈색이고 표면에 황백색의 인편이 있다. 가장자리는 불분명한 줄무늬홈선이 있다. 주름살은 자루에 대하여 올린주름살이고 흰색이고 밀생하며 폭은 넓다. 자루의 길이는 5~15cm이고 굵기는 1~1.8cm로 원통형이나 기부로 굵어지며 백색이다. 턱받이는 백색이고 솜털상의 인편이 있다. 기부는 팽대하며 여러 개의 고리모양의 테로 된 불완전한 대주머니가 있다. 턱받이는 백색이고 막질이다. 포자의 크기는 6.5~7.5×7~8.5μm로 아구형이다.

생태 여름~가을 / 2,500m 이상의 고산지대에 군생(백두산 측후소 근처에서 채집)

분포 한국(백두산), 중국

알광대버섯아재비(개나리광대버섯)

Amanita subjunquillea Imai

형태 균모의 지름은 3~7cm로 어릴 때는 원추형에서 둥근산모양을 거쳐 거의 편평형으로 된다. 표면의 중앙부는 칙칙한 오렌지황색-황토색이고 가장자리는 황색이다. 다소 방사상의 섬유무늬가 있고 습기가 있을 때는 약간 점성이 있고 때에 따라서는 흰색의 외피막 파편을 부착한다. 살은 흰색이고 표피 바로 밑은 황색이다. 주름살은 자루에 대하여 떨어진주름살로 흰색이고 폭이 넓으며 약간 밀생한다. 자루의 길이는 6~11cm, 굵기는 6~10mm로 위쪽이 약간 가늘고 흰색-연한 황색 바탕에 황색 또는 갈색의 섬유상의 작은 인편이 부착되어 있다. 밑동은 부풀어 있고 백색 또는 갈색을 띠는 흰색 막질의 외피막에 싸여 있다. 포자의 지름은 6.5~9μm로 구형-아구형이고 표면은 매끄럽다.

생태 여름~가을 / 침엽수나 참나무류 등의 활엽수림의 땅에 발생

분포 한국(백두산), 중국, 일본, 러시아의 연해주

참고 독버섯

구슬광대버섯

Amanita sychnopyramis Corner & Bas
Amanita sychnopyramis f. subannulata Hongo

형태 균모의 지름은 3~9cm로 어릴 때는 반구형에서 둥근산모양
을 거쳐 거의 편평형으로 되고 중앙이 다소 오목해진다. 표면은
습기가 있을 때 약간 점성이 있고 회갈색 또는 암갈색이다. 작은
각추형의 흰색-연한 회갈색의 외피막 파편이 다수 반점 모양으
로 산재한다. 가장자리는 방사상의 줄무늬홈선이 나타난다. 살은
흰색으로 얇고 맛은 없다. 주름살은 자루에 대하여 끝붙은주름살
이고 흰색으로 폭이 넓으며 촘촘하다. 자루의 길이는 3.5~12cm,
굵기는 4~10mm로 거의 백색이며 밑동은 구슬모양의 둥근형태
또는 도란형으로 된다. 표면은 소형의 외피막 파편이 다수 테두
리 모양으로 부착한다. 턱받이는 흰색이고 극히 얇고 회색의 테
가 있으며 영존성 또는 쉽게 소실하는 것도 있다. 포자의 크기는
6.5~9×6~7.5μm로 구형-아구형이며 표면은 매끄럽다. 난아미로
이드 반응이다.
생태 여름~가을 / 참나무 숲의 땅이나 부근 초지에 발생
분포 한국(백두산), 중국, 일본, 싱가포르

우산버섯

Amanita vaginata (Bull.) Lam.
Amanita vaginata var. alba Gill.

백색형

형태 균모의 지름은 2~6cm로 종모양에서 둥근산모양을 거쳐 편평하게 된다. 표면은 습기가 있을 때 점성이 있고 쥐회색, 회갈색 또는 회청색이며 중앙부의 색깔은 더 진하다. 가장자리는 방사상의 줄무늬홈선이 있고 때로는 위로 뒤집혀 감긴다. 살은 희고 얇으며 맛이 유화하며 자루의 살은 육질이다. 주름살은 자루에 대하여 떨어진주름살로 밀생하며 폭이 좁고 희다. 자루의 길이는 7~12cm, 굵기는 0.4~2cm로 위로 점차 가늘어진다. 표면은 밋밋하거나 짙은 색깔의 가루모양 인편으로 덮이고 백색 또는 회백색이다. 자루의 속은 비어 있고 턱받이는 없다. 대주머니는 백색의 자루 모양이다. 포자의 지름은 9~11.2μm로 구형이며 표면은 매끄럽다. 포자문은 백색이다.

생태 여름~가을 / 숲속의 땅에 산생·단생하며 이깔나무, 가문비나무, 분비나무, 전나무, 소나무, 사시나무 또는 신갈나무 등과 외생균근 형성

분포 한국(백두산), 중국, 일본, 전 세계

참고 식용

흰알광대버섯

Amanita verna (Bull.) Lam.

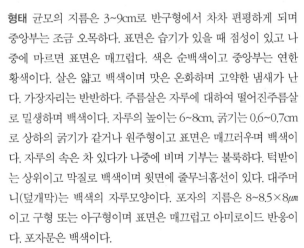

알광대형

형태 균모의 지름은 3~9cm로 반구형에서 차차 편평하게 되며 중앙부는 조금 오목하다. 표면은 습기가 있을 때 점성이 있고 나중에 마르면 표면은 매끄럽다. 색은 순백색이고 중앙부는 연한 황색이다. 살은 얇고 백색이며 맛은 온화하며 고약한 냄새가 난다. 가장자리는 반반하다. 주름살은 자루에 대하여 떨어진주름살로 밀생하며 백색이다. 자루의 높이는 6~8cm, 굵기는 0.6~0.7cm로 상하의 굵기가 같거나 원주형이고 표면은 매끄러우며 백색이다. 자루의 속은 차 있다가 나중에 비며 기부는 불룩하다. 턱받이는 상위이고 막질로 백색이며 윗면에 줄무늬홈선이 있다. 대주머니(덮개막)는 백색의 자루모양이다. 포자의 지름은 8~8.5×8μm이고 구형 또는 아구형이며 표면은 매끄럽고 아미로이드 반응이다. 포자문은 백색이다.

생태 여름~가을 / 숲속의 땅에 산생·군생하며 외생균근을 소나무와 형성

분포 한국(백두산), 중국, 일본, 유럽, 북아메리카, 전 세계

알광대형(Amanita phalloides var. verna) 균모는 연한 갈색으로 끝붙은주름살이며 담자기는 2-포자성이다.

참고 맹독버섯

독우산광대버섯

Amanita virosa (Fr.) Bertillon

형태 균모의 지름은 6~13cm로 원추형 또는 종모양에서 차차 편평하게 되며 중앙은 조금 돌출한다. 표면은 습기가 있을 때 끈기가 있으며 마르면 광택이 나며 순백색이고 중앙부는 황토색을 띤다. 가장자리는 홈선이 없이 매끈하다. 살은 조금 두꺼우며 백색이고 고약한 냄새가 난다. 주름살은 자루에 대하여 떨어진주름살로 밀생하고 폭은 좁고 얇으며 백색이다. 자루의 길이는 9~16cm, 굵기는 1.5~3cm로 원주형이고 백색이며 기부는 둥글게 부풀고 턱받이 아래쪽은 융털로 덮이며 속은 차 있다. 턱받이는 상위이고 막질로 아래로 드리우며 백색으로 상면에 홈선이 있고 하면은 솜털모양이고 가끔 갈라지며 영존성이다. 대주머니는 막질로 크고 윗면은 찢어진다. 포자의 지름은 8~10μm이고 구형이며 표면은 매끄럽다. 포자문은 백색이다.

생태 여름~가을 / 잣나무, 활엽수 혼성림, 활엽수림 또는 사스래 숲속의 땅에 산생·군생하며 소나무와 외생균근을 형성

분포 한국(백두산), 중국, 일본, 유럽, 북아메리카, 전 세계

참고 맹독버섯

살구노을버섯

Limacella glioderma (Fr.) Maire

형태 균모의 지름은 3~9cm로 반구형에서 둥근산모양으로 되었다가 편평하게 되나 중앙은 돌출한다. 표면은 점성이 있고 적갈색 또는 연한 살색의 갈색으로 표피는 갈라지기 쉽다. 살은 거의 백색으로 부드럽고 강한 냄새가 난다. 주름살은 자루에 대하여 끝붙은주름살이고 백색이며 약간 밀생한다. 자루의 길이는 4~9cm, 굵기는 7~12mm로 원통형이며 끈기는 없다. 턱받이 위쪽은 거의 백색이고 아래쪽은 적갈색으로 섬유상이며 비단모양이다. 자루의 속은 차 있으며 턱받이는 완전하지 않다. 내피막은 비단결, 펠트상 또는 거미집막으로 파괴되기 쉽다. 포자의 지름은 3.5~4.5μm로 거의 구형이다.

생태 여름~가을 / 숲속의 땅에 발생

분포 한국(백두산), 중국, 일본, 유럽, 북아메리카

참고 식용

노을버섯

Limacella illinita (Fr.) Maire

형태 균모의 지름은 2~8cm로 처음 반구형에서 차차 편평해지나 중앙부는 볼록하다. 표면은 밋밋하고 백색 또는 오백색이나 중앙의 부근은 약간 황색으로 습기가 있을 때 점성이 있다. 가장자리는 전연으로 줄무늬선은 없다. 살은 백색이고 중앙부는 약간 두껍다. 주름살은 자루에 대하여 끝부은주름살로 백색이고 밀생하며 포크형이다. 자루의 길이는 4~9cm, 굵기는 0.4~0.8cm로 원주형이나 약간 구부러진다. 턱받이는 털상이나 곧 없어진다. 표면은 백색이며 점액이 있고 기부는 얼룩의 반점이 있다. 포자의 크기는 5~6.5×4.5~5.5㎛로 류구형 또는 타원형이며 표면은 매끈하고 광택이 있다. 포자문은 백색이다.

생태 여름~가을 / 활엽수림 또는 침엽수림의 땅에 단생·군생·산생

분포 한국(백두산), 중국, 유럽

참고 식용

적포도노을버섯

Limacella delicata (Fr.) H.V Sm.
L. vinosorubescens (Furrer-Ziogas) Gminder.

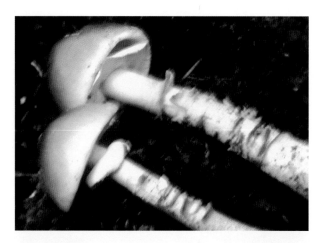

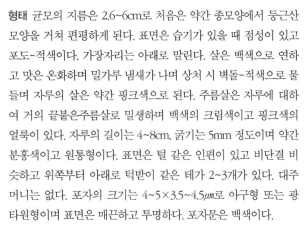

형태 균모의 지름은 2.6~6cm로 처음은 약간 종모양에서 둥근산 모양을 거쳐 편평하게 된다. 표면은 습기가 있을 때 점성이 있고 포도-적색이다. 가장자리는 아래로 말린다. 살은 백색으로 연하고 맛은 온화하며 밀가루 냄새가 나며 상처 시 벽돌-적색으로 물들며 자루의 살은 약간 핑크색으로 된다. 주름살은 자루에 대하여 거의 끝붙은주름살로 밀생하며 백색의 크림색이고 핑크색의 얼룩이 있다. 자루의 길이는 4~8cm, 굵기는 5mm 정도이며 약간 분홍색이고 원통형이다. 표면은 털 같은 인편이 있고 비단결 비슷하고 위쪽부터 아래로 턱받이 같은 테가 2~3개가 있다. 대주머니는 없다. 포자의 크기는 4~5×3.5~4.5μm로 아구형 또는 광타원형이며 표면은 매끈하고 투명하다. 포자문은 백색이다.

생태 여름~가을 / 활엽수림의 땅에 군생

분포 한국(백두산), 중국

참고 희귀종

그물소똥버섯

Bolbitius reticulatus (Pers.) Ricken

형태 균모의 지름은 3~5cm로 둥근산모양에서 거의 편평하게 되지만 중앙은 볼록하다. 표면은 중심부는 자흑색이고 중앙에서 가장자리 쪽으로 방사상의 넓은 그물꼴 같은 주름무늬가 있으며 강한 점성이 있다. 가장자리는 회자색으로 섬유상의 미세한 줄무늬홈선이 있다. 살은 얇고 백색이다. 주름살은 자루에 대하여 끝 붙은주름살로 약간 밀생하며 폭은 3~4mm로 처음에 오살색에서 비색으로 된다. 자루의 길이는 4~5cm, 굵기 3~5mm로 아래로 굵어진다. 표면은 백색으로 미세한 분상 또는 미세한 털상이다. 자루의 속은 비었다. 포자의 크기는 9~12×4~5μm로 약간 레몬상의 타원형이며 발아공이 있다. 연낭상체는 방추형-목이 긴 플라스코형으로 선단이 둥글고 21~29×5.5~11.5μm이다. 균사에 꺽쇠는 없다.

생태 봄~가을 / 활엽수의 고목에 군생

분포 한국(백두산), 중국, 일본, 유럽, 북아메리카

노란소똥버섯

Bolbitius titubans (Bull.) Fr. var. **titubans**
B. vitellinus (Pers.) Fr.

형태 균모의 지름은 1.5~5cm로 반막질이고 난형에서 종모양으로 되고 중앙부는 돌출한다. 표면은 점성이 있고 회색 내지 쌀겨같은 황색이며 중앙부는 난황색이고 털이 없으며 방사상의 능선이 있다. 가장자리는 처음에 반반하다. 살은 아주 얇다. 주름살은 자루에 홈파진주름살 또는 올린주름살로 진한 계피색이며 빽빽하거나 성기며 폭은 좁다. 주름살의 변두리는 연한 색이다. 자루의 높이는 3.5~10cm, 굵기는 0.1~0.3cm로 위아래의 굵기가 같거나 위로 가늘어지며 부서지기 쉽고 속이 비어 있다. 표면은 매끈하고 가끔 투명하고 광택이 나며 백색 또는 유백색으로 흰 가루로 덮인다. 포자의 크기는 11~12×6~7μm로 타원형으로 한쪽이 잘린 모양이며 표면은 매끄럽고 선황색이다. 포자문은 녹슨황색이다.

생태 봄~가을 / 분이나 비옥한 땅에서 단생 · 군생

분포 한국(백두산), 중국, 일본, 유럽, 북아메리카

금빛종버섯

Conocybe aurea (Schaeff.) Hongo

형태 균모의 지름은 0.8~2.2cm로 종모양에서 둥근산모양으로
된다. 표면은 황금색-오렌지갈색이며 습기가 있을 때 줄무늬선
이 나타난다. 살은 얇고 오렌지황색이다. 주름살은 자루에 대하
여 바른주름살, 연한 황토색-연한 갈색에서 계피색으로 되고 폭
이 넓은 편이고 약간 성기다. 자루의 길이는 2.5~6.5cm, 굵기는
2~3mm로 위아래가 같은 굵기이나 위쪽이 다소 가늘다. 밑동은
둥글게 약간 부풀어 있고 표면은 연한 황색이고 가는 가루가 덮
여 있으며 세로줄무늬선이 있다. 자루의 속은 비었다. 포자의 크
기는 10.5~13.5×6~7μm로 타원형으로 표면은 매끈하고 적갈색
이며 벽은 두껍고 발아공이 있다. 담자기는 19~26×3~10μm로
배불뚝이형 또는 막대형이며 4-포자성이다. 기부에 꺽쇠가 있다.
연낭상체는 17~23×8~10μm로 호리병 모양이며 4-포자성이다.
측낭상체는 없다.

생태 가을 / 숲속의 퇴비더미 등에 군생

분포 한국(백두산), 중국, 일본

얇은종버섯

Conocybe fragilis (Peck) Sing.

형태 균모의 지름은 0.6~2cm로 종모양-둔한 원추형이며 습기가 있을 때는 포도주색을 띠다가 적다색으로 되며 가장자리에는 줄무늬가 있다. 건조할 때는 연한 색이며 줄무늬가 소실된다. 살은 얇고 균모와 같은 색으로 부서지기 쉽다. 주름살은 자루에 대하여 바른주름살 또는 올린주름살이고 황토색-계피색이며 폭은 2~3.5mm로 약간 빽빽하다. 자루의 길이는 2~6cm, 굵기는 1mm 정도로 위아래가 같은 굵기이고 밑동은 약간 공모양으로 부푼다. 표면은 균모보다 연한 색이고 세로줄의 무늬가 있으며 미세한 분상이다. 자루의 속은 비었다. 포자의 크기는 8.5~10.5×5~6.2μm로 타원형으로 표면은 매끈하고 투명하며 발아공이 있다.

생태 초여름 / 풀밭, 길가 등에 군생

분포 한국(백두산), 중국, 일본, 유럽, 북아메리카

톱니종버섯

Conocybe intrusa (Peck) Sing.

형태 균모의 지름은 3~7cm로 어릴 때 둥근 반구형에서 둥근산 모양을 거쳐 편평하게 된다. 표면은 약간 주름지고 거칠며 싱싱할 때 점성이 있고 그 외는 건조성이다. 색깔은 크림색에서 베이지황토색이다. 가장자리는 예리하며 약간 줄무늬선이 있고 톱니상이다. 살은 백색에서 크림색으로 두껍고 냄새와 맛이 약간 있다. 주름살은 자루에 대하여 약간 올린주름살이고 어릴 때 크림색에서 적황색-녹갈색으로 되며 폭은 좁다. 주름살의 변두리는 밋밋하고 약간 톱니상이다. 자루의 길이는 3~5cm, 굵기는 6~12mm이며 원통형으로 위로 약간 가늘고 속은 차고 단단하다. 표면은 백색에서 크림색으로 된다. 밑동은 막대형으로 약간 검고 미세한 세로줄의 백색 섬유상의 인편이 있다. 포자의 크기는 4.8~6.9×3.4~4.8μm로 타원형이며 표면은 매끈하고 노란색-갈색으로 포자벽은 두껍고 발아공이 있다. 담자기는 막대형으로 16~21×7~9μm로 기부에 꺽쇠가 있다. 연낭상체는 곤봉형-호리병형으로 18~22×6~9μm이다.

생태 겨울~봄 / 숲속의 풀밭에 군생

분포 한국(백두산), 중국, 유럽, 북아메리카

참고 희귀종

노란종버섯

Conocybe lactea (J. Lange) Métrod

형태 균모의 지름은 3.5~4cm로 원주형의 종모양에서 원추형으로 되며 오래되면 가장자리가 위로 말리거나 찢어진다. 표면은 건조하며 밋밋하고 중앙부는 황토색이다. 가장자리는 백색-크림색이며 습기가 있을 때 줄무늬선을 약간 나타낸다. 살은 얇고 부서지기 쉽다. 주름살은 자루에 대하여 바른주름살 또는 올린주름살로 폭이 좁고 밀생하며 크림색에서 진한 녹슨색으로 된다. 자루의 길이는 11~13cm, 굵기는 3~4mm로 속이 비었다. 근부는 둥글게 부풀고 표면은 백색이며 미세한 가루 털로 덮여 있다. 포자의 크기는 12~15×7~8.5㎛로 타원형-난형이고 황토-노란색이며 표면은 매끄럽고 발공을 가지고 있다. 담자기는 22~30×12~14㎛로 짧은 막대형으로 4-포자성이다. 기부에 꺽쇠가 없다. 연낭상체는 20~26×9~13㎛로 호리병모양이다. 측낭상체는 없다.
생태 늦봄~가을 / 초원, 길가, 목초지, 보리밭, 잔디밭에 군생·산생
분포 한국(백두산), 중국, 일본, 유럽, 전 세계

털종버섯

Conocybe pilosella (Pers.) Kühn.

형태 균모의 지름은 1~3cm로 원추상의 종모양에서 종모양으로 된다. 표면은 밋밋하고 흡수성이며 검은 황토갈색이고 습기가 있을 때 투명한 줄무늬선이 중앙까지 발달하며 중앙은 갈색의 크림 베이지색이며 건조 시 줄무늬선이 없어진다. 가장자리는 예리하다. 살은 크림색이며 얇고 냄새는 없으며 맛은 없고 온화하다. 주름살은 자루에 대하여 좁은 바른주름살로 어릴 때 연한 갈색에서 황색-황토갈색으로 되고 폭이 넓다. 가장자리는 밋밋하다. 자루의 길이는 2~5cm, 굵기는 1~2mm로 원통형이며 기부는 약간 부풀고 빳빳하며 속은 비었다. 표면은 어릴 때 백색에서 크림-황색을 거쳐 갈색으로 되며 특히 기부 쪽에서 진하며 약간 세로의 줄무늬선이 있고 미세한 가루상이다. 포자의 크기는 6.4~7.8×3.9~5μm로 타원형으로 표면은 밋밋하며 포자벽은 두껍고 연한 적갈색으로 발아공이 있다. 담자기는 원통형에서 막대형으로 16~20×7~8.5μm로 기부에 꺽쇠가 없다. 연낭상체는 곤봉형으로 17~22×8~10μm이고 측낭상체는 없다.

생태 여름~가을 / 숲속의 땅에 단생 · 군생

분포 한국(백두산), 중국, 유럽

참고 희귀종

건초종버섯

Conocybe rickenii (Schaeff.) Kühn.

형태 균모의 지름은 1.2~2.5cm로 원추형에서 종모양으로 되고 크림색의 황토갈색으로 중앙이 회갈색이며 약간 진하다. 표면에 줄무늬선은 거의 나타나지 않는다. 주름살은 자루에 대하여 바른주름살로 처음에는 황토색을 띤 크림색에서 녹슨 황토색으로 되며 진해지며 폭이 넓고 성기다. 자루의 길이는 4~7cm, 굵기는 1~2mm로 크림색에서 탁한 갈색으로 되며 표면은 밋밋하다. 포자의 크기는 8.5~10×4~6μm로 타원형이며 표면은 매끈하고 녹슨 갈색이며 벽이 두껍고 발아공이 있다. 담자기는 20~26×10~12μm로 짧은 막대형으로 1~2-포자성이다. 기부에 꺽쇠가 없다. 담자기는 18~22×7~8.5μm로 막대형이며 4-포자성이다. 기부에 꺽쇠가 있는 것도 있다. 연낭상체는 15~23×7.5~11μm로 호리병모양이다. 측낭상체는 없다. 포자문은 녹슨 갈색이다.
생태 여름~가을 / 비옥한 땅, 퇴비더미 또는 동물의 똥(분)에 군생
분포 한국(백두산), 중국, 일본, 유럽, 북아메리카, 아프리카

밀종버섯

Conocybe siliginea (Fr.) Kühn.

형태 균모의 지름은 1~2.5cm로 반구형에서 차차 편평하게 된다. 표면은 오백색 또는 연한 회황백색 또는 연한 붉은색으로 막질이며 광택이 나고 밋밋하다. 가장자리는 불분명한 가는 줄무늬홈선이 있다. 살은 오백색으로 얇다. 주름살은 자루에 대하여 바른주름살이고 황갈색으로 밀생한다. 자루의 길이는 3~6.6cm, 굵기는 0.2~0.3cm로 가늘고 길며 색은 비교적 옅다. 표면은 백색이고 가루상으로 잘 휘어진다. 포자의 크기는 10~17×7.5~8.5μm로 타원형 또는 황갈색으로 발아공이 있으며 표면은 매끈하고 광택이 난다. 연낭상체와 측낭상체는 병모양으로 선단은 원형이다.
생태 여름~가을 / 숲속의 땅에 군생
분포 한국(백두산), 중국

알꼴장다리종버섯

Conocybe subovalis Kühn. & Watl.

형태 균모의 지름은 1.5~3.5cm로 둔한 원추형-반구형으로 표면은 밋밋하고 흡수성인데 습기가 있을 때는 방사상의 줄무늬선이 보인다. 황토색-진한 꿀색이고 건조하면 연한 크림색이다. 주름살은 자루에 대하여 바른주름살 또는 올린주름살로 처음에는 균모와 비슷한 색이다가 계피색으로 진해진다. 폭이 약간 넓고 빽빽한 편이다. 자루의 길이는 5~11cm, 1.5~4mm이고 위쪽은 살갗색으로 약간 연하고 기부 쪽은 황토색-녹슨 갈색, 밑동은 둥글게 부푼다. 세로로 줄무늬선이 있고 미세한 분말이 피복되어 있다. 포자의 크기는 10.6~13.1×5.7~7.6μm로 타원형이며 표면은 밋밋하고 적갈색으로 벽이 두껍고 발아공이 있다. 담자기는 22~33×10~13μm로 막대형이며 4-포자성이다. 기부에 꺾쇠가 없다. 연낭상체는 28~35×10~17μm로 호리병모양이다. 측낭상체는 없다. 포자문은 적갈색이다.

생태 여름~가을 / 초지, 대나무 숲, 숲의 가장자리 등에 군생

분포 한국(백두산), 중국, 일본, 유럽, 북아메리카

종버섯

Concybe tenera (Schaeff.) Fayod

형태 균모의 지름은 0.9~2.5cm이고 원추형 또는 종모양에서 반구형으로 되고 중앙부는 둔하다. 표면은 물을 흡수하며 습기가 있을 때 연한 황갈색 또는 홍갈색을 띠며 중앙부는 어둡고 마르면 연한 난황색이다. 부채모양의 능선이 있고 매끈하거나 가는 알갱이로 덮인다. 살은 막질에 가깝고 연한 갈색이며 연약하다. 주름살은 자루에 대하여 초기에 올린주름살에서 떨어진주름살로 되며 밀생이고 나비는 좁으며 흙색이나 나중에 육계색으로 된다. 자루의 높이는 6~9cm, 굵기는 0.1~0.3cm이고 위아래의 굵기가 같으며 기부는 구경상으로 된다. 균모와 동색이며 상부는 색이 연하고 하부는 색이 진하며 세로줄의 홈선이 있고 가루로 덮이며 연약하다. 자루는 속이 비어 있다. 포자의 크기는 11~16×6~9μm로 타원형 또는 난형이고 발아공이 있으며 표면은 매끄럽고 황갈색이다. 포자문은 녹슨색이다. 주름살 주변의 낭상체는 도란형 또는 원주형이고 꼭대기는 꼭지가 있는 머리모양으로 나비는 4~5μm이다. 자루 표피에 있는 표피낭상체는 주름살 변두리의 낭상체의 모양이나 크기와 비슷하다.

생태 여름~가을 / 숲속이나 길가의 땅에서 군생·단생

분포 한국(백두산), 중국, 일본, 유럽, 북아메리카

국수버섯

Clavaria fragilis Holmsk.
C. vermicularis Scop.

형태 자실체의 높이는 5~12cm, 굵기는 2~4mm로 조금 구부러진 막대모양의 버섯이며 둥글거나 약간 압착되지만 끝은 뭉툭하다. 표면은 밋밋하고 또는 세로로 파진골이 있으며 끝은 약간 포크형으로 수 개~10여 개가 다발로 난다. 전체가 백색이나 간혹 끝은 황색인 것도 있으며 오래되면 퇴색한 황색으로 된다. 살은 백색이며 부서지거나 부러지기 쉬우며 냄새가 약간 나고 맛은 온화하다. 포자는 5~7×3~4μm로 타원형-종자형이며 표면은 매끈하고 작은 기름방울 또는 과립이 있다. 담자기는 45~50×6~8μm로 가는 막대형으로 4-포자성이다. 기부에 꺽쇠가 없다. 측낭상체는 없다. 포자문은 백색이다.

생태 가을 / 숲속의 땅에 군생

분포 한국(백두산), 중국, 일본, 유럽, 전 세계의 온대지방

참고 식용

연기색국수버섯

Clavaria fumosa Fr.

형태 자실체의 높이는 2~8cm, 굵기는 2~5mm로 가는 막대형에서 긴 방망이 모양, 방추형이고 압축된 둥근형이며 가끔 세로줄의 홈선이 있다. 표면은 밋밋하고 광택이 나며 백색 또는 연기 회색에서 황토갈색으로 끝은 뾰족형에서 약간 둔형이다. 오래되면 갈색으로 되며 속은 비었다. 살은 백색이고 부서지기 쉬우며 냄새는 없으나 맛은 온화하다. 포자의 크기는 5~6.5×3.5~3.8 μm로 타원형이며 표면은 매끈하고 투명하며 기름방울과 과립이 있다. 담자기는 가는 막대형으로 35~45×7~9 μm이고 4-포자성이다. 낭상체는 안 보인다.

생태 여름~가을 / 풀밭 등에 군생

분포 한국(백두산), 중국, 유럽, 북아메리카, 아시아

참고 희귀종

노란가지창싸리버섯

Clavulinopsis corniculata (Schaeff.) Corner

형태 자실체의 높이는 2~8cm로 처음은 노란색에서 노랑황토색으로 되며 기부 근처에 백색의 털이 부착한다. 끝은 2분지하며 포크형이며 드물게 말린다. 표면은 밋밋하다. 자루는 속은 차 있고 부서지기 쉽다. 살은 거칠고 단단하며 맛은 쓰고 밀가루 냄새가 난다. 포자의 지름은 4.5~7μm로 아구형이며 표면은 매끈하고 투명하며 기름방울을 1개 가진 것도 있다. 담자기는 40~60×6~8μm로 4-포자성이고 가는 막대형이며 기부에 꺽쇠가 있다. 낭상체는 없다.

생태 초여름~늦가을 / 숲속의 땅, 초원, 풀밭, 잔디에 단생·군생·속생

분포 한국(백두산), 중국

참고 식용

노란창싸리버섯

Clavulinopsis fusiformis (Sow.) Corner

형태 자실체의 굵기는 50~100×2~6mm이나 높이는 10cm에 달하는 것도 있으며 위아래로 가늘고 편평한 막대형 또는 긴 방추형인데 수십 개가 다발로 난다. 표면 전체가 선황색-황갈색이고 밋밋하며 오래되면 끝이 말라붙고 암갈색으로 된다. 자실체의 속은 비었다. 살은 육질이나 부서지기 쉬운 섬유질이며 냄새가 약간 나고 맛은 쓰다. 포자의 크기는 5~9×4.5~8μm로 아구형-광타원형이고 끝은 큰 침으로 되며 표면은 매끈하다. 담자기는 40~60×6~8μm로 가는 막대형이며 4-포자성이다. 기부에 꺽쇠가 있다. 균사에 꺽쇠가 있다. 포자문은 백색-황색이다.

생태 여름~가을 / 혼효림의 땅에 다발로 군생

분포 한국(백두산), 중국, 일본, 유럽, 북반구의 온대 이북

좀노란창싸리버섯

Clavulinopsis helvola (Pers.) Corner

형태 자실체의 굵기는 10~60×1.5~4mm로 높이는 3~7cm에 달하는 것도 있다. 분지하지 않으며 위아래로 가늘고 편평한 막대형 또는 긴방추형이다. 표면은 밋밋하고 오렌지황색이나 끝이 뾰족하지 않으며 드물게 포크형인 것도 있다. 속은 차 있다. 자실층은 자루의 좁은 데까지다. 살은 연한 황색이며 섬유질로 단단하고 냄새가 있으며 맛은 쓰다. 근부는 색이 연하고 원주형이며 보통 한 개씩 나지만 여러 개가 다발로 나는 경우도 있다. 포자의 크기는 4~7×3.5~6㎛로 아구형이며 표면은 투명하고 거친 사마귀점과 결절이 있으며 1개의 기름방울을 가진 것도 있다. 담자기는 45~55×7~9㎛로 가는 막대형으로 2~4-포자성이며 기부에 꺽쇠가 있다. 낭상체는 없다.

생태 여름~가을 / 숲속의 땅에 군생

분포 한국(백두산), 중국, 일본, 유럽, 온대지방

주걱창싸리버섯

Clavulinopsis laeticolor (Berk. & Curt.) Petersen
C. pulchra (Peck) Corner

형태 자실체의 굵기는 20~40×1.5~4mm로 높이는 3~10cm에 달하는 것도 있으며 분지하지 않는다. 표면은 밋밋하고 황금색 또는 오렌지노란색이며 끝은 뭉툭하고 납작하거나 주름진다. 자실층은 자루의 좁은 데까지 펴진다. 살은 밝은 노란색이고 부드러우며 냄새는 불분명하며 맛은 온화하다. 근부는 가늘고 흰 자루모양을 하고 있었다. 포자의 크기는 5~7.5×3.5~6μm로 아구형 또는 광타원으로 표면은 매끄럽고 노란색이며 기름방울을 함유하며 긴 침 같은 돌기가 있다. 담자기는 35~50×6~8μm로 굽었고 가는 막대형이며 4-포자성이고 기부에 꺽쇠가 있다.

생태 여름~가을 / 숲속의 땅에 단생·군생

분포 한국, 일본, 중국, 유럽, 북아메리카

끈적더듬이버섯

Multiclavula mucida (Pers.) Petersen

형태 자실체의 높이는 0.3~1cm, 폭은 0.3~1mm로 기부가 다소 가늘고 막대모양-곤봉모양이며 보통 휘어져 있다. 선단이 뾰족하나 드물게 둔한 것도 있다. 분지되지는 않지만 간혹 분지되는 것도 있다. 자루는 가늘기는 하지만 강인하여 구부러지거나 꺾어지지 않으며 속이 차 있다. 끝은 둔한 막대모양이거나 원통상의 방추형이다. 전체가 백색-연한 황토색이며 오래되면 갈색-흑색을 가지기도 한다. 때때로 기부에 백색의 균사가 덮여 있기도 한다. 살은 유연하다. 포자의 크기는 5.5~6.5×2~3μm로 원주상의 타원형이며 표면은 매끈하고 투명하며 2개의 기름방울을 가진 것도 있다.

생태 봄~가을 / 습기가 있는 썩는 고목에 발생하는 녹조류에 다수가 군생

분포 한국(백두산), 중국, 일본

쇠뜨기버섯

Ramariopsis kunzei (Fr.) Corner

형태 자실체의 높이는 2~12cm로 백색 또는 상아색이나 분홍색-살색을 띠기도 한다. 살은 질기고 탄력성이 있지만 쉽게 부서진다. 자루와 주된 가지 기부에 짧은 융털이 있다. 각개의 자루는 높이 0.5~1.5cm이며 자루가 없는 것도 있다. 기부는 황색-분홍색으로 3~5분지 하나 상부는 2분지하여 직립하며 빗자루모양이다. 포자의 크기는 3~5.5×2.3~4.5㎛로 광타원형 또는 아구형으로 표면에 미세한 가시와 사마귀가 있으며 1개의 기름방울을 가졌다.

생태 여름~가을 / 숲속이나 들판의 썩은 나무에 단생 · 군생

분포 한국(백두산), 중국, 일본, 유럽, 남북아메리카, 호주

돌기끈적버섯

Cortinarius acutus (Pers.) Fr.

형태 균모의 지름은 1~2cm로 어릴 때 원추형이며 중앙이 뾰족한 종모양을 거쳐 편평해지나 중앙은 언제나 뾰족하다. 표면은 밋밋하고 어릴 때 표피의 섬유실로 덮이지만 곧 매끈해진다. 흡수성으로 밝은 황토갈색이며 습할 때 투명한 줄무늬선이 중앙까지 발달한다. 색깔은 크림베이지색이고 건조하면 줄무늬선이 없어진다. 가장자리는 예리하고 백색의 표피 잔편이 오랫동안 부착한다. 살은 크림색에서 황토갈색으로 되고 얇으며 맛은 온화하다. 주름살은 자루에 대하여 홈파진주름살 또는 좁은 올린주름살로 크림베이지색에서 황토갈색으로 되며 광폭이다. 가장자리는 미세한 백색의 섬유실이다. 자루의 길이는 4~7cm, 굵기는 2~3.5mm로 원통형이며 굽고 처음 속은 차 있다가 비게 되며 부서지기 쉽다. 표면은 어릴 때 미세한 백색의 섬유실이 전면에 피복하다가 곧 매끈해지며 황토갈색, 백색의 표피 잔편이 있다. 포자의 크기는 7.5~10.5×4.5~6μm로 타원형이고 표면에 미세한 반점이 있고 밝은 노란색이다. 담자기는 원통형에서 막대형으로 20~30×8~9.5μm로 4-포자성으로 기부에 꺽쇠가 있다.

생태 여름~가을 / 침엽수림, 이끼류 속에 군생

분포 한국(백두산), 중국, 유럽, 북아메리카

흰보라끈적버섯

Cortinarius alboviolaceus (Pers.) Fr.

형태 균모의 지름은 2~7cm로 둥근산모양에서 차차 평평하게 펴
지며 가운데가 넓게 돌출된다. 표면은 점성이 없고 연한 회자색-
은백색이고 약간 비단 같은 광택이 나며 나중에 중앙부터 황토
색을 띠게 된다. 가장자리는 오랫동안 아래로 감겨 있다. 살은 자
주색을 띤 흰색이다. 주름살은 자루에 대하여 올린주름살 또는
바른주름살로 연한 자주색에서 황토갈색-녹슨 갈색으로 되며 폭
이 넓고 약간 성기다. 자루의 길이는 5~9cm, 굵기는 6~11mm
로 아래쪽으로 약간 굵어지고 밑동은 곤봉상이다. 표면은 균모와
같은 색이고 턱받이는 거미줄모양의 막 모양으로 남으며 턱받이
아래쪽은 흰색 외피막의 파편이 밀착되어 있다. 포자의 크기는
7.5~9.5×4.8~6.2μm로 광타원형이고 연한 황색으로 표면에 미세
한 사마귀들이 덮여 있다. 포자문은 황색을 띤 녹슨 갈색이다.
생태 가을 / 활엽수의 숲에 군생
분포 한국(백두산), 중국, 일본, 북반구 온대 이북

회색껍질끈적버섯

Cortinarius episomiensis var. **alpicola** Bon

형태 균모의 지름은 30~55mm로 어릴 때 둥근산모양에서 차차 편평해지나 물결형이며 중앙은 약간 굴곡이 진다. 표면은 밋밋하다가 약간 결절형으로 되며 무디고 약간 압착된 섬유상 인편이 있고 짙은 황토색에서 담배색의 갈색으로 된다. 가장자리는 고르고 예리하다. 살은 백색에서 크림색으로 되며 자루의 꼭대기는 라일락색이며 얇고 냄새가 나며 맛은 온화하다. 주름살은 자루에 대하여 홈파진주름살 또는 다소 넓은 올린주름살로 크림색이며 어릴 때 라이락색에서 붉은색으로 되며 폭은 넓다. 주름살의 변두리는 밋밋하다. 자루의 길이는 2.5~4.5cm, 굵기는 3~7mm로 약간 원통형으로 부서지기 쉽고 기부는 부풀고 속은 차 있다가 빈다. 어릴 때 표피에서 생긴 백색의 섬유상이 표면에 덮이나 나중에 매끈해지며 약간 갈색이고 꼭대기는 어릴 때 약간 라일락색이다. 포자의 크기는 7.5~10.5×6~7.5㎛로 광타원형에서 아구형이며 표면에 사마귀반점이 있고 회색의 황토색이다. 담자기는 가는 막대형으로 28~38×7.5~11.5㎛로 4-포자성이다. 기부에 석쇠가 있다.

생태 여름~가을 / 관목류의 근처 풀밭에 단생 · 군생

분포 한국(백두산), 중국, 유럽

참고 희귀종

회갈색끈적버섯

Cortinarius anomalus (Fr.) Fr.

형태 균모의 지름은 2.5~4cm로 둥근산모양에서 차차 편평하게 펴지며 중앙이 돌출한다. 표면은 회갈색-점토색(회적갈색)인데 흔히 보라색 기가 있으며 습기가 있을 때 점성이 있고 광택이 난다. 살은 얇은 편이고 점토색이다. 주름살은 자루에 대하여 바른 주름살에서 홈파진주름살이며 처음에는 회자색에서 계피색으로 되고 폭이 넓고 약간 촘촘하거나 약간 성기다. 자루의 길이는 4~6cm, 굵기는 4~6mm로 아래쪽은 곤봉모양으로 부풀어 있고 위쪽은 보라색이고 밑동 쪽으로는 약간 점토색(회적갈색)을 띤다. 아래쪽은 탁한 황토색의 턱받이가 있고 약간 불명료한 작은 인편이 부착된다. 자루는 속이 비어 있다. 포자의 크기는 7.5~9×6~7㎛로 아구형으로 표면에 사마귀반점이 있고 적갈색이다. 담자기는 28~37×8~10㎛로 막대형이고 4-포자성으로 기부에 꺽쇠가 있다.

생태 여름~가을 / 참나무류나 기타 활엽수 숲속의 땅에 군생

분포 한국(백두산), 중국, 일본, 러시아 연해주, 유럽, 북아메리카

숯끈적버섯

Cortinarius anthracinus (Fr.) Sacc.

형태 균모의 지름은 10~20mm, 원추형에서 종모양을 거쳐 편평
하게 된다. 보통 중앙이 볼록하다. 표면은 밋밋하고 미세한 방사
상의 섬유무늬가 있어서 무디다가 나중에 매끄럽게 된다. 흡수
성이고 습기가 있을 때 청홍색의 흑갈색에서 오렌지적색으로 되
고 건조 시 황토노란색으로 된다. 가장자리에 띠가 있으며 고르
고 예리하다. 살은 습기가 있을 때 희미한 포도주색의 흑갈색이
되며 건조 시에는 밝은 핑크갈색이며 얇고 냄새가 나고 맛은 온
화하나 떫은맛이다. 주름살은 자루에 대하여 홈파진주름살 또는
올린주름살로 어릴 때 희미한 홍색이 있는 밝은 갈색에서 녹갈색
으로 물들며 폭이 넓다. 가장자리는 톱니상이다. 자루의 길이는
20~40mm, 굵기는 1.5~4.5mm로 원주형으로 속은 비고 휘어진다.
표면은 황색에서 자갈색의 바탕에 녹갈색의 섬유가 있고 어릴 때
위쪽에 하얀 가루가 있다. 포자의 크기는 7~9.8×4.4~5.8μm로 타
원형에서 난형이며 표면은 사마귀점이 있고 밝은 황토색이다. 담
자기는 가는 막대형으로 27~35×7~8μm이고 기부에 꺽쇠가 있다.

생태 여름~가을 / 숲속의 이끼류가 있는 곳에 군생

분포 한국(백두산), 중국, 유럽

참고 희귀종

칼날끈적버섯

Cortinarius argutus Fr.

형태 균모의 지름은 3~6cm로 반구형에서 둥근산모양을 거쳐 편평하게 되고 중앙은 거칠다. 표면은 밋밋하고 무디며 건조 시 미세한 섬유털이 있고 습기가 있을 때 점성이 있어서 미끈거린다. 색깔은 어릴 때 백색에서 크림황색을 거쳐 밝은 황토색으로 된다. 가장자리는 고르고 예리하다. 살은 백색으로 얇고 적포도주색에서 청흑색으로 되며 상처 시 황색으로 변색하고 흙냄새가 나고 맛은 온화하다. 주름살은 자루에 대하여 홈파진주름살로 두껍고 폭이 넓다. 표면은 어릴 때 크림색에서 밝은 황토색을 거쳐 황토갈색으로 된다. 가장자리는 톱니상이다. 자루의 길이는 6~10cm, 굵기는 1~1.5cm로 원통형이며 기부는 부풀고 휘어지고 속은 차 있다가 빈다. 표면은 어릴 때 백색으로 표피의 껍질로 전체가 덮여 있다가 매끈해지며 기부의 위쪽에서 황토색으로 변색하며 가끔 턱받이의 띠가 있다. 포자의 크기는 10.5~15.7×5.9~8.4μm로 편도형에서 레몬형이며 표면은 사마귀점이 있고 밝은 황색이다. 담자기는 막대형이며 37~50×9.5~12μm로 기부에 꺾쇠가 있다.

생태 여름~가을 / 혼효림의 흙에 군생

분포 한국(백두산), 중국, 유럽, 북아메리카

차양풍선끈적버섯

Cortinarius armillatus (Fr.) Fr.

형태 균모의 지름은 5~10(15)cm로 둥근산모양에서 차차 편평하게 펴진다. 표면은 밋밋하고 흡습성으로 적갈색-벽돌색이며 중앙부는 약간 진하고 섬유상이 방사상으로 배열한다. 살은 유백색이다. 주름살은 자루에 대하여 바른주름살-홈파진주름살로 연한 계피색에서 진한 녹슨 갈색으로 되며 폭이 넓고 성기다. 자루의 길이는 7~13(16)cm, 굵기는 10~15mm로 약간 길며 밑동은 부풀어 있다. 표면은 섬유상이며 연한 회갈색이다. 자루의 중간쯤에 주적색의 외피막의 잔존물이 얼룩덜룩한 턱받이 모양으로 남아 있고 아래쪽에도 1~3개 정도 불완전한 테가 남아 있다. 포자의 크기는 9.5~13×5.7~7.3㎛로 타원형으로 분홍색을 띤 황토색이고 표면에 희미한 사마귀반점이 덮여 있다.

생태 가을 / 활엽수림의 땅, 특히 자작나무 숲의 땅에 군생 · 산생

분포 한국(백두산), 중국, 일본, 유럽, 북반구 온대 이북

참고 식용하며 맛이 좋음.

흑녹색끈적버섯

Cortinarius atrovirens Kalchbr.

형태 균모의 지름은 5~9cm로 반구형에서 둥근산모양을 거쳐 편평하게 되고 물결형이다. 표면은 밋밋하며 건조 시 비단결, 습기가 있을 때 밋밋하고, 어릴 때 검은 올리브녹색에서 진한 올리브흑색으로 되고 인편이 분포한다. 가장자리는 오랫동안 아래로 말리고 고르다. 살은 녹황색이며 두껍고 균모의 중앙은 더 두껍다. 주름살은 자루에 대하여 홈파진주름살 또는 넓은 올린주름살로 진흙의 황색에서 황갈색을 거쳐 녹슨 갈색으로 되며 폭이 넓다. 가장자리는 톱니형이다. 자루의 길이는 5~7cm, 굵기는 1.5~2cm로 원통형이고 가장자리에 막편이 부착하며 빳빳하고 부서지기 쉽다. 어릴 때 속은 차 있다가 빈다. 기부 위쪽부터 갈색으로 된다. 포자의 크기는 9~11×5.~6.5μm로 타원형이고 표면에 진한 사마귀점이 있으며 황갈색이다. 담자기는 원통형에서 막대형이고 23~38×7~9.5μm로 기부에 격쇠가 있다.

생태 가을 / 혼효림에 군생

분포 한국(백두산), 중국, 유럽, 북아메리카

흰비단끈적버섯

Cortinarius alnetorum (Vel.) Moser

형태 균모의 지름은 14~35mm로 원추형에서 둥근산모양이 되었다가 편평하게 되지만 중앙이 볼록하다. 흡수성이고 어릴 때 검은 회갈색의 라일락색과 백회색의 섬유실을 가진다. 후에 베이지색, 황토갈색으로 되고 중앙은 흑색이고 가장자리는 날카롭게 갈라지고 백색이며 막편이 부착한다. 살은 갈색으로 얇고 냄새가 나며 맛은 온화하다. 주름살은 올린주름살로 밝은 회갈색이나 어릴 때 라일락색을 띠며 후 붉은색에서 밝은 녹슨 갈색으로 된다. 가장자리는 톱니상이고 백색. 자루 길이는 35~80mm, 굵기는 1.5~5mm로 원통형이다. 속은 차 있다가 비게 되며 부서지기 쉽고 기부가 부푼다. 기부에서 위쪽으로 흑갈색에서 검은 와인갈색의 바탕에 백색의 섬유실이 있다. 섬유실은 세 개의 가는 밴드를 형성하고 턱받이 흔적이 있다. 턱받이 흔적의 위쪽은 세로줄무늬가 있고 가끔 희미한 라일락색을 가진다. 포자는 7~10.5×4.5~6μm로 타원형이며 미세한 반점이 있고 밝은 회갈색이다.

생태 여름~가을 / 숲속의 이끼류가 있는 땅에 군생

분포 한국(백두산), 중국, 유럽

황적색끈적버섯

Cortinarius aureofulvus M. M. Moser

형태 균모의 지름은 3~7cm로 구형 또는 반구형에서 편평한 둥근산모양으로 되었다가 편평해진다. 표면에 점성이 있고 푸른노란색에서 연한 노란색으로 되며 중앙은 연한 황토갈색이지만 곧 오렌지-갈색으로 된다. 중앙은 과립상으로 미세하게 압착된 인편이 표피로부터 생긴 것들이다. 가장자리는 밝은 녹황색에서 적갈색이며 아래로 말린다. 살은 백색이며 표피 밑은 녹황색이고 자루의 살은 어릴 때 희미한 회청색이다. 살은 오래되면 진흙 냄새가 난다. 주름살은 자루에 대하여 끝붙은주름살로 밀생하며 녹황색에서 올리브갈색으로 된다. 자루의 길이는 4~7cm, 굵기는 8~15mm로 광택이 나며 꼭대기는 노란색에서 청녹색으로 되며 기부는 연한 녹황색이다. 포자의 크기는 10~11.5×6~7μm로 레몬형이고 표면은 거친 사마귀점이 있다.

생태 여름~가을 / 숲속의 땅에 군생

분포 한국(백두산), 북유럽

황금끈적버섯

Cortinarius aureobrunneus Hongo

형태 균모의 지름은 5~8cm로 둥근산모양에서 차차 평평하게 된
다. 표면은 밋밋하고 적갈색-벽돌색이며 중앙부는 다소 진한 색
이며 흡습성이고 균모가 펴지면 방사상의 섬유상으로 된다. 살은
유백색이다. 주름살은 자루에 대하여 바른-홈파진주름살로 연
한 계피색에서 진한 녹슨 갈색으로 되고 폭이 넓고 성기다. 자루
의 길이는 7~13(16)cm, 굵기는 10~15mm로 약간 길다. 표면은
섬유상이며 연한 회갈색이다. 자루 중간쯤에 주적색의 외피막의
잔존물이 얼룩덜룩한 턱받이 모양으로 남아 있고 그 아래쪽에도
1~3개 정도 불완전한 테가 남아 있으며 밑동은 부풀어 있다. 포
자의 크기는 9.5~13×5.7~7.3μm로 타원형이며 분홍색을 띤 황토
색이고 표면은 희미한 사마귀점이 덮여 있다.

생태 가을 / 활엽수림의 땅, 특히 자작나무 숲의 땅에 군생·산생

분포 한국(백두산), 중국, 일본, 유럽, 북반구 온대 이북

참고 식용하며 맛이 좋음.

흰띠끈적버섯

Cortinarius balteatoalbus Rob. Henry

형태 균모의 지름은 50~100mm로 반구형에서 둥근산모양을 거쳐 차차 편평하게 되며 중앙은 약간 돌출하는 것도 있다. 표면은 어릴 때 미세한 백색의 표피로 덮여 있고 다음에 미세한 섬유실에서 미세한 털로 되고 나중에 압착된 인편으로 되며 틈새가 벌어진다. 색은 황토색에서 올리브갈색으로 된다. 습기가 있을 때는 점성이 있고 건조 시 황토색에서 적갈색으로 된다. 가장자리는 오랫동안 아래로 말리고 예리하다. 살은 백색이며 두껍고 거의 냄새가 없고 맛은 온화하다. 주름살은 자루에 대하여 넓은 올린주름살이고 크림색에서 황토색을 거쳐 황토갈색으로 되며 폭은 좁다. 주름살의 변두리는 밋밋하다. 자루의 길이는 50~80mm, 굵기는 15~30mm, 원통형 또는 막대형으로 때때로 뿌리형이고 속은 차 있다. 표면은 백색에서 갈색으로 되며 세로줄의 섬유실이 있고 기부로 가늘어지며 때때로 인편이 있다. 포자의 크기는 9~12×5~6.5㎛로 타원형 또는 방추형으로 표면은 미세한 사마귀점이 있으며 레몬노란색이다. 담자기는 가는 막대형으로 30~37×7.5~9㎛로 4-포자성이다. 기부에 꺽쇠가 있다.

생태 여름~가을 / 숲속의 땅에 군생

분포 한국(백두산), 중국, 유럽

참고 희귀종

회초리끈적버섯

Cortinarius betuletorum M. M. Moser ex M. M. Moser
C. raphanoides (Pers.) Fr.

형태 균모의 지름은 2~6cm으로 원추형에서 둥근산모양으로 되지만 중앙은 볼록하다. 표면은 연한 황갈색에서 올리브갈색으로 되며 비단결모양의 섬유상이다. 살은 균모와 동색이며 냄새는 없고 특히 부서졌을 때 강하고 맛은 약간 있다. 주름살은 자루에 대하여 올린주름살로 밝은 황갈색 올리브에서 적갈색으로 된다. 자루의 길이는 5~7cm, 굵기는 5~9mm로 기부는 부풀고 두꺼운 균사체로 싸이고 올리브-연한 황갈색으로 섬유상의 실이 있고 올리브-갈색의 표피 껍질을 가진다. 포자의 크기는 8~9×5.5~6μm로 광타원형에서 씨앗모양, 표면은 사마귀점이 있다. 포자문은 녹슨 갈색이다.

생태 가을 / 혼효림, 침엽수림의 땅에 군생

분포 한국(백두산), 중국, 북아메리카

참고 식용불가

자작나무끈적버섯

Cortinarius betulinus J. Favre

형태 균모의 지름은 20~50mm로 둥근산모양에서 약간 편평형으로 된다. 표면은 밋밋하여 매끈하고 습기가 있을 때 미끈거리며 밝은 회라일락색에서 황토라이락색으로 되며 가운데는 황색-황토색이다. 가장자리는 고르고 예리하며 아래로 말린다. 살은 백색에서 진한 회청색으로 얇고 향료 냄새가 나며 맛은 온화하다. 주름살은 자루에 대하여 올린주름살로 회라일락에서 황토갈색으로 되며 가장자리는 톱니상이다. 자루의 길이는 50~70mm, 굵기는 3~7mm로 원통형이고 속은 차고 부서지기 쉽다. 표면은 밝은 회청색의 바탕에 살색으로 오래되면 황토갈색으로 퇴색하며 위쪽은 라일락색이다. 포자의 크기는 7.3~9.5×6.1~7.5μm로 광타원형 또는 아구형이며 표면에 사마귀점이 있으며 적갈색이다. 담자기는 막대형으로 31~41×8~9μm로 기부에 꺽쇠가 있다.

생태 여름~가을 / 자작나무 숲의 땅에 군생

분포 한국(백두산), 중국, 유럽

황소끈적버섯

Cortinarius bovinus Fr.

형태 균모의 지름은 3~9cm이고 반구형 또는 둔한 원추형에서 둥근산모양을 거쳐 차차 편평하게 되고 중앙부는 둔한 배꼽모양으로 돌출한다. 표면은 물을 흡수하여 밤갈색으로 보이며 마르면 흐린 갈색이 되고 미모가 압착되어 있다. 가장자리는 처음에 아래로 감기며 백색의 미모가 있다. 살은 중앙부가 두꺼우며 연한 갈색이고 냄새는 없다. 주름살은 자루에 대하여 홈파진주름살로 빽빽하거나 약간 성기며 폭은 넓고 처음은 연한 갈색에서 녹슨 갈색으로 된다. 주름살의 변두리는 반반하거나 톱니상이다. 자루의 높이는 4~8cm, 굵기는 1~1.5cm로 원주형이며 기부는 둥근모양으로 부풀고 갈색이며 백색의 솜털로 덮이고 나중에 테의 흔적이 있다. 거미집막은 백색이나 포자가 떨어지면 녹슨색으로 보인다. 포자의 크기는 9~10.5×5.5~6.5㎛로 광타원형으로 표면은 사마귀점이 덮여 있으며 혹 같은 돌기가 있는 것도 있다. 포자문은 녹슨색이다.

생태 가을 / 침엽수와 활엽수의 혼효림 또는 활엽수림의 땅에 산생 · 군생

분포 한국(백두산), 중국, 유럽

샘끈적버섯

Cortinarius brunneus (Pers.) Fr.
C. brunneus var. glandicolor (Fr.) H. Lindstr. & Melot

형태 균모의 지름은 25~50mm로 원추형에서 종모양을 거쳐 편평하게 되지만 중앙은 뚜렷한 원추상의 볼록이 있다. 표면은 방사상의 섬유실이 있고 흡수성으로 습기가 있을 때 검은 회색에서 흑갈색으로 되며 건조 시 황토갈색으로 된다. 가장자리는 예리하고 노후 시 약간 갈라지며 조금 압착된 섬유실-인편이 있으며 습기가 있을 때 줄무늬선이 나타난다. 살은 베이지색에서 회갈색으로 되며 얇고 냄새는 양파 냄새 또는 버섯 냄새가 나고 맛은 온화하고 좋다. 주름살은 자루에 대하여 좁은 올린주름살로 황토갈색에서 녹슨 갈색을 거쳐 검은 적갈색으로 된다. 주름살의 폭은 넓고 변두리는 거의 밋밋하다. 자루의 길이는 40~70mm, 굵기는 3~6mm로 원통형이고 기부는 때때로 부풀고 자루의 속은 비고 부서지기 쉽다. 표면은 회갈색의 바탕에 세로줄의 은백색의 섬유실로 덮인다. 보통 불분명한 턱받이 흔적이 있으며 꼭대기에 드물게 희미한 라일락색조가 있다. 포자의 크기는 7~10×4.5~5.5㎛로 타원형으로 희미한 사마귀반점이 있고 황토-노란색이다. 담자기는 원통형에서 막대형으로 20~28×7.5~8.5㎛로 4-포자성이다. 기부에 꺽쇠가 있다.

생태 가을 / 이끼류 사이 또는 자작나무, 소나무 숲의 땅에 군생

분포 한국(백두산), 중국, 유럽

노란띠끈적버섯

Cortinarius caperatus (Pers.) Fr.
Rozites caperatus (Pers.) Karst.

형태 균모의 지름은 5~12cm로 난형 또는 반구형에서 편평하게 된다. 표면은 마르거나 조금 습기가 있으며 황갈색 또는 황토색이다. 마르면 중앙부는 흑색이고 털이 없으며 울퉁불퉁하며 주름무늬가 있다. 가장자리는 처음에 아래로 감기며 때로는 갈라진다. 살은 중앙부가 두껍고 백색이며 표피 아래쪽은 다갈색이고 맛은 유하다. 주름살은 자루에 대하여 바른주름살 또는 홈파진주름살로 약간 빽빽하며 폭은 넓다. 처음에는 백색에서 녹슨색으로 되고 색깔이 진하며 연한 줄무늬가 엇갈려 있다. 자루의 높이는 7~15cm, 굵기는 0.7~2.5cm로 위아래의 굵기가 같거나 위로 가늘어지며 백색 또는 황백색이다. 턱받이 위쪽은 솜털모양의 부드러운 털이고 아래쪽은 털이 없거나 미모가 있고 기부에 외피막의 흔적이 있다. 자루의 속은 차 있다. 턱받이는 막질로 가끔 줄무늬 홈선이 있고 백색 또는 황백색이며 중위 내지 상위이다. 포자의 크기는 11~15×7~8μm로 타원형이고 연한 녹슨색이며 표면에 작은 사마귀반점이 있다. 포자문은 녹슨 갈색이다. 연낭상체는 곤봉상으로 정단이 가늘고 끝이 뾰족하며 30~35×9~12μm이다.
생태 가을 / 사스래나무 숲과 잣나무, 활엽수 혼효림의 땅에 단생·군생·산생하며 소나무와 외생균근을 형성
분포 한국(백두산), 중국, 일본, 유럽, 미국
참고 식용

흰자루끈적버섯

Cortinarius causticus Fr.

형태 균모의 지름은 30~60cm로 반구형에서 둥근산모양을 걸쳐 편평하게 되지만 중앙은 둔한 볼록이 있고 때때로 물결형이다. 표면은 밋밋하고 어릴 때 백색의 표피에 오렌지황토색의 미세한 가루가 있다가 나중에 매끈해지고 오렌지~적갈색으로 된다. 습기가 있을 때 미끈거리고 빛나고 건조 시 무뎌진다. 살은 백색이며 얇고 버섯 냄새가 나며 맛은 시나 온화하며 표피는 쓰다. 가장자리는 연한 백색이며 고르고 예리하며 가끔 희미한 줄무늬선이 있다. 주름살은 자루에 대하여 홈파진주름살 또는 좁은 올린주름살로 크림색에서 황토색을 거쳐 녹슨 갈색으로 되고 폭은 넓다. 주름살의 변두리는 다소 밋밋하다. 자루의 길이는 50~80mm, 굵기는 7~15mm로 원통형이며 기부는 약간 부풀거나 막대형으로 휘어지기 쉽다. 자루의 속은 차고 후에 빈다. 표면은 어릴 때 점성이 있고 약간 끈기의 표피는 밝은 갈색 바탕에 백색의 섬유실이 있다가 나중에 매끈해진다. 턱받이 테가 있고 턱받이 위에 백색가루가 있다. 포자의 크기는 5.5~7×3.5~4μm로 타원형이고 표면에 미세한 사마귀점이 밀집한다. 담자기는 가는 막대형으로 25~31×5.5~6.5μm로 4-포자성이다. 기부에 꺽쇠가 있다.

생태 여름~가을 / 활엽수림의 땅에 군생·속생

분포 한국(백두산), 중국, 유럽, 북아메리카

참고 희귀종

적자색끈적버섯

Cortinarius cinnamomeus (L.) Fr.
Dermocybe cinnamomea (L.) Wünsche

형태 균모의 지름은 15~40mm로 어릴 때 반구형에서 종모양을 거쳐 둥근산모양이 되었다가 편평하게 되며 가끔 중앙이 볼록하다. 표면은 밋밋하고 미세하게 눌린 알갱이 섬유실이 방사상으로 있으며 짙은 올리브색 또는 적갈색이나 가장자리 쪽으로 연하다. 가장자리는 고르고 날카롭다. 살은 연한 황색이며 표피 아래쪽은 적색에서 회갈색이고 얇고 냄새가 약간 나며 맛은 쓰다. 주름살은 자루에 대하여 올린주름살에서 약간 내린주름살로 어릴 때 밝은 오렌지색이고 오랫동안 영존하며 나중에 오렌지갈색으로 된다. 주름살의 변두리는 밋밋하고 자루 길이는 2.5~5.5cm, 굵기는 3~8mm로 원통형으로 휘어지기 쉽고 아래로 굵거나 가늘고 속은 차 있다. 표면은 어릴 때 밝은 노란색이며 나중에 검은색에서 올리브노란색으로 되거나 또는 기부 쪽으로 갈색 세로줄의 섬유실로 덮여 있다. 포자의 크기는 5.5~8×4~5μm로 타원형이고 미세한 반점이 있고 밝은 노랑황토색이다. 담자기는 가는 막대형으로 4-포자성이고 기부에 꺽쇠가 있다.

생태 여름~가을 / 숲속의 땅에 군생, 드물게 이끼류가 있는 땅
분포 한국(백두산), 중국, 유럽

등적색끈적버섯

Cortinarius cinnabarinus Fr.
Dermocybe cinnabarina (Fr.) Wünsche

형태 균모의 지름은 1.5~5cm로 어릴 때는 반구형이며 나중에 둥근산모양에서 거의 평평하게 펴지고 가끔 가운데가 돌출되기도 한다. 표면은 황갈색-올리브갈색으로 가장자리는 연하다. 살은 약간 황색 또는 올리브색을 띤다. 주름살은 자루에 대하여 바른 주름살 또는 올린주름살로 어릴 때는 황색-오렌지색이나 나중에 계피색으로 되며 폭이 넓고 촘촘하다. 자루의 길이는 3~8(10) cm, 굵기는 3~10mm로 레몬황색-선황색이고 위쪽에 황색을 띤 턱받이 흔적이 있다. 턱받이 아래쪽은 황갈색의 섬유상 인편이 덮인다. 포자의 크기는 5.5~8.2×3.8~5μm로 타원형-쌀알모양이며 연한 황토색이고 표면에 미세한 사마귀반점이 덮여 있다. 포자문은 적갈색이다.

생태 여름~가을 / 주로 고산지대의 가문비나무, 소나무 등 침엽수림, 활엽수림의 땅에 발생

분포 한국(백두산), 중국, 일본, 유럽, 북반구 온대 이북

진흙끈적버섯

Cortinarius collinitus (Pers.) Fr.
C. muscigenus Peck

형태 균모의 지름은 4.5~10cm로 아구형 내지 반구형에서 차차 편평하게 되며 중앙부는 배꼽모양으로 돌출한다. 표면은 습기가 있을 때 끈기가 있으며 매끄러우며 짙은 계피색 또는 황갈색이다. 살은 백색 또는 연한 색이나 나중에 갈색으로 되고 맛은 온화하다. 주름살은 자루에 대하여 바른주름살 또는 홈파진주름살로 밀생하며 가운데의 폭은 넓고 얇으며 자줏빛을 띤 황토색에서 녹슨 갈색으로 된다. 자루의 높이는 7~10cm, 굵기는 0.6~1cm로 위아래의 굵기가 같거나 아래로 가늘어진다. 자루의 상부는 백색이고 하부는 갈색이며 처음에 한 층의 끈기가 있는 표피막으로 덮이고 나중에 이것이 파열되면 뱀무늬꼴로 되며 위쪽의 끝은 거미집막과 이어진다. 자루의 속은 비어 있다. 포자의 크기는 11~14×6~7.5㎛로 편구형 또는 타원형에 가깝고 연한 녹슨색이고 표면은 미세한 반점들로 거칠다. 포자문은 녹슨색이다. 연낭상체는 곤봉형이고 35~50×9~15㎛이다.

생태 가을 / 잣나무, 혼효림과 분비나무, 가문비나무 숲속의 땅에 군생 · 산생하며 가문비나무, 소나무, 사시나무, 신갈나무와 외생균근을 형성

분포 한국(백두산), 중국, 유럽

참고 식용

노란갈색끈적버섯

Cortinarius coniferaum (M. M. Moser) Möenne - Loc. & Reumaxux

형태 균모의 지름은 4~8.5cm로 반구형에서 편평하게 되고 중앙부는 둔하게 돌출하거나 편평하다. 표면은 습기가 있을 때 끈기가 있고 처음에는 백색의 털 같은 것이 있으며 마르면 광택이 나고 달걀껍질색에서 연한 녹슨 갈색으로 된다. 가장자리는 얇고 아래로 굽으며 거미집막이 붙어 있다. 살은 백색이고 자루 쪽의 살은 황색을 띠며 맛은 좋다. 주름살은 자루에 대하여 홈파진주름살로 밀생하며 처음 백색에서 황갈색 또는 녹슨 갈색으로 된다. 주름살의 가장자리는 톱니상이다. 자루의 길이는 4~8.5cm, 굵기는 0.7~1.2cm로 상하의 굵기가 같거나 위로 가늘어지는 것도 있다. 기부는 둥글게 부풀었고 섬모가 있으며 백색, 황색 또는 황갈색 등이며 속은 스펀지 같고 연하다. 거미집막은 백색이며 빈약하며 탈락하기 쉽다. 포자의 크기는 7.5~8.5×4.2~5μm로 타원형이고 연한 녹슨색이며 표면은 미세한 사마귀반점 때문에 거칠다. 포자문은 녹슨 갈색이다.

생태 가을 / 소나무 숲과 활엽수의 혼효림의 땅에 산생·군생하며 외생균근으로 소나무, 신갈나무와 공생

분포 한국(백두산), 중국, 일본

참고 맛 좋은 버섯

둥지끈적버섯

Cortinarius cotoneus Fr.

형태 균모의 지름은 40~80mm로 반구형에서 둥근산모양을 거쳐 편평하게 된다. 표면은 미세한 털에서 침으로 되고 올리브색 또는 올리브갈색이며 오래되면 검은 올리브갈색으로 된다. 가장자리는 어릴 때 아래로 말리고 예리하며 자루의 거미줄막은 미세하고 올리브녹색의 섬유실로 자루에 연결된다. 살은 올리브색을 가진 크림색이며 자루의 살은 녹황색이고 특히 꼭대기에서 진하고 두껍고 냄새가 나며 맛은 온화하다. 주름살은 자루에 대하여 넓은 올린주름살로 올리브녹색에서 올리브갈색으로 되며 폭이 넓다. 가장자리는 연한 미모상이다. 자루의 길이는 5~8cm, 굵기 1.2~1.8cm로 막대형에서 둥글게 부푼형으로 속은 차 있다가 비며 부서지기 쉽다. 표면은 올리브황색에서 올리브녹색으로 된다. 기부는 진한 올리브녹색이며 위쪽의 2/3쯤에 밴드 같은 턱받이 흔적이 있고 올리브녹색의 막편의 섬유실이 있다. 꼭대기는 연한 색이며 미세한 세로줄의 섬유실의 무늬가 기부 쪽으로 있다. 포자의 크기는 6.5~9×6~8μm로 구형 또는 아구형으로 미세한 사마귀반점이 빽빽이 있고 적갈색이다. 담자기는 가는 막대형이고 35~45×9.5~11μm로 4-포자성이며 기부에 꺽쇠가 있다.

생태 여름~가을 / 활엽수림의 땅 또는 풀숲의 땅에 단생·군생

분포 한국(백두산), 중국, 유럽

흑색끈적버섯

Cortinarius cumatilis var. **cumatilis** Fr.

형태 균모의 지름은 5~8cm로 어릴 때 반구형에서 둥근산모양을 거쳐 편평하게 되며 때로 중앙은 껄끄럽다. 표면은 밋밋하고 건조 시 매끈하며 습기가 있을 때 광택이 난다. 어릴 때 녹색에서 회자색을 거쳐 자색으로 되며 오래되면 퇴색하고 희미한 황토색으로 된다. 가장자리는 오랫동안 아래로 말리고 어릴 때 자색의 섬유가 거미막집을 형성하여 자루에 연결된다. 살은 백색으로 두껍고 약간 냄새가 나며 맛은 온화하다. 주름살은 자루에 대하여 올린주름살 또는 약간 좁은 올린주름살로 어릴 때 백색에서 핑크황토색을 거쳐 회갈색으로 되고 폭은 좁다. 가장자리는 밋밋하고 약간 톱니상이다. 자루의 길이는 4~8cm, 굵기는 1~2cm로 원통형에서 막대형으로 드물게 팽대하며 부서지기 쉽다. 자루의 속은 차 있다. 표면은 백색이며 세로줄의 섬유가 있고 어릴 때 자색의 표피로 덮이며 기부는 장화형이다. 포자의 크기는 9.5~12×5.4~6.5μm로 협타원형 또는 씨앗형이며 표면은 희미한 사마귀점이 있으며 황토갈색이다. 담자기는 막대형으로 기부에 꺽쇠가 있다.

생태 여름~가을 / 숲속의 땅에 군생

분포 한국(백두산), 중국, 유럽

자색솜털끈적버섯

Cortinarius cinnamoviloaceus Moser

형태 균모의 지름은 2~4cm으로 원추형에서 둥근산모양을 거쳐 편평하게 되지만 중앙은 돌출한다. 표면은 밋밋하고 방사상으로 압착된 섬유실이 있으며 습할시 자색에서 회갈색으로 되며 건조하면 황토갈색이다. 가장자리는 반들거리며 희미한 라일락색이며 아래로 말리고 고르며 백색의 섬유털의 거미막집에 의하여 자루에 연결된다. 살은 백색이며 자루에서는 자색으로 얇고 냄새가 나고 맛은 온화하거나 쓰다. 주름살은 올린주름살로 자색에서 녹슨 갈색 폭이 넓다. 주름살의 변두리는 밋밋하고 백색이다. 자루의 길이는 6~8cm, 굵기는 8~20mm로 원통형이며 기부는 부풀고 아래로 가늘며 부서지기 쉽고 속은 차 있다가 빈다. 자색의 바탕에 백색, 표피부터 생긴 세로줄의 섬유실이 있지만 후에 매끈해지며 곳곳에 불분명한 테무늬가 있다. 포자의 8.5~11×5~6μm로 타원형이고 희미한 사마귀점이 있으며 황토갈색이다. 담자기는 막대형으로 35~45×8~10μm이고 4-포자성으로 기부에 꺽쇠가 있다.

생태 여름~가을 / 관목림의 이끼류 또는 풀숲 사이에 군생

분포 한국(백두산), 중국, 유럽

검은피끈적버섯

Cortinarius cyanites Fr.

형태 균모의 지름은 4~18cm로 처음 반구형에서 둥근산모양으로 되었다가 차차 편평해지지만 중앙이 둔한 돌출이 있는 것도 있다. 표면은 거친 솜털상-섬유상의 비늘이 촘촘히 덮여 있으며 건조성이다. 어릴 때는 청회색-자갈색에서 황토갈색-갈색으로 된다. 어릴 때는 자루와 균모가 거미줄 내피막에 의해서 연결된다. 살은 연한 보라색이며 상처 시 분홍적색으로 되었다가 나중에 포도주적색으로 된다. 주름살은 자루에 대하여 바른주름살-홈파진주름살로 진한 남색에서 자갈색으로 되며 밀생하거나 약간 성기며 폭이 좁다. 자루의 길이는 5~9cm, 굵기는 10~15mm로 기부는 곤봉모양으로 부푼다. 연한 푸른색의 바탕에 표면에는 갈색의 미세한 비늘이 밀착되어 있다. 포자의 크기는 9~11×5~6.5μm로 타원형-편도형으로 황색이고 표면은 사마귀점이 덮여 있다.

생태 여름~가을 / 비교적 습한 숲속의 땅에 단생·군생

분포 한국, 일본, 유럽

털끈적버섯

Cortinarius decipens var. **atrocaeruleus** (Moser ex Moser) Lindstr.

형태 균모의 지름은 15~35mm로 반구형에서 둥근산모양을 거쳐 편평하게 된다. 가끔 중앙에 작은 젖꼭지가 있다. 표면은 어릴 때 섬유 표피가 백색의 가는 털로 되었다가 밋밋해지며 매끈해진다. 흡수성이고 밤색이나 습기가 있을 때 흑갈색이고 건조시 중앙에 흑색이 가미된 황토갈색으로 된다. 가장자리는 오랫동안 비단털 같고 아래로 말리며 고르고 예리하다. 살은 갈색으로 얇고 흙냄새가 약간 나고 맛은 온화하다. 주름살은 자루에 대하여 홈파진주름살로 어릴 때 밝은 황토색에서 짙은 황갈색으로 되며 폭은 넓다. 주름살의 가장자리는 톱니상이다. 자루의 길이는 3~4cm, 굵기는 2~5mm로 원통형이고 속은 차 있다가 비며 부서지기 쉽다. 표면은 어릴 때 라일락갈색이고 세로줄의 백색섬유가 있지만 나중에 회갈색의 바탕에 백색 표피조각의 불규칙한 띠가 있다. 자루의 꼭대기는 희미한 라일락색이다. 포자의 크기는 7.4~9×4.5~5.5μm로 타원형이며 표면은 미세한 사마귀점이 있고 황토갈색이다. 담자기는 원통형 또는 막대형으로 23~32×7~9μm이며 기부에 꺽쇠가 있다.

생태 여름~가을 / 혼효림에 군생

분포 한국(백두산), 중국, 유럽

참곤봉끈적버섯

Cortinarius delibutus Fr.

형태 균모의 지름은 4~7cm로 반구형 또는 종모양에서 편평하게 된다. 표면은 습기가 있을 때 점성이 있고 매끄러우며 연한 황갈색 또는 늙은 호박 같은 황색이다. 살은 중앙부가 두꺼우며 백색으로 유연하다. 주름살은 자루에 대하여 바른주름살 또는 홈파진주름살로 약간 밀생하며 처음에 연한 남회색에서 연한 황갈색 또는 녹슨 갈색으로 변색한다. 자루의 길이는 7~12cm, 굵기는 0.6~1cm로 상하의 굵기가 같거나 위로 가늘어지는 것도 있으며 상부는 백색이고 하부는 연한 황갈색이다. 기부는 부풀고 점성이 있다. 포자의 크기는 8.5~10.2×7~8.1μm로 아구형으로 표면은 미세한 반점들로 거칠다. 포자문은 녹슨색이다.

생태 가을 / 분비나무, 가문비나무 숲의 땅의 이끼 사이에 군생

분포 한국(백두산), 중국, 유럽

올리브갈색끈적버섯

Cortinarius dionysae Rob. Henry

형태 균모의 지름은 4~10cm로 반구형에서 둥근산모양을 거쳐 편평하게 되며 중앙이 고르지 않으며 볼록하다. 표면은 미세한 방사상의 섬유로 되고 습기가 있을 때 미끈거리고 광택이 난다. 건조하며 무디고 밝은 회색에서 올리브갈색으로 된다. 가장자리에 희미한 띠가 있고 오랫동안 아래로 말리며 어릴 때 거미집막으로 자루와 연결된다. 살은 백색이며 얇다. 자루는 밝은 청자색이며 밀가루 냄새가 나고 맛은 온화하다. 주름살은 자루에 대하여 올린주름살로 회청색에서 회자색을 거쳐 회갈색으로 되며 폭은 넓다. 가장자리는 톱니상이다. 자루의 길이는 5~8cm, 굵기는 1~1.5cm로 원통형으로 부서지기 쉽고 속은 차 있다. 표면은 회청색에서 퇴색하며 위쪽은 밝은 올리브갈색으로 된다. 포자의 크기는 9~11×5~6.2㎛로 레몬형이고 표면은 미세한 사마귀반점이며 황토갈색이다. 담자기는 막대형이고 26~31×9~10㎛로 기부에 꺽쇠가 있다.

생태 여름~가을 / 활엽수림에 군생·속생

분포 한국(백두산), 중국, 유럽, 북아메리카

키다리끈적버섯

Cortinarius elatior Fr.

형태 균모의 지름은 5~10cm로 처음 종모양 또는 끝이 둥근 원추형에서 중앙이 편평하게 펴진다. 표면은 뚜렷한 끈기로 덮이며 올리브갈색 또는 자갈색이다. 건조 시 점토갈색-황토색으로 되며 주변에는 홈파진주름이 있다. 살은 백색-황토색이며 자루 상부의 살은 자색이다. 주름살은 자루에 대하여 바른주름살 또는 올린주름살로 점토갈색이고 표면에는 세로줄의 선이 있다. 자루의 길이는 5~15cm, 굵기는 1~2cm로 아래쪽으로 가늘어진다. 표면은 거의 백색 또는 희미한 자색을 나타낸다. 포자의 크기는 14~16.5×6.5~9μm로 아몬드형이며 표면에는 사마귀점이 덮인다.
생태 가을 / 활엽수림의 땅에 단생 · 군생
분포 한국(백두산), 중국, 일본, 북반구 온대 이북
참고 식용 가능

반구끈적버섯

Cortinarius emunctus Fr.

형태 균모의 지름은 3~7cm로 반구형에서 둥근산모양을 거쳐 차차 편평하게 되지만 중앙은 약간 둔한 볼록이 있다. 표면은 미끈거리고 연한 회자색에서 회색의 라일락색으로 되며 중앙은 오래되면 백황색에서 황토회색으로 된다. 주름살은 자루에 대하여 바른주름살로 밀생하고 회색의 라일락색에서 갈색으로 된다. 살은 오래되면 자루에서는 단단하고 백갈색이며 어릴 때는 희미한 청색이 가미된 색깔이고 냄새는 불분명하다. 자루의 길이는 6~10cm, 굵기는 0.5~1cm로 기부는 막대형으로 유백색이며 표면은 점성이 있고 연한 회자색에서 짙은 회색으로 된다. 포자의 크기는 7~8.5×5.5~6.5μm로 아구형이고 표면은 분명한 사마귀반점이 밀집한다.

생태 여름 / 침엽수림의 땅에 군생

분포 한국(백두산), 중국, 유럽

참고 희귀종

껍질끈적버섯

Cortinarius epipoleus Fr.

형태 균모의 지름은 2.5~4cm로 둥근산모양에서 편평하게 되지만 중앙은 약간 볼록하다. 표면은 습기가 있을 때 끈기가 있고 건조하면 매끄럽고 회청색에서 회색을 거쳐서 베이지색으로 된다. 가장자리는 회색의 라일락색의 띠가 있으며 드물게 바랜 황토색이며 얼룩이 있는 것도 있으며 날카롭다. 살은 밝은 베이지색의 황토색이며 자루 꼭대기의 살은 회청색으로 얇고 냄새는 좋고 맛은 부드럽다. 주름살은 자루에 대하여 바른주름살로 회색의 베이지색에서 황토색을 거쳐 짙은 흙색으로 되고 폭은 넓다. 자루의 변두리는 톱니상이다. 자루의 길이는 5~7cm, 굵기는 0.7~1cm로 원통형이며 기부는 막대형에서 방추상의 막대형으로 되며 폭은 넓다. 자루는 잘 휘어지고 속은 차 있다. 표면은 회청색의 미세한 세로줄무늬가 있으며 백색의 섬유상이나 나중에 표피는 회색의 라일락색으로 된다. 자루의 위쪽은 회색의 라일락색이고 기부는 백색의 털이 있고 점성이 있다. 포자의 크기는 6~8×5~7μm로 아구형이며 표면은 희미한 사마귀반점이 있고 밝은 황갈색이다. 담자기는 26~35×9.5~12μm로 막대형 또는 배불뚝이형이다.

생태 여름 / 숲속의 땅에 단생 · 군생

분포 한국(백두산), 중국, 유럽

흰테끈적버섯

Cortinarius evernius (Fr.) Fr.

형태 균모의 지름은 3~9cm로 원추형에서 종모양을 거쳐 둔한 둥근형으로 되었다가 차차 편평하게 펴진다. 표면은 흡수성이 강하고 습기가 있을 때 자색의 암갈색이며 건조 시에는 적색 또는 황토색이며 오래되면 연한 황갈색의 베이지색으로 된다. 살은 균모와 동색이며 맛과 냄새는 불분명하다. 주름살은 자루에 대하여 올린주름살로 처음 보라색에서 연한 진한 흙색으로 되었다가 마침내 적갈색으로 된다. 자루의 길이는 70~150mm, 굵기는 10~15mm로 보라색이며 표피 막질에 보라색으로 덮인 백색의 밴드가 있다. 포자문은 녹슨 적색이다. 포자의 크기는 8.5~10×5~6μm로 타원형이다.

생태 가을 / 침엽수림의 땅에 군생

분포 한국(백두산), 중국

참고 희귀종, 식용 불분명

띠끈적버섯

Cortinarius fasciatus Fr.

형태 균모의 지름은 1.5~3cm로 원추형에서 종모양으로 되지만 나중에는 거의 평평하게 펴지며 중앙은 언제나 산모양으로 둥글다. 표면은 흡습성이 있으며 벽돌색-암적갈색인데 중앙은 진하다. 가장자리에는 줄무늬선이 나타나지만 건조하면 소실되고 황토색이 된다. 살은 얇고 표면과 같은 색이다. 주름살은 자루에 대하여 바른주름살로 연한 황토색-황토갈색에서 계피색으로 되고 약간 성기다. 자루의 길이는 4~7cm, 굵기는 2~4mm로 상하가 같은 굵기이고 때로는 굽어 있으며 속이 비어 있다. 표면은 연한 갈색이고 미세한 섬유상으로 흔히 자루의 위쪽에 갈색 표피막의 잔존물이 띠모양으로 남는다. 포자의 크기는 8.6~11.7× 5~6.7μm로 타원형이고 표면은 연한 황색이며 미세한 사마귀반점이 덮여 있다. 포자문은 녹슨 갈색이다.

생태 가을 / 소나무 등 침엽수의 숲에 발생

분포 한국(백두산), 중국, 일본, 러시아 연해주, 유럽, 북아메리카

바랜끈적버섯

Cortinarius flexipes (Pers.) Fr.

형태 균모의 지름은 1.5~3cm로 원추형에서 종모양을 거쳐 둥근 산모양으로 되지만 오래되면 약간 편평해지고 중앙은 볼록한 둥근형이다. 표면은 흡수성이 있으며 습기 시 검은 라이락갈색이고 건조 시 황토갈색이며 백색의 섬유실의 인편으로 밀집하게 덮인다. 가장자리는 고르고 예리하다. 살은 흑갈색에서 황토색으로 되며 자루 꼭대기의 살은 검은 자색으로 얇고 냄새가 강하고 부서져서 제라늄처럼 남으며 버섯 맛이고 온화하다. 주름살은 자루에 대하여 홈파진주름살 또는 올린주름살로 어릴 때 회색에서 자갈색으로 되며 성숙하면 검은 녹슨 갈색으로 폭은 넓다. 가장자리는 밋밋하다가 약간 톱니형으로 된다. 자루의 길이는 35~60mm, 굵기는 3~4.5mm로 원통형이며 휘어지기 쉬우며 속은 차 있다가 빈다. 표면은 흑자색에서 적갈색 위의 바탕색에 파편조각이 있으며 조각들은 불규칙한 밴드에서 규칙적인 밴드로 된다. 백색의 턱받이가 있고 자색에서 라일락색이다. 기부에 보통 균사체가 있으며 청색이다. 포자의 크기는 7~10×4.5~6μm로 타원형이고 표면은 사마귀반점이 있으며 밝은 노란색이다. 담자기는 가는 막대형으로 25~38×6.5~8.5μm로 4-포자성이다. 기부에 꺽쇠가 있다.

생태 여름~가을 / 숲속의 이끼류 사이에 군생

분포 한국(백두산), 중국, 유럽

흑청색끈적버섯

Cortinarius fraudulosus Britz.

형태 균모의 지름은 30~60mm로 반구형에서 둥근산모양을 거쳐 편평하게 되며 중앙은 가끔 톱니상이다. 표면은 밋밋하고 무디며 건조할 때 미세한 섬유상의 털이 있고 습기가 있을 때 매끈하고 끈적거린다. 가장자리는 날카롭고 어릴 때 백색의 막편 섬유실이 부착한다. 살은 백색이며 얇고 상처 시 황색으로 변색한 다음에 와인적색으로 되었다가 흑청색으로 되며 흙냄새가 나고 맛은 온화하다. 주름살은 자루에 대하여 홈파진-넓은 올린주름살로 두껍고 크림색에서 밝은 황토색 또는 황토갈색으로 되며 폭은 넓다. 주름살의 변두리는 약간 톱니상이다. 자루의 길이는 6~10cm, 굵기는 1~1.5cm로 원통형이며 잘 휘어지고 기부는 약간 부풀고 속은 차 있다가 푸석푸석 빈다. 표면은 백색이고 백색의 표피로 덮이나 나중에 매끈하게 되며 턱받이 흔적이 있다. 기부에서 위쪽으로는 황토색이다. 포자의 크기는 10.5~16×6~8.5μm로 복숭아모양 또는 레몬형이다. 담자기는 막대형으로 37~50×9.5~10μm이고 4-포자성이다. 기부에 꺾쇠가 있다.

생태 여름~가을 / 혼효림의 숲속의 땅에 군생

분포 한국(백두산), 중국, 유럽, 북아메리카

모자끈적버섯

Cortinarius galeroides Hongo

형태 균모의 지름은 1~2.5cm로 원추형에서 거의 편평하게 펴져서 중앙은 강하게 돌출한다. 표면은 흡수성이고 점토색-황토색이며 중앙은 약간 암색으로 가장자리에 홈파진 줄무늬선이 있다. 건조하면 홈파진 줄무늬는 사라져 연한 색으로 된다. 살은 연하고 부서지기 쉽다. 주름살은 자루에 대하여 바른주름살로 성기고 폭은 2~4mm이고 계피색이며 주름살끼리는 맥상으로 연결된다. 자루의 길이는 2.5~4cm, 굵기는 1~3mm로 때때로 눌려서 속이 빈다. 표면은 균모보다 연한 색으로 비단결-섬유상이고 꼭대기는 미세한 가루상이며 거미집막은 소량으로 소실되기 쉽다. 포자는 8~10×4.5~6μm로 원통형이며 표면은 미세한 사마귀점이 덮여 있다. 측낭상체는 없다.

생태 가을 / 숲속의 땅에 군생

분포 한국(백두산), 중국, 일본

송곳끈적버섯

Cortinarius gentilis (Fr.) Fr.

형태 균모의 지름은 15~25mm로 원추형에서 반구형을 거쳐 넓은 종모양으로 되었다가 편평하게 되지만 중앙은 예리하게 돌출한다. 표면은 미세한 방사상의 섬유상 털로 되며 황토색에서 녹슨 황색으로 되며 흡수성이다. 가장자리는 오랫동안 아래로 말리고 예리하고 어릴 때 황색의 표피가 매달린다. 살은 밝은 색에서 짙은 황색으로 되며 얇고 냄새가 조금 나고 맛은 온화하다. 주름살은 자루에 대하여 올린주름살로 청황색에서 녹슨 갈색으로 된다. 가장자리는 연한 섬유상에서 톱니상으로 된다. 자루의 길이는 50~60mm, 굵기는 3~6mm로 약간 원통형이고 속은 차고 부서지기 쉬우며 기부는 부풀고 가늘어지며 갈색이다. 표면은 미세한 세로줄 섬유가 있고 표피에서 만들어진 불규칙 또는 규칙적인 띠가 있다. 포자의 크기는 7.1~9.4×5.5~7.1μm로 광타원형이며 표면은 사마귀점이 있고 밝은 갈색이다. 담자기는 막대형으로 33~36×7.5~10μm로 기부에 꺽쇠가 있다.

생태 여름~가을 / 숲속에 단생

분포 한국(백두산), 중국, 유럽

실끈적버섯

Cortinarius hemitrichus (Pers.) Fr.

형태 균모의 지름은 3~5cm로 둥근산모양에서 차차 평평하게 되고 중앙이 뾰족하게 돌출하나 그렇지 않은 것도 있다. 표면은 암 갈색-흑갈색이며 어릴 때는 회갈색 바탕에 흰색의 미세한 섬유 상의 피막이 덮여 있지만 나중에 소실되고 밋밋해진다. 살은 얇고 암갈색이다. 주름살은 자루에 대하여 바른주름살로 어릴 때는 라일락회색에서 진한 황토갈색으로 되고 약간 성기며 폭이 넓다. 자루의 길이는 2~5cm, 굵기는 2~5mm로 원주형이나 밑동이 약간 굵어지기도 한다. 균모와 같은 색이나 연한 색이다. 표면은 어릴 때 흰색의 섬유가 덮여 있으나 나중에 밋밋해진다. 불완전한 턱받이 모양이 남기도 한다. 포자의 크기는 7.2~10×3.8~5.1μm로 타원형-원주상이며 표면은 연한 황토색이고 작은 사마귀들이 덮여 있다.

생태 가을 / 침엽수림의 땅 또는 활엽수림의 땅에 군생
분포 한국(백두산), 중국, 일본, 러시아 연해주, 유럽, 북아메리카
참고 식용

사슴털색끈적버섯

Cortinarius hinnuleus Fr.

형태 균모의 지름은 2.5~6cm로 원추상-삿갓형이며 중앙부는 뾰족하게 돌출한다. 표면은 황토갈색 또는 황갈색이며 방사상의 줄무늬선이 있다. 가장자리는 옅은 색이고 예리하다. 살은 균모와 동색이다. 주름살은 자루에 대하여 바른-홈파진주름살로 포크형이고 황토색-황색의 종려나무색이다. 자루의 길이는 3.5~10cm, 굵기는 0.3~0.8cm로 원주형이고 균모보다 연한 색이며 미세한 털 또는 세로줄무늬선이 있고 만곡진다. 턱받이는 위쪽에 있고 백색이다. 자루의 속은 연하고 기부는 팽대하다. 포자의 크기는 7~9.5×4~7.5μm로 류타원형이고 표면에 작은 사마귀반점이 있다.

생태 가을 / 숲속의 땅에 군생하며 외생균근 형성
분포 한국(백두산), 중국

이끼끈적버섯

Cortinarius huronensis Ammirati & A. H. Smith

형태 균모의 지름은 15~30cm로 반구형에서 둔한 원추형을 거쳐 편평하게 되지만 중앙에 조그만 둥근 돌기를 가진다. 표면은 밋밋하고 미세한 섬유상의 털 또는 고른 인편을 가지며 검은 연한 갈색 또는 적갈색이다. 가장자리는 오랫동안 아래로 말리고 고르며 예리하다. 살은 크림황토색에서 밝은 황토색으로 되며 얇고 약간 냄새가 나며 맛은 온화하다. 주름살은 자루에 대하여 좁은 올린주름살로 어릴 때 황색에서 황토색을 거쳐 녹갈색으로 되며 폭은 넓다. 주름살의 변두리는 밋밋하다. 자루의 길이는 4~8cm, 굵기는 3~8mm로 원통형이고 어릴 때 속은 차고 오래되면 비며 굽어지기 쉽다. 표면은 황토색 바탕에 회색이고 적갈색의 표피 섬유실로 피복되며 섬유상으로 가끔 갈라져서 띠를 형성한다. 포자의 크기는 7.6~13×5~7.2μm로 타원형에서 난형으로 되며 표면에 희미한 사마귀반점이 있으며 황토색이다. 담자기는 막대형으로 28~33×9~10μm로 기부에 꺾쇠가 있다.

생태 여름~가을 / 이끼류 속에 군생

분포 한국(백두산), 중국, 유럽, 북아메리카

끝째진끈적버섯

Cortinarius infractus (Pers.) Fr.

형태 균모의 지름은 3~8cm로 반구형에서 중앙에 큰 볼록을 가진 편평형으로 된다. 표면은 미세하게 눌린 섬유실이 있다. 가장자리 쪽으로 습할 시 광택이 있고 회색 올리브색에서 황토갈색을 거쳐 갈색으로 가장자리는 살색의 점상 띠가 있다. 살은 오백색이고 표피 아래쪽은 황갈색이며 균모의 중앙은 두껍고 가장자리 쪽은 얇고 냄새는 불분명하며 맛은 쓰다. 주름살은 바른주름살 또는 작은 톱니형의 내린주름살이며 검은 올리브색에서 회올리브색을 거쳐 올리브갈색으로 폭은 넓다. 주름살의 변두리는 물결형으로 톱니상이다. 자루의 길이는 4~7cm, 굵기는 1~2cm로 원통형이며 위쪽은 희미한 청색에서 올리브색을 가진 회황토갈색이고 기부 쪽으로 약간 막대형으로 부풀고 부서지기 쉬우며 속은 차 있다. 표면은 어릴 때 백색이며 섬유상의 턱받이 띠가 있고 기부로 황토갈색이며 백색의 표피섬유가 덮여 있다. 포자의 크기는 6.5~8×5.5~6.8μm로 아구형에서 구형이고 사마귀반점이 있고 갈색이다.
생태 여름~가을 / 활엽수림과 침엽수림의 땅에 군생
분포 한국(백두산), 중국, 유럽, 북아메리카

반들끈적버섯

Cortinarius levipileus Favre

형태 균모의 지름은 10~16mm로 원추형에서 둥근산모양을 거쳐 편평해지나 중앙은 둔한 볼록이다. 표면은 밋밋하고 매끈해지며 습기가 있을 때 밤색-흑갈색으로 건조 시 적색-황토갈색이다. 가장자리는 고르고 예리하고 백색이다. 살은 밝은 갈색이며 얇고 풀냄새 또는 버섯냄새가 나고 맛은 온화하다. 주름살은 홈파진주름살 또는 좁은 올린주름살로 밝은 황토갈색에서 녹슨 갈색으로 되고 폭은 넓다. 주름살의 언저리는 밋밋하다. 자루의 길이는 2.5~5cm, 굵기는 3~5mm로 원통형에서 막대형이며 기부의 길이는 9mm로 속은 차 있다가 나중에 비고 부서지기 쉽다. 기부는 어릴 때 갈색의 바탕색에 하얀 섬유가 밀포하며 나중에 흑갈색으로 되며 상처 시 기부는 흑색으로 변색한다. 포자의 크기는 9.3~11.7×5.6~7.2μm로 난형에서 타원형이며 표면에 많은 사마귀반점이 있다. 포자문은 녹슨 갈색이다. 담자기는 막대형으로 35~41×10~11μm로 기부에 꺽쇠가 있다.
생태 여름 / 숲속의 땅에 단생 · 군생
분포 한국(백두산), 중국, 유럽

제비꽃끈적버섯

Cortinarius iodes Berk. & Curt.

형태 균모의 지름은 3.5~5.5cm이며 아구형 내지 종형에서 차차 편평하게 된다. 표면은 습기가 있을 때 점성이 있으며 매끄러우며 짙은 남회자색이고 중앙부는 갈색을 띤다. 살은 중앙부가 두꺼우며 처음에 남색에서 연한 색으로 퇴색되며 맛은 온화하다. 주름살은 자루에 대하여 홈파진주름살로 밀생하고 폭은 넓은 편이으로 남색에서 회계피색으로 되며 마르면 녹슨 회색으로 된다. 자루의 길이는 3.5~8cm, 굵기는 1~1.3cm로 상하의 굵기가 같거나 위로 가늘어지고 기부는 조금 부풀었으며 점성이 있다. 색깔은 처음 남색에서 유백색으로 퇴색하며 연한 갈색의 섬모로 덮이고 섬유-질이다. 자루의 속은 차 있다. 거미집막은 남색으로 빈약하다. 포자의 크기는 9.5~10.5×5.5~6μm로 광타원형이고 표면에 돌기가 있다. 포자문은 녹슨색이다.

생태 가을 / 숲속의 땅에 산생
분포 한국(백두산), 중국, 북아메리카

꾀꼬리끈적버섯

Cortinarius laetus M. M. Moser

형태 균모의 지름은 1.2~2.5cm로 원추형에서 종모양으로 되지만 가운데는 볼록하다. 표면은 밋밋하고 흡수성이며 짙은 오렌지황색으로 습기가 있을 때 방사상의 섬유실이 있고 건조 시 황토색이다. 가장자리는 날카롭고 줄무늬선이 있다. 살은 검은 적갈색이며 냄새는 없고 맛은 온화하나 분명치 않다. 주름살은 자루에 대하여 홈파진주름살 또는 좁은 올린주름살로 녹슨 황색에서 밝은 녹슨 황색으로 되며 폭이 넓다. 주름살의 변두리는 밋밋하다. 자루의 길이는 6~9cm, 굵기는 3~6mm로 원통형이며 기부로 약간 부풀고 속은 차고 휘어지기 쉽다. 표면은 밝은 크림황토색이고 작은 황색 표피조각들이 분포하며 드물게 불규칙하게 전면에 분포하기도 한다. 포자의 크기는 8~10.5×5~6㎛로 타원형이며 표면에는 미세한 반점이 있고 밝은 적갈색이다. 담자기는 원통형에서 막대형으로 30~35×8~9㎛로 4-포자성이다. 기부에 꺽쇠가 있다.

생태 여름~가을 / 숲속의 이끼류 속에 군생

분포 한국(백두산), 중국, 유럽

라일락끈적버섯

Cortinarius lilacinus Sacc.

형태 균모의 지름은 6~10cm이며 반구형에서 차차 편평하게 된다. 표면은 마르고 긴 털이 밀포하고 자색이다. 가장자리는 처음에 아래로 감긴다. 살은 중앙부가 두껍고 단단하며 연한 자색이고 약간 쓰다. 주름살은 자루에 대하여 깊은 홈파진주름살로 약간 빽빽하며 폭은 넓고 두꺼우며 자색에서 계피색으로 된다. 주름살의 변두리는 반반하다. 자루의 높이는 7~9cm, 굵기는 1~1.8cm이며 원주형이고 때로는 세로줄의 홈선이 있다. 기부의 지름은 1.7~4cm로 둥글게 부풀며 섬모로 덮이고 균모와 같은 색이며 속은 갯솜질로 차 있다. 포자의 크기는 7.5~9×5~5.7μm로 타원형이고 표면은 거칠다. 포자문은 녹슨색이다.

생태 가을 / 분비나무, 가문비나무 숲 또는 혼효림의 땅에 군생·산생

분포 한국(백두산), 중국, 유럽

보라황토끈적버섯

Cortinarius livido-ochraceus (Berk.) Berk.

형태 균모의 지름은 5~10cm로 처음에는 종모양 또는 중앙이 둥근 원추형에서 차차 평평하게 펴지고 중앙이 돌출된다. 표면에는 현저한 점액이 피복되어 있고 황토갈색-적색 또는 보라색을 띤 갈색이고 건조하면 갈색-황토색을 띤다. 가장자리에 방사상의 줄무늬홈선이 깊게 파인다. 살은 흰색-황토색이며 자루의 위쪽 살은 처음에는 보라색을 띤다. 주름살은 자루에 대하여 바른주름살 또는 올린주름살로 점토갈색으로 폭이 매우 넓고 약간 밀생한다. 자루의 길이는 5~15cm, 굵기는 10~20mm로 아래로 가늘어진다. 표면은 거의 흰색이나 보라색을 띠고 오래되면 퇴색하며 강한 점성이 있으며 세로줄무늬가 있다. 포자의 크기는 11~15×7.5~9μm로 편도형-레몬형으로 연한 황색이며 표면에 사마귀반점이 덮여 있다.

생태 가을 / 참나무류 등 활엽수의 혼효림에 땅에 발생

분포 한국(백두산), 중국, 유럽, 북반구 온대 이북

흑비듬끈적버섯

Cortinarius melanotus Kalchbr.

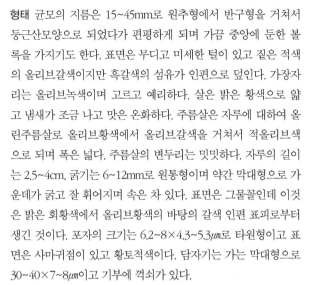

형태 균모의 지름은 15~45mm로 원추형에서 반구형을 거쳐서 둥근산모양으로 되었다가 편평하게 되며 가끔 중앙에 둔한 볼록을 가지기도 한다. 표면은 무디고 미세한 털이 있고 짙은 적색의 올리브갈색이지만 흑갈색의 섬유가 인편으로 덮인다. 가장자리는 올리브녹색이며 고르고 예리하다. 살은 밝은 황색으로 얇고 냄새가 조금 나고 맛은 온화하다. 주름살은 자루에 대하여 올린주름살로 올리브황색에서 올리브갈색을 거쳐서 적올리브색으로 되며 폭은 넓다. 주름살의 변두리는 밋밋하다. 자루의 길이는 2.5~4cm, 굵기는 6~12mm로 원통형이며 약간 막대형으로 가운데가 굵고 잘 휘어지며 속은 차 있다. 표면은 그물꼴인데 이것은 밝은 회황색에서 올리브황색의 바탕의 갈색 인편 표피로부터 생긴 것이다. 포자의 크기는 6.2~8×4.3~5.3μm로 타원형이고 표면은 사마귀점이 있고 황토적색이다. 담자기는 가는 막대형으로 30~40×7~8μm이고 기부에 꺽쇠가 있다.

생태 여름~가을 / 활엽수림 및 혼효림의 땅에 군생

분포 한국(백두산), 중국, 유럽

유리끈적버섯

Cortinarius mucifluus Fr.

형태 균모의 지름은 4.5~8.5cm로 아구형 또는 종모양에서 편평하게 된다. 습할 때 미끈거리고 점액이 있으며 밀황색 또는 황갈색이지만 마르면 흐린 갈색으로 된다. 가장자리는 아래로 감겼다가 펴지며 때로는 약간 뒤집혀 감기는 경우도 있으며 방사상의 홈선이 있다. 살은 유백색에서 황색 또는 녹슨색이며 맛은 온화하다. 주름살은 바른주름살 또는 홈파진주름살로 밀생하며 폭은 넓으며 연한 황갈색에서 녹슨 갈색으로 된다. 주름살의 변두리에 백색의 가는 털이 있다. 자루의 길이는 7~10cm, 굵기는 0.6~1.8cm로 위아래의 굵기가 같거나 아래로 가늘어지고 상부는 백색이고 하부는 연한 자회색이다. 거미집막은 백색으로 거미집막과 연결되어 점액에 덮여 있으며 터지면 뱀껍질무늬로 된다. 마른 뒤에는 윤기가 돌며 자루의 속은 차 있다. 포자의 크기는 12~14×6~6.5μm로 타원형이고 표면에 혹 돌기가 있다. 포자문은 녹슨색이다.

생태 가을 / 잣나무, 활엽수 혼효림과 소나무 숲의 땅에 군생
분포 한국(백두산), 중국, 일본

누런잎끈적버섯

Cortinarius ochrophyllus Fr.

형태 균모의 지름은 25~40mm로 종모양에서 원추형을 거쳐 편평하게 되지만 중앙은 약간 볼록하다. 표면은 미세한 비단결에서 섬유상으로 되며 흡수성이고 습할 시 갈색에서 회색 또는 황토갈색으로 되며 광택이 나고 건조 시 연한 황토색이다. 가장자리는 아래로 말리고 예리하다. 살은 밝은 베이지색에서 회색으로 얇고 냄새와 맛은 없지만 온화하다. 주름살은 올린주름살로 폭이 넓고 연한 베이지갈색에서 황색-황토갈색으로 된다. 주름살의 언저리는 물결형으로 약간 섬유상이다. 자루의 길이는 6~10cm, 굵기는 6~10mm로 원통형이며 기부 쪽으로 부푼다. 표면은 불규칙한 띠가 있고 밝은 황토색 바탕에 황토 표피껍질로 되었다가 곧 탈락하여 매끈해진다. 자루의 속은 비고 부서지기 쉽다. 포자의 크기는 6.8~8.3×5.5~6.3μm로 광타원형 또는 아구형으로 밝은 황색이며 표면은 사마귀점이 있다.

생태 가을 / 이끼류에 단생 · 군생
분포 한국(백두산), 중국, 유럽

푸른끈적버섯

Cortinarius salor Fr.

형태 균모의 지름은 3~6cm로 처음 둥근산모양에서 차차 거의 평평하게 되지만 간혹 중앙이 둔한 돌출을 가진 것도 있다. 습기가 있을 때 점성이 있고 광택이 난다. 어릴 때는 진한 청자색에서 적자색이며 노쇠하면 퇴색되어 라일락황토색, 회황토색으로 되고 중앙부는 갈색을 띤다. 가장자리는 날카롭고 고르며 아래로 오랫동안 굽어 있다. 처음 흰색의 거미줄막이 연하게 자루와 균모사이에 붙어 있다. 살은 쓴맛은 없고 연보라색이고 연하다. 주름살은 자루에 대하여 바른주름살 또는 올린주름살이고 폭이 넓고 약간 성기다. 처음 연한 보라색에서 계피갈색으로 된다. 자루의 길이는 4~8cm 이고 굵기는 5~15mm이며 곤봉모양이고 아래쪽으로 굵다. 균모보다 연한 색이고 오래되면 탁한 황색으로 된다. 표면은 점액이 덮여 있다. 자루의 위쪽에 내피막의 잔존물이 띠모양으로 남으며 꼭대기는 미세한 가루상이다. 포자의 크기는 7~11×7~8.5μm로 광타원형 또는 아구형이며 미세한 사마귀가 덮여 있다. 담자기는 22~26×5.5~7.5μm이고 막대형이다. 포자문은 갈색이다.

발생 여름~가을/ 활엽수림의 소나무숲에 산생 · 군생

분포 한국(백두산), 중국, 일본, 러시아 극동부, 유럽

적갈색끈적버섯

Cortinarius obtusus (Fr.) Fr.

형태 균모의 지름은 2~4cm로 어릴 때는 원추형-종모양에서 둥근산모양을 거쳐 편평형으로 펴지나 중앙은 산 모양 또는 둔한 돌출로 된다. 표면은 흡습성이고 습기가 있을 때는 적갈색 또는 녹슨색이고 거의 중앙까지 줄무늬선이 있으며 건조하면 줄무늬가 소실되고 황토색으로 되며 오래되면 균모의 표면이 갈라진다. 주름살은 자루에 대하여 바른주름살-떨어진주름살로 어릴 때는 황토색에서 녹슨 갈색으로 되며 폭이 넓고 성기다. 자루의 길이는 4~8cm, 굵기는 4~8mm로 굴곡이 있으며 밑동은 가늘어지나 드물게 팽대하는 것도 있다. 표면은 거의 흰색-연한 황갈색인데 압착된 흰 비단 같은 섬유가 덮여 있고 거미줄막의 턱받이는 흰색인데 매우 쉽게 탈락한다. 자루의 속은 차 있거나 비어 있다. 포자의 크기는 7.5~10×4.5~6μm로 타원형이고 연한 황색이며 표면에 작은 사마귀반점이 덮여 있다. 포자문은 녹슨 색이다.
생태 가을 / 소나무와 참나무류의 혼효림 땅 또는 이끼류 사이에 발생
분포 한국(백두산), 중국, 일본, 유럽, 북아메리카

흑올리브끈적버섯

Cortinarius olivaceofuscus Kühn.

형태 균모의 지름은 2~6cm로 구형-반구형에서 종모양을 거쳐 중앙이 편평한 둥근산모양으로 되며 가끔 분명한 섬유실이 있으며 약간 흡수성이다. 색깔은 올리브노란색에서 올리브갈색으로 시간이 지나면 검은 황노란색으로 되지만 중앙은 짙다. 살은 황노란색이고 자루의 기부 쪽으로 흑갈색이며 냄새가 약간 난다. 주름살은 자루에 대하여 홈파진주름살로 약간 밀생하며 황노란색에서 황갈색으로 된다. 자루의 언저리는 연하고 가끔 미세한 털이 있다. 자루의 길이는 3~6cm, 굵기는 0.2~0.4cm로 원통형 또는 약간 막대형으로 황노란색이며 꼭대기는 더 연한 황노란색이지만 나중에 기부는 흑갈색으로 된다. 포자의 크기 6.5~8× 4~5μm로 타원형이고 밀집된 사마귀반점으로 덮인다.

생태 여름~가을 / 숲속의 땅에 군생

분포 한국(백두산), 중국, 유럽

으뜸끈적버섯

Cortinarius praestans (Cord.) Gillet

형태 균모의 지름은 8~15cm로 구형에서 반구형으로 되었다가 둥근산모양을 거쳐 편평하게 된다. 표면은 밋밋하고 매끈하며 습기가 있을 때 점성이 있으며 자색에서 자갈색으로 된다. 어릴 때 청백색의 표피로 덮이고 나중에 자갈색의 솜털 표피조각이 찢긴 채로 덮인다. 가장자리는 오랫동안 아래로 말리고 주름지고 어릴 때 표피 막질이 매달린다. 살은 백색이며 자루는 청색으로 두껍고 냄새가 나고 맛은 온화하고 좋다. 주름살은 홈파진주름살 또는 올린주름살로 연한 자색에서 밝은 갈색을 거쳐서 녹슨 갈색으로 되고 폭은 좁다. 주름살의 변두리는 밋밋하다. 자루의 길이는 10~15cm, 굵기는 2~4cm로 원통형에서 막대형 또는 부푼형이고 속은 차고 단단하다. 표면은 청백색의 털-섬유실로 된 표피로 덮인다. 어릴 때 털상의 섬유 표피는 하나 또는 여러 개로 갈라져 연한 황토색 띠를 형성한다. 포자의 크기는 13~18.6× 7~9.6μm로 방추형이며 표면은 사마귀반점이 있고 황갈색이다.

생태 여름~가을 / 숲속의 땅에 군생, 간혹 단생

분포 한국(백두산), 중국, 유럽

해진풍선끈적버섯

Cortinarius pholideus (Lilj.) Fr.

형태 균모의 지름은 2~8cm로 둥근산모양에서 중앙이 높은 편평형으로 된다. 표면은 진한 갈색인데 갈라진 인편이 많이 밀포되어 있다. 살은 회백색-연한 회갈색이다. 주름살은 자루에 대하여 바른주름살 또는 자루에서 떨어진주름살로 심하게 홈이 파진다. 처음 자색에서 계피색으로 되며 밀생한다. 주름살의 변두리는 얇으며 물결형이다. 자루의 길이는 3~8cm, 굵기는 3~12mm로 하부는 굵고 속이 차 있다. 표면은 균모와 같은 색이며 상부는 자색이다. 거미집막의 하부는 흑갈색의 그을음으로 덮여 있다. 포자의 크기는 7~8×4.5~5μm로 타원형이고 표면은 사마귀 돌기로 덮여 있다.

생태 여름~가을 / 활엽수림(특히 백양나무속)의 땅에 군생

분포 한국(백두산), 중국, 일본, 북반구 온대 이북

참고 식용

자주색끈적버섯아재비

Cortinarius pseudopurpurascens Hongo

형태 균모의 지름은 5~8cm로 둥근산모양에서 거의 편평하게 된다. 표면은 습기가 있을 때 점성이 있고 중앙부는 회갈색, 다갈색, 황토갈색 등 다양하다. 가장자리는 자주색 또는 백색 비단모양의 내피막 잔편이 매달린다. 살은 연한 자색이다. 주름살은 자루에 대하여 올린주름살이며 청자색에서 계피색-녹슨 갈색으로 되고 밀생한다. 주름살의 가장자리는 물결모양이다. 자루의 길이는 4~8cm, 굵기는 7~13mm로 표면은 섬유상인데 상부는 자주색이고 하부는 황토갈색으로 속이 차 있으며 근부는 부푼다. 포자의 크기는 12~15.5×7.5~9.5μm로 타원형 또는 장타원형이고 표면은 사마귀반점으로 덮여 있다.

생태 가을 / 졸참나무와 소나무의 혼효림의 땅에 군생

분포 한국(백두산), 중국, 일본

주름버섯목

담자균문 ≫ 주름균아문 ≫ 주름균강

풍선끈적버섯

Cortinarius purpurascens Fr.

형태 균모의 지름은 3~11cm로 둥근산모양에서 차차 편평하게
되고 중앙은 둔하게 돌출한다. 표면은 습기가 있을 때 점성이 있
고 털이 없으며 처음 남색에서 진흙색 또는 갈색으로 된다. 가
장자리는 처음에 아래로 감기며 자줏빛이며 오래되어도 변색하
지 않는다. 살은 두껍고 단단하며 처음에는 남색 또는 자줏빛에
서 연한 색을 거쳐 남자색으로 되고 맛은 유하다. 주름살은 자루
에 대하여 홈파진주름살이고 밀생하며 폭은 좁다. 처음은 남자색
이나 곧 황토색 또는 녹슨색이 되며 상처 시 진한 자색으로 된다.
자루의 높이는 3~13cm, 굵기는 0.7~2cm로 상하의 굵기가 같거
나 기부가 둥글게 부푼다. 표면은 연한 자주색에서 점차 퇴색하
여 연한 색으로 되고 자주색의 섬모가 있으며 상처 시 진한 자색
으로 되고 속은 차 있다. 거미집막은 자주색으로 섬모상이며 처
음에 균모 가장자리와 자루를 연결한다. 포자의 크기는 9~10.2×
5~5.5㎛로 타원형 또는 난원형이고 연한 녹슨색이며 표면에 작
은 사마귀반점이 있다. 포자문은 녹슨 갈색이다.
생태 가을 / 활엽수림과 혼효림의 숲속 땅에 군생하며 분비나무
또는 가문비나무와 외생균근을 형성
분포 한국(백두산), 중국, 일본, 유럽, 북아메리카
참고 맛 좋은 버섯

수정끈적버섯

Cortinarius quarciticus Lindstr.

형태 균모의 지름은 3.5~9cm로 반구형에서 둥근산모양으로 되며 중앙은 돌출된다. 표면은 약간 결절형이고 미세한 비단 섬유실이 있고 약간 광택이 난다. 흡수성이고 방사상의 맥상 또는 반점들이 있다. 색깔은 처음 연한 회색에서 노랑회색으로 되며 중앙은 황토노란색으로 된다. 가장자리는 가끔 회자색이다. 살은 치밀하고 백색 또는 연한 회색이며 냄새는 불분명하다. 주름살은 자루에 대하여 바른주름살로 밀생하며 연한 회갈색이나 가끔 녹색인 것도 있으며 검은 점상들이 있다. 주름살의 변두리는 연하고 고르지 않다. 자루의 길이는 5~11cm, 굵기는 0.8~1.5cm로 단단하고 광택이 나는 섬유실로 되며 백색이고 어릴 때는 꼭대기는 자색이다. 표면은 흔히 흡수성의 줄무늬가 있고 자색에서 노란색으로 된다. 기부는 막대형이며 갈라지며 불규칙하게 부풀고 둥글다. 턱받이는 섬유상처럼 되었다가 곧 섬유실로 되며 탈락성이다. 포자의 크기는 7~8.5×5~6μm로 광타원형이며 표면에 분명한 사마귀반점들이 있고 주름살 균사의 폭은 10~25μm이고 노란 색소가 있다.

생태 가을 / 침엽수림의 땅에 군생

분포 한국(백두산), 중국, 유럽

굳은끈적버섯

Cortinarius rigidus (Scop.) Fr.

형태 균모의 지름은 15~35mm로 원추형에서 종모양을 거쳐 둥근산모양으로 되었다가 편평하게 되나 오래되면 중앙에 둔한 볼록형을 가진다. 표면은 밋밋하고 매끈하며 흡수성으로 적색 또는 갈색이다. 습기가 있을 때 투명한 줄무늬선이 중앙까지 발달하며 건조 시 밝은 적갈색이고 중앙은 흑갈색이다. 가장자리는 톱니상의 인편이 있고 오랫동안 백색의 표피 막질이 매달린다. 살은 밝은 갈색으로 얇고 버섯 냄새 또는 흙냄새가 나며 맛은 온화하나 불분명하다. 주름살은 자루에 대하여 올린주름살 또는 약간 내린주름살로 밝은 갈색에서 적갈색이며 폭이 넓다. 주름살의 변두리는 밋밋하다. 자루의 길이는 4~6cm, 굵기는 3~5mm로 원통형으로 유연하며 속은 비었다. 표면은 적갈색의 바탕에 백색이고 크림색의 섬유가 있으며 섬유가 백색의 턱받이 띠를 형성한다. 포자는 크기가 7.4~10×4.4~5.7μm로 타원형이며 표면에 약간 사마귀반점이 있고 밝은 황토갈색이다. 담자기는 원통형에서 배불뚝이형으로 21~30×7~8.5μm이고 기부에 꺽쇠가 있다.

생태 여름~가을 / 숲속의 유기물이 풍부한 곳에 군생, 드물게 속생
분포 한국(백두산), 중국, 유럽

녹슨끈적버섯

Cortinarius rubellus Cooke.

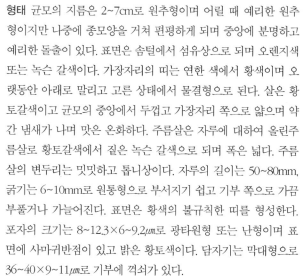

형태 균모의 지름은 2~7cm로 원추형이며 어릴 때 예리한 원추형이지만 나중에 종모양을 거쳐 편평하게 되며 중앙에 분명하고 예리한 돌출이 있다. 표면은 솜털에서 섬유상으로 되며 오렌지색 또는 녹슨 갈색이다. 가장자리의 띠는 연한 색에서 황색이며 오랫동안 아래로 말리고 고른 상태에서 물결형으로 된다. 살은 황토갈색이고 균모의 중앙에서 두껍고 가장자리 쪽으로 얇으며 약간 냄새가 나며 맛은 온화하다. 주름살은 자루에 대하여 올린주름살로 황토갈색에서 짙은 녹슨 갈색으로 되며 폭은 넓다. 주름살의 변두리는 밋밋하고 톱니상이다. 자루의 길이는 50~80mm, 굵기는 6~10mm로 원통형으로 부서지기 쉽고 기부 쪽으로 가끔 부풀거나 가늘어진다. 표면은 황색의 불규칙한 띠를 형성한다. 포자의 크기는 8~12.3×6~9.2μm로 광타원형 또는 난형이며 표면에 사마귀반점이 있고 밝은 황토색이다. 담자기는 막대형으로 36~40×9~11μm로 기부에 꺽쇠가 있다.

생태 여름~가을 / 숲속의 이끼류 사이에 군생, 간혹 단생

분포 한국(백두산), 중국, 유럽

전나무끈적버섯

Cortinarius sanguineus (Wulf.) Fr.
Dermocybe sanguinea (Wulf.) Wünsche

형태 균모의 지름은 2~5cm로 어릴 때는 반구형에서 둥근산모양으로 되었다가 차차 편평해지나 간혹 중앙이 돌출되기도 한다. 표면은 점성이 없고 암적색-암혈적색이며 밋밋하거나 미세한 비단 같은 인편이 방사상으로 덮인다. 살은 균모와 동색이다. 주름살은 자루에 대하여 바른주름살 또는 홈파진주름살로 균모와 같은 색이거나 약간 진하며 나중에 적갈색이 된다. 주름살은 매우 두껍고 약간 성기다. 자루의 길이는 3~7(8)cm, 굵기는 3~8mm로 밑동이 약간 굵고 균모와 같은 색이거나 약간 진한 색을 띠기도 하며 균모와 동색의 섬유무늬가 있다. 턱받이는 적색의 흔적이 있다. 자루의 밑동 쪽은 분홍색 또는 황색의 털 같은 균사가 덮여 있다. 포자의 크기는 6~8.6×4~5.7μm로 타원형이며 표면에 미세한 사마귀반점이 있다. 포자문은 적갈색이다.

생태 늦여름~가을 / 가문비나무 등 침엽수림의 땅 또는 오래된 그루터기 부근, 이끼류 사이 등에서 발생

분포 한국(백두산), 중국, 일본, 유럽, 북반구 온대 이북

전나무끈적버섯아재비

Cortinarius semisanguineus (Fr.) Gillet
Dermocybe semisanguinea (Fr.) Moser

형태 균모의 지름은 2~5cm로 어릴 때는 반구형-원추형에서 둥근산모양으로 되지만 중앙이 약간 높은 편평형이 된다. 표면은 점성이 없고 비단결이고 황갈색-올리브갈색에서 적갈색으로 된다. 가장자리 쪽이 다소 연하고 올리브색을 나타낸다. 살은 연한 황토색이다. 주름살은 자루에 대하여 올린주름살 또는 홈파진주름살로 밝은 혈적색이고 오래 지속되며 나중에 적갈색이 된다. 자루의 길이는 3~7cm, 굵기는 5~8mm로 거의 상하가 같은 굵기이고 밑동이 약간 굵어지는 경우도 있다. 표면은 섬유상이며 갈색의 황토색이고 밑동에는 가끔 분홍 또는 붉은색의 털 모양 균사가 피복한다. 흰색의 거미줄막집이 있으나 균모가 펴진 후에는 그 흔적이 거의 없다. 포자의 크기는 5.6~7.7×3.9~5.3㎛로 난형-타원형으로 연한 적황색이고 표면은 미세한 사마귀가 덮여 있다. 포자문은 적갈색이다.
생태 여름~가을 / 자작나무 숲의 땅 또는 침엽수림의 땅에 군생
분포 한국(백두산), 중국, 일본, 유럽, 북반구 온대 이북

끝말림끈적버섯

Cortinarius solis-occasus Melot

형태 균모의 지름은 3.5~7cm로 반구형에서 둥근산모양을 거쳐 편평하게 되지만 중앙은 볼록하지 않다. 표면은 미세한 방사상의 섬유가 있고 습기가 있을 때 짙은 적갈색이나 건조하면 퇴색하고 어릴 때 회라일락색의 표피로 덮인다. 가장자리는 오랫동안 아래로 말리고 어릴 때 거미집막 균사로 자루와 연결된다. 살은 칙칙한 회베이지색이며 얇고 자루 위쪽의 살은 냄새는 좋지 않지만 맛은 온화하다. 주름살은 자루에 대하여 넓은 올린주름살로 밝은 황토갈색에서 녹슨 갈색으로 되며 폭은 넓다. 주름살의 변두리는 톱니상이다. 자루의 길이는 4~6cm, 굵기는 1~2cm로 원통형이지만 기부는 막대형으로 지름이 3cm에 이른다. 자루의 속은 차고 부서지기 쉽다. 자루의 위쪽은 청자색 아래쪽은 백색에서 회백색이며 턱받이 흔적을 가지며 꼭대기에 희미한 자색을 가진다. 포자의 크기는 8.5~11.5×6~8μm로 타원형이며 표면은 사마귀반점이 있고 밝은 적갈색이다. 담자기는 막대형으로 30~40×9~12μm로 기부에 꺽쇠가 있다.

생태 여름~가을 / 활엽수림의 땅에 군생

분포 한국(백두산), 중국, 유럽

진갈색끈적버섯

Cortinarius spadiceus Fr.

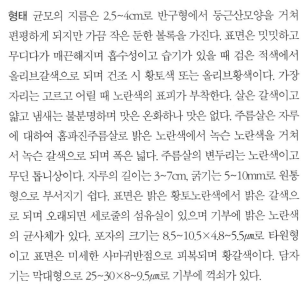

형태 균모의 지름은 2.5~4cm로 반구형에서 둥근산모양을 거쳐 편평하게 되지만 가끔 작은 둔한 볼록을 가진다. 표면은 밋밋하고 무디다가 매끈해지며 흡수성이고 습기가 있을 때 검은 적색에서 올리브갈색으로 되며 건조 시 황토색 또는 올리브황색이다. 가장자리는 고르고 어릴 때 노란색의 표피가 부착한다. 살은 갈색이고 얇고 냄새는 불분명하며 맛은 온화하나 맛은 없다. 주름살은 자루에 대하여 홈파진주름살로 밝은 노란색에서 녹슨 노란색을 거쳐서 녹슨 갈색으로 되며 폭은 넓다. 주름살의 변두리는 노란색이고 무딘 톱니상이다. 자루의 길이는 3~7cm, 굵기는 5~10mm로 원통형으로 부서지기 쉽다. 표면은 밝은 황토노란색에서 밝은 갈색으로 되며 오래되면 세로줄의 섬유실이 있으며 기부에 밝은 노란색의 균사체가 있다. 포자의 크기는 8.5~10.5×4.8~5.5㎛로 타원형이고 표면은 미세한 사마귀반점으로 피복되며 황갈색이다. 담자기는 막대형으로 25~30×8~9.5㎛로 기부에 꺾쇠가 있다.

생태 봄~여름 / 침엽수림의 땅에 군생

분포 한국(백두산), 중국, 유럽

붉은끈적버섯

Cortinarius spilomeus (Fr.) Fr.

형태 균모의 지름은 3~5cm로 어릴 때는 원추형에서 반구형으로 되었다가 둥근산모양을 거쳐 평평하게 펴지며 중앙이 약간 돌출된다. 표면은 점성이 없고 습기가 있을 때는 회갈색-황갈색이며 건조할 때는 회황색으로 된다. 가장자리는 표면과 동색이나 라일락색이 섞인 색이며 적갈색의 내피막의 잔존물이 점점이 붙어 있지만 쉽게 소실된다. 살은 유백색-회갈색이다. 주름살은 자루에 대하여 올린주름살이지만 나중에 자루에서 분리되고 심하게 홈파진주름살로 된다. 어릴 때는 연한 자회색에서 연한 회갈색으로 되었다가 계피색이 된다. 주름살의 폭이 매우 넓고 약간 촘촘하다. 자루의 길이는 4~6cm, 굵기는 5~8mm로 밑동 쪽으로 약간 굵어진다. 표면의 위쪽은 연한 라일락색이며 아래쪽은 황색을 띤 갈색으로 섬유상이고 거미줄막 아래쪽은 적갈색의 압착된 인편이 얼룩모양으로 붙어 있다. 포자의 크기는 6.4~8×5~6.3μm로 광타원형-아구형으로 회황토색이며 표면에 미세한 사마귀반점이 덮여 있다. 포자문은 적갈색이다.

생태 여름~가을 / 참나무류의 숲이나 소나무와 참나무류의 혼효림, 자작나무 숲 등에 군생

분포 한국(백두산), 중국, 유럽, 북반구 온대

푸른끈적버섯아재비

Cortinarius pesudosalor J. E. Lange

형태 균모의 지름은 3~8cm로 반구형에서 종모양을 거쳐 둥근 산모양으로 되었다가 차차 편평하게 되며 오래되면 중앙에 둔한 볼록형을 가진다. 표면은 밋밋하며 건조 시 점성이 없고 습기가 있을 때 강한 점성이 있고 올리브색에서 황토갈색으로 된다. 살은 얇고 좋은 냄새가 약간 나고 자루의 기부 쪽 살은 꿀 냄새가 나며 맛은 온화하다. 주름살은 자루에 대하여 홈파진주름살로 어릴 때 희미한 회라일락색을 가진 크림색에서 녹슨 갈색으로 되며 폭은 넓다. 자루의 언저리는 백색의 솜털이 있다. 자루의 길이는 6~9cm, 굵기는 10~15mm로 원통형이며 기부는 아래로 약간 가늘고 유연하며 속은 차 있다가 빈다. 표면은 어릴 때 연한 자색이며 백색의 바탕에 끈끈한 표피가 있으나 나중에 매끈해지고 백색으로 되며 섬유실의 턱받이 흔적이 있다. 포자의 크기는 12~16×6.6~9μm로 레몬형 또는 복숭아형이며 표면은 사마귀반점이 있고 레몬황색이다. 담자기는 막대형으로 38~45×11~14μm로 기부에 꺾쇠가 없다.

생태 여름~가을 / 숲속의 땅에 단생·군생

분포 한국(백두산), 중국, 유럽, 북아메리카, 아시아

달걀끈적버섯

Cortinarius subalboviolaceus Hongo

형태 균모의 지름은 1.5~4.5cm의 소형으로 둥근산모양에서 차차 평평하게 펴진다. 표면은 약간 연한 자주색이지만 나중에 거의 흰색으로 된다. 습기가 있을 때 약간 끈기가 있으며 건조하면 비단결 같은 광택이 난다. 어릴 때는 흰색의 거미줄막 모양의 내피가 자루와 균모 사이에 연결된다. 살은 처음에는 연한 오렌지 꽃색에서 백색으로 된다. 주름살은 자루에 올린주름살, 홈파진주름살, 바른주름살 등으로 오렌지꽃색에서 계피색으로 된다. 주름살의 폭은 매우 넓고 약간 성기다. 자루의 길이는 3~7cm, 굵기는 3~7mm로 아래쪽은 곤봉상으로 부풀어 있으며 굵기는 6~12mm 정도이고 균모와 동색이며 오래되면 약간 황토색을 띤다. 자루 위쪽에 내피막 잔존물이 테모양으로 부착되어 있다. 포자의 크기는 6.5~8×5~6μm로 광타원형-아구형이고 표면은 작은 사마귀점이 덮여 있다.

생태 봄~여름 / 졸참나무나 메밀잣밤나무 아래에 군생

분포 한국(백두산), 일본

곤봉끈적버섯

Cortinarius subdelibutus Hongo

형태 균모의 지름은 2.5~5cm로 둥근산모양에서 차차 편평형으로 된다. 표면은 올리브황색이고 중앙은 갈색을 띠며 갈색의 점액이 덮여 있다. 살은 올리브황색이다. 주름살은 자루에 대하여 홈파진주름살 또는 바른주름살이면서 내린주름살로 처음에는 탁한 황색에서 계피갈색으로 되며 폭이 넓고 약간 성기다. 자루의 길이는 3~7cm, 굵기는 4~6mm로 아래쪽은 곤봉상으로 부풀며 굵기가 6~14mm에 달한다. 균모보다 다소 연한 색이고 거미줄막 아래쪽은 점액이 약간 있다. 자루의 꼭대기는 미분상이고 내부에는 수(髓)가 있지만 속은 비어 있다. 포자의 크기는 8~9.5× 6~7μm로 광난형-아구형으로 표면에 사마귀반점이 덮여 있다.

생태 가을 / 소나무 숲의 땅 또는 이끼 사이에 발생

분포 한국(백두산), 중국, 일본

참고 식용

녹갈색끈적버섯

Cortinarius subferrugineus (Batsch) Fr.

형태 균모의 지름은 4~9cm이며 둥근산모양에서 차차 편평하게 된다. 표면은 물을 흡수하여 진한 갈색으로 보이며 매끈하거나 가는 섬모가 있다. 가장자리는 펴져 있다. 살은 중앙부가 두껍고 탁한 백색이며 냄새는 없다. 주름살은 자루에 대하여 홈파진주름살로 다소 빽빽하거나 성기며 폭은 넓고 가끔 횡맥으로 이어지며 연한 색에서 녹슨 갈색으로 된다. 자루의 높이는 5~10cm, 굵기는 1~2cm로 원주형 또는 위로 가늘어지며 기부는 부풀고 백색이나 가끔 갈색이 섞여 있는 것도 있으며 단단하고 연골질이며 압착된 섬모로 덮이고 속은 차 있다. 포자의 크기는 8~10×5~5.5㎛로 타원형으로 표면에 혹 돌기가 있다. 포자문은 녹슨 갈색이다.

생태 가을 / 활엽수림과 혼효림의 땅에 산생 · 군생하며 신갈나무와 외생균근을 형성

분포 한국(백두산), 중국

보라끈적버섯아재비

Cortinarius subviolacens Rob. Henry ex Nezdoin

형태 균모의 지름은 8.5~14cm로 반구형 또는 볼록한 형에서 차차 편평해진다. 표면은 황갈색이며 가운데는 진하다. 가장자리에 인편이 너덜너덜 부착하며 적갈색의 작은 인편이 있으며 안으로 말리고 회청색이다. 살은 두껍고 백색이며 손으로 만져도 변색되지 않는다. 주름살은 자루에 대하여 올린주름살로 폭은 0.2~0.4cm이고 밀생하며 처음에는 백색이나 점차 자색으로 된다. 자루의 길이는 5.3~11cm, 굵기는 1.5~2.5cm이고 원통형이나 아래쪽은 부풀어 있고 균모와 같은 색깔이나 위쪽은 백색으로 턱받이는 흔적만 있다. 어릴 때는 거미집막 흔적으로 덮여 있고 갈색의 인편이 있다. 자루의 속은 차 있다. 포자의 크기는 11.5~13×6~7.5㎛로 레몬형 또는 아몬드형이고 표면은 사마귀반점이 있다. 포자문은 적갈색이다.

생태 여름~가을 / 활엽수림 또는 침엽수림의 땅에 단생·군생, 식물과 공생생활을 하여 균근을 형성

분포 한국(백두산), 중국, 유럽

비단끈적버섯

Cortinarius suillus Fr.

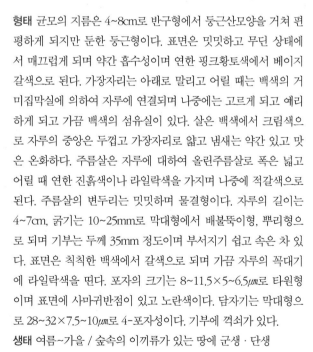

형태 균모의 지름은 4~8cm로 반구형에서 둥근산모양을 거쳐 편평하게 되지만 둔한 둥근형이다. 표면은 밋밋하고 무딘 상태에서 매끄럽게 되며 약간 흡수성이며 연한 핑크황토색에서 베이지갈색으로 된다. 가장자리는 아래로 말리고 어릴 때는 백색의 거미집막실에 의하여 자루에 연결되며 나중에는 고르게 되고 예리하게 되고 가끔 백색의 섬유실이 있다. 살은 백색에서 크림색으로 자루의 중앙은 두껍고 가장자리로 얇고 냄새는 약간 있고 맛은 온화하다. 주름살은 자루에 대하여 올린주름살로 폭은 넓고 어릴 때 연한 진흙색이나 라일락색을 가지며 나중에 적갈색으로 된다. 주름살의 변두리는 밋밋하며 물결형이다. 자루의 길이는 4~7cm, 굵기는 10~25mm로 막대형에서 배불뚝이형, 뿌리형으로 되며 기부는 두께 35mm 정도이며 부서지기 쉽고 속은 차 있다. 표면은 칙칙한 백색에서 갈색으로 되며 가끔 자루의 꼭대기에 라일락색을 띤다. 포자의 크기는 8~11.5×5~6.5μm로 타원형이며 표면에 사마귀반점이 있고 노란색이다. 담자기는 막대형으로 28~32×7.5~10μm로 4-포자성이다. 기부에 꺽쇠가 있다.

생태 여름~가을 / 숲속의 이끼류가 있는 땅에 군생·단생

분포 한국(백두산), 중국, 유럽

꿀끈적버섯

Cortinarius talus Fr.
C. melliolens J. Schaeff. ex Orton

형태 균모의 지름은 4~10cm로 반구형에서 둥근산모양을 거쳐 차차 편평하게 된다. 때로는 중앙은 울퉁불퉁하다. 표면은 밋밋하고 건조 시 무디고 습기가 있을 때는 광택이 난다. 짙은 황토색에서 오렌지갈색으로 되며 어릴 때는 미세한 백색의 가루상이다. 가장자리는 예리하고 고르다. 살은 백색이며 균모의 아래쪽은 두껍고 가장자리 쪽으로 얇고 꿀같은 냄새가 나고 맛은 온화하다. 주름살은 자루에 대하여 넓은 올린주름살로 백색에서 밝은 회갈색이며 폭이 넓다. 주름살의 언저리는 밋밋하다가 톱니상으로 된다. 자루의 길이는 4~7cm, 굵기는 1~1.5cm로 원통형이며 속은 차고 휘어지며 기부는 크기가 25mm 정도이며 둥글다. 표면은 백색이며 세로줄의 백색 섬유는 노후 시 황토갈색으로 된다. 포자의 크기는 7.5~9.5×4.5~6μm로 타원형-아몬드형이며 밝은 노란색이고 표면에 미세한 사마귀점이 있다. 담자기는 27~33×8~9μm로 막대형에서 배불뚝이형으로 4-포자성이다. 기부에 꺽쇠가 있다.

생태 가을 / 숲속의 땅에 군생

분포 한국(백두산), 중국, 일본, 유럽

참고 식용

노랑끈적버섯

Cortinarius tenuipes (Hongo) Hongo

형태 균모의 지름은 4~8(10)cm로 둥근산모양에서 차차 평평하
게 펴지며 중앙이 약간 둔하게 돌출한다. 표면은 습기가 있을 때
는 약간 점성이 있고 황토색을 띤 오렌지색-오렌지황색으로 중앙
부는 갈색을 띤다. 가장자리는 흰색이며 비단 같은 피막의 파편을
부착하지만 소실되기 쉽다. 균모가 펴질 때 균모와 자루 사이에
갈색을 띤 거미집막 모양의 막질과 연결된다. 살은 흰색이다. 주
름살은 자루에 대하여 바른주름살 또는 올린주름살로 유백색에서
연한 황갈색-계피색으로 되며 폭은 중간 정도이고 촘촘하다. 자
루의 길이는 6~10cm, 굵기는 7~11mm로 약간 길며 상하가 같은
굵기 또는 아래쪽이 약간 가늘어지는 것도 있다. 표면은 촘촘하게
섬유가 있고 흰색에서 약간 점토색을 띤다. 거미집막은 균모가 펴
진 다음에 갈색의 솜털상의 턱받이가 되어 자루의 상부에 남는다.
포자의 크기는 7~9.5×3.5~5μm로 방추상의 타원형이며 표면은
불명료한 미세한 사마귀반점이 덮여 있거나 거의 매끈하다. 포자
문은 녹슨색이다.
생태 가을 / 참나무류의 숲의 땅이나 소나무와의 혼효림에 군생
분포 한국(백두산), 중국, 유럽

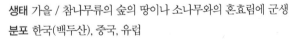

얼룩끈적버섯

Cortinarius terpsichores Melot

형태 균모의 지름은 4~10cm이고 둥근산모양에서 약간 편평해지나 중앙은 약간 볼록하다. 어두운 자색으로 약간 맥상으로 손으로 만지면 누덕누덕해져서 얼룩처럼 되며 회색으로 되었다가 노란색으로 된다. 습기가 있을 때는 점성이 있다. 가장자리는 아래로 말린다. 살은 자색이며 균모는 백색니도 자루의 끝은 유백색이고 냄새는 약간 좋고 맛은 보리볏짚 같아서 맛이 없다. 주름살은 자루에 대하여 바른주름살 또는 올린주름살로 밀생하며 길고 자색에서 갈색으로 된다. 자루의 길이는 4~9cm, 굵기는 1.5~2.5cm로 원통형이며 기부는 양파처럼 둥글다. 표면은 처음 자색이나 나중에 흑자색에서 회색으로 되며 턱받이는 막질이고 쉽게 탈락한다. 포자의 크기는 10~12×6~7μm로 광타원형이며 표면은 사마귀반점이 있다. 포자문은 갈색이다.

생태 가을 / 숲속의 이끼류가 있는 곳에 단생 · 군생

분포 한국(백두산), 중국, 유럽

참고 식용불가, 희귀종

고목끈적버섯

Cortinarius torvus (Fr.) Fr.

형태 균모의 지름은 4~10cm로 어릴 때는 반구형에서 둥근산모
양을 거쳐 거의 편평형으로 된다. 흡습성이며 표면은 습기가 있
을 때 자갈색이며 건조할 때는 연보라의 황토색-연한 포도주갈
색이다. 가장자리는 오랫동안 아래로 굽는다. 균모와 자루 사이
에 흰색의 막질 턱받이 막이 오랫동안 떨어지지 않고 붙어 있다.
살은 연한 보라색을 띤다. 주름살은 자루에 대하여 바른주름살로
처음 보라색에서 진한 계피색을 띠며 폭이 넓고 성기다. 자루의
길이는 4~7cm, 굵기는 10~15mm로 아래쪽은 약간 곤봉모양으
로 부풀어 있다. 꼭대기는 연한 보라색이고 아래쪽은 유백색-갈
색을 띠고 굵어져 있고 표면에는 보라색의 솜털이 있다. 자루의
위쪽에 균모에 붙었던 흰색 막질의 거미집막이 불완전한 턱받
이를 형성한다. 포자의 크기는 8.5~11×5.7~7.2㎛로 타원형이며
밝은 갈색이고 표면에 작은 사마귀반점이 덮여 있다. 담자기는
35~40×7.5~9㎛로 가는 막대형이며 4-포자성이다. 기부에 꺽쇠
가 있다. 포자문은 녹슨색이다.
생태 여름~가을 / 자작나무, 참나무류의 땅 및 소나무와의 혼효
림의 땅에 군생
분포 한국(백두산), 중국, 유럽, 북반구 온대

연자색끈적버섯

Cortinarius traganus (Fr.) Fr.

형태 균모의 지름은 3~10cm로 처음에는 거의 구형-반구형에서 둥근산모양을 거쳐 편평형이 되고 가운데가 돌출된다. 표면은 미세한 섬유상의 털이 있고 오래되면 찢어져 그물눈처럼 되었다가 인편으로 되며 끈기는 없다. 어릴 때는 보라색에서 점차 연한 보라색으로 되고 오래되면 퇴색하여 황토색을 띤다. 어릴 때는 균모와 자루가 연한 보라색 거미줄모양 막으로 연결되어 있다. 살은 계피색인데 불쾌한 자극적 냄새가 있다. 주름살은 자루에 대하여 바른주름살-올린주름살로 처음에 연한 회황갈색에서 녹슨 갈색으로 되며 폭은 보통이고 약간 성기다. 자루의 길이는 5~10cm, 굵기는 10~30mm로 아래쪽을 향해서 많이 부풀어 있다. 거미집막의 아래쪽은 솜털모양의 피막 잔재물이 많이 덮여 있다. 포자의 크기는 7.6~10.4×5~6.2μm로 타원형-편도형이고 연한 황색이며 표면은 사마귀가 덮여 있다. 포자문은 녹슨 갈색이다.

생태 가을 / 아고산대 또는 추운지방의 침엽수림(종비나무, 전나무, 분비나무 숲)의 땅에 군생

분포 한국(백두산), 중국, 유럽, 북반구 아한대

삼각끈적버섯

Cortinarius triformis Fr.

형태 균모의 지름은 2~8cm로 어릴 때 원추형에서 반구형을 거쳐 둥근산모양으로 되었다가 편평하게 되며 물결형으로 중앙이 둔하게 볼록하거나 간혹 들어가는 것도 있다. 표면은 밋밋하고 둔하며 강한 흡수성이 있고 습기가 있을 때 짙은 녹슨색에서 적갈색으로 되며 건조하면 황토노란색에서 황토갈색으로 되며 오랫동안 백색의 표피조각을 가진다. 가장자리는 오랫동안 표피가 달려 있으며 고르고 예리하다. 살은 건조 시 백색이며 습기가 있을 때는 회갈색으로 얇다. 냄새는 약간 나고 맛은 온화하다. 주름살은 자루에 대하여 넓게 올린주름살로 폭은 넓고 어릴 때 밝은 황토색에서 노후 시 황토녹슨색으로 된다. 주름살의 변두리는 밋밋하지만 가끔 톱니상인 것도 있다. 자루의 길이는 45~70mm, 굵기는 8~10mm로 막대형에서 부풀게 되며 휘어지기 쉽다. 표면은 갈색이며 어릴 때 백색의 표피로 덮여 있다가 탈락하여 턱받이 흔적으로 되거나 또는 표피의 흔적은 사라지기도 한다. 포자의 크기는 7~10×5~6μm로 타원형이며 표면은 미세한 사마귀반점이 있고 밝은 노란색이다. 담자기는 막대형에서 배불뚝이형으로 27~33× 7~10μm로 4-포자성이다. 기부에 꺽쇠가 있다.

생태 여름~가을 / 혼효림의 땅에 군생

분포 한국(백두산), 중국, 유럽

황토끈적버섯

Cortinarius triumphans Fr.
C. crocolitus Quél.

형태 균모의 지름은 5~9cm로 반구형에서 둥근산모양을 거쳐 편평하게 되나 중앙은 둔한 볼록형 또는 물결형이다. 표면은 습기가 있을 때 매끈하며 광택이 나고 황색에서 황토갈색을 거쳐 오렌지갈색으로 되며 가운데에 눌린 섬유인편이 있다. 가장자리는 고르고 자루와 거미막집을 형성하여 자루와 연결된다. 육질은 백색이고 약간 누껍고 냄새가 약간 나며 맛은 온화하다. 수름살은 자루에 대하여 홈파진주름살로 희미한 라일락색이 있는 크림백색에서 황토색을 거쳐 황토갈색으로 되며 폭은 좁다. 주름살의 변두리는 톱니상이다. 자루의 길이는 6~10cm, 굵기는 1.2~2cm로 막대형에서 원통형, 뿌리형 등이며 속은 차 있다. 표면은 고르지 않고 살색이며 백색의 바탕에 불규칙한 띠가 있으며 턱받이 위쪽은 백색이고 가루상이다. 포자의 크기는 10.5~14×6~8μm로 레몬형이며 표면은 미세한 사마귀점이 있고 레몬황색이다. 담자기는 가느다란 막대형으로 34~48×9~11μm로 기부에 꺽쇠가 있다.
생태 여름~가을 / 이끼류, 숲속의 풀속에 군생
분포 한국(백두산), 중국, 유럽, 북아메리카

부푼끈적버섯

Cortinarius turgidus Fr.

형태 균모의 지름은 4~7cm로 반구형에서 둥근산모양을 거쳐 편평하게 된다. 표면은 어릴 때 크림색에서 밝은 황토색으로 되었다가 연한 가죽색이 되고 백색의 거미집막은 황토 비단실로 되었다가 매끈해진다. 약간 흡수성이고 가장자리는 비단 같은 광택이 나며 오랫동안 아래로 말리고 고르며 예리하며 어릴 때 거미집막의 실로 자루에 연결된다. 육질은 백색에서 갈색이고 자루의 꼭대기는 자색이며 균모의 중앙은 두껍고 가장자리 쪽으로 얇다. 냄새는 약간 좋으며 오래되면 달콤하나 맛은 쓰다. 주름살은 자루에 대하여 홈파진주름살로 백색에서 황토색으로 되며 폭은 넓다. 주름살의 변두리는 약간 무딘 톱니상이고 곳곳에 백색의 얼룩이 있다. 자루의 길이는 5~7cm, 굵기는 15~25mm로 배불뚝이형에서 방추형 또는 뿌리형으로 되며 부서지기 쉽고 속은 빈다. 표면은 백색으로 백색의 털로 덮고 표피섬유가 턱받이를 형성하며 위는 희미한 라일락색이다. 포자의 크기는 8.4~10.6×5.6~6.5μm로 타원형 또는 복숭아형이고 표면은 희미한 사마귀반점이 있으며 황토색이다. 담자기는 막대형에서 배불뚝이형으로 10~38×9~11μm로 기부에 꺽쇠가 있다.

생태 여름~가을 / 활엽수림과 혼효림의 땅에 군생

분포 한국(백두산), 중국, 유럽

습지끈적버섯

Cortinarius uliginosus Berk.
C. queletii Bataille

형태 균모의 지름은 1.5~5cm로 원추형에서 둥근산모양으로 편평해지며 중앙은 볼록하다. 표면은 밝은 황갈색 또는 오렌지색에서 황갈색의 벽돌색으로 된다. 가장자리는 연한 색 또는 진한 노란색이며 미세한 황색 섬유실로 덮인다. 살은 밝은 레몬색에서 누른색-노란색으로 균모는 황갈색이며 무 냄새가 난다. 주름살은 자루에 대하여 바른주름살 또는 약간 끝붙은주름살로 원통형이지만 약간 굽은 것도 있다. 주름살의 색은 밝은 레몬노란색에서 황토색으로 되었다가 황갈색으로 된다. 자루의 길이는 2.5~6.5cm, 굵기는 3~10mm로 기부는 다소 부풀고 균모와 동색이거나 약간 연한 색이며 꼭대기와 기부는 진한 노란색이다. 자루의 꼭대기는 섬유상의 황색 털로 피복되며 아래쪽은 녹슨 섬유상이며 거미집막은 노란색이다. 포자의 크기는 $8~11 \times 5~6\mu m$로 타원형이고 미세한 반점이 있어서 거칠다.

생태 가을 / 오리나무 또는 버드나무가 있는 숲속의 젖은 고목에 군생

분포 한국(백두산), 중국, 유럽

일본 끈적버섯

Cortinarius watamukiensis Hongo

형태 균모의 지름은 4~7cm로 둥근산모양에서 차차 거의 편평하게 된다. 표면에 끈기는 없고 황토갈색에서 점토색으로 된다. 가장자리는 백색의 비단 같은 광택이 나는 외피막이 부착하지만 곧 소실한다. 살은 얇고 백색이다. 주름살은 자루에 대하여 홈파진주름살로 처음에 거의 백색에서 점토색-계피색으로 되며 폭은 넓고 약간 성기다. 주름살의 변두리는 다소 물결형이다. 자루의 길이는 5~8cm, 굵기는 1~1.5cm이고 기부는 부풀어서 1.5~2.5cm이며 처음에 백색에서 약간 점토색을 띤다. 표면은 어릴 때 외피막이 있지만 소실하기 쉽다. 포자의 크기는 $11.5~16 \times 7~8.5\mu m$로 타원형-아몬드형이다. 연낭상체는 $30~45 \times 4.5~8\mu m$로 원주형-곤봉형이다.

생태 가을 / 숲속의 땅에 군생

분포 한국(백두산), 중국, 일본, 유럽

다색끈적버섯

Cortinarius variicolor (Pers.) Fr.

형태 균모의 지름은 6~13cm로 둥근산모양에서 차차 편평하게 된다. 표면은 갈색인데 습기가 있을 때 점성이 있고 마르면 섬유상으로 된다. 가장자리는 자주색이다. 살은 두껍고 청자색인데 나중에 퇴색한다. 주름살은 자루에 대하여 바른주름살로 청자색에서 계피색으로 되며 밀생하며 변두리는 물결형이다. 자루의 길이는 8~9cm, 굵기는 1.5~2cm로 근부는 부풀고 표면은 섬유상이며 연한 청자색이나 나중에 갈색을 띤다. 포자의 크기는 9~10.5×5~6㎛로 아몬드형이며 표면은 사마귀반점의 돌기로 덮여 있다.

생태 가을 / 침엽수림의 땅에 군생

분포 한국(백두산), 중국, 유럽, 북반구 일대

참고 식용

쓴맛끈적버섯

Cortinarius vibratilis (Fr.) Fr.

형태 균모의 지름은 4~5cm이며 반구형에서 차차 편평하게 되며 중앙은 돌출한다. 표면은 털이 없고 점액층으로 덮이며 습기가 있을 때 점성이 있으며 매끄럽고 윤기가 돈다. 색은 황색, 연한 황토색 또는 황갈색이나 마르면 퇴색된다. 살은 얇고 백색이며 유연하다. 주름살은 자루에 대하여 바른주름살에서 홈파진주름살로 밀생하며 폭이 좁고 얇으며 처음에는 연한 색이나 나중에 계피색이 된다. 자루의 높이는 5~6cm, 굵기는 0.5~0.9cm로 상하의 굵기가 같거나 위로 가늘어지고 유연하며 순백색이다. 처음에 점성이 있는 솜털모양의 외피막으로 덮이나 곧 마르며 속은 차 있다가 빈다. 포자는 7.5~8×4.~5㎛로 타원형이며 표면은 미세한 점들이 있어서 조금 거칠다. 포자문은 진한 계피색이다.

생태 가을 / 분비나무, 가문비나무 숲의 땅에 군생

분포 한국(백두산), 중국

끈적버섯

Cortinarius violaceus (L.) Gray

형태 균모의 지름은 4~10cm로 어릴 때는 반구형에서 둥근산모양을 거쳐 차차 편평하게 펴지고 가운데가 낮게 돌출되기도 한다. 표면은 점성이 없고 암자색이고 중앙은 약간 진하고 미세한 털이 빽빽이 덮여 있지만 나중에 가는 거스름모양의 인편으로 된다. 어릴 때는 균모와 자루가 연한 보라색의 거미집막으로 연결된다. 살은 두껍고 연한 청자색이다. 주름살은 자루에 대하여 바른주름살 또는 올린주름살이고 균모와 같은 암자색을 띠지만 나중에 자갈색-흑갈색으로 되며 폭이 넓고 촘촘하다. 자루의 길이는 6~12cm, 굵기는 10~25mm로 아래쪽으로 굵어져서 길이가 20~40cm에 달하기도 한다. 표면은 균모와 같은 색인데 처음에는 비로드상이지만 나중에 섬유상으로 된 인편이 불규칙한 띠모양으로 생긴다. 거미줄막은 청자색이지만 나중에는 포자가 낙하해서 녹슨색으로 된다. 포자의 크기는 11.5~14.5×7~8.5μm로 타원형-편도형으로 황토갈색이며 표면에 사마귀점 같은 것으로 덮여 있다.

생태 가을 / 참나무류 등 활엽수의 땅에서 발생

분포 한국(백두산), 중국, 유럽, 북반구 온대 이북

참고 식용

노란턱돌버섯

Descolea flavoannulata (Lj. N. Vass.) Horak

형태 균모의 지름은 5~8cm로 처음에는 거의 구형에서 둥근산모양으로 되지만 중앙이 약간 높은 편평형이 된다. 표면은 점성이 없고 방사상의 주름이 있다. 꿀색을 띤 황토색, 암황갈색 또는 황색의 솜찌꺼기의 피막 파편이 산재한다. 살은 흰색-연한 황갈색이다. 주름살은 자루에 대하여 바른주름살로 자루에서 분리되며 황색의 갈색에서 진한 계피색으로 되며 폭이 넓고 약간 성기다. 주름살의 변두리는 황색의 분상이다. 자루의 길이는 6~10cm, 굵기는 7~10mm로 거의 상하가 같은 굵기이고 밑동이 약간 굵어지기도 한다. 표면은 황토색이고 아래쪽은 갈색이고 섬유상으로 밑동에 불완전하게 발달한 외피막이 남아 있다. 자루의 위쪽에 황색 막질의 턱받이가 있고 턱박이의 윗면에는 줄무늬가 있다. 포자의 크기는 11~15×7~9.5μm로 레몬형이며 표면은 사마귀점 같은 것이 있어서 거칠다.

생태 가을 / 침엽수림 및 활엽수림의 땅에 발생

분포 한국(백두산), 중국, 일본, 러시아 극동지방, 유럽

참고 비교적 흔한 종

가죽밤노란띠버섯

Rozites emodensis (Berk.) Moser

형태 균모의 지름은 4~12cm로 어릴 때 반구형에서 약간 편평해지며 중앙부는 볼록하다. 표면은 자색 또는 옅은 자갈색에서 황갈색으로 되며 백색의 그물꼴 형상이 있다. 가장자리는 안으로 말린다. 살은 옅은 자색이며 비교적 두껍다. 주름살은 자루에 대하여 바른-홈파진주름살로 비교적 치밀하고 길이가 다르며 주름살 간에 맥상이 있어서 세로로 연결된다. 처음에 옅은 자색에서 녹색으로 변색한다. 자루의 길이는 7~15cm, 굵기는 2~3.5cm로 원주형으로 자색이고 턱받이의 위쪽은 연한 자색이며 아래쪽은 오백색이다. 표면에 줄무늬선 혹은 인편이 있고 기부에 턱받이의 잔편이 있다. 자루의 속은 차 있다. 턱받이는 위쪽에 있고 백색-자색이며 막질이고 상면은 줄무늬선이 있고 탈락하기 쉽다. 포자문은 녹갈색이다. 포자의 크기는 12.5~16×8.5~11μm로 류난원형이고 양끝이 뾰족하고 녹색이며 표면에 사마귀반점이 있다. 낭상체는 곤봉상으로 35~48×9.5~12μm이다.

생태 여름~가을 / 숲속의 땅에 단생 · 군생

분포 한국(백두산), 중국

흰반독청버섯

Hemistropharia albocrenulata (Peck) Jacobsson & E. Larss
Pholiota albocrenulata (Pk.) Sacc.

형태 균모의 지름은 3~8cm로 넓은 원추형 또는 둥근산모양에서 차차 펴져서 거의 편평하게 된다. 표면은 점성이 있고 건조 시 광택이 나고 오렌지황갈색에서 짙은 녹슨 오렌지황갈색이 되었다가 마침내 검은 자갈색으로 된다. 표피는 갈색 섬유인편으로 되나 퇴색한다. 가장자리는 불분명한 표피조각으로 덮인다. 살은 두껍고 연하고 냄새는 불분명하며 맛은 없다. 주름살은 자루에 대하여 바른주름살에서 약간 내린주름살 또는 홈파진주름살이고 내린톱니상을 가지며 간혹 자루 근처는 둥글며 밀생하고 폭은 넓다. 색깔은 백색에서 회색으로 변하며 마침내 녹슨 암갈색이며 언저리는 톱니상으로 백색의 방울이 맺는다. 자루의 길이는 10~15cm, 굵기는 5~15mm로 원통형이며 섬유상이고 단단하며 속은 차 있다가 빈다. 위는 퇴색한 색에서 회색으로 아래쪽은 검은 갈색이고 갈색인 턱받이는 위쪽에 분포하며 꼭대기는 분상이다. 포자의 크기는 10~15×5.5~7μm로 방추형에 비슷하며 표면은 매끈하고 선단은 돌기로 포자벽의 두께는 1~1.5μm이다. 담자기는 좁은 막대형 30~36×7~9μm로 4-포자성이다.
생태 여름~가을 / 활엽수, 그루터기, 고목에 1개 또는 군생
분포 한국(백두산), 중국, 일본, 유럽

밀랍그늘버섯

Clitopilus crispus Pat.

형태 균모의 지름은 2~7cm로 편반구형 내지 둥근산모양에서 편평해지나 중앙은 들어간다. 표면은 순백색 내지 오백색이고 드물게 방사상의 주름무늬가 있다. 어릴 때는 가장자리가 아래로 말리고 털이 있다. 살은 백색이다. 주름살은 자루에 대하여 내린주름살로 백색, 우윳빛 또는 분홍색으로 밀생한다. 자루의 길이는 1.5~6cm, 굵기는 0.3~0.7cm로 원주형이나 만곡지며 백색 혹은 오백색이며 광택이 나며 밋밋하거나 혹은 가는 털이 있는 것도 있다. 포자의 크기는 5.5~8×4~5.5㎛로 타원형-난원형으로 세로의 줄무늬선이 있다.

생태 여름~가을 / 숲속의 땅에 군생

분포 한국(백두산), 중국

참고 식·독불명

그늘버섯

Clitopilus prunulus (Scop.) Kummer

형태 균모의 지름은 3.5~9cm로 둥근산모양을 거쳐 접시모양으로 된다. 표면은 습기가 있을 때 점성이 있고 회백색이며 미세한 가루가 있다. 가장자리는 아래로 감긴다. 살은 백색이고 밀가루 같은 맛과 냄새가 난다. 주름살은 자루에 대하여 내린주름살로 백색에서 연한 색으로 된다. 자루의 높이는 2~5cm, 굵기는 3~15mm로 백색-회백색이고 속이 차 있다. 포자의 크기는 10~13×5.5~6μm로 타원상의 방추형이며 6개의 세로줄 융기가 있고 횡단면은 육각형이다.
생태 여름~가을 / 활엽수림의 땅
분포 한국(백두산), 중국, 일본, 유럽, 북아메리카, 북반구 일대
참고 식용

컵그늘버섯

Clitopilus scyphoides (Fr.) Sing. var. **scyphoides**
C. cretatus Berk. & Br.

형태 균모의 지름은 1~2.5cm로 불규칙한 거꾸로 된 원추형에서 둥근산모양을 거쳐 차차 편평하게 되며 가끔 불규칙한 물결형처럼 된다. 표면은 거칠고 백색으로 무디고 백색의 가루가 있다. 가장자리는 오랫동안 아래로 말리고 약간 가루상이다. 살은 백색이며 얇고 맛은 온화하다. 주름살은 자루에 대하여 약간 내린주름살로 백색에서 크림색 또는 핑크색으로 되며 폭은 넓다. 주름살의 변두리는 밋밋하다. 자루의 길이는 1~2cm, 굵기는 2~4mm로 원통형이고 꼭대기 쪽으로 부푼다. 자루의 속은 차고 약간 편심생이나 드물게 중심생인 것도 있다. 표면은 백색이며 밋밋하다가 백색가루상으로 되며 밑은 투명한 백색이다. 포자의 크기는 6.5~8×3.5~5㎛로 타원형이며 표면은 매끈하고 투명하며 불분명한 세로줄의 무늬와 6~7개의 각이 있다. 담자기는 원통-막대형으로 21~28×8~10㎛로 4-포자성이다. 기부에 꺽쇠가 없다. 낭상체 없다.

생태 여름 / 숲속의 땅에 군생

분포 한국(백두산), 중국, 일본, 유럽, 북아메리카

좀깔때기외대버섯

Entoloma cephalotrichum (Orton) Noordel.

형태 균모의 지름은 5~10mm로 어릴 때는 둥근산모양이나 차차 편평해지고 중앙이 약간 오목하게 들어간다. 표면은 밋밋하고 약간 흡수성이며 크림백색 바탕에 미세한 백색의 솜털이 있고 습기가 있을 때는 가장자리에 줄무늬선이 나타난다. 가장자리는 오래되면 갈색으로 변색한다. 주름살은 자루에 대하여 내린주름살이고 백색에서 분홍색으로 되고 폭은 좁고 성기다. 가장자리는 고르다. 자루의 길이는 2~3cm, 굵기는 0.5~1.5mm로 원주상이며 속은 차 있거나 비어 있으며 부러지기 쉽고 유백색으로 반투명하다. 표면은 밋밋하지만 미세한 백색의 털이 있다. 포자의 크기는 8~11×6~8㎛로 다각형으로 5~7개의 각을 가진다. 포자문은 분홍색이다.

생태 여름~가을 / 숲속의 땅, 공원의 부식질이 많은 땅에 단생·산생

분포 한국(백두산), 중국, 유럽

민꼬리외대버섯

Entoloma anatinum (Lasch) Donk

형태 균모의 지름은 폭 3~5cm로 원추형–둥근산모양에서 낮은 종모양으로 펴져서 위가 잘린 모양이 되기도 하며 균모가 펴져도 중앙이 오목해지지는 않는다. 표면은 청갈색 또는 회갈색이며 미세한 인편이 표면을 피복하며 중앙이 진하고 가는 비늘이 방사상으로 뻗어 있어서 줄무늬처럼 보이기도 한다. 살은 흰색이다. 주름살은 자루에 대하여 바른주름살로 유백색에서 붉은 분홍색으로 변하며 포크형으로 밀생한다. 자루의 길이는 7~14cm, 굵기는 3~5mm로 원통형이고 미세한 섬유상 인편이 있으며 균모와 같은 색으로 속이 비어 있고 밑동에는 흰색의 균사가 부착한다. 포자의 크기는 9~14×7~8μm로 6~8각형으로 포자막이 두껍고 기름방울을 가진 것도 있다.

생태 여름~가을 / 초지 토양에 단생 · 산생

분포 한국(백두산), 중국

검은외대버섯

Entoloma ater (Hongo) Hongo & Izawa
Rhodophyllus ater Hongo

형태 균모의 지름은 1~4cm로 둥근산모양에서 거의 편평하게 펴지며 중앙은 흔히 배꼽모양으로 오목하게 들어간다. 표면은 가는 털 또는 미세한 인편이 덮여 있으며 처음에는 거의 흑색이지만 후에 암자갈색이 된다. 습기가 있을 때는 가장자리에 다소 줄무늬가 나타난다. 가장자리는 처음에 안쪽으로 말린다. 살은 얇고 표면과 거의 같은 색이고 건조하면 희어진다. 주름살은 자루에 대하여 바른-약간 내린주름살로 처음에는 연한 회색에서 살구색으로 되며 폭이 넓고 약간 성기다. 자루의 길이는 2~5cm, 굵기는 1.5~4mm로 회갈색으로 상하가 같은 굵기이고 속은 비어 있으며 균모와 동색이다. 밑동은 백색의 균사가 부착한다. 포자의 크기는 10.3~11.5×7.5~8μm로 타원상의 다각형이다.

생태 초여름 / 잔디밭에 군생, 간혹 속생

분포 한국(백두산), 중국, 일본

흑청색외대버섯

Entoloma chalybaeum var. **lazulinum** (Fr.) Noordel.

형태 균모의 지름은 10~30mm로 반구형-둥근산모양에서 편평
한 모양으로 되며 중앙이 약간 볼록하고 한가운데는 배꼽형이다.
표면은 무디고 가는 방사상의 섬유실이고 중앙은 인편이 있고
약간 흡수성이고 중앙까지 줄무늬선이 발달하며 검은 청자색이
나 중앙은 거의 흑색이다. 가장자리는 밋밋하고 예리하다. 살은
청색이고 얇고 맛은 온화하며 불분명한 밀가루 냄새가 난다. 주
름살은 자루에 대하여 홈파진주름살로 밝은 청색에서 회베이지
색을 거쳐 핑크베이지색으로 되며 폭은 넓다. 주름살의 변두리는
밋밋하다. 자루의 길이는 20~50mm, 굵기는 1.5~4mm로 원통형
에서 눌린 상태이고 세로줄의 홈선이 있으며 때때로 기부와 위
쪽으로 부풀고 속은 비고 부서지기 쉽다. 표면은 흑청색에서 청
자색으로 어릴 때 전체가 세로줄의 백색 섬유실이 있고 꼭대기
는 백색의 가루가 있으며 오래되면 표면은 매끈하고 청색의 인
편이 꼭대기 쪽에 있다. 기부에 백색의 털이 있다. 포자의 크기는
8.2~11.9×5.7~8.3㎛로 5~8개의 각을 가진다. 담자기는 원통형
에서 막대형으로 25~35×8~11㎛이다. 연낭상체는 원통형에서
막대형으로 30~65×5~13㎛이다. 측낭상체는 관찰이 안 된다.
생태 여름~가을 / 풀밭의 땅에 군생
분포 한국(백두산), 중국, 유럽, 아시아

방패외대버섯

Entoloma clypeatum (L.) Kummer f. **clypeatum**

형태 균모의 지름은 3~9cm로서 종모양에서 편평하게 되며 중앙부는 돌출한다. 표면은 습기가 있을 때 점성이 있고 물을 흡수하면 털이 없고 탁한 황갈색 또는 암갈색으로 된다. 가장자리에 가끔 가는 회색의 줄무늬선이 있거나 중앙부에 일정하지 않은 회색 무늬 또는 반점이 있다. 가장자리는 물결모양이다. 살은 얇고 부서지기 쉬우며 백색이다. 주름살은 처음에 자루에 대하여 홈파진주름살이나 나중에 떨어진주름살로 되며 약간 성기고 폭은 넓다. 색깔은 백색 내지 회백색에서 분홍색으로 된다. 주름살의 변두리는 톱니상 또는 물결형이다. 자루는 높이가 4~10cm, 굵기는 0.6~1.5cm로 원주형으로 상부는 가루상이며 백색 또는 회백색이고 부서지기 쉽고 기부가 약간 굵다. 자루의 속은 차 있다가 나중에 빈다. 포자의 크기는 9~10×7~8μm로 아구형이다. 포자문은 분홍색이다.

생태 여름 / 숲속의 땅에 군생·속생으로 사과나무, 자두나무 또는 산사나무와 외생균근을 형성

분포 한국(백두산), 중국, 유럽, 북아메리카

참고 식용

하늘색외대버섯

Entoloma cyanulum (Lasch) Noordel.

형태 균모는 육질이고 지름 3~4cm이며 초기 중앙부가 돌출된 모양에서 차차 편평하게 된다. 표면은 마르며 갈색이고 다갈색 인편이 밀포한다. 가장자리는 초기 안으로 감긴다. 살은 얇고 희다. 주름살은 자루에 대하여 바른주름살이고 다소 성기며 나비는 넓은 편이고 백색에서 분홍색으로 된다. 자루의 높이는 4~5cm, 굵기는 0.1~0.2cm이며 상하의 굵기가 같고 상부는 가루상이며 하부는 섬모가 있고 백색으로 속이 차 있다. 포자의 크기는 9~11×7μm로 타원형으로 각이 있다. 포자문은 분홍색이다. 낭상체는 없다.

생태 여름 / 소나무 숲의 땅에서 발생

분포 한국(백두산), 중국

가는대외대버섯

Entoloma exile (Fr.) Hesl.

형태 균모의 지름은 0.6~1.6cm로 둥근산모양이며 불분명하게 중
앙이 돌출된다. 표면은 미세한 분상이고 중앙은 회흑색이며 그
외는 포도주색을 띤 황갈색이다. 가장자리에서 균모의 중간 까지
줄무늬선이 있다. 주름살은 자루에 대하여 홈파진주름살로 백색
에서 곧 분홍색으로 되며 약간 성기고 폭이 넓다. 자루의 길이는
1.5~3cm, 굵기는 1~3mm로 원주상이다. 표면은 암포도주갈색이
고 밋밋하다. 밑동은 연한 색이고 꼭대기는 약간 가루가 있으며
자루의 속은 비어 있다. 포자의 크기는 10~13×6~9μm로 5~7각
을 가진다.
생태 여름 / 소나무 숲의 땅 또는 활엽수림의 땅에 군생
분포 한국(백두산), 중국, 유럽, 북아메리카

회색외대버섯

Entoloma griseum Peck

형태 균모의 지름은 4~5cm로 둥근산모양이나 중앙은 볼록하다가 편평하게 되며 가끔 들어가는 것도 있다. 표면은 암갈색, 회색, 엷은 황갈색 등이며 습기가 있을 때 흡수성이다. 가장자리에 줄무늬가 있고 미세한 인편이 덮여 있으며 위로 뒤집히는 것도 있다. 살은 얇고 흑색이며 냄새는 온화하고 밀가루 맛이다. 주름살은 자루에 대하여 올린주름살로 밀생하며 폭은 보통이고 회백색에서 갈색으로 된다. 자루의 길이는 6~10cm, 굵기는 3~4mm로 위쪽으로 비틀리며 부서지기 쉽고 속은 비었다. 표면은 비단결이며 백색으로 칙칙한 갈색의 색을 가진다. 포자의 크기는 9~12×7~9μm로 5~6개의 각을 가진다. 포자문은 적색이다. 낭상체는 없다.

생태 여름~가을 / 숲속의 젖은 땅에 군생

분포 한국(백두산), 중국, 북아메리카

참고 식용불가

눌린비듬외대버섯

Entoloma kervernii (Guern.) Moser

형태 균모의 지름은 10~40mm로 둥근산모양에서 차차 편평하게 되나 중앙은 무디고 울퉁불퉁하다. 표면은 가는 방사상의 섬유실이 나중에 중앙 쪽으로 눌린 인편이 되어 밀집하고 크림황색에서 황토색으로 된다. 가장자리는 예리하고 약간 무딘 톱니상이다. 살은 백색이고 얇으며 과일 냄새가 나고 맛은 온화하다. 주름살은 자루에 대하여 올린주름살에서 바른주름살로 백색에서 핑크갈색으로 되며 폭이 넓다. 주름살의 변두리는 밋밋하다. 자루의 길이는 30~60mm, 굵기는 2~5mm로 원통형이며 부서지기 쉽고 속은 차 있다가 빈다. 표면은 밋밋하고 백색이나 나중에 황색 바탕에 세로줄의 백색 섬유실이 분포한다. 포자의 크기는 8~11×6.1~8.2μm로 5~7개의 각을 가진다. 담자기는 원통형, 배불뚝이형으로 25~38×6~8μm로 기부에 꺾쇠가 없다. 연낭상체는 원통형에서 약간 막대형으로 휘어지고 35~78×5~10μm이다. 측낭상체는 없다.

생태 여름 / 숲속의 땅에 군생

분포 한국(백두산), 중국, 북아메리카

하늘백색외대버섯

Entoloma lividoalbum (Kühn. & Romagn) Kubicka

형태 균모의 지름은 3~10cm로 둔한 원추형에서 둥근산모양을 거쳐 편평하게 되며 중앙은 약간 볼록 또는 울퉁불퉁하며 불규칙한 물결형으로 된다. 표면은 밋밋하고 비단결이며 중앙 쪽부터 가장자리로 반점 또는 띠를 형성한다. 흡수성으로 습기가 있을 때 검은 회갈색이고 건조 시에는 연한 회갈색에서 노랑갈색으로 된다. 살은 백색이며 표피 아래쪽은 갈색이고 얇으나 자루의 중앙은 두껍다. 가장자리는 얇고 싱싱할 때 또는 상처 시 밀가루 냄새가 나고 맛은 온화하다. 주름살은 자루에 대하여 홈파진주름살이고 백색에서 크림색을 거쳐 검은 핑크색으로 되고 폭은 넓다. 주름살의 변두리는 무딘 톱니상이다. 자루의 길이는 4~10cm, 굵기는 7~20mm로 원통형이며 때때로 기부로 굽거나 부풀며 빳빳하고 부러지기 쉬우며 속은 차 있다가 빈다. 표면은 백색이고 전체에 세로줄의 백색 섬유실이 있으며 오래되면 바랜 황갈색으로 되며 위쪽은 백색 섬유실의 솜털상이 분포한다. 포자의 크기는 8.1~10.4×7.5~9.3μm로 5~7개의 각이 있다. 담자기는 가는 막대형이고 35~43×8~13μm로 기부에 격쇠가 있다.

생태 활엽수림속의 풀밭의 흙에 군생, 간혹 속생

분포 한국(백두산), 중국, 북아메리카

긴줄외대버섯

Entoloma longistriatum (Peck) Noordel.

형태 균모의 지름은 1.5~3cm로 소형이고 어릴 때는 반구형에서 편평해지며 중앙이 배꼽처럼 움푹 들어간다. 표면은 약간 흡수성이며 습기가 있을 때는 반투명의 줄무늬가 중앙까지 나타난다. 중앙에 털모양의 비늘이 있고 적갈색-황토갈색이며 가운데는 암갈색이다. 가장자리는 어릴 때 아래로 말리며 오래되면 가장자리가 무딘 톱니꼴로 된다. 주름살은 자루에 대하여 바른주름살 또는 올린주름살로 유백색에서 크림색으로 되며 나중에 분홍갈색이 되며 폭이 매우 넓다. 주름살의 변두리는 톱니상이다. 자루의 길이는 3~5cm, 굵기는 1~4mm로 원주형으로 부러지기 쉽고 속은 빈다. 표면은 밋밋하고 황갈색-회갈색으로 밑동에는 백색의 솜털이 있다. 포자의 크기는 7.9~10.5×6~7.5㎛로 5~8각형의 타원형이다. 포자문 분홍갈색이다.

생태 여름~가을 / 풀밭지대의 습한 토양에 단생 · 산생

분포 한국(백두산), 중국, 북아메리카, 유럽

삿갓외대버섯

Entoloma rhodopoilum (Fr.) Kummer

형태 균모의 지름은 4~9cm이며 종모양에서 차차 편평하게 되고 중앙은 조금 돌출한다. 표면은 물을 흡수하며 투명한 줄무늬선이 나타나고 회갈색이지만 마르면 갈색으로 되며 비단 같은 광택이 난다. 가장자리는 처음에 아래로 감기며 오래되면 물결모양이 되고 때로는 갈라진다. 살은 얇고 부서지기 쉬우며 백색이나 표피 아래쪽은 회색을 띤다. 주름살은 자루에 대하여 바른주름살에서 홈파진주름살로 약간 빽빽하며 백색에서 분홍색으로 된다. 자루의 길이는 5~11cm, 굵기는 0.7~1.5cm이고 원주형으로 아래로 가늘어지며 표면이 습기가 있고 상부는 가루모양이며 섬유상의 세로줄무늬선이 있고 부서지기 쉽다. 회백색에서 황색을 띠며 속이 비어 있다. 포자는 8~11×6~9.5㎛로 아구형으로 각이 있고 분홍색이다. 포자문은 분홍색이다.

생태 여름~가을 / 활엽수림, 혼효림과 황철나무, 자작나무 숲의 땅에 단생·군생하며 소나무와 외생균근을 형성

분포 한국(백두산), 중국, 일본, 유럽, 북아메리카

참고 독버섯

끝말림외대버섯

Entoloma saundersii (Fr.) Sacc.

형태 균모의 지름은 3.5~8cm로 반구형-둥근산모양에서 차차 편평하게 되지만 가끔 가운데는 울퉁불퉁하고 둔한 볼록형이다. 표면은 무디고 밋밋하며 백색에서 크림색을 거쳐 회베이지색 또는 은회색으로 되며 흑색의 얼룩이 있고 가끔 거미집막 같은 표피의 섬유실이 있다. 가장자리는 아래로 강하게 말리나 오래되면 물결형이며 예리하다. 살은 백색에서 밝은 갈색이며 두껍고 밀가루 냄새가 나고 밀가루 맛이 나며 온화하다. 주름살은 자루에 대하여 홈파진주름살로 백색에서 회핑크색을 거쳐 핑크갈색으로 되며 폭이 넓으며 변두리는 밋밋하다. 자루의 길이는 4~10cm, 굵기는 7~20mm로 원통형이며 기부로 부풀고 속은 차 있고 꼭대기는 백색의 가루상이다. 표면은 칙칙한 백색에서 갈색으로 되고 세로줄의 백색 섬유가 분포하며 상처를 받아도 변색하지 않는다. 포자의 크기는 9.7~12.4×9.32~10.9μm로 불분명한 다각형이다. 담자기는 막대형으로 50~60×13~17μm로 기부에 꺽쇠가 있다.

생태 봄에 숲속의 땅에 단생·군생

분포 한국(백두산), 중국, 유럽

참고 희귀종

외대버섯

Entoloma siunatum (Bull.) Kummer.

형태 균모의 지름은 6~8cm이며 둥근산모양에서 차차 편평하게 되며 중앙은 조금 돌출한다. 표면은 비단 광택이 있고 백색, 황백색 또는 연한 회색이다. 가장자리는 물결모양으로 보통 갈라진다. 살은 중앙이 두꺼우며 부서지기 쉽고 백색이나 표피 아래쪽은 회갈색이다. 주름살은 자루에 대하여 홈파진주름살이고 조금 성기며 폭은 넓고 백색에서 분홍색으로 된다. 자루의 높이는 6~9cm, 굵기는 0.5~1cm이고 원주형이며 백색이고 상부는 가루상으로 광택이 나며 만곡되고 가루는 탈락하기도 한다. 포자의 크기는 8.5~11×7~9.5μm로 아구형으로 각이 있다. 포자문은 분홍색이다.

생태 여름~가을 / 분비나무, 가문비나무 숲 또는 잣나무, 활엽수 혼효림의 땅에 산생·군생하며 신갈나무와 외생균근을 형성

분포 한국(백두산), 중국, 일본, 유럽

참고 맹독버섯

통발내림살버섯

Rhodocybe popinalis (Fr.) Sing.
R. mundula (Lasch) Sing.

형태 균모의 지름은 2.5~6.5cm로 처음에 둥근산모양에서 차차 편평해지며 마침내 깔때기형으로 된다. 표면은 밋밋하고 처음은 백색-연한 크림색에서 나중에 회흑색을 나타낸다. 살은 연하고 노후하면 약간 흑색으로 변색하며 맛은 쓰다. 주름살은 자루에 대하여 내린주름살로 폭이 넓고 밀생하며 처음 백색의 연한 크림색에서 연한 살색으로 된다. 자루의 길이는 1.5~4cm, 굵기는 3~8mm로 속은 차고 자루의 아래쪽에 털상의 비로드 같은 균사로 덮인다. 포자의 크기는 5~7×4~5.5μm로 아구형이고 다소 각진형이다.
생태 여름~가을 / 숲속의 낙엽 사이에 군생
분포 한국(백두산), 중국, 일본, 유럽, 북아메리카, 러시아, 남아메리카

잘린내림살버섯

Rhodocybe truncata (Schaeff.) Sing.
Hebeloma truncatum (Schaeff.) P. Kumm.

형태 균모의 지름은 40~70mm로 원추형에서 반구형으로 되었다가 둥근산모양을 거쳐 편평하게 되며 흔히 물결형 또는 둔한 둥근형이다. 표면은 밋밋하며 매끄럽고 습기가 있을 때는 끈기가 있으며 짙은 황토색에서 적갈색으로 되며 어릴 때는 연한 색이다. 가장자리는 어릴 때는 고르고 아래로 말리고 노쇠하면 홈파진줄무늬선이 나타난다. 살은 백색으로 얇고 냄새는 좋으며 약간 신맛이다. 주름살은 자루에 대하여 홈파진주름살 또는 올린주름살로 핑크베이지색이며 나중에 적갈색으로 되며 폭은 넓다. 주름살의 변두리는 솜털상이고 무색의 물방울이 있다. 자루의 길이는 50~70mm, 굵기는 8~13mm로 원통형, 약간 막대형이며 기부로 가늘다. 자루의 속은 차고 단단하며 부서지기 쉽다. 표면은 백색이고 백색의 섬유상이며 기부 위쪽부터 갈색으로 되며 세로줄의 섬유실이 있으며 갈색 바탕에 미세한 백색의 인편이 있다. 포자의 크기는 8~10.5×5~6μm로 타원형이며 표면에 미세한 사마귀점이 있고 밝은 황색이다. 담자기는 가는 막대형으로 33~39×7.5~8.5μm로 4-포자성이다. 기부에 꺽쇠가 있다.

생태 여름~가을 / 숲속의 땅에 군생

분포 한국(백두산), 유럽

큰졸각버섯

Laccaria bicolor (Maire) P. D. Orton

형태 균모의 지름은 2.5~6cm로 둥근산모양에서 차차 편평형으로
되며 중앙부는 조금 오목하다. 표면은 황갈색을 띤 살색이며 작
은 인편으로 덮여 있다. 살은 얇지만 단단하다. 주름살은 자루에
대하여 바른-내린주름살로 자주색으로 조금 성기다. 자루의 길이
는 7.5~11cm, 굵기는 4~7mm로 균모와 같은 색이고 섬유상의 세
로줄무늬가 있으며 근부는 연한 자색의 솜털 균사로 덮여 있다.
포자의 크기는 6.8~8.8×6.5~7.5μm로 아구형이며 가시의 길이는
0.8~1.2μm이다.
생태 여름~가을 / 숲속의 땅에 군생하며 암모니아성 균의 하나로
소변을 본 자리나 시체 분해 장소 등에 발생
분포 한국(백두산), 중국, 일본, 유럽, 북아메리카

긴다리졸각버섯

Laccaria fraterna (Sacc.) Pegler

형태 균모의 지름은 1~4cm로 둥근산모양에서 차차 편평해지며 나중에 중앙이 다소 오목해진다. 표면은 밋밋하며 중앙부에 약간 가는 인편이 있고 갈색을 띤 주황색-계피색으로 습기가 있을 때 줄무늬선이 나타난다. 살은 얇고 균모와 같은 색이다. 주름살은 자루에 대하여 바른주름살로 살색이며 성기다. 자루의 길이는 3~6cm, 굵기는 2.5~6mm로 중심생으로 가늘고 길다. 표면은 균모와 같은 색이고 약간 섬유상이다. 포자의 크기는 8.8~10.3× 7.7~9.4㎛로 아구형이며 표면에는 침상의 돌기가 있고 투명하다. 포자문은 백색이다.

생태 늦여름~가을 / 숲속의 축축한 땅 관목 밑에 단생·군생하며 유칼리속이나 아카시아나무속에 균근 형성

분포 한국(백두산), 중국, 일본, 인도, 유럽, 남북아메리카, 뉴질랜드, 아프리카, 열대 및 아열대

졸각버섯

Laccaria laccata (Scop.) Cooke

자주색형

형태 균모의 지름은 1~4cm로 낮은 둥근산모양에서 차차 편평형으로 되며 중앙부가 배꼽모양으로 약간 오목하다. 표면은 습기가 있을 때 살색의 홍색, 연한 홍갈색이고 마르면 달걀껍질색, 연한 땅색 등 다양하며 중앙부에 가는 인편이 밀집한다. 가장자리는 물결모양이며 꽃잎 모양으로 째지고 굵은 줄무늬홈선이 있다. 주름살은 자루에 대하여 바른주름살이고 드물게 내린주름살로 폭이 넓고 포크형이며 균모 표면과 동색으로 백색의 분말이 있다. 자루의 길이는 4~7cm, 굵기는 0.2~0.6cm로 원주형이고 아래쪽은 구부러지며 섬유질이나 쉽게 탈락하며 균모 표면과 동색이다. 포자의 지름은 7~10㎛로 구형이고 표면에 가시가 있다. 포자문은 백색이다.

생태 여름~가을 / 숲속 또는 숲 변두리 땅의 썩은 나뭇가지에 산생·군생하며 외생균근은 주로 소나무, 신갈나무 등과 형성

분포 한국(백두산), 중국, 일본, 인도, 유럽, 북아메리카

자주색형(L. amehystea) 버섯 전체가 진한 자주색이나 마르면 바랜 자색 또는 회백색이다. 자루는 비틀린다.

배꼽졸각버섯

Laccaria nobilis Smith

형태 균모의 지름은 2~7.5cm로 둥근산모양에서 차차 편평하게
되지만 가운데가 들어가며 심하게 들어가는 것도 있다. 색은 밝
은 적오렌지색에서 오렌지갈색으로 되며 때때로 가운데는 진하
고 미세한 털은 인편으로 된다. 가장자리는 위로 말리고 물결모
양이다. 살은 얇고 균모와 같은 색이다. 주름살은 자루에 대하여
홈파진주름살 또는 바른주름살로 되고 핑크살색에서 오렌지핑
크색으로 되며 성기거나 약간 밀생하며 폭은 넓다. 자루의 길이
는 2.5~11cm, 굵기는 4~10mm로 질기고 균모와 같은 색이며 기
부는 약간 부풀고 백색의 균사체가 있으며 세로로 긴 털이 있다.
표면은 거의 그물꼴의 융기를 형성하고 성숙한 것에서는 꼭대기
근처에 뒤집힌 인편이 있다. 포자의 크기는 7.4~9.7×6.4~8.7μm
로 아구형 또는 광타원형이다. 포자문은 백색이다.

생태 여름~가을 / 고자대에 단생 · 산생

분포 한국(백두산), 중국, 유럽, 북아메리카

참고 식 · 독 불분명

젖꼭지졸각버섯

Laccaria ohiensis (Mont.) Sing.

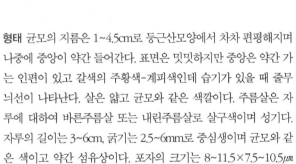

형태 균모의 지름은 1~4.5cm로 둥근산모양에서 차차 편평해지며 나중에 중앙이 약간 들어간다. 표면은 밋밋하지만 중앙은 약간 가는 인편이 있고 갈색의 주황색-계피색인데 습기가 있을 때 줄무늬선이 나타난다. 살은 얇고 균모와 같은 색깔이다. 주름살은 자루에 대하여 바른주름살 또는 내린주름살로 살구색이며 성기다. 자루의 길이는 3~6cm, 굵기는 2.5~6mm로 중심생이며 균모와 같은 색이고 약간 섬유상이다. 포자의 크기는 8~11.5×7.5~10.5μm로 아구형이며 표면은 침상의 돌기가 있고 투명하다.

생태 늦여름~가을 / 숲속의 습기가 있는 곳에 군생

분포 한국(백두산), 일본, 인도, 유럽, 남북아메리카, 뉴질랜드, 아프리카, 열대 및 아열대

적보라졸각버섯

Laccaria proxima (Boud.) Pat.

형태 균모의 지름은 2~7cm로 둥근산모양에서 편평해지며 흔히 중앙이 들어간다. 표면은 비듬이 있으며 적갈색에서 건조하면 황토갈색으로 된다. 살은 얇고 적갈색에 백색이 가미된 색이다. 살의 맛과 냄새는 분명치 않다. 주름살은 자루에 대하여 바른-내린주름살로 연한 핑크색이다. 자루의 길이는 3~12cm, 굵기는 2~5mm로 균모와 동색이며 섬유실이고 기부로 굵으며 백색의 털로 덮여 있다. 포자문은 백색이다. 포자의 크기는 7~9.5×6~7.5μm로 광난형이고 표면에 가시가 있다.

생태 여름 / 숲속의 이끼류가 있는 땅에 군생

분포 한국(백두산), 유럽

좀졸각버섯

Laccaria pumila Fayod
L. altaica Sing.

형태 균모의 지름은 10~25mm로 어릴 때는 반구형에서 둥근산 모양을 거쳐 차차 편평해진다. 표면에 미세한 털의 솜털상이 있고 흡수성이며 습기가 있을 때 핑크갈색이고 황토색이지만 건조하면 오렌지황토색으로 된다. 가장자리는 가끔 위로 올라가고 예리하고 희미한 줄무늬선이 있다. 육질은 분홍백색으로 얇고 냄새는 좋으며 맛은 온화하다. 주름살은 자루에 대하여 바른주름살 또는 내린주름살로 연한 라일락색이 섞인 분홍갈색이고 폭은 넓다. 가장자리는 전연이다. 자루의 길이는 30~60mm, 굵기는 4~7mm로 원주형이며 굽어진다. 희미한 세로줄의 섬유상이고 오렌지갈색의 바탕색이고 속은 차 있다. 포자의 크기는 8.4~13×8.3~11.5μm로 아구형이며 표면에 미세한 침이 있고 침의 길이는 0.7μm로 가끔 기름방울을 가지고 있는 것도 있다. 담자기는 가는 막대형으로 36~50×9~12μm로 2-포자성이고 기부에 꺽쇠가 있다.

생태 가을 / 활엽수림의 이끼류 땅에 군생

분포 한국(백두산), 중국, 유럽

참고 희귀종

밀졸각버섯

Laccaria tortilis (Bolt.) Cooke

형태 균모의 지름은 0.5~1.5cm로 어릴 때는 구형에서 반구형을 거쳐 둥근산모양으로 되었다가 차차 편평해지며 나중에 중앙이 다소 오목해진다. 표면은 살색-연한 홍갈색이며 습기가 있을 때 줄무늬선이 보인다. 살은 균모와 같은 색이고 얇고 막질이며 맛은 온화하다. 가장자리는 물결모양이고 굴곡진다. 주름살은 자루에 대하여 바른주름살 또는 내린주름살로 균모보다 다소 진한 색으로 폭이 넓고 성기다. 자루의 길이는 1~2.5cm, 굵기는 1~2.5mm로 중심생이며 균모와 같은 색이다. 포자의 지름은 11.3~12.8μm로 구형이고 표면에 거친 가시(1.5~2μm)가 있고 투명하다. 담자기는 2-포자성이다. 포자문은 백색이다.

생태 여름~가을 / 숲속의 땅에 군생

분포 한국(백두산), 중국, 일본, 유럽, 북아메리카, 북반구 온대, 남아메리카, 뉴질랜드의 온대지역

참고 매우 흔한 종

색시졸각버섯

Laccaria vinaceoavellanea Hongo

형태 균모의 지름은 4~6cm로 중앙은 들어가서 배꼽모양이며 퇴색한 살구색 또는 살색, 연한 황갈색이며 살은 얇다. 가장자리에 방사상의 주름무늬 홈선이 있다. 주름살은 자루에 대하여 바른주름살의 내린주름살로 성기고 포크형이다. 자루의 길이는 5~8cm, 굵기는 6~8mm로 약간 비틀리며 연한 자갈색이나 기부는 백색이다. 표면은 만곡지며 세로줄무늬가 있고 섬유상으로 질기고 속은 차 있다가 빈다. 포자의 지름은 7~8.5μm로 구형 또는 아구형이며 침의 길이는 1μm 정도이다. 포자문은 백색이다.

생태 여름~가을 / 숲속의 땅 또는 길옆의 맨땅에 군생

분포 한국(백두산), 중국, 일본, 뉴기니섬

배불뚝병깔때기버섯

Ampulloclitocybe clavipes (Pers.) Redhead, Lutzoni, Moncalvo & Vilg.
Clitocybe clavipes (Pers.) Kummer

형태 균모의 지름은 3.5~7cm로 둥근산모양에서 차차 편평해진 다음에 중앙부가 아래로 오목해지면서 깔때기모양으로 된다. 표면은 건조하고 매끄러우며 회갈색 내지 암갈색이며 중앙부는 암색이다. 가장자리는 얇고 처음에 아래로 말리나 나중에 펴진다. 살은 중앙부가 두껍고 가장자리로 가면서 점차 얇아지고 백색이며 맛은 유하다. 주름살은 자루에 대하여 내린주름살이고 다소 성기며 폭은 약간 넓고 백색에서 연한 황색으로 된다. 자루의 길이는 3~6cm, 굵기는 0.4~1.2cm로 원주형 기부는 불룩하며 털이 없고 균모와 동색이거나 연한 색깔 또는 연한 회색으로 유연하고 탄력이 있으며 속은 차 있다. 포자의 크기는 5.5~7×4~4.5μm로 타원형이며 표면은 매끄럽다. 포자문은 백색이다.
생태 여름~가을 / 분비나무, 가문비나무 숲 , 이깔나무 숲 또는 고산대의 툰드라에서 군생
분포 한국(백두산), 중국, 일본, 유럽, 북아메리카, 북반구 온대
참고 식용

북방처녀버섯

Camarophyllus borealis (Peck) Murrill

형태 균모의 지름은 1~4.5cm로 둥근산모양에서 둔한 둥근산모양으로 되지만 거의 편평하게 된다. 표면은 밋밋하고 흡수성이며 싱싱할 때 유백색에서 거의 분필색으로 되며 건조 시 중앙은 보통 연한 노란색에서 황갈색으로 된다. 가장자리는 밋밋하고 전연이다. 물결모양으로 되고 투명한 줄무늬선이 있다. 살은 백색으로 중앙은 약간 두껍고 연하며 냄새와 맛은 불분명하다. 주름살은 자루에 대하여 홈파진주름살 또는 내린주름살로 백색이며 약간 성기고 폭은 좁고 주름살들은 얽힌다. 자루의 길이는 2~9cm, 굵기는 3~8mm로 백색이며 위아래가 같은 굵기이지만 간혹 아래로 가늘어지는 것도 있다. 자루의 속은 비었거나 스펀지상이다. 포자의 크기는 7~11×4.5~7㎛로 타원형이며 표면은 매끄럽고 투명하며 벽은 얇다. 난아미로이드 반응이다. 담자기는 2~4-포자성이고 기부에 꺽쇠가 있다. 포자문 백색이다.

생태 여름~겨울 / 혼효림에 군생·산생

분포 한국(백두산), 중국, 북아메리카

참고 식용

송곳꽃버섯

Hygrocybe acutoconica (Clem.) Sing. var. **acutoconica**
H. persistens var. persistens (Britz.) Sing., Hygrophorus acutoconicus (Clem.) A. H. Sm.

형태 균모의 지름은 2~5cm로 원추형 내지 삿갓형으로 중앙부
는 뾰족하게 돌출한다. 표면은 황금색 또는 오렌지황색이고 점
성이 있다. 살은 엷은 황색이다. 가장자리는 넓게 갈라지고 엷은
황색이다. 주름살은 자루에 대하여 떨어진주름살로 맥상으로 주
름살끼리 연결되며 포크형이다. 자루의 길이는 4~6cm, 굵기는
0.3~0.6cm로 황색이며 세로줄무늬선이 있고 기부 쪽으로 거칠
다. 포자의 크기는 11~12.5×7~10㎛로 류난원형이며 광택이 나
고 표면은 매끄럽다. 담자기는 2-포자성이다.
생태 가을 / 숲속의 땅
분포 한국(백두산), 중국

애기꽃버섯

Hygrocybe aurantia Murrill

형태 전체가 오렌지황색으로 균모의 지름은 5~18mm로 류원추형-종모양에서 중앙이 약간 볼록한 편평형으로 된다. 표면은 끈기는 없고 밋밋하다. 주름살은 자루에 대하여 바른-약간 내린주름살로 성기다. 자루의 길이는 1~4cm, 굵기는 1~2mm로 납작한 것도 있고 속은 비었다. 포자의 크기는 4~6×4~5㎛로 구형 또는 아구형이며 표면은 매끈하다.
생태 가을 / 숲속의 땅 또는 풀밭에 발생
분포 한국(백두산), 일본, 북아메리카(자메이카)

새벽꽃버섯

Hygrocybe calyptriformis (Berk.) Fayod

형태 균모의 지름은 3~6(10)cm로 좁은 원추형이며 펴지면 중앙은 원추상으로 튀어 나온다. 표면은 방사상으로 찢어지고 습기가 있을 때는 어두운 분홍색이나 건조할 때는 밝은 분홍색이 된다. 살은 중앙은 분홍색을 띠고 그 외는 흰색이다. 주름살은 자루에 대하여 올린주름살, 연한 분홍색, 폭은 넓고 약간 성기다. 자루의 길이는 5~12(15)cm, 굵기는 5~10mm로 원주상이고 꼭대기는 분홍색의 흰색이며 아래쪽은 흰색이다. 때때로 세로로 갈라지기도 하며 속은 비어 있다. 포자의 크기는 5.6~7.6×4.2~5.5μm로 광타원형이며 표면은 매끈하고 투명하며 기름방울이 있다. 포자문은 백색이다.

생태 여름~가을 / 목장이나 초지의 풀 사이에 발생

분포 한국(백두산), 중국, 일본, 유럽, 북아메리카

참고 희귀종

화병꽃버섯

Hygrocybe cantharellus (Schw.) Murr.
H. lepida Arnolds

형태 균모의 지름은 1~3cm이며 처음에 원추형으로 중앙이 돌출하며 나중에 넓은 돌기로 되고 이 돌기의 중앙이 오목해지며 나중에 깔때기형으로 된다. 표면은 처음에 건조하며 비단결모양이나 나중에 중앙부에 가는 인편이 있다. 색깔은 심홍색, 오렌지홍색, 황토색 등 여러 색으로 다양하며 초기는 색깔이 선명하나 나중에 차차 퇴색한다. 가장자리는 조갑지 모양 또는 물결모양이다. 살은 얇고 오렌지색 또는 황색으로 맛은 온화하다. 주름살은 자루에 대하여 긴-내린주름살로 폭은 넓으며 오렌지색 또는 황색이며 반반하다. 자루의 길이는 3~6cm, 굵기는 0.2~0.4cm로 상하의 굵기가 같거나 상부로 굵어지며 부서지기 쉽다. 마르면 균모와 동색이며 기부는 백색 또는 연한 황색이다. 자루의 속이 차있으나 나중에 빈다. 포자의 크기는 7~10×5~6㎛로 타원형이며 기름방울이 있으며 표면은 매끄러우며 투명하고 비전분질반응이다. 담자기는 긴 막대형으로 35~60×7.5~10㎛로 4-포자성이다. 기부에 꺾쇠가 있다. 낭상체는 없다. 포자문은 백색이다.

생태 여름~가을 / 혼효림 또는 가문비나무, 분비나무 숲의 땅에 산생·속생

분포 한국(백두산), 중국, 일본, 유럽, 아시아

참고 식용

밀납꽃버섯

Hygrocybe ceracea (Sowerby) Kummer

형태 균모의 지름은 1~2.5cm로 둥근산모양에서 차차 편평해지며 짙은 노란색에서 연한 오렌지색으로 매끄럽고 희미한 줄무늬선이 가장자리 쪽으로 발달한다. 살은 얇고 노란색이며 맛과 냄새는 불분명하다. 주름살은 자루에 대하여 바른-내린주름살로 맥상으로 주름살들은 연결된다. 주름살의 변두리는 연한 노란색이다. 자루의 길이는 25~50mm, 굵기는 2~4mm로 건조성이고 균모와 동색이며 기부 쪽으로 가늘고 가끔 미세한 백색의 털로 덮여 있다. 자루의 속은 비어 있다. 포자문은 백색이다. 포자의 크기는 5.5~7×3μm로 타원형이다.

생태 여름 / 풀밭에 군생

분포 한국(백두산), 중국

참고 흔한 종, 식용

끈적노랑꽃버섯

Hygrocybe chlorophana (Fr.) Wünsche

형태 균모의 지름은 1.5~5cm로 어릴 때는 반구형에서 둥근산모양으로 되었다가 편평하게 퍼지며 때로는 중앙부가 약간 둔하게 돌출된다. 오래되면 가장자리가 위로 올라가기도 하고 중앙이 약간 오목해지기도 한다. 표면은 밋밋하고 습기가 있을 때는 광택이 있으며 건조하면 약간 털이 있는 느낌이 있다. 어릴 때는 밝은 오렌지황색이지만 곧 레몬황색이나 유황색으로 되며 오래되면 희미한 회황색으로 된다. 어떤 때는 붉은 황색인 균모도 있다. 살은 얇고 연한 황색이다. 주름살은 자루에 대하여 홈파진주름살로 밝고 연한 황색-레몬황색이며 폭이 넓다. 자루의 길이는 2~5cm, 굵기는 3~8mm로 상하가 같은 굵기이나 약간 밑동 쪽으로 가늘어진다. 표면은 매끄럽고 습기가 있을 때는 광택이 나며 오렌지황색-유황색이다. 포자의 크기는 7~9.5×3.9~5.9μm로 타원형이며 표면은 매끄럽고 투명하다. 포자문은 백색이다.

생태 가을~늦가을 / 숲속의 땅, 초지, 나지, 목초지, 길가 등에 단생 · 군생

분포 한국(백두산), 중국, 유럽, 북아메리카, 아시아

애배꼽꽃버섯

Hygrocybe citrina (Rea) J. Lange

형태 균모의 지름은 11~17mm로 반구형에서 둥근산모양으로 되고 나중에 편평해진다. 표면은 밋밋한 상태에서 미세한 방사상의 섬유상으로 된다. 건조 시 무디고 습기가 있을 때 광택이 나며 약간 점성이 있고 레몬-황색이다. 가장자리는 톱니상이고 가끔 약간 갈라지며 투명한 줄무늬선이 거의 중앙까지 발달한다. 살은 균모와 동색으로 얇고 냄새는 없고 맛은 온화하나 불분명하다. 주름살은 자루에 대하여 바른주름살에서 약간 내린주름살로 연한 황색이고 폭은 넓다. 주름살의 변두리는 고르다. 자루의 길이는 2~4cm, 굵기는 1.5~3mm로 원통형이며 위쪽으로 굵고 가끔 굽었다. 표면은 밋밋하며 버터 또는 왁스같이 미끈거리고 광택이 나며 습기가 있을 때 레몬황색이고 건조 시 오렌지황색이나 기부 쪽으로 연한 색이다. 자루는 부서지기 쉽고 속은 비었다. 포자의 크기는 5~7.5×2.3~3.6㎛로 원주형이며 표면은 매끄럽고 기름방울이 있다. 담자기는 가는 막대형이며 30~40×4.5~5.5㎛이다. 담자기는 4-포자성이고 기부에 꺽쇠가 있으나 낭상체는 없다.

생태 여름~가을 / 젖은 풀밭 속에 군생, 드물게 단생

분포 한국(백두산), 중국, 일본, 유럽

참고 희귀종

진빨강꽃버섯

Hygrocybe coccinea (Schaeff.) Kummer
Hygrophorus coccinea (Schaeff.) Kummer

형태 균모의 지름은 2~5cm이고 처음 종모양에서 둥근산모양을 거쳐 편평하게 된다. 표면은 점성이 없고 홍적색 또는 혈적색에서 황적색으로 된다. 습기가 있을 때 광택이 나며 미세한 섬유상 인편이 방사상으로 분포한다. 살은 적색-오렌지색이고 흡수성이며 부서지기 쉽다. 주름살은 자루에 대하여 바른주름살-올린주름살이나 조금 내린주름살로 되기도 하며 오렌지황색이고 균모의 살에 가까운 부분은 적색이다. 자루의 길이는 2.5~6cm, 굵기는 5~13mm로 표면은 매끄럽고 균모와 같은 색인데 때로는 편평해지기도 한다. 포자의 크기는 7.5~10.5×4~5μm로 타원형이다.
생태 봄~가을(특히 3~4월에 많이 발생) / 풀밭, 조릿대밭, 숲속의 땅에 군생
분포 한국(백두산), 중국, 일본, 호주, 북반구 일대
참고 식용

진빨강꽃버섯아재비

Hygrocybe coccineocrenata (Orton) Moser
Hgrophorus turundus var. sphagnophilus (Peck) Hesler & A. H. Sm.

형태 균모의 지름은 1~2cm로 둥근산모양이나 위는 편평하며 때때로 중앙이 오목해지기도 한다. 표면은 선명한 적색-주홍색 또는 오렌지적색이다. 가장자리는 둥근 톱니상처럼 된다. 주름살은 자루에 대하여 바른주름살이면서 내린주름살로 백색-크림색이나 어릴 때는 붉은 오렌지색이고 폭이 좁으며 성기다. 자루의 길이는 2~5cm, 굵기는 1.5~3mm로 상하가 같은 굵기이고 선명한 적색이다. 포자의 크기는 7.5~12.5×4.5~7㎛로 난형 또는 타원형이며 표면은 매끈하고 투명하며 기름방울을 함유한다. 담자기는 40~50×7~8㎛로 가는 막대형이고 4-포자성이다. 기부에 꺽쇠가 있다. 낭상체는 없다.
생태 여름~가을 / 습지의 물이끼 사이에 나며 간혹 벼과 식물의 초본 사이에 발생
분포 한국(백두산), 중국, 일본 등 북반구 일대

꽃버섯

Hygrocybe conica (Schaeff.) Kumm.
H. conica var. conica (Schaeff.) Kumm.

형태 균모의 지름은 2~5.5cm로 처음에는 원추형으로 끝이 뾰족하나 나중에 무딘 원추형으로 되었다가 편평하게 된다. 색깔은 어릴 때는 오렌지적색 또는 오렌지황색이나 오래되거나 손으로 만지면 흑색으로 변색한다. 표면은 습기가 있을 때 점성이 있다. 살은 표피층 아래쪽은 오렌지황색이며 그 아래쪽은 황색의 백색이다. 가장자리가 불규칙하고 찢어지기도 한다. 주름살은 자루에 대하여 거의 떨어진주름살로 연한 황색이며 가장자리는 톱날형인 것도 있다. 자루의 길이는 5~10cm, 굵기는 4~10mm로 위아래가 같은 굵기이고 세로의 섬유상 줄무늬가 있으며 황색 또는 오렌지황색이며 만지면 흑색으로 변색한다. 포자의 크기는 10~12×6~7㎛로 타원형 또는 광타원형이며 표면은 매끈하고 투명하다. 담자기는 2-포자성이다. 포자문은 백색이다.

생태 여름~가을 / 풀밭 목장, 길가 관목 아래에 단생 · 군생

분포 한국(백두산), 중국, 일본, 전 세계

참고 식 · 독 불명

키다리황색형(Hygrocybe conica var. chloroides) 표피에 섬유상의 방사상의 줄무늬가 있고 자루는 압착형으로 납작하여 골이 파진다. 상처를 받으면 균모, 자루, 살 모두 흑회색으로 변색한다.

키다리황색형

고깔꽃버섯

Hygrocybe cuspidata (Peck) Murrill
H. cuspidatus Peck

형태 균모의 지름은 1.5~6cm로 처음에는 무딘 원추형에서 편평하게 펴지지만 중앙은 원추상으로 약간 돌출된다. 표면은 습기가 있을 때 점성이 있으며 처음은 선명한 적색에서 주황색-오렌지황색으로 되고 방사상으로 적색의 부분이 남는다. 가장자리는 통상 불규칙하게 굴곡 되거나 방사상으로 찢어지기도 한다. 살은 표피층 아래쪽은 적색이고 내부는 오렌지색이며 자루의 살은 황색이다. 주름살은 자루에 대하여 떨어진주름살로 연한 황색 또는 연한 오렌지색 황색이고 폭이 넓으며 약간 성기거나 또는 성기며 상처시에도 변색이 안 된다. 자루의 길이는 4~9cm, 굵기는 5~12mm로 상하가 같은 굵기이고 상반부는 황색이며 하반부는 백색이고 세로줄의 섬유상 줄무늬가 있다. 포자의 크기는 9~12×4.5~7μm로 타원형이며 표면은 매끈하고 투명하다.

생태 봄~여름 / 숲속의 풀밭에 산생

분포 한국(백두산), 중국, 일본, 북아메리카

노란대꽃버섯

Hygrocybe flavescens (Kauffm.) Sing.

형태 균모의 지름은 1~3.5cm이며 어릴 때 반구형에서 차차 편평하게 되고 중앙은 약간 오목하다. 표면은 습기가 있거나 마르면 광택이 나며 황색 또는 오렌지황색이며 나중에 연한 황색 또는 연한 오렌지색으로 퇴색된다. 표면에 털은 없으며 습기가 있을 때는 반투명한 줄무늬선이 나타난다. 가장자리는 처음에 아래로 감긴다. 살은 얇고 납질이며 연한 황색이고 맛은 온화하다. 주름살은 자루에 대하여 바른주름살 또는 내린주름살로 성기며 폭이 넓고 연한 황색이다. 자루의 길이는 4~5cm, 굵기는 0.2~0.5cm이고 원주형 또는 아래로 가늘어진다. 표면은 털이 없고 습기가 있거나 마른다. 자루의 상부는 주름살과 동색이고 중앙부는 오렌지색이며 기부는 백색이다. 포자의 크기는 5~7×3.5~4μm로 타원형이고 표면은 매끄러우며 무색이며 난아미로이드 반응이다. 포자문은 백색이다.

생태 여름~가을 / 잣나무 등 활엽혼성림 또는 신갈나무 숲의 땅에 산생·속생

분포 한국(백두산), 중국, 일본, 유럽

끈적꽃버섯

Hygrocybe insipida (J. E. Lange) M. M. Moser

형태 균모의 지름은 2~4cm로 반구형에서 둥근산모양으로 되며 중앙이 약간 들어가는 것도 있다. 표면은 점성이 있어서 미끈거리고 확대경 아래서 미세한 맥상 또는 미세한 결절이 보이며 오렌지색, 진홍색, 오렌지적색 등에서 검은 오렌지색의 맥상으로 되며 광택이 나고 중앙에 투명한 그물눈이 있다. 가장자리는 노란색 간혹 위로 뒤집히며 톱니상이다. 살은 노란색의 오렌지색이며 냄새가 약간 나고 맛은 우유 맛이다. 주름살은 자루에 대하여 넓은 바른주름살에서 긴-내린주름살로 오렌지색 또는 노란색이다. 주름살의 가장자리는 연한 색이거나 백색이다. 자루의 길이는 15~55mm, 굵기는 1~3mm로 원통형이며 아래로 가늘며 잘 휘어지고 가끔 압착된 상태로 대부분 속이 차 있다. 표면은 처음에 광택과 습기가 있으나 곧 건조해지고 적색 또는 황금오렌지색이다. 포자의 크기는 6~7.5×3~4μm로 타원형 또는 원통형에서 장방형으로 다양한 돌기를 가진다. 담자기의 크기는 25~40×5~7μm로 4-포자성이다.

생태 여름 / 풀밭의 이끼류에 군생

분포 한국(백두산), 중국, 유럽

빛꽃버섯

Hygrocybe laeta (Pers.) Kummer

형태 균모의 지름은 2~3cm로 편평한 둥근산모양에서 차차 편평해지며 중앙은 들어간다. 표면은 흡수성이며 선명한 오렌지황색, 살색, 핑크올리브색, 황색, 회자색 등 다양하며 점성이 있으며 습기가 있을 때 투명한 방사상의 줄무늬홈선이 나타난다. 살은 질기고 표면과 동색이며 고무 탄 냄새가 난다. 주름살은 자루에 대하여 바른주름살-내린주름살로 성기고 회색, 연한 자회색, 핑크색-살색, 때때로 연한 자색-연한 청색을 나타낸다. 주름살의 폭 2~3mm로 투명하다. 자루의 길이는 4~10cm, 굵기는 2~4mm로 원통형이며 상부는 핑크색이고 점성이 있고 연한 자색 또는 연한 청색이고 하부는 때때로 황색이며 속은 비었다. 포자의 크기는 6.5~8×4~4.5μm로 타원형, 난형 또는 장방형이다. 담자기는 40~50×6~7μm로 4-포자성이다. 기부에 꺽쇠가 있다. 연낭상체는 털모양으로 다수 존재한다.

생태 봄~가을 / 숲속, 죽림, 초지, 이끼류 사이에 군생
분포 한국(백두산), 중국, 북반구 일대, 뉴기니섬
참고 건조한 종류들은 핑크색을 나타내는 것이 특징

처녀꽃버섯

Hygrocybe pratensis (Bon) Murrill
Hygrophorus pratensis (Fr.) Fr.

형태 균모의 지름은 3~6cm로 둥근산모양에서 편평해지며 가운데가 돌출하거나 오목해진다. 표면은 밋밋하고 연한 오렌지갈색이며 오렌지황색 또는 황토색이다. 가장자리가 찢어지기도 한다. 살은 연한 오렌지색이다. 주름살은 자루에 대하여 내린주름살로 연한 오렌지색으로 균모보다 연한 색이고 폭이 넓으며 다소 성기다. 자루의 길이는 3~7cm, 굵기는 6~15mm로 상하가 같은 굵기이나 기부의 끝은 가늘다. 표면은 밋밋하고 어릴 때는 유백색이며 나중에는 오렌지색을 가진 크림색으로 된다. 자루의 속은 차 있다. 포자의 크기는 5~7×4~5.5μm로 광타원형이며 표면은 매끈하고 투명하며 기름방울을 함유한다. 포자문은 백색이다.

생태 여름~가을 / 목장이나 초지, 잔디밭 또는 숲속의 길가 등에 단생 · 산생
분포 한국(백두산), 중국, 일본, 북반구 일대

붉은꽃버섯

Hygrocybe miniata (Fr.) Kummer

형태 균모의 지름은 1~3cm로 반구형에서 둥근산모양을 거쳐 차차 편평하게 되며 중앙부가 조금 오목해진다. 표면은 점성이 없고 가는 인편은 중앙에 밀집하거나 또는 가는 비늘조각으로 덮이며 주적색이다. 살은 얇고 적색-오렌지색이며 연하다. 주름살은 자루에 대하여 바른-올린주름살 또는 내린주름살로 성기고 폭은 넓으며 적색 또는 오렌지색이며 변두리는 밋밋하다. 자루의 길이는 5~8cm, 굵기는 3~5mm로 원통형으로 밋밋하고 건조성이며 균모와 같은 색이다. 표면은 매끄럽고 섬유상의 가는 털이 있다. 자루의 속은 차 있다가 빈다. 포자의 크기는 7.5~9×4~5μm로 난형-타원형이며 표면은 매끄럽고 투명하며 기름방울이 있다. 포자문은 백색이다. 담자기는 33~50×8~11μm로 막대형이며 기부에 꺽쇠가 있고 2~4-포자성이다.

생태 여름~가을 / 숲속의 습지나 풀밭 등의 땅에 군생

분포 한국(백두산), 중국, 일본, 유럽, 전 세계

겹양산꽃버섯

Hygrocybe mucronella (Fr.) Karst.
H. reae (Maire) J.Lange

형태 균모의 지름은 1~2cm로 종모양에서 둥근산모양을 거쳐 편평하게 된다. 표면은 밋밋하고 적색-황적색으로 점성이 있으며 습기가 있을 때 광택이 나고 줄무늬선이 나타난다. 가장자리는 물결형이다. 살은 얇고 매운맛이며 오렌지색이다. 주름살은 자루에 대하여 바른주름살이면서 내린주름살로 크림색-오렌지색으로 폭이 넓고 성기고 포크형이며 변두리는 밋밋하다. 자루의 길이는 2.5~4cm, 굵기는 1~2mm로 상하가 같은 굵기이고 굽었으며 균모와 같은 색이다. 표면은 밋밋하고 섬유상의 세로줄이 있으며 습기가 있을 때는 끈기와 광택이 난다. 자루의 기부는 백색이며 속은 차 있다. 포자의 크기는 7.5~10×4~6μm로 난형-광타원형이고 표면은 매끄럽고 투명하며 기름방울을 함유하며 불분명한 미세한 반점을 가진 것도 있다. 담자기는 34~40×5~8μm로 가는 막대형으로 2~4-포자성이다. 기부에 꺽쇠가 있다. 낭상체는 없다.

생태 여름~가을 / 숲속의 땅, 이끼류가 있는 곳에 단생 · 군생

분포 한국(백두산), 중국, 유럽, 북아메리카

질산꽃버섯

Hygrocybe nitrata (Pers.) Wünsche
Hygrophorus nitrata (Pers.) Wünsche

형태 균모의 지름은 2~7cm로 어릴 때는 반구형에서 차차 중앙이 평평한 둥근산모양을 거쳐 편평해지나 중심부는 깊게 오목하다. 표면은 습기가 있을 때 회갈색-암황토갈색이고 건조할 때 황토갈색으로 되며 방사상으로 진한 색의 섬유상 줄무늬가 있고 가늘게 찢어지기도 한다. 살은 유백색이며 불쾌한 냄새가 난다. 주름살은 자루에 대하여 바른주름살이지만 나중에 자루에서 분리되어 깊이 만곡되고 폭이 넓으며 성기다. 색은 유백색-옅은 회색이며 상처를 받으면 붉은색으로 변색된다. 자루의 길이는 4~7cm, 굵기는 5~10mm로 회갈색-연한 갈색이며 흔히 눌려 있고 속은 비어 있다. 포자의 크기는 7.1~8.9×4.3~5.6μm로 타원형이며 표면은 매끄럽고 투명하다. 포자문은 크림색이다.

생태 여름 / 잔디밭에 주로 단생 · 산생

분포 한국(백두산), 중국, 일본, 유럽

팥배꽃버섯

Hygrocybe punicea (Fr.) Kummer

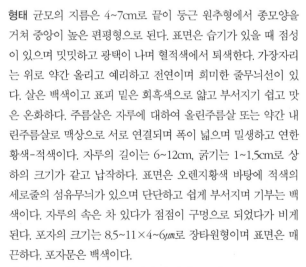

형태 균모의 지름은 4~7cm로 끝이 둥근 원추형에서 종모양을 거쳐 중앙이 높은 편평형으로 된다. 표면은 습기가 있을 때 점성이 있으며 밋밋하고 광택이 나며 혈적색에서 퇴색한다. 가장자리는 위로 약간 올리고 예리하고 전연이며 희미한 줄무늬선이 있다. 살은 백색이고 표피 밑은 회흑색으로 얇고 부서지기 쉽고 맛은 온화하다. 주름살은 자루에 대하여 올린주름살 또는 약간 내린주름살로 맥상으로 서로 연결되며 폭이 넓으며 밀생하고 연한 황색-적색이다. 자루의 길이는 6~12cm, 굵기는 1~1.5cm로 상하의 크기가 같고 납작하다. 표면은 오렌지황색 바탕에 적색의 세로줄의 섬유무늬가 있으며 단단하고 쉽게 부서지며 기부는 백색이다. 자루의 속은 차 있다가 점점이 구멍으로 되었다가 비게 된다. 포자의 크기는 8.5~11×4~6μm로 장타원형이며 표면은 매끈하다. 포자문은 백색이다.

생태 여름~가을 / 풀밭 또는 숲속에 단생·군생

분포 한국(백두산), 중국, 유럽, 북아메리카, 북반구 일대

참고 식용, 진빨간버섯과 비슷하나 균모의 끈기와 자루의 섬유무늬가 차이점

진갈색꽃버섯

Hygrocybe spadicea (Scop.) P. Karst.

형태 균모의 지름은 2.5~4cm로 처음 넓은 원추형에서 차차 편평하게 되지만 중앙은 볼록하며 엽편처럼 되며 가장자리는 찢어진다. 어린것들은 회색으로 끈기가 있다가 곧 건조해지며 방사상의 섬유상으로 되며 방사상의 주름 사이에 살이 노출된다. 색깔은 암회색에서 검은 회색으로 되고 마침내 무딘 황갈색으로 변해 중앙은 올리브갈색으로 되며 가장자리를 따라서 노란색이 발달한다. 살은 퇴색한 노란색이고 냄새는 자극성이나 분명치 않다. 주름살은 자루에 대하여 끝붙은주름살 또는 올린주름살로 밀생하며 연한 노란색에서 노란색으로 된다. 주름살의 가장자리는 톱니형이다. 자루의 길이는 3.5~9cm, 굵기는 3~12mm로 원통형이며 기부로 약간 부풀고 세로줄의 섬유상 무늬가 있다. 표면은 주름살과 동색이며 연하며 부서지기 쉽고 쉽게 찢어진다. 자루의 속은 차거나 약간 비었으며 꼭대기는 가루상이다. 포자의 크기는 8~10×5~5.5㎛로 타원형, 장방형이며 때때로 광타원형 등이다. 담자기는 35~64×8~12㎛로 4-포자성이다.

생태 여름 / 활엽수림의 땅, 불탄 땅에 군생

분포 한국(백두산), 중국, 유럽, 북아메리카, 뉴질랜드

참고 식·독 불명

젖꼭지꽃버섯

Hygrocybe subpapillata Kühn.

형태 균모의 지름은 9~15mm로 반구형에서 둥근산모양으로 되었다가 편평한 둥근산모양을 거쳐 마침내 편평하게 되나 중앙의 한가운데는 젖꼭지모양이다. 표면은 밋밋하고 끈적거리며 광택이 나고 붉은색, 오렌지-적색이지만 중앙은 어두운 색이다. 가장자리는 오렌지황색이며 약간 줄무늬선 또는 투명한 줄무늬선이 있다. 주름살은 자루에 대하여 바른주름살로 황색-적색, 적색 등이다. 주름살의 변두리는 황색, 적색 또는 퇴색한 색이다. 자루의 길이는 20~50mm, 굵기는 1.5~3mm로 원통형이며 가늘고 표면은 밋밋하고 미세한 줄무늬와 섬유실이 있으며 건조성이다. 색깔은 붉은색에서 오렌지황색으로 되지만 기부부터 퇴색한다. 살은 거의 없고 표면과 동색이며 냄새와 맛은 없다. 포자의 크기는 8~9×5~5.5μm로 타원형, 난형, 장방형, 약간 원주형 등으로 다양하고 표면은 매끈하다. 담자기는 32~48×8~10μm로 막대형, 배불뚝이형이며 4-포자성이나 간혹 2-포자성이다.

생태 여름 / 초원의 풀 사이, 숲속의 땅에 단생·군생

분포 한국(백두산), 중국

주홍꽃버섯

Hygrocybe suzukaensis (Hongo) Hongo

형태 균모의 지름은 2~4cm로 처음에는 둥근산모양이다가 차차 평평하게 펴진다. 표면은 끈기는 없고 밋밋하며 진한 빨간색-오렌지적색을 나타내지만 나중에는 황색을 띠게 된다. 살은 오렌지황색으로 부서지기 쉽다. 주름살은 자루에 대하여 바른주름살의 내린주름살로 흰색 또는 황색이고 성기다. 자루의 길이는 2.5~6cm, 굵기는 5~7mm로 때때로 자루가 납작해지며 위쪽은 빨간색이고 아래쪽은 연한 색이거나 흰색으로 되며 속은 비었다. 포자의 크기는 11~15×7.5~8.5μm로 난형이고 표면은 매끈하다.
생태 가을 / 대나무 숲, 삼나무, 측백나무 숲 등의 땅에 다수가 군생·속생
분포 한국(백두산), 중국, 일본

눈빛통잎버섯

Cuphophyllus virgineus (Wulfern) Kovalenko
Hygrocybe virginea (Wulf.) Orton & Watl. var. virginea, Camarophyllus niveus (Scop.) Wümche

백색형

형태 균모의 지름은 2.5~7cm로 편평한 둥근산모양이나 중앙부가 돌출하지만 편평하게 되고 때로는 약간 오목하다. 표면은 약간 빛나고 건조 시 둔한 비단결 같고 밋밋하며 크림백색에서 황백색으로 되나 가끔 희미한 핑크색이며 약간 흡수성이다. 마르면 거북등처럼 갈라지며 노후 시 섬유상으로 되고 백색이며 중앙부는 황색을 띤다. 가장자리는 아래로 말리나 나중에 펴지고 희미하며 투명한 줄무늬선이 있고 노후 시 가끔 위로 올린다. 살은 물색이고 부드러우며 크림백색에서 회백색으로 되며 얇고 냄새는 없고 버섯 맛이며 온화하다. 주름살은 내린주름살로 백색이고 횡맥으로 얽히며 포크형이다. 자루의 길이는 3~7cm, 굵기는 0.5~0.8cm로 아래로 가늘어지며 속이 차 있다가 건조하면 완전히 비게 된다. 매끄러우며 가끔 가루상이고 백색이다. 포자의 크기는 9~12×4~6μm로 타원형 또는 원통상의 타원형이고 표면은 매끄러우며 투명하다. 난아미로이드 반응이다. 담자기는 가는 막대형으로 40~55×6~9μm로 기부에 꺽쇠가 있다. 포자문은 백색이다.

생태 가을 / 개암나무 숲 땅에 산생 또는 총생 · 군생 · 단생하며 개암나무와 외생균근을 형성

분포 백두산(장백산), 중국, 유럽, 북아메리카, 아시아, 호주

참고 식용

긴자루노랑버섯

Gloioxanthomyces vitellinus (Fr.) Lodge, Vizzini, Ercole & Boertm
Hygrocybe vitellina (Fr.) Karst.

형태 균모의 지름은 1~2cm로 둥근산모양에서 차차 편평하게 펴지나 가끔 중앙이 들어가는 것도 있고 밝은 노란색이다. 가장자리는 줄무늬선이 있다. 살은 얇고 노란색이며 맛은 없고 냄새는 좋다. 주름살은 자루에 대하여 내린주름살로 밝은 황색이고 성기다. 자루의 길이는 10~35mm, 굵기는 1~3mm로 원통형이나 아래로 약간 가는 것도 있으며 균모와 동색이다. 포자문은 백색이다. 포자의 크기는 6~8×4.5~5μm로 타원상의 난형이고 표면은 매끄럽다.
생태 늦여름~가을 / 물기 많은 이끼류에 군생
분포 한국(백두산), 중국, 유럽
참고 희귀종, 식·독 불명

노란구름벚꽃버섯

Hygrophorus camarophyllus (Alb. & Schw.) Dum., Grandj. & Maire

형태 균모의 지름은 4~10cm로 둥근산모양에서 중앙부가 높은 편평형으로 되지만 간혹 중앙이 돌출하는 것도 있다. 표면은 회갈색-암회갈색이고 습기가 있을 때 점성이 조금 있으며 쉽게 마른다. 살은 백색이며 부서지기 쉽다. 주름살은 자루에 대하여 바른주름살의 내린주름살로 백색-연한 크림색이고 성기다. 자루의 길이는 5~12cm, 굵기는 1~2cm로 하부가 조금 가늘고 상부는 가루모양이다. 자루의 속은 차 있다. 표면은 섬유상으로 점성이 없고 균모보다 연한 색이다. 포자의 크기는 6~9×4~4.5㎛로 광타원형이며 표면은 매끄럽고 투명하며 기름방울을 함유한다.

생태 가을 / 적송, 졸참나무, 너도밤나무, 졸참나무 숲 등의 땅에 군생

분포 한국(백두산), 중국, 일본, 러시아 연해주, 유럽, 북아메리카, 북반구 일대

참고 식용

노란갓벚꽃버섯

Hygrophorus chrysodon (Batsch) Fr.

형태 균모의 지름은 4.5~8cm로 둥근산모양에서 차차 편평하게 되며 중앙부는 돌출하거나 둔한 볼록이다. 표면은 습기가 있을 때 점성이 있고 광택이 나며 백색이고 난황색의 융털이 있다. 가장자리는 처음에 아래로 감기며 백색의 융털이 있다. 살은 두껍고 백색이며 맛과 향기가 온화하다. 주름살은 자루에 대하여 내린주름살이고 폭은 중앙부가 넓으며 백색이다. 가장자리는 황색이다. 자루의 길이는 6~8.5cm, 굵기는 0.5~2.1cm로 원주형이고 점성이 있으며 백색이고 난황색의 융털이 있다. 자루의 속은 차 있으나 오래되면 빈다. 포자의 크기는 7~9×4~5μm로 타원형이며 표면은 매끄럽다. 포자문은 백색이다.
생태 여름~가을 / 분비나무, 가문비나무, 잣나무 숲의 땅에 군생
분포 한국(백두산), 중국, 일본, 유럽, 북아메리카, 북반구 일대

너도밤나무벚꽃버섯

Hygrophorus fagi Becker & Bon

형태 균모의 지름은 6~10cm로 둥근산모양에서 차차 편평하게 펴지며 중앙은 둥근모양으로 돌출한다. 표면은 점액으로 덮여 있고 밋밋하며 가장자리 쪽으로 연한 색-거의 백색이다. 가장자리는 강하게 아래로 감기고 미세한 털이 있다. 육질은 두껍고 백색이며 균모 중앙부의 육질은 홍색이며 냄새는 약간 좋다. 주름살은 자루에 대하여 내린주름살로 활모양으로 성기고 폭은 6~10mm이며 연한 크림색이다. 자루의 길이는 9~17cm, 굵기는 1.5~2.5cm로 다소 굴곡지고 기부는 가늘어진다. 표면은 섬유상으로 백색이고 하부는 황색이며 꼭대기는 분상이다. 포자의 크기는 6.5~8×4.5~5.5㎛로 광타원형이고 표면은 매끄럽다.

생태 가을 / 너도밤나무 숲의 지상에 군생

분포 한국(백두산), 중국, 일본, 유럽

참고 식용

회흑색벚꽃버섯

Hygrophorus fuligineus Frost

형태 균모의 지름은 4~12cm로 표면은 밋밋하고 습기 시 점성이 있으며 흑갈색에서 흑올리브갈색으로 된다. 가장자리는 연한 색이다. 살의 냄새와 맛은 불분명하다. 주름살은 자루에 대하여 넓게 올린주름살에서 약간 내린주름살이며 백색에서 크림백색으로 되고 폭은 비교적 넓은 편이다. 자루의 길이는 4~10cm, 굵기는 0.5~1.5cm 정도로 백색이고 기부에 투명한 점성이 있으며 꼭대기는 매끈하거나 또는 약간 인편이 있다. 포자문은 백색이다. 포자의 크기는 7~9×4.5~5.5㎛로 타원형이다. 균사에 꺽쇠가 있다. 난아미로이드 반응이다.

생태 늦여름~가을 / 활엽수림의 비옥한 땅에 군생

분포 한국(백두산), 중국, 북아메리카

참고 희귀종

물결벚꽃버섯

Hygrophorus hyacinthinus Quél.

형태 균모의 지름은 30~70mm로 어릴 때 반구형에서 둥근산모양으로 되며 톱니상의 물결형이며 노후하면 가운데는 약간 볼록하다. 표면은 건조하면 매끈하고 습기가 있을 때 약간 광택이 나며 백색에서 밝은 은회색이다. 육질은 백색이고 가운데는 두꺼우나 가장자리로 얇으며 냄새는 달콤하고 맛은 온화하다. 가장자리는 오랫동안 아래로 굽으나 노후하면 물결형이다. 주름살은 자루에 대하여 내린주름살로 백색이고 폭은 넓으며 변두리는 밋밋하다. 자루의 길이는 30~70mm, 굵기는 6~12mm로 원통형이며 굽었고 속은 차 있다. 표면은 세로줄의 섬유상의 미세한 털이 있으며 백색에서 은회색이다. 포자의 크기는 7.7~10.2×4.1~5.8μm로 타원형이며 표면은 매끄럽고 투명하며 기름방울이 있다. 담자기는 가는 막대형으로 36~45×7.5~9μm로 기부에 꺽쇠가 있다. 낭상체는 없다.
생태 여름~가을 / 숲속의 이끼류, 풀 속의 땅에 단생·군생
분포 한국(백두산), 중국, 유럽

서리벚꽃버섯

Hygrophorus hypothejus (Fr.) Fr.

형태 균모의 지름은 2.5~5cm로 처음은 중앙이 다소 돌출하나 나중에 차차 편평하게 되며 중앙부는 약간 돌출한다. 표면은 한 층의 젤라틴막이 있고 막 아래에 섬모가 있다. 표면은 중앙부가 올리브갈색이고 가장자리 쪽으로 색이 연해지며 노후하면 황토색으로 된다. 살은 얇고 백색이며 표피 아래쪽은 황백색으로 맛은 유하다. 주름살은 자루에 대하여 내린주름살로 폭은 좁고 백색에서 황색으로 된다. 자루의 길이는 6~11cm, 굵기는 0.6~1.2cm로 아래쪽으로 가늘어진다. 턱받이의 위쪽은 연한 황색으로 비단 같으며 턱받이 아래쪽은 젤라틴막이 있고 황백색이 엇갈려 있거나 선 황색이다. 자루의 속은 차 있다. 턱받이는 불완전하며 자루의 위쪽에 있다가 쉽게 탈락하여 흔적을 남긴다. 포자의 크기는 7~9×5㎛로 타원형이며 표면은 매끄럽고 투명하다. 담자기에 4-포자가 달린다.

생태 여름~가을 / 분비나무, 가문비나무 숲 또는 혼효림의 땅에 군생, 간혹 겨울철의 눈 속에서도 발생하며 소나무와 외생균근을 형성

분포 한국(백두산), 중국, 일본

참고 식용

주름버섯목
담자균문 ≫ 주름균아문 ≫ 주름균강

노란털벚꽃버섯

Hygrophorus lucorum Kalchbr.

형태 균모의 지름은 2.5~4cm로 반구형에서 차차 편평하게 되며 중앙부는 돌출한다. 표면은 젤라틴질이 있고 털이 없으며 레몬 황색이다. 가장자리는 처음에 아래로 굽으나 나중에 펴진다. 살은 중앙부가 두껍고 백색 또는 황백색이며 맛은 유하다. 주름살은 자루에 대하여 내린주름살로 백색에서 황백색으로 된다. 자루의 길이는 4~9cm, 굵기는 0.6~1cm, 원주형이고 아래로 굵어지며 백색에서 황백색으로 되며 점액이 있다. 자루의 속은 차 있다가 비게 된다. 포자의 크기는 7~8.4×4~6μm로 타원형이고 표면은 매끄럽다. 포자문은 백색이다.

생태 여름~가을 / 가문비나무, 분비나무 숲 또는 이깔나무 숲의 땅에 군생 · 산생하며 이깔나무와 외생균근을 형성

분포 한국(백두산), 중국, 일본

참고 식용

끝말림벗꽃버섯

Hygrophorus marzuolus (Fr.) Bres.

형태 균모의 지름은 3~10cm로 반구형에서 둥근산모양으로 된다. 표면은 밋밋하다가 미세한 솜털상으로 되며 습할 시 광택의 점성이 있고 백색에서 빛을 받을 때 흑갈색의 얼룩이 생기며 가끔 녹색인 것도 있다. 가장자리는 오랫동안 심하게 아래로 말리고 갈라지고 예리하며 톱니상이다. 살은 백색이나 자루의 살은 회색이며 두껍고 때때로 표피 밑은 흑색으로 거의 냄새가 없고 맛은 온화하다. 주름살은 자루에 대하여 넓은 바른주름살에서 약간 내린주름살로 백색에서 회색으로 되며 두껍고 왁스처럼 미끈거리고 폭은 좁고 때때로 융합한다. 가장자리는 밋밋하다. 자루의 길이는 25~80mm, 굵기는 10~35mm로 원통형으로 굽었고 꼭대기 쪽으로 약간 알갱이 인편이 있으며 단단하다. 표면은 회갈색이며 자루의 속은 차 있다. 포자의 크기는 5.1~7.5×3.9~6.1㎛로 광타원형이며 표면은 매끈하고 투명하며 기름방울이 있다. 담자기는 55~80×6.5~8㎛로 가는 막대형으로 4-포자성이다. 기부에 꺽쇠가 있다. 낭상체는 없다.

생태 봄 / 활엽수림과 침엽수림의 땅, 흔히 이끼류, 나뭇잎, 침엽수의 쓰레기에 단생 · 군생 · 속생

분포 한국(백두산), 중국, 유럽, 북아메리카

벚꽃버섯

Hygrophorus nitidus Berk. & Curt.
Hygrocybe nitida (Berk. & M. A. Curt.) Murr.

형태 균모의 지름은 1~4cm로 넓은 둥근산모양에서 편평해지나 중앙은 들어간다. 표면은 고른 살구색의 노랑 또는 노란색이 퇴색하여 크림색 또는 백색으로 되며 밋밋하며 점성이 있다. 가장자리는 줄무늬선이 있으며 아래로 말린다. 살은 노란색이며 매우 얇고 연하며 부서지기 쉽고 맛과 냄새는 불분명하다. 주름살은 자루에 대하여 긴-내린주름살로 약간 성기고 폭은 좁거나 넓으며 왁스처럼 미끈거리고 연한 노란색이다. 주름살의 변두리는 가끔 노란색이다. 자루의 길이는 30~80mm, 굵기는 2~5mm로 속은 비고 부서지기 쉽고 균모와 동색이며 건조성으로 밋밋하고 털은 없다. 포자의 크기는 7~9×5~6μm로 타원형이고 난아미로이드 반응이다. 포자문은 백색이다.
생태 숲속의 이끼류, 젖은 기름진 땅에 산생·군생
분포 한국(백두산), 중국, 북아메리카

젤리벚꽃버섯

Hygrophorus olivaceo-albus (Fr.) Fr.

형태 균모의 지름은 5~7.5cm이고 호빵형에서 편평하게 되며 중앙부는 약간 돌출한다. 균모의 표면은 젤라틴질 막이 있고 막 아래쪽은 갈색 또는 올리브회갈색이며 중부는 암다색이다. 살은 백색이고 중앙부는 두껍고 유연하며 맛은 유하다. 주름살은 자루에 대하여 바른주름살 또는 내린주름살로 빽빽하거나 약간 성기고 폭은 넓은 편이며 두껍다. 표면은 백색이나 자루의 표면은 회색을 띤다. 자루의 길이는 7~9cm, 굵기는 1.5~2cm이고 원주형 또는 위로 가늘어지며 상부에 젤라틴질 막이 있고 갈색의 미세한 유모가 있다. 턱받이 위쪽은 백색이고 아래쪽은 흑갈색 섬유의 동심원의 환대가 있다. 자루의 속은 차 있다. 턱받이는 막질이며 빨리 없어진다. 포자의 크기는 9~13.5×5.5~7μm로 타원형이며 표면은 매끄럽고 무색이다. 포자문은 백색이다.

생태 여름~가을 / 분비나무, 가문비나무 숲 또는 잣나무 활엽수의 혼효림 땅에 군생·산생하며 분비나무, 가문비나무, 소나무 또는 신갈나무와 외생균근을 형성

분포 한국(백두산), 중국

끈적벚꽃버섯

Hygrophorus persoonii Arnolds

형태 균모의 지름은 5~8cm로 둥근산모양에서 차차 편평하게 되지만 가운데는 약간 돌출한다. 표면은 점성물질로 덮여 있고 그 아래쪽은 섬유상으로 올리브흑갈색이고 가운데는 암색이다. 살은 백색이며 거의 무미하고 무취하다. 주름살은 자루에 대하여 바른주름의 내린주름살로 백색이며 성기다. 자루의 길이는 5~10cm, 굵기는 1~2cm로 상부에 불완전한 턱받이의 흔적이 있으며 그 아래쪽은 점성물질의 올리브흑갈색의 인편이 밀집하며 꼭대기는 백색의 분상이다. 오래되면 점성물질은 파괴되고 암색의 망목상으로 되고 백색 바탕이 나타난다. 포자의 크기는 8~10.5×5~6.5μm로 타원형이다.

생태 여름~가을 / 활엽수림 또는 침엽수림의 땅에 군생
분포 한국(백두산), 중국, 일본, 러시아 연해주, 유럽, 북아메리카
참고 식용

흰벚꽃버섯

Hygrophorus piceae Kühn.

형태 균모의 지름은 1~4.5cm이고 반구형에서 둥근산모양을 거쳐 차차 거의 편평형으로 된다. 표면은 가는 털이 있거나 또는 밋밋하다. 육질은 백색이고 비교적 얇다. 주름살은 자루에 대하여 내린주름살로 포크형이며 백색 또는 약간 유황색이다. 자루의 길이는 3~7cm, 굵기는 0.3~0.6cm로 원주형 또는 약간 만곡이고 밋밋하며 광택이 있으며 어릴 때 꼭대기는 약간 굵다. 포자의 크기는 6~9×4~6.5μm로 광타원형이며 표면은 광택이 나며 매끄럽고 투명하며 기름방울을 가지고 있다. 담자기는 40~50×6~8.5μm로 원통-막대형으로 4-포자성이고 기부에 꺽쇠가 있다. 연낭상체와 측낭상체는 없다.

생태 여름~가을 / 숲속의 땅에 단생 · 군생

분포 한국(백두산), 중국

홍색벚꽃버섯

Hygrophorus pudorinus (Fr.) Fr.

형태 균모의 지름은 5~10cm로 반구형에서 차차 거의 편평형으로 된다. 표면은 선홍색 또는 주홍색이고 어떤 것은 중앙부는 엷은 황색 가루가 분포한다. 습기가 있을 때 점성이 있고 살은 홍색이며 얇다. 가장자리는 밋밋하며 전연이다. 살은 홍색으로 얇고 맛은 없다. 주름살은 자루에 대하여 바른주름살 또는 홈파진 주름살로 분지하며 포크형으로 홍색 또는 오렌지황색이다. 주름살의 가장자리는 밋밋하다. 자루의 길이는 5~11cm, 굵기는 0.8~2.3cm로 거의 원주형이며 약간 만곡이고 균의 홍색-진한 홍색이다. 기부는 백색이고 긴 세로줄무늬홈선이 있으며 광택이 나고 밋밋하다. 자루의 속은 비었다. 포자의 크기는 6.3~8.5× 3.6~5.6㎛로 타원형-난원형이며 광택이 나고 표면은 매끄럽다. 담자기는 곤봉상이고 3.2~4.5㎛×3.2~5.6㎛이다.

생태 여름~가을 / 숲속의 이끼류에 단생 · 군생

분포 한국(백두산), 중국

다색벚꽃버섯

Hygrophorus russula (Schaeff.) Kauffman

형태 균모의 지름은 9~12cm로 반구형이며 중앙이 넓게 돌출하나 나중에 편평하게 된다. 표면은 습기가 있을 때 점성이 있으나 빨리 마른다. 처음에 백색이며 가장자리는 분홍색, 자홍색의 반점이 있으며 나중에 중앙부는 자홍색 또는 포도주홍색으로 된다. 가장자리에 자홍색의 섬유털이 있으며 상처 시 황색으로 변한다. 살은 두껍고 단단하며 백색이고 표피 아래쪽은 복숭아홍색이고 맛은 유하다. 주름살은 자루에 대하여 바른주름살 또는 내린주름살로 빽빽하며 폭은 좁거나 보통 정도이다. 색깔은 처음은 백색에서 복숭아홍색으로 되며 어두운 자홍색의 반점이 생기고 노후 시 전체가 자홍색으로 된다. 자루의 길이는 7~12cm, 굵기는 0.8~2cm로 원주형이고 아래로 가늘어지며 가끔 중앙부가 굵다. 표면은 건조성이고 상부가 분상이고 털이 없으며 처음에 백색이고 나중에 균모 표면과 동색이다. 자루의 속은 차 있다. 포자의 크기는 6~7.5×4~5μm로 타원형이고 표면은 매끄럽다.

생태 가을 / 신갈나무 숲의 땅에 군생 · 산생하며 신갈나무와 외생균근을 형성

분포 한국(백두산), 중국

참고 식용

과립벚꽃버섯

Hygrophorus sguamulosus Ellis & Ev.

형태 균모의 지름은 1.5~5cm로 둔한 둥근산모양이나 중앙은 가끔 들어간다. 표면은 밝은 적색에서 밝은 오렌지색으로 되었다가 전체가 밝은 노란색으로 된다. 건조성 또는 약간 흡수성이고 어릴 때 밋밋하다가 인편으로 되며 특히 가장자리는 뚜렷하다. 가장자리는 노랑-핑크색이고 아래로 말린다. 살은 두껍고 단단하며 균모와 동색이나 노란색으로 퇴색하며 냄새는 불분명하고 맛은 없다. 주름살은 자루에 대하여 바른주름살 또는 약간 톱니상의 내린주름살로 약간 밀생하거나 약간 성기며 폭이 넓으며 적색에서 연한 노란색으로 된다. 자루의 길이는 3~5cm, 굵기는 3~6mm로 가끔 압착된 것도 있고 살구색이며 꼭대기는 백색이며 약간 부푼 것을 제외하고는 밋밋하다. 자루의 속은 비고 백색이다. 포자의 크기는 6~8×4~5μm로 류타원형이고 표면은 매끄럽다. 포자문은 백색이다. 연낭상체는 많고 측낭상체는 없다.

생태 여름~가을 / 썩는 고목에 산생 · 군생

분포 한국(백두산), 북아메리카, 중국

패랭이오목버섯

Lichenomphalia umbellifera (L.) Redhead, Lutz., Monc. & Vilg.
Gerronema ericetorum (Pers.) Sing., Ompahlia ericetorum (Pers.) S. Lundell

형태 균모의 지름은 5~20mm로 처음에는 둥근산모양이나 나중에 가운데가 쏙 들어간 깔때기모양이 된다. 표면은 밋밋하며 올리브황색-황갈색 등이고 조금 점성이 있다. 가장자리는 약간 진한 색의 반투명의 줄무늬가 있고 아래로 감긴다. 살은 갈색을 띤 황색이며 폭이 넓고 연하다. 주름살은 자루에 대하여 내린주름살로 연한 황토색으로 폭이 넓고 매우 성기다. 자루의 길이는 1.3~2cm, 굵기는 1~1.5mm로 매우 가늘고 위아래가 같은 굵기이며 다소 휘어져 있고 연한 갈색이며 위쪽이 다소 진하다. 자루의 밑동에는 미세한 털이 덮여 있다. 포자의 크기는 7.8~10.3×5.9~7.3㎛로 광타원형이며 표면은 밋밋하고 투명하며 여러 개의 기름방울이 있다. 포자문은 유백색이다.

생태 봄~가을 / 오래된 그루터기, 썩은 목재에 이탄 덩어리 등 산성분이 많은 이끼 사이 등에 군생 또는 중첩하여 발생

분포 한국(백두산), 중국, 일본, 유럽

평평귀버섯

Crepidotus applanatus (Pers.) Kummer

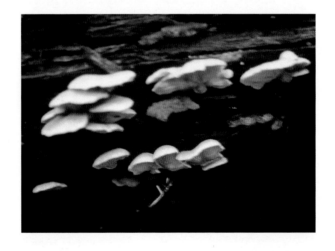

형태 균모의 지름은 1~5cm로 원형, 콩팥형, 쐐기형, 빗모양 등 여러 가지이고 처음에 돌출된 모양에서 차차 편평하게 된다. 표면에 털이 없고 흡수성이며 연한 계피색이지만 마르면 유백색이고 습기가 있을 때 줄무늬홈선이 보인다. 살은 유연하고 물을 흡수하면 백색이다. 주름살은 자루에 대하여 내린주름살로 밀생하며 폭은 좁고 백색에서 계피색으로 된다. 자루는 없고 기부에 백색의 미세한 털이 있다. 포자의 크기는 5.5~6×4.5~5μm로 아구형이고 표면에 반점이 있으며 연한 녹슨색이다. 포자문은 녹슨색이다.
생태 여름~가을 / 썩는 고목에 군생, 중첩하여 발생
분포 한국(백두산), 중국, 일본

노란털귀버섯

Crepidotus badiofloccosus Imai

형태 균모의 지름은 1~3.5cm로 처음에는 원형에서 콩팥형 또는 반구형으로 되며 중앙은 편평하거나 오목하다. 표면은 축축하다가 마르며 처음에 갈색의 미세한 털이 밀포하다가 다소 매끈하게 되지만 퇴색되면 중앙에 백색의 미세한 털이 있다. 가장자리는 아래로 말렸다가 나중에 위로 올라가고 얇게 갈라지며 줄무늬홈선은 없다. 살은 얇고 백색이다. 주름살은 자루에 대하여 바른주름살이고 빽빽하거나 약간 성기며 백색에서 계피색으로 된다. 자루는 없다. 포자의 크기는 5.5~6×4.5~5μm로 아구형으로 선단이 주둥이 모양이며 반점이 있다. 포자문은 계피색이다.

생태 여름 / 썩는 고목에 군생 · 산생

분포 한국(백두산), 중국, 한국, 일본

붉은귀버섯

Crepidotus boninensis (Hongo) E. Horak & Desjardin
C. roseus var. boninensis Hongo

형태 균모의 지름은 가로 1.8~3cm, 세로 1.3~2.2cm로 둥근산모양에서 차차 편평해지며 윗면에서 보면 반구형 또는 심장형이다. 표면은 흡수성이고 백색의 솜털로 덮이지만 기부는 털이 없고 습기가 있을 때 긴-줄무늬홈선이 있다. 색깔은 노랑핑크색이고 건조하면 줄무늬홈선은 없어지며 연한 황색으로 된다. 살은 백색이고 얇다. 주름살은 약간 성기고 폭은 4~5mm로 핑크색이다. 가장자리는 미세한 가루가 있다. 자루는 없다. 기주에 백색의 면모상으로 덮인다. 포자의 크기는 6~7.5μm로 또는 6~7.7×5.5~7.3μm로 구형-류구형이며 표면은 미세한 반점의 돌기가 있으며 포자벽은 얇다. 담자기는 4-포자성이다. 연낭상체는 22~34×10~12μm로 넓은 막대모양 또는 중앙이 부풀며 상하로 가늘고 세포벽은 얇다. 측낭상체는 없다. 균사에 꺽쇠가 있다.

생태 겨울 / 넘어진 활엽수에 발생

분포 한국(백두산), 중국, 일본

주걱귀버섯

Crepidotus cesatii (Rabenh) Sacc.
Crepidotus cesatii var. subsphaerosporus (J. E. Lange) Senn-Irlet

형태 균모의 지름은 5~30mm로 조개껍질형에서 반원형을 거쳐 부채꼴로 되거나 원형으로 된다. 자루는 편심생 또는 중앙이 기질에 붙는다. 표면은 밋밋하고 나중에 약간 방사상의 줄무늬홈선이 있으며 비단결 같은 상태서 미세한 털로 된다. 색깔은 처음 백색에서 크림백색과 연한 황토색으로 된다. 가장자리는 오랫동안 아래로 말리고 가지런하거나 물결형이며 예리하다. 살은 백색이며 막질이고 맛은 온화하다. 주름살은 어릴 때 백색에서 황토색을 거쳐 적황토색이 되고 폭은 넓으며 변두리에 미세한 백색의 섬유실이 있다. 자루는 없으나 짧은 것이 있는 것도 있으며 백색의 털이 있다. 포자의 크기는 5.5~9×4.5~6.5μm로 광타원형에서 난형이며 표면에 가시가 있고 밝은 노란색이며 투명하다. 담자기는 19~28×7.5~9μm로 막대형이고 4-포자성이다. 기부에 꺽쇠가 있다. 연낭상체는 10~49×5~8μm로 다형체로 분지한다. 측낭상체는 없다.

생태 여름~가을 / 침엽수의 고목에 군생

분포 한국(백두산), 중국, 유럽, 북아메리카, 아시아

주황귀버섯

Crepidotus luteolus Sacc.

형태 균모의 지름은 1~3cm 정도의 극소형이다. 어릴 때는 유황색의 혀모양 또는 말발굽모양에서 조개껍질형, 신장형 또는 둥근 산모양으로 된다. 표면은 유백색-연한 황색에서 크림색-황토색이며 미세한 솜털이 많이 덮여 있으나 오래되면 밋밋해진다. 가장자리는 날카롭고 가루 같은 것이 있다. 주름살은 처음에는 유백색-연한 황색에서 칙칙한 자회색-황토자색이며 성기다. 자루는 없다. 포자의 크기는 7.2~10×3.7~5.4μm로 타원형-편도형이고 연한 회황색이며 표면에 미세한 반점이 있다. 포자문은 적황토색이다.

생태 봄~여름 / 활엽수의 잔가지나 풀에 발생

분포 한국(백두산), 중국, 일본, 유럽

귀버섯

Crepidotus mollis (Schaeff.) Staude

형태 균모의 지름은 1~6cm로 반원상의 조개껍질형, 신장형, 부채형으로 선반처럼 된다. 표면은 흰색에 가까운 색이나 오래되면 연한 갈색, 황토색을 띤다. 표면은 털이 없거나 또는 가는 털이 산재해 있다. 살은 얇고 연하며 습기가 있을 때는 연한 갈색, 건조할 때는 유백색이다. 주름살은 어릴 때는 크림색에서 점차 베이지회색 및 계피색으로 되며 밀생한다. 자루는 없어서 기주에 부착되거나 극히 짧은 자루가 있는 것도 있다. 포자의 크기는 6.5~9.2×4.8~6.4μm로 광타원형-난형이며 표면은 밋밋하고 연한 회황색이다. 포자문은 황갈색이다.

생태 여름~가을 / 활엽수의 썩는 고목이나 가지에 다수 중첩하여 군생

분포 한국(백두산), 중국, 일본, 북반구, 호주, 아프리카

노란귀버섯

Crepidotus sulphurinus Imaz. et Toki

형태 균모의 지름은 지름 0.4~2cm로 부채형, 콩팥형, 조가비형 등 다양하다. 표면은 건조하고 거친 털이 밀포하며 유황색으로 나중에 퇴색된다. 살은 얇고 균모와 동색이나 나중에 마르면 갈색으로 된다. 가장자리는 아래로 말린다. 주름살은 자루에 대하여 바른주름살이고 조금 성기며 폭은 좁고 황색에서 황갈색으로 되며 가루 같은 털로 덮인다. 자루는 균모 옆에 측생하고 1mm 정도로 매우 짧고 때때로 없는 것도 있다. 포자의 크기는 7~9×5~7μm로 아구형으로 표면에 미세한 반점이 있다. 포자문은 녹슨색이다.

생태 여름~가을 / 썩은 나무의 가지에 다수가 겹쳐서 배착하여 군생

분포 한국(백두산), 중국, 일본

털개암버섯

Flammulaster erinaceellus (Peck) Watl.
Phaeomarasmius erinaceellus (Peck) Sing.

형태 균모의 지름은 1~4cm로 반구형에서 둥근산모양 또는 원추상모양이었다가 거의 편평하게 된다. 표면은 녹슨 갈색, 짙은 오렌지갈색 또는 황토갈색 등 다양하며 침모양 또는 입자상의 탈락하기 쉬운 인편이 피복되지만 인편이 탈락하면 연한 황색의 표피를 노출한다. 살은 균모의 중앙이 두께 4mm에 달하고 가장자리 쪽으로 얇으며 연한 황색이며 특유의 맛과 냄새는 없다. 가장자리에 피막의 잔존 파편이 부착한다. 주름살은 바른-올린주름살로 밀생하며 폭은 좁고 백색으로 침침한 황회색에서 황토갈색으로 된다. 주름살의 변두리는 황백색으로 미세한 거치상이다. 자루의 길이는 2.5~6cm, 굵기 2~4mm로 위아래가 같은 굵기이고 속은 처음에 차 있다가 빈다. 표면은 섬유질로서 단단하고 꼭대기는 투명한 막질 또는 분상의 턱받이가 있지만 쉽게 소실된다. 턱받이 위쪽은 황색의 미세한 분상이고 아래쪽은 균모와 동색의 탈락하기 쉬운 인편이 부착한다. 기부의 살은 성숙한 자실체에서는 갈색-암갈색이다. 포자문은 짙은 갈색이다. 포자의 크기는 6~7×4~5㎛로 타원형이나 한쪽이 패인 타원형도 있으며 표면은 매끈하며 발아공은 없다. 연낭상체는 곤봉형-원주상의 곤봉형으로 굴곡이 있는 것도 있으며 꼭대기는 때때로 구상으로 부풀며 40~60×6.5~13㎛이다. 측낭상체는 없다.
생태 봄~가을 / 활엽수의 고목에 군생·단생·속생
분포 한국(백두산), 중국, 일본, 유럽, 북아메리카

백색꼭지땀버섯

땀버섯과 » 땀버섯속

Inocybe albodisca Peck

형태 균모의 지름은 1.5~3.5cm로 종모양에서 둥근산모양을 거쳐 편평해진다. 표면에 넓은 혹이 있고 점성이 있으며 중앙부는 매끄러우나 그 외 부분은 섬유상 또는 방사상으로 갈라진다. 색깔은 중앙부는 백색에서 크림색으로 되며 다른 부분은 회색이고 나중에 분홍갈색이 된다. 주름살은 자루에 대하여 바른주름살이고 밀생하며 폭은 좁으며 백색에서 회갈색으로 된다. 가장자리는 갈라져서 너덜너덜하다. 자루의 길이는 2.5~5cm이고 굵기는 3~5mm로 하부는 부풀고 회색~분홍색이고 또는 백색 털로 덮였으며 속은 차 있다. 포자의 크기는 6~8×4.5~6μm로 다각형의 혹형이고 표면에 사마귀점이 있고 갈색이다.

생태 여름~가을 / 침엽수 낙엽수림의 땅에 발생

분포 한국(백두산), 중국, 북아메리카

참고 독버섯

흰둘레땀버섯

Inocybe albomarginata Velen.

형태 균모의 지름은 23-31mm로 편평한 둥근산모양에서 편평하게 되며 중앙이 얕은 것도 있다. 중앙은 넓은 볼록이 있고 어릴 때 가장자리는 아래로 말린 후에 펴지며 흑적갈색이다. 연한 아래의 살 때문에 바깥쪽으로 연한 색으로 보이며 중앙은 털상이고 방사상의 섬유실로 되며 갈라진다. 살은 백색이며 냄새는 없고 맛은 있다. 주름살은 바른주름살에서 거의 끝붙은주름살로 밀생, 폭은 2~7mm이며 원통형이나 배불뚝이형인 것도 있으며 황갈색. 주름살의 변두리는 고른 상태에서 술 장식으로 되며 백색 또는 동색이다. 자루의 길이는 31~45mm, 굵기는 3~4mm로 원통형이며 연한 갈색에서 오렌지색으로 된다. 기부는 부풀며 8mm 정도이고 가루가 부착한다. 포자는 6.5~8×4~5μm로 편복숭아모양이고 매끈하다. 담자기는 24~29×8~10μm이고 4-포자성이다.

생태 여름~가을 / 숲속의 땅에 군생

분포 한국(백두산), 중국, 유럽, 북아메리카

바늘땀버섯

Inocybe calospora Quél.

형태 균모의 지름은 1.5~2.5cm로 어릴 때는 원추형에서 종모양-둥근산모양으로 되며 중앙부는 약간 돌출한다. 표면은 코코아색-포도주갈색으로 섬유상이며 전체 또는 중앙 부근에 많은 거스름모양의 작은 인편이 밀포되어 있다. 살은 유백색이다. 주름살은 자루에 올린주름살 또는 떨어진주름살로 어릴 때는 탁한 황토색-회갈색이며 폭이 넓고 성기다. 가장자리는 흰색이며 분상이다. 자루의 길이는 2.5~4cm, 굵기는 2~3mm로 균모와 같은 색으로 꼭대기는 연한 색이고 분상이다. 속은 차 있다가 오래되면 빈다. 포자의 크기는 7~11.6×6~9.3μm로 아구형, 뿔모양 돌기가 30개까지 돌출되며 황갈색이다. 낭상체는 25~57×8~19μm 또는 40~45×8.5~10.5μm로 방추형-류곤봉형이고 막이 두껍다. 포자문은 적갈색이다.

생태 여름~가을 / 활엽수 또는 침엽수림의 땅에 단생·군생

분포 한국(백두산), 중국, 유럽, 북아메리카, 북반구 일대

삿갓땀버섯

Inocybe asterospora Quél.

형태 균모의 지름은 1.5~3cm이고 종모양 또는 원추형에서 차차 편평하게 되며 중앙은 배꼽모양으로 돌출한다. 표면은 마르고 녹슨 갈색 또는 암황갈색으로 중앙부는 색깔이 진하다. 실모양의 섬모 또는 가는 인편으로 덮이고 방사상으로 찢어진다. 가장자리는 반반하거나 물결모양이며 때로는 뒤집혀 감긴다. 살은 얇고 백색이다. 주름살은 자루에 대하여 홈파진주름살 또는 떨어진주름살로 밀생하며 폭은 넓고 처음 회갈색에서 녹슨 갈색으로 된다. 가장자리는 반반하거나 톱니상이다. 자루의 높이는 2.5~4.5cm, 굵기는 0.1~0.4cm로 위아래의 굵기가 같고 기부는 둥글고 비단 같은 백색 또는 연한 황색이고 속이 차 있다. 포자의 크기는 10.5~12×7.5~8μm로 혹모양의 돌기가 있고 연한 회갈색이다. 측낭상체는 산재하며 프라스코모양 또는 방추형이며 55~62×15.5~23.5μm로 정단에 결정체가 있다. 연낭상체는 벽이 얇다.

생태 여름~가을 / 사스래나무 숲의 땅에 군생 · 산생

분포 한국(백두산), 중국, 유럽, 북아메리카

참고 독버섯

큰비늘땀버섯

Inocybe calamistrata (Fr.) Gill.

형태 균모의 지름은 3~5cm로 종모양-둥근산모양으로 표면은 어릴 때 약간 알갱이가 있다가 나중에 거스름모양의 인편이 곱슬머리처럼 된 것이 특징이며 회갈색-암갈색이다. 가장자리는 예리하고 고르며 간혹 내피막 잔존물이 붙어 있다. 살은 백색-갈색이고 자루 하부의 살은 청록색이며 상처를 받으면 적색으로 변색한다. 주름살은 자루에 대하여 바른-올린주름살로 약간 성기고 폭이 넓으며 연한 갈색에서 진갈색으로 된다. 가장자리는 백색이다. 자루의 길이는 4~7cm, 굵기는 3~5mm로 원통형이나 휘어진다. 표면은 섬유상인데 갈라진 인편으로 덮이고 균모와 같은 색이고 기부는 청색이며 속은 비었다. 포자의 크기는 9.5~12×4.5~5.5㎛로 난상의 타원형이고 표면은 매끄럽고 황갈색이며 벽이 두껍다.

생태 여름~가을 / 산악(아고산대)지대의 침엽수림(전나무) 내의 땅에 군생

분포 한국(백두산), 중국, 유럽, 북아메리카, 북반구 온대 이북

곱슬머리땀버섯

Inocybe cincinnata (Fr.) Quél.
I. cincinnata (Fr.) Quél. var. cincinnata

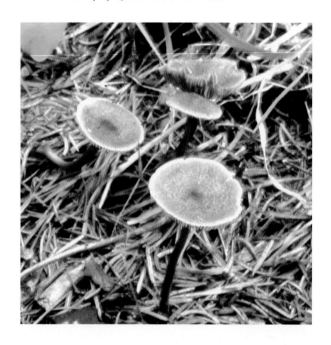

형태 균모의 지름은 1~3.5cm로 원추형 또는 둥근산모양이며 중앙에 낮은 돌기가 생긴다. 표면은 건조하고 어릴 때 보라색을 띤 회갈색-적갈색이고 나중에는 황토갈색이 되고 중앙은 진하다. 어릴 때 유백색으로 섬유상 막이 자루와 연결된다. 보라색을 띤 갈색의 거스름모양의 인편이 특히 중앙부에 밀포되어 있고 가장자리는 압착된 섬유가 방사상으로 펴져 있다. 드물게 표면이 방사상으로 갈라진다. 살은 유백색 또는 연보라색이다. 주름살은 자루에 대하여 홈파진주름살의 바른주름살로 연한 회자색에서 탁한 갈색으로 되고 폭이 넓고 약간 촘촘하다. 가장자리에 테가 있다. 자루의 길이는 2.5~3.5cm, 굵기는 2~3mm로 위쪽이 약간 가늘고 밑동은 약간 부풀어 있으며 속은 차 있다. 표면은 연보라색이고 섬유상의 작은 인편이 있다. 포자의 크기는 8~10.4×4.8~6.6μm로 타원형-편도형이며 표면은 매끈하고 황갈색이고 벽이 두껍다. 포자문은 밤갈색이다.

생태 여름~가을 / 숲속의 땅에 군생

분포 한국(백두산), 중국, 일본, 유럽, 북아메리카, 북아프리카

단발머리땀버섯

땀버섯과 ≫ 땀버섯속

Inocybe cookei Bres.

형태 균모의 지름은 2~5cm로 어릴 때는 원추형-종모양에서 둥근산모양을 거쳐 거의 평평하게 되며 중앙이 높게 돌출된다. 표면은 밀짚색-갈색을 띤 황토색이며 중앙은 진하다. 가장자리 쪽을 향해서 섬유상으로 눌린 비늘이 있고 균열이 생겨 속살이 드러나기도 한다. 섬유상 균열은 가장자리 쪽이 약간 적다. 살은 얇고 흰색-황백색이다. 주름살은 자루에 대하여 올린주름살-거의 끝붙은주름살로 어릴 때는 연한 회갈색에서 갈색이고 폭은 보통이며 촘촘하다. 주름살의 변두리는 흰색이고 분상이다. 자루의 길이는 2~6cm, 굵기는 2~5mm로 밑동은 약간 둥글게 부풀고 속이 차 있다. 표면은 섬유상으로 어릴 때는 유백색에서 연한 황갈색이다. 포자의 크기는 7~9.5×4.5~5.5μm로 타원형-강낭콩모양이며 표면은 매끈하고 연한 갈색이며 벽이 두껍다. 포자문은 올리브갈색이다.

생태 여름~가을 / 주로 침엽수 숲속의 땅에 군생, 독버섯인 솔땀버섯과 유사하나 약간 작고 밑동이 구근상으로 부풀은 모양이 차이점

분포 한국(백두산), 중국, 유럽, 북아메리카, 북반구 일대

주름버섯목
담자균문 ≫ 주름균아문 ≫ 주름균강
305

고깔땀버섯

Inocybe corydalina var. **corydalina** Quél.
I. corydalina Quél.

형태 균모의 지름은 10~20cm로 둔한 난형에서 둥근산모양으로 되었다가 차차 편평해진다. 황갈색의 바탕색에 밤갈색의 섬유상 인편이 피복하는 데 중앙에 밀집한다. 가장자리는 방사상으로 인편이 산재된다. 살은 두껍고 백색에서 붉은 백색으로 되고 버섯의 맛과 냄새가 강한 아몬드의 쓴맛이 있다. 주름살은 자루에 대하여 끝붙은주름살로 밀생하며 백색에서 갈색으로 된다. 자루의 길이는 10~20cm, 굵기는 2~4cm, 유백색에서 황백색으로 되며 작은 인편이 부착하며 인편은 연한 갈색으로 된다. 위쪽에 백색의 막질의 큰 턱받이가 늘어져 있고 턱받이는 오래되면 갈색으로 변색하며 상처 시 황색으로 변색한다. 자루의 속은 차 있고 기부는 때때로 부푼다. 포자의 크기는 7~10×4.5~5.5㎛로 타원형이며 표면은 매끈하고 황색의 암갈색으로 포자막은 두껍다. 포자문은 자갈색이다.

생태 여름~가을 / 숲속의 땅에 단생 · 군생

분포 한국(백두산), 중국, 유럽

참고 맛 좋은 식용균

회보라땀버섯

Inocybe gricsolilacina Lange

형태 균모의 지름은 1.5~3cm로 어릴 때는 원추형-종모양에서 둥근산모양을 거쳐 평형으로 된다. 표면은 어릴 때 미세한 솜털상-비늘이 눌려 붙은 모양에서 비늘이 드러나면 갈라진 모양으로 되고 중앙은 약간 볼록하기도 한다. 어릴 때는 보라색을 띤 황토갈색에서 회갈색으로 되고 중앙은 진하다. 살은 어릴 때는 보라색에서 탁한 유백색 또는 갈색을 띤다. 주름살은 자루에 대하여 바른주름살로 어릴 때는 연한 라일락색에서 갈색으로 되며 폭이 넓고 약간 촘촘하다. 자루의 길이는 3~7cm, 굵기는 2~4mm로 원주형이며 어릴 때 연한 라일락색에서 갈색으로 되며 흰색의 솜털 같은 섬유가 촘촘하게 덮여 있다. 포자의 크기는 8~10.6×4.8~6.1㎛로 타원형-약간 편도형이며 표면은 매끄럽고 회갈색으로 포자벽이 두껍다. 포자문은 회갈색이다.

생태 가을 / 길가 또는 활엽수의 숲속에 군생

분포 한국(백두산), 중국, 유럽, 북아메리카

점비늘땀버섯

Inocybe curvipes Karst.
I. lanuginella (Schroet.) Konr. & Maubl.

형태 균모의 지름은 1.5~3cm로 처음에는 원추형에서 둥근산모양을 거쳐 편평형으로 되며 중앙이 돌출한다. 표면은 갈색, 회갈색, 황토색을 띤 탁한 갈색 등을 나타내고 가장자리는 연한 색이며 섬유상에서 오래되면 인편으로 된다. 가장자리 끝에는 가끔 피막의 찌꺼기를 부착한다. 살은 유백색-연한 갈색이다. 주름살은 자루에 대하여 바른주름살이고 연한 회색-탁한 갈색으로 폭이 넓고 약간 촘촘하다. 자루의 길이는 2.5~5cm이고 굵기는 3mm 정도로 꼭대기는 거의 흰색이고 분상이다. 그 외는 탁한 갈색으로 간혹 보라색이 혼재되기도 한다. 섬유상의 미세한 줄무늬가 있고 밑동에는 약간의 균사가 부착하며 꼭대기는 간혹 밋밋한 것도 있다. 포자의 크기는 9.5~10.5×5.5~6.5㎛로 각이 진 모양으로 혹 같은 돌기가 있다. 포자문은 황갈색이다.

생태 여름~가을 / 활엽수 및 침엽수 아래의 땅, 묘포 등에 발생

분포 한국(백두산), 중국, 일본, 유럽, 북아메리카, 아프리카

애기흰땀버섯

Inocybe geophylla (Bull.) P. Kumm.
I. geophylla (Bull.) P. Kumm. geophylla

형태 균모의 지름은 1~2.5cm로 종모양에서 차차 편평하게 되며 중앙은 돌출한다. 표면은 마르고 비단 같은 백색이며 중앙부는 황색을 띠고 방사상의 섬모가 있다. 가장자리는 톱니상이다. 주름살은 자루에 대하여 바른주름살 또는 홈파진주름살로 약간 빽빽하며 회갈색이다. 자루의 높이는 3~5cm, 굵기는 0.2~0.3cm로 위아래의 굵기가 같으며 비단 같은 백색이고 상부는 가루상이고 하부는 솜털모양이며 속은 차 있다가 나중에 빈다. 포자의 크기는 7~9×4.5~5㎛로 타원형으로 한쪽 끝이 둔하고 알갱이가 들어 있고 연한 갈색으로 표면은 매끄럽다. 낭상체는 중앙이 볼록하며 두껍고 정단에 장식물이 있으며 40~52×12~16㎛이다. 연·측낭상체는 많다.

생태 여름~가을 / 숲속 땅에서 군생·산생하며 신갈나무와 외생 균근을 형성

분포 한국(백두산), 중국, 유럽, 북아메리카, 전 세계

참고 독버섯

줄무늬땀버섯

Inocybe grammata Quél. & Le Bret.

형태 균모의 지름은 2.5~6cm이고 원추형에서 종모양을 거쳐 편평하게 되지만 가운데는 돌출된다. (표면은 밋밋하고 방사상으로 털이 분포한다.) 황토색에서 코코아색의 갈색으로 되며 가운데는 바랜 색에서 백색으로 된다. 가장자리는 매끄럽고 날카롭다. 어릴 때는 부스럼 같은 백색의 잔재가 있다. 살은 백색이고 가끔 엷은 핑크색이며 신 냄새가 나고 맛은 부드럽다. 주름살은 자루에 대하여 홈파진주름살로 폭은 넓고 회색의 베이지색에서 밝은 갈색을 거쳐 올리브갈색으로 된다. 주름살의 변두리는 백색의 줄무늬선이 있다. 자루의 길이는 4~7cm, 굵기는 0.5~1cm로 원주형으로 자루의 속은 차 있고 부서지기 쉽다. 표면은 바랜 살갗 색이고 미세한 가루가 있다. 포자의 크기는 7.5~10×5~6μm로 5~6개의 둔한 혹이 있고 황갈색이다. 담자기는 26~32×8~10μm로 막대모양이다. 연낭상체는 35~67×14~25μm로 방추형이며 벽은 두껍고 장식물이 있다. 측낭상체는 크기와 모양이 연낭상체와 비슷하다.

생태 여름~가을 / 혼효림의 땅에 군생

분포 한국(백두산), 중국, 유럽

센털땀버섯

Inocybe hirtella Bres.
I. hirtella Bres. var. hirtella

형태 균모의 지름은 2~3.5cm로 어릴 때는 원추형에서 종모양-둥근산모양이다가 차차 편평해지며 중앙은 둔한 돌출이 있다. 표면은 물결모양의 굴곡이 있으며 어릴 때는 밀짚색-황토황색에서 연한 갈색을 띤 황토색으로 중앙 쪽으로 눌려 있는 섬유상 비늘이 있다. 살은 거의 백색이다. 주름살은 자루에 대하여 홈파진주름살 또는 올린주름살이고 변두리는 미세한 가루가 있다. 어릴 때는 황백색에서 회갈색으로 폭이 넓고 약간 성기다. 자루의 길이는 2~4cm, 굵기는 3~5mm로 표면은 섬유상의 가는 줄무늬선이 있고 균모보다 연한 색 또는 거의 백색으로 꼭대기는 가루상이며 탈락성의 거미집막이 있다. 포자의 크기는 9~11.5×5~5.5μm로 난형-아몬드형이고 표면은 매끈하며 황갈색으로 포자벽이 두껍다. 포자문 갈색이다.

생태 여름~가을 / 숲속의 땅에 군생

분포 한국(백두산), 중국, 일본, 유럽

테땀버섯

Inocybe insignissima Romagn.

형태 균모의 지름은 18~40mm로 원추형에서 둥근산모양으로
되지만 중앙이 약간 높거나 얕다. 표면은 연한 황토색에서 갈색
으로 되며 중앙은 밋밋하고 방사상의 섬유상 테가 있다. 살은 얇
고 회색이다. 주름살은 자루에 대하여 좁은 바른주름살에서 거의
끝붙은주름살로 원주형이나 배불뚝이형인 것도 있으며 폭은 넓
으며 2~5mm로 밀생한다. 어릴 때 자색이나 곧 없어지며 갈색으
로 된다. 주름살의 변두리는 섬유상이며 백색 또는 주름살과 동
색이다. 육질은 연한 라일락색이고 자루 꼭대기의 살은 라일락색
이 뚜렷하고 냄새는 약하거나 강하다. 자루의 길이는 15~45mm,
굵기는 3~6mm로 기부로 굵고 부푼다. 표면은 자색이며 위쪽
이 뚜렷하고 아래쪽에 갈색이 섞인 혼합색이다. 기부의 부푼 곳
은 백색으로 꼭대기는 약간 섬유상이고 아래쪽은 섬유실이다. 자
루의 속은 차 있다. 포자는 8.5~10×5~6μm로 타원형으로 표면은
매끈하다. 담자기는 29~38×9~12μm로 4-포자성이다.

생태 숲속의 땅에 발생
분포 한국(백두산), 중국

잎땀버섯

Inocybe petiginosa (Fr.) Gill.

형태 균모의 지름은 8~15mm로 원추형에서 종모양을 거쳐 편평
하게 되며 중앙이 볼록하다. 표면은 밋밋하고 미세한 백색의 털
이 가장자리 쪽으로 띠를 형성한다. 색깔은 회흑색-흑갈색에서
연한 적색 또는 황갈색으로 된다. 가장자리는 물결형이며 오랫동
안 백색의 털이 매달린다. 살은 크림색 또는 적황색으로 얇고 약
간 독특한 냄새가 나고 떫은맛에서 쓴맛으로 된다. 주름살은 올
린주름살로 크림-황색에서 밀짚색의 노란색을 거쳐 칙칙한 회노
란색으로 폭은 넓다. 주름살의 변두리는 톱니상이며 백색이고 섬
모상이다. 자루의 길이는 15~30mm, 굵기는 1~2mm로 원통형
이며 휘어지기 쉽고 어릴 때 속은 차 있다가 빈다. 표면은 밋밋하
고 매끄러우며 처음은 핑크갈색에서 칙칙한 회색를 거쳐 적갈색
으로 되며 미세한 백색의 가루가 분포하는 것도 있다. 기부는 가
끔 빳빳한 백색의 털이 있다. 포자의 크기는 6~8.5×4.3~6μm로
전체 모양은 아구형으로 가장자리가 굴곡진 돌기가 있다.

생태 여름~가을 / 활엽수림의 땅에 군생
분포 한국(백두산), 중국, 유럽, 아시아, 북아메리카

비듬땀버섯

Inocybe lacera (Fr.) Kumm.
I. lacera (Fr.) Kumm. var. lacera

형태 균모의 지름은 1~4cm로 둥근산모양에서 중앙이 높은 편평형으로 된다. 표면은 방사상의 섬유상-솜털상이며 암다갈색-암갈색 바탕에 작은 인편으로 덮이거나 때로는 거스름모양을 나타내기도 하며 오래되면 갈라지기도 한다. 살은 백색 또는 연한 갈색이다. 주름살은 자루에 대하여 바른주름살로 성기고 백색에서 황토색-회갈색으로 된다. 자루의 길이는 2~6cm, 굵기는 2~6mm로 섬유상이며 균모와 같은 색이나 상부는 남색이고 기부는 거의 흑색이다. 표면에 세로줄의 섬유상 인편이 오래 부착한다. 속은 처음은 차 있으나 나중에 빈다. 포자의 크기는 11.5~15×5~8μm로 원추상의 방추형이며 표면은 매끈하고 연한 황갈색으로 포자벽은 두껍다. 낭상체는 40~60×10~13μm로 벽은 두껍다.

생태 여름~가을 / 모래밭 소나무 숲의 땅에 군생

분포 한국(백두산), 중국, 일본, 유럽, 북반구 일대

참고 식·독 불명

털땀버섯

Inocybe maculata Boud.

형태 균모의 지름은 2.5~5.5cm로 원추형에서 둥근산모양을 거쳐 거의 편평형으로 되고 중앙이 돌출한다. 표면은 암갈색의 섬유상이며 흰색의 외피막이 반점상으로 부착되었다가 나중에 표피는 방사상으로 찢어진다. 살은 유백색-연한 황갈색이다. 주름살은 자루에 대하여 올린주름살로 처음 남회색에서 회갈색으로 되고 두께는 얇은 편이며 폭은 3~5mm로 촘촘하다. 가장자리는 유백색이다. 자루의 길이는 3~9cm, 굵기는 3~8mm로 상하가 같은 굵기이고 표면은 섬유상이며 가끔 굽은 것도 있으며 유백색으로 아래쪽부터 갈색을 띠게 된다. 포자의 크기는 8~10.5×4.4~5.8μm로 타원형-강낭콩모양이며 표면은 매끈하고 연한 황갈색이다. 포자문은 올리브갈색이다.

생태 여름~가을 / 주로 활엽수의 숲속의 땅에 군생
분포 한국(백두산), 일본, 유럽, 러시아의 극동지방
참고 독버섯

결절땀버섯(애기비늘땀버섯)

Inocybe nodulosospora Kobay.

형태 균모의 지름은 1.5~2cm로 종모양에서 둥근산모양을 거쳐 편평하게 되지만 중앙이 돌출한다. 표면은 회녹색의 갈색-암갈색이고 중앙은 진하며 섬유상이고 이것이 나중에 가는 거스름같이 되며 방사상으로 찢어지기도 한다. 주름살은 자루에 대하여 홈파진주름살, 올린주름살, 끝붙은주름살 등 다양하며 폭은 2~5mm로 암갈색이고 약간 성기거나 약간 밀생한다. 자루의 길이는 4.5cm이고 굵기는 2~2.5mm로 상하가 같은 굵기이고 밑동은 둥글다. 표면은 비단 같은 섬유가 있으며 균모와 같은 색이다. 포자의 크기는 7~11×6~8.5μm로 타원형-구형으로 현저하게 혹이 많이 있다. 연낭상체는 34~67×13~19μm로 약간 벽이 두껍다.
생태 가을 / 숲속의 땅에 군생
분포 한국(백두산), 중국, 일본

젖은땀버섯

Inocybe paludinella (Peck) Sacc.

형태 균모의 지름은 1.5-2.5cm로 원추상의 둥근산모양으로 중앙이 돌출된 편평형이다. 표면은 연한 황색-연한 황토색으로 비단같은 모양 또는 섬유상으로 때로는 손-거스름모양 인편이 조금 생기기도 한다. 살은 얇고 백색이며 흙냄새가 난다. 주름살은 자루에 대하여 바른주름살의 올린주름살 간혹 끝붙은주름살이며 올리브색의 갈색으로 촘촘하며 약간 성기고 폭은 보통이다. 자루의 길이는 2.5~5.5cm, 굵기는 1.5~3mm로 가늘고 길며 밑동이 부풀어 있다. 표면은 미세한 분상으로 백색에서 연한 황색을 띤다. 포자의 크기는 8.5~9.5×5.5~6μm로 다각형인데 혹모양의 돌기가 있고 투명하다.

생태 여름~가을 / 침엽수 및 활엽수 숲속의 습기 있는 땅에 군생

분포 한국(백두산), 중국, 유럽, 북아메리카, 북반구 일대

땀버섯아재비

Inocybe praetervisa Quél.

형태 균모의 지름은 2~4cm로 원주상-종모양에서 차차 편평하게 되며 중앙은 돌출한다. 표면은 습기가 있을 때 점성이 조금 있고 황토색으로 가는 털이 있고 중앙부는 털이 없으며 잘게 터져서 갈라진다. 살은 백색이고 고약한 냄새가 난다. 주름살은 자루에 대하여 올린주름살로 밀생하며 회갈색이다. 가장자리에 백색의 융털이 있다. 자루의 높이는 3.5~7cm, 굵기는 0.2~0.5cm로 위아래의 굵기가 같고 백색 또는 회황색이고 상부는 백색으로 가루상이며 하부는 세로줄무늬선이 있다. 자루의 속이 차 있으며 기부는 둥글다. 포자의 크기는 8~11×5~7μm로 타원형이고 혹 같은 돌기가 있다. 낭상체는 방추형이고 후막으로 38~51×16~22μm이다.

생태 가을 / 분비나무, 가문비나무 숲의 땅에 단생 · 산생

분포 한국(백두산), 중국, 북반구 일대, 파푸아뉴기니

솔땀버섯

Inocybe rimosa (Bull.) Kummer
I. fastigiata (Schaeff.) Quél.

형태 균모의 지름은 2~4cm로 원추형 또는 종모양에서 편평하게 되며 중앙은 돌출한다. 표면은 마르고 처음에 황백색에서 황갈색으로 되며 실 같은 털이 있고 중앙부는 거북등처럼 갈라져 거친 인편으로 되며 나중에는 방사상으로 갈라져서 살이 보인다. 살은 얇고 백색으로서 변색되지 않는다. 주름살은 자루에 대하여 홈파 진주름살 또는 떨어진주름살로 처음은 유백색에서 연한 청백색에서 회백색을 거쳐 갈색으로 변한다. 자루의 높이는 2.5~5cm, 굵기는 0.5~1cm로 위아래의 굵기가 같으며 기부가 부풀고 백색의 섬유상이다. 상부에 백색의 반점상 인편이 있고 하부는 탈락하고 찢어져 섬유털로 되며 때로는 뒤집혀 감기며 미세한 인편도 있다. 포자의 크기는 11~13×5~7.5μm로 신장형이며 표면은 매끄럽고 녹슨색이다. 연낭상체는 총생하며 짧은 곤봉형이고 40~50×12~12.5μm이다. 포자문은 녹슨색이다. 낭상체는 병모양으로 정단에 장식이 있으며 76~107×20~28μm이다.

생태 여름~가을 / 혼효림의 땅에 단생 · 산생하며 느릅나무, 신갈나무와 외생균근을 형성

분포 한국(백두산), 중국, 일본, 유럽, 북아메리카

참고 독버섯

얼룩솔땀버섯

Inocybe obsoleta Romagn.
I. rimosa var. obsoleta Quadr. & Lunghini

형태 균모의 지름은 15~40mm로 어릴 때 원추형에서 종모양을 거쳐 넓게 펴지나 중앙은 예리하게 돌출한다. 표면은 방사상의 섬유와 줄무늬선이 있고 크림색에서 밝은 황토색으로 되며 보통 백색의 가루가 중앙에 분포한다. 가장자리는 어릴 때 고르고 예리하며 곧 방사상으로 갈라진다. 육질은 백색이며 균모의 중앙은 두껍고 가장자리는 얇다. 거의 냄새가 없고 맛은 온화하나 불분명하다. 주름살은 자루에 대하여 끝붙은주름살 또는 약간 올린주름살로 크림색에서 회갈색이며 폭이 넓다. 주름살의 변두리는 백색의 섬유가 있다. 자루의 길이는 25~40mm, 굵기는 2.5~5mm로 원주형으로 속은 차 있다. 표면은 크림색에서 밝은 황색의 바탕에 약간 백색 세로줄의 섬유가 있으며 위쪽은 백색의 가루상이다. 포자의 크기는 8~11.7×5~6.6μm로 타원형이며 표면은 매끈하고 황색이며 포자벽은 두껍다. 담자기는 막대형으로 33~40×10~12μm로 기부에 꺾쇠가 있다. 연낭상체는 막대-원통형으로 20~55×8~18μm로 측낭상체는 없다.

생태 여름~가을 / 이끼류가 있는 땅에 단생 · 군생

분포 한국(백두산), 중국, 유럽

팽이땀버섯

Inocybe sororia Kauff.

형태 균모의 지름은 2.5~7.5cm, 원추형-종모양에서 거의 편평해 지지만 중앙은 돌출한다. 표면은 건조, 방사상 섬유가 있고 크림색-볏짚 황색이나 약간 진하다. 가장자리는 약간 위로 말리고 흔히 갈라진다. 주름살은 자루에 대하여 바른주름살이고 어릴 때는 유백색에서 연한 황색으로 되고 촘촘하다. 자루의 길이는 3~10cm, 굵기는 2~5mm로 원주형이고 위쪽에는 미세한 털이 있으며 밑동은 약간 굵다. 표면은 유백색에서 칙칙한 색으로 되며 섬유상이다. 자루의 속은 차 있다. 포자의 크기는 9~16×5~8μm로 타원형, 표면은 매끈하며 연한 갈색이다. 포자문은 갈색이다.

생태 여름~가을 / 혼효림 내의 활엽수 밑에 단생 · 산생

분포 한국(백두산), 중국, 북아메리카

황토땀버섯

Inocybe subochracea (Pk.) Sacc.

형태 균모의 지름은 2.5~5cm로 원추형의 비슷한 모양에서 둥근 산모양을 거쳐 차차 편평해진다. 표면은 노랑의 황토색이며 섬유실은 인편으로 된다. 살은 백색에서 약간 황색이고 냄새는 강하다. 주름살은 자루에 대하여 바른주름살로 꿀색의 노란색에서 황갈색으로 되며 간혹 올리브색으로 되는 것도 있다. 자루의 길이는 3~6cm, 굵기는 3~6mm로 처음 백색이나 나중에 황토색으로 되는데 방추형의 꼴이고 오래되면 황토-황갈색으로 된다. 포자의 크기는 8.5~11×4.5~6㎛로 긴-아몬드형이고 표면은 매끈하다. 포자문은 고동색의 갈색이다. 측낭상체는 노란색으로 벽은 두껍고 70~90×12~17㎛이다.

생태 여름~가을 / 혼효림에 군생

분포 한국(백두산), 중국, 북아메리카

참고 불식용

흰땀버섯

Inocybe umbratica Quél.

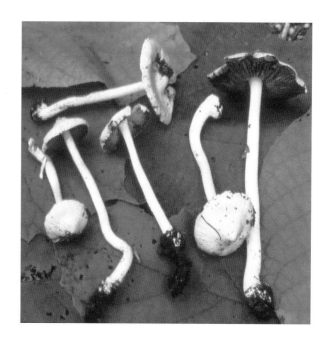

형태 균모의 지름은 2~3.5cm로 처음에는 원추형-원추상의 종모양에서 차차 편평하게 펴지며 중앙부가 돌출된다. 표면은 밋밋하고 방사상으로 쪼개지며 흰색인데 연한 회색을 띠기도 한다. 살은 흰색이다. 주름살은 자루에 대하여 떨어진주름살로 연한 갈색에서 회갈색으로 되며 폭이 좁은 편이며 촘촘하다. 가장자리는 미세한 톱니상이고 가루상이다. 자루의 길이는 2.5~5cm, 굵기는 4~8mm로 상하가 같은 굵기이고 밑동이 둥글게 부푼다. 표면은 백색이며 연한 청색을 띠기도 하며 밋밋하다. 자루의 속은 차있다. 포자는 7~9.5×5.2~7μm로 다각형의 타원형이고 5개의 무딘 혹을 가지며 황갈색이다. 포자문은 황갈색이다.

생태 여름~가을 / 주로 침엽수의 숲속의 지상에 단생·산생

분포 한국(백두산), 중국, 북반구 온대 일대

좀흰땀버섯

Inocybe whitei (Berk. & Br.) Sacc.

형태 균모의 지름은 20~30mm로 반구형에서 원추형을 거쳐 종
모양으로 되었다가 둥근산모양으로 된다. 결국 편평하게 되며 둔
한 돌출을 가지고 있다. 표면은 밋밋하며 둔하고 습기가 있을 때
광택이 나고 중앙은 백색이지만 밝은 황토색을 가지며 노쇠하면
적색으로 된다. 어릴 때 백색의 섬유실 거미집막에 의하여 자루에
연결된다. 살은 백색으로 자르면 곳에 따라서 적색으로 변색하고
얇으며 냄새가 나고 맛은 온화하다. 주름살은 자루에 대하여 좁
은 올린주름살로 폭이 넓고 회베이지색에서 적회색을 거쳐 적갈
색으로 된다. 주름살의 가장자리는 백색의 섬유상이다. 자루의 길
이는 40~60mm, 굵기는 3.5~6mm로 원통형이고 기부는 때때로
두껍고 부서지기 쉬우며 속은 차 있다. 표면은 백색으로 세로줄의
백색-섬유실이 있으며 위쪽은 백색의 가루상이고 노쇠하면 적색
으로 되며 비비면 적색으로 변색한다. 포자의 크기는 7.5~10.5×
4.5~6μm로 타원형 또는 씨앗모양이고 표면은 매끈하며 황갈색으
로 벽은 두껍다. 담자기는 막대형으로 26~35×9~10μm로 4-포자
성이다. 기부에 꺽쇠가 있다. 연낭상체는 방추형에서 배불뚝이형
이고 벽은 두껍다. 측낭상체는 연낭상체와 비슷하다.
생태 여름~가을 / 침엽수림의 숲속에 단생 · 군생
분포 한국(백두산), 중국, 유럽, 북아메리카

가는대덧부치버섯

Asterophora gracilis D. H. Cho

형태 균모의 지름은 0.1~0.5cm, 둥근모양이나 가운데는 들어간
다. 전체가 백색이나 가운데는 약간 회색이다. 살은 얇고 백색이
다. 주름살은 자루에 대하여 바른주름살로 백색이며 밀생한다.
자루의 길이는 1~3cm이고 굵기는 0.5~1mm로 원통형으로 가늘
고 길며 백색 또는 연한 색이다. 포자의 크기는 3~4×2.5~3㎛로
타원형이며 표면에 미세한 점들이 있고 후막포자의 지름은 6×
4㎛로 구형 또는 아구형이지만 포자와 잘 구분이 안 된다. 담자
기는 15~20×4~5㎛이고 원통형이며 4-포자성이고 경자의 길이
는 2~3㎛이다. 주름살의 균사는 24~47×1.5~3㎛로 원통형이다.
생태 여름 / 숙주 버섯의 밑에 잔뿌리 같은 균사가 수없이 뻗어
있고 숙주균은 갓버섯으로 추정되며 군생
분포 한국(백두산), 중국

덧부치버섯

Asterophora lycoperdoides (Bull.) Ditm.

형태 균모의 지름은 1~2.5cm로 구형에서 반구형으로 어릴 때는 가운데가 볼록한 둥근형이나 차차 펴져서 물결형으로 된다. 표면은 밋밋하고 어릴 때는 백색에서 회백색의 섬유상이나 시간이 흐르면 분말상의 황토색으로 되며 연한 다갈색의 후막포자가 덮여 있다. 살은 백색에서 회갈색으로 되며 두껍다. 습기가 있을 때는 매끄럽다. 가장자리는 어릴 때는 아래로 말리나 나중에 물결형이 되어 위로 말리며 갈라지고 안쪽에서부터 회갈색으로 변한다. 주름살은 자루에 대하여 바른주름살 또는 약간 내린주름살로 배불뚝이형이며 폭이 넓고 두껍다. 주름살의 가장자리에 미세한 가루가 있고 갈라진다. 주름살은 나중에 후막포자의 형성으로 발육이 억제된다. 자루의 길이는 1.5~4cm, 굵기는 0.3~0.4cm로 원주형이며 가끔 굴곡형도 있다. 표면은 회갈색 바탕에 백색의 섬유상이고 아래쪽은 백색의 털이 있다. 자루의 속은 차 있고 나중에 빈다. 포자의 크기는 5~6×3~4μm로 타원형이고 표면은 매끄럽다. 후막포자의 지름은 12~19μm로 구형의 별모양이고 황색이다.

생태 여름~가을 / 가문비나무 숲의 무당버섯과의 절구버섯 (Russula nigricans)의 균모에 속생 · 산생

분포 한국(백두산), 중국, 일본, 유럽, 북아메리카

밤버섯

Calocybe gambosa (Fr.) Donk
Tricholoma gambosum (Fr.) Sing.

형태 균모의 지름은 5~15cm로 아구형에서 차차 편평해진다. 표면은 밋밋하고 백색, 칙칙한 백색 또는 회갈색이며 가끔 불규칙한 물결형이고 갈라진다. 가장자리는 아래로 말리고 감긴다. 살은 백색이고 매우 두껍고 단단하며 약간 말랑말랑한 느낌으로 맛과 냄새는 밀가루 비슷하다. 주름살은 자루에 대하여 바른주름살 또는 약간 홈파진주름살로 백색에서 크림백색이며 밀생하며 폭이 좁다. 자루의 길이는 2~4cm, 굵기는 1~2.5cm로 원통형이나 간혹 아래가 굵거나 가늘어지는 것도 있다. 표면은 백색이며 연하다. 포자의 크기는 5~6×3~4μm로 타원형이며 표면은 매끄럽고 투명하다. 포자문은 백색이다.

생태 봄~여름 / 활엽수나 침엽수림의 땅에 단생 · 군생. 간혹 균륜을 형성

분포 한국(백두산), 중국, 일본, 유럽, 아프리카

참고 식용

느티만가닥버섯

Hypsizygus marmoreus (Peck) Bigelow

형태 균모의 지름은 7~15cm로 둥근산모양에서 편평해지나 중앙부는 둔한 볼록이다. 흡수성이며 백색 또는 연한 황색으로 중앙부는 갈색을 띠며 가끔 짙은 색깔의 반점이 있다. 표면은 매끄럽고 가는 연한 털이 있는 것도 있으며 노쇠하면 거북등처럼 갈라진다. 연한 갈색 바탕에 중앙으로 흔히 진한 색의 대리석 같은 반점이 분포하지만 오래되면 반점은 사라지고 갈색으로 퇴색. 살은 두껍고 단단하며 백색으로 맛은 온화하다. 주름살은 떨어진주름살로 폭이 넓으며 백색, 연한 황색으로 밀생한다. 자루의 길이는 7~9cm, 굵기는 0.7~1.5cm로 중심생이고 편심생으로 구부러지고 균모와 동색이다. 기부는 가늘거나 굵고 털이 있으며 속이 차 있다. 하부는 방추형이며 미세한 털이 나 있다. 포자의 지름은 4~6μm로 구형, 매끄러우며 난아미로이드 반응이다.

생태 여름~가을 / 느릅나무속 또는 기타 활엽수의 살아 있는 줄기, 죽은 나무에 단생·군생·속생

분포 한국(백두산), 중국, 일본, 유럽, 북아메리카

주사위느티만가닥버섯

Hypsizygus tessulatus (Bull.) Sing.

형태 균모의 지름은 5~10cm로 편반구형에서 편평형이며 표면은 백색, 황갈색으로 미세한 반점의 인편이 있다. 주름살은 자루에 대하여 내린주름살로 백색-우윳빛의 백색으로 약간 밀생하며 포크형이다. 살은 백색이다. 자루의 길이는 5~10cm, 굵기는 1~1.5cm로 백색이며 속은 차고 표면은 밋밋하고 줄무늬홈선이 있다. 포자의 지름은 5~7μm로 구형 또는 아구형이고 표면은 매끄럽고 광택이 난다.

생태 여름 / 활엽수의 썩는 고목에 단생

분포 한국(백두산), 중국

참고 식용

방석느티만가닥버섯

Hypsizygus ulmarius (Bull.) Redhead

형태 균모의 지름은 80~120mm로 반구형에서 편평하게 되거나 방석처럼 되지만 중앙은 가끔 약간 볼록하다. 표면은 밋밋하고 둔하며 섬유실이 방사상으로 갈라지며 크림색에서 황토색으로 되지만 흔히 회색 색조가 있으며 노쇠하면 노란색으로 되는 경향이 있고 건조성이다. 가장자리는 가끔 아래로 말리고 예리하다. 살은 백색으로 질기고 섬유상이며 두껍고 냄새는 시고 맛은 온화하나 분명치는 않다. 주름살은 자루에 대하여 넓은 바른주름살 또는 내린주름살로 백색에서 크림색 또는 노란색으로 폭이 넓다. 살은 질기다. 가장자리는 물결형에서 톱니상으로 된다. 자루의 길이는 80~150mm, 굵기는 10~30mm로 약간 막대형이며 기부 쪽으로 가늘고 굽었으며 보통 편심생이다. 표면은 거친 세로줄의 섬유실이 기부로 늘어나 주머니처럼 되며 크림-노란색에서 황토색으로 된다. 자루의 속은 차다. 포자의 크기는 5.5~7×4.5~6μm로 아구형이며 표면은 매끈하고 기름방울을 함유한다. 담자기는 막대형으로 26~30×6~7.5μm로 4-포자성이다. 기부에 꺽쇠가 있다. 낭상체는 없다.

생태 늦여름~가을 / 숲속의 산나무나 죽은 나무의 등걸 등에 속생, 드물게 단생·산생

분포 한국(백두산), 중국, 유럽, 북아메리카

흰주름만가닥버섯

Lyophyllum connatum (Schumach.) Sing.
Clitocybe connata (Schumach.) Gill.

형태 균모의 지름은 4~8cm로 중앙이 돌출하거나 편평하며 가끔
둥근산모양을 이룬다. 표면은 백색, 회백색이며 중앙 부근은 황
갈색이며 매끈하다. 살은 백색이고 맛은 온화하다. 가장자리는
아래로 말리고 가끔 물결모양이다. 주름살은 자루에 대하여 바
른주름살, 홈파진주름살, 내린주름살 등 다양하고 다소 빽빽하며
폭이 좁고 백색이다. 자루의 길이는 2~4cm, 굵기는 0.4~1cm로
원주형이고 백색이다. 표면은 매끈하고 섬유질이다. 자루의 속은
차 있고 기부는 서로 맥상으로 연결된다. 포자의 크기는 5~6×
2~3㎛로 타원형이고 표면은 매끄러우며 난아미로이드 반응이다.
포자문은 백색이다.
생태 가을 / 잣나무 등의 혼효림의 땅에 속생
분포 한국(백두산), 중국, 일본, 유럽
참고 식용

잿빛만가닥버섯

Lyophyllum decastes (Fr.) Sing.

형태 균모의 지름은 6~10cm로 둥근산모양에서 차차 편평해지며 중앙은 약간 돌출하거나 드물게 오목한 것도 있다. 표면은 털이 없어 매끈하며 마르면 광택이 나고 연한 회색, 회흑색, 다갈색이다. 가장자리는 얇고 아래로 굽으며 물결모양으로 가끔 얕게 째진다. 살은 중앙부가 두껍고 가장자리가 얇으며 탄력성이고 나중에 유연하게 되며 백색이며 맛은 유하다. 주름살은 자루에 바른주름살, 홈파진주름살이고 노쇠하면 내린주름살로 되며 밀생하고 폭이 넓고 둔한 물결모양이다. 연한 황색에서 연한 살색으로 된다. 자루의 길이는 6~10cm, 굵기는 0.5~1.5cm로 중심생 또는 편심생이고 위로 점차 가늘어지고 기부는 불룩하고 가끔 구부정하다. 자루의 꼭대기는 가루모양이고 아래쪽은 섬유질로서 탄력성이 있고 백색 또는 연한 색이며 기부는 회색-갈색이다. 포자의 크기는 4~7μm로 구형으로 표면은 매끄럽다. 포자문은 백색이다.

생태 여름~가을 / 침엽수와 활엽수의 혼효림 또는 활엽수림의 땅에 단생·속생하며 소나무와 외생균근을 형성

분포 한국(백두산), 중국, 일본, 유럽, 북아메리카

참고 맛 좋은 식용균

연기색만가닥버섯

Lyophyllum fumosum (Pers.) P. D. Otron
L. cinerascens (Bull.) Knor. & Maubl.

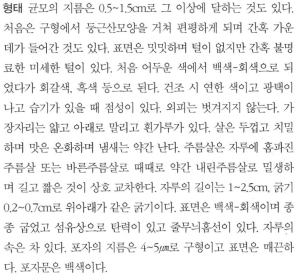

형태 균모의 지름은 0.5~1.5cm로 그 이상에 달하는 것도 있다. 처음은 구형에서 둥근산모양을 거쳐 편평하게 되며 간혹 가운데가 들어간 것도 있다. 표면은 밋밋하며 털이 없지만 간혹 불명료한 미세한 털이 있다. 처음 어두운 색에서 백색-회색으로 되었다가 회갈색, 흑색 등으로 된다. 건조 시 연한 색이고 광택이 나고 습기가 있을 때 점성이 있다. 외피는 벗겨지지 않는다. 가장자리는 얇고 아래로 말리고 흰가루가 있다. 살은 두껍고 치밀하며 맛은 온화하며 냄새는 약간 난다. 주름살은 자루에 홈파진 주름살 또는 바른주름살로 때때로 약간 내린주름살로 밀생하며 길고 짧은 것이 상호 교차한다. 자루의 길이는 1~2.5cm, 굵기 0.2~0.7cm로 위아래가 같은 굵기이다. 표면은 백색-회색이며 종종 굽었고 섬유상으로 탄력이 있고 줄무늬홈선이 있다. 자루의 속은 차 있다. 포자의 지름은 4~5μm로 구형이고 표면은 매끈하다. 포자문은 백색이다.
생태 여름~가을 / 자실체는 괴경상의 굵은 나무에 다수가 1개의 집단을 형성
분포 한국(백두산), 중국, 일본, 유럽, 북아메리카
참고 식용

흑변만가닥버섯

Lyophyllum immundum (Berk.) Kühner

형태 균모의 지름은 지름 4~8cm로 구형에서 둥근산모양으로 되지만 중앙은 볼록하다. 표면은 적갈색에서 회갈색으로 되며 약간 흡수성이고 인편은 둥글고 회백색에서 회황색이며 손으로 만지면 빨리 검은색으로 변색한다. 살은 연하고 검은색으로 냄새가 나고 맛은 온화하다. 가장자리는 줄무늬홈선이 있다. 자루의 길이는 5~10cm, 굵기는 5~1.5cm로 위아래의 굵기가 거의 같다. 표면은 회갈색이고 밀가루 같은 가루가 분포한다. 포자의 크기는 6~8×6~7µm로 아구형이고 회백색이다. 포자문은 백색이다.

생태 여름 / 침엽수림과 낙엽수림의 땅에 군생

분포 한국(백두산), 중국, 스웨덴

혀만가닥버섯

Lyophyllum loricatum (Fr.) Kühn. ex Kalamees

형태 균모의 지름은 30~120mm로 반구형에서 약간 둥근산모양을 거쳐 차차 편평해진다. 표면은 약간 맥상이고 결절에서 주름진 상태로 되며 약간 톱니상이고 점성이 있고 검은 올리브-갈색에서 밤색-갈색으로 되며 흡수성이다. 가장자리는 고르고 예리하다. 살은 백색이고 표피 밑은 갈색이며 중앙은 두껍고 가장자리로 연하고 질기고 풀 냄새가 나고 맛은 온화하지만 불분명하며 때때로 맵다. 주름살은 자루에 대하여 넓은 바른주름살에서 홈파진주름살로 백색에서 회백색으로 되며 폭은 넓다. 주름살의 가장자리는 밋밋하다. 자루의 길이는 35~90mm, 굵기는 7~15mm로 원통형이고 꼭대기는 백색의 가루가 있고 유연하며 속은 차 있다. 표면은 갈색이나 노쇠하면 회갈색으로 된다. 포자의 크기는 5~6×4.5~5.5μm로 아구형이며 표면은 매끈하고 투명하다. 담자기는 가는 막대형으로 28~32×7~8μm이고 4-포자성이다. 기부에 격쇠가 있다. 낭상체는 없다.

생태 여름~가을 / 풀밭 속의 땅에 속생

분포 한국(백두산), 중국, 유럽, 북아메리카, 아시아

황토만가닥버섯

Lyophyllum ochraceum (R. Haller Aar.) Schwobel & Reutter

형태 균모의 지름은 40~100mm로 둥근산모양에서 편평해진다. 압착된 털의 섬유상이며 중앙은 갈색의 인편이 분포한다. 밝은 녹황색에서 노랑황토색으로 되며 노쇠하면 올리브색이 된다. 가장자리는 아래로 말리고 예리하다. 살은 백색-크림색에서 백색-노란색으로 된다. 냄새는 안 좋고 밀가루 맛이다. 주름살은 홈파진주름살로 녹황토색에서 붉게 되며 상처 시 검게 되며 폭은 넓다. 가장자리는 톱니꼴로 된 물결형이다. 자루의 길이는 40~80mm, 굵기는 8~15mm로 원통형이고 기부는 가늘다. 세로줄의 홈선이 있고 황토색의 가루가 있다. 녹색-노란색에서 올리브-황토색으로 된다. 자루는 연한 색에서 백색-노란색으로 된다. 속은 차 있다가 푸석푸석한 상태로 된다. 포자는 3~4.5×2~3μm로 광타원형, 매끈, 투명하다. 담자기는 원통-막대형으로 18~23×4~5μm로 4-포자성이다. 기부에 격쇠가 있다.

생태 여름~가을 / 활엽수림의 숲속의 땅에 단생 · 군생

분포 한국(백두산), 중국, 유럽

모래꽃만가닥버섯

Lyophyllum semitale (Fr.) Kühn.

형태 균모의 지름은 5~7cm로 종모양에서 둥근산모양을 거쳐 중앙부가 높거나 오목한 편평형으로 된다. 표면은 다소 점성이 있고 회갈색에서 연한 회색으로 되며 매끄럽다. 가장자리는 습기가 있을 때 줄무늬선이 있고 물결모양이다. 살은 회백색이고 상처를 입으면 흑색으로 변색하며 맛은 쓰고 냄새는 고약하다. 주름살은 자루에 대하여 홈파진-올린주름살로 회백색이고 상처를 입으면 흑색으로 변색한다. 자루의 길이는 3~5cm, 굵기는 0.5~1cm로 원주형이나 간혹 기부가 굵으며 백회색의 섬유상이고 상부에 인편이 있고 백색 털이 밀생한다. 자루의 속은 차 있다가 비게 된다. 포자의 크기는 8~9×4.5~5.5μm로 난형이고 표면은 매끄럽고 투명하며 기름방울을 함유한다.

생태 가을 / 졸참나무, 상수리나무의 숲속 또는 소나무, 졸참나무의 혼효림의 땅에 단생·군생

분포 한국(백두산), 중국, 일본, 유럽

땅찌만가닥버섯

Lyophyllum shimeji (Kawam.) Hongo

형태 균모의 지름은 2~8cm로 처음에 반구형-둥근산모양에서 차차 편평하게 된다. 표면은 처음에 암색에서 때로 회색에서 연한 회갈색으로 된다. 살은 백색이고 치밀하다. 가장자리는 처음에 아래로 심하게 말린다. 주름살은 자루에 홈파진주름살 또는 약간 내린주름살로 백색-연한 크림색이다. 자루의 높이는 3~8cm, 굵기는 0.5~1.5cm로 위아래의 굵기는 같고 질기며 백색이고 아래로 부푼다. 자루의 속은 차 있다. 포자의 지름은 4~6µm로 구형이고 표면은 매끄럽고 투명하다.

생태 가을 / 혼효림의 땅에 다수가 군생 · 속생 · 간혹 산생하며 외생균근 형성

분포 한국(백두산), 중국, 일본

참고 인공재배

반투명만가닥버섯

Lyophyllum sykosporum Hongo et Clém.

형태 균모의 지름은 6.5~9cm로 둥근산모양에서 차차 편평하게 된다. 표면은 회갈색-올리브갈색이며 표면은 매끄럽다. 가장자리는 처음에 아래로 말렸다가 펴진다. 살은 두껍고 백색-회백색인데 상처를 입으면 흑색으로 변색한다. 주름살은 자루에 대하여 홈파진-바른-내린주름살로 다양하며 밀생한다. 표면은 백색-연한 회색이나 상처를 입으면 흑색으로 변색한다. 자루의 길이는 7~10cm이고 굵기는 1~1.8cm로 근부는 부풀고 표면은 균모보다 연한 색이고 위쪽에 가루가 분포한다. 자루의 속은 차 있다. 포자의 크기는 5.5~8.5×4.5~6.5㎛이고 타원형이며 표면은 매끄럽고 기름방울을 함유한다.

생태 여름~가을 / 침엽수림 내 땅에 군생
분포 한국(백두산), 중국, 일본, 유럽, 북반구 일대
참고 식용

느타리은색버섯

Ossicaulis lignatilis (Pers.) Redhead & Ginns
Plerurotus lignatilis (Pers.) Kummer

형태 균모의 지름은 2~5cm로 부채모양 또는 둥근산모양으로 중앙이 오목해진다. 표면은 크림색을 띤 흰색으로 오래되면 다소 갈색을 띤다. 살은 얇고 흰색이고 약간 질긴 편이다. 가장자리는 흔히 물결모양으로 굴곡이 있고 갈라지기도 한다. 주름살은 자루에 대하여 내린주름살로 촘촘하며 흰색에서 크림색으로 된다. 자루의 길이는 2~6cm, 굵기는 0.3~0.8cm로 흰색이며 편심생 또는 측생이다. 포자의 크기는 4.3~6.3×3.9~5.1㎛로 아구형이며 표면은 매끈하고 기름방울이 있다. 포자문은 백색이다.

생태 가을 / 활엽수 그루터기에 움푹 패인 부분이나 지면에 접한 부분에 많이 발생

분포 한국(백두산), 중국, 일본, 유럽, 북아메리카, 북반구 온대

참고 매우 희귀종, 식용 불분명

흰머리송이버섯

Tricholomella constricta (Fr.) Zerova ex Kalames
Tricholoma leucocephalum (Bull.) Quél.

형태 균모의 지름은 3~6cm로 둥근산모양으로 되지만 중앙은 둔한 볼록형이다. 표면은 밋밋하고 비단실 같은 섬유실이 있으며 중앙은 백황색이다. 살은 백색이고 밀가루 냄새가 난다. 주름살은 자루에 대하여 바른주름살로 백색이며 밀생한다. 자루의 길이는 4~6cm, 굵기는 0.5~1cm로 기부로 팽이처럼 가늘어지고 비틀린다. 표면은 백색이고 밋밋하다. 포자문은 백색이다. 포자의 크기는 7~10×4~6μm로 난형이고 표면에 분명한 사마귀점이 있다.

생태 늦여름~가을 / 활엽수림의 땅에 군생 · 산생

분포 한국(백두산), 중국, 유럽

참고 희귀종, 식 · 독 불명

유착나무종버섯

Campanella junghuhnii (Mont.) Sing.

형태 균모의 지름은 0.5~1.5cm로 극히 얇은 막질이다. 표면은 거의 백색-연한 회색을 띤 백색이며 미세한 가루모양이다. 어릴 때는 다소 연한 자색을 띠기도 한다. 주름살의 폭은 극히 좁고 매우 성기며 적은 수가 방사상으로 뻗으면서 서로 연결이 되어 그물 모양을 이룬다. 자루는 균모가 기주에 직접 부착하여 없지만 극히 짧은 대가 있는 것도 있다. 포자의 크기는 7.7~9×4.2~5μm로 타원형이고 광택이 나며 표면은 매끄럽다.
생태 여름~가을 / 죽은 대나무, 침엽수의 낙지에 군생
분포 한국(백두산), 중국, 일본, 유럽, 북아메리카, 북반구 온대

검은애기무리버섯

낙엽버섯과 》 애기무리버섯속

Clitocybula abundans (Peck) Sing.

형태 균모의 지름은 20~40mm로 둥근산모양에서 차차 편평해지며 가끔 중앙은 배꼽형인 것도 있다. 표면은 방사상으로 섬유실이며 노쇠하면 역시 방사상으로 갈라지며 숯-회색에서 회갈색을 거쳐 베이지회색으로 된다. 가장자리는 퇴색하고 예리하다. 살은 백색이며 얇다. 맛은 온화하다. 주름살은 자루에 대하여 올린주름살에서 넓은 바른주름살로 백색이며 폭은 넓다. 주름살의 변두리는 밋밋하다. 자루의 길이는 20~40mm, 굵기는 2~4mm로 원통형이고 속은 비었다. 표면은 편평하고 백색에서 회백색, 백색의 비듬-가루상이고 단단하며 유연하다. 포자의 크기는 4~7.5×4~6㎛로 광타원형이며 표면은 매끈하고 투명하며 기름방울을 함유한다. 담자기는 가는 막대형으로 22~30×5~7㎛로 4-포자성이며 기부에 꺽쇠가 있다. 연낭상체는 가는 막대형 또는 원통형으로 50~150×10~20㎛이다.

생태 여름 / 숲속의 땅에 군생·속생

분포 한국(백두산), 중국

눈알애기무리버섯

낙엽버섯과 》 애기무리버섯속

Clitocybula oculus (Peck) Sing.

형태 균모의 지름은 2~4cm로 둥근산모양에서 종모양을 거쳐 차차 편하게 되지만 중앙은 들어간다. 중앙은 연한 색에서 검은 회갈색이며 가장자리 쪽으로 점차 더 연해지며 방사상의 줄무늬가 있고 인편 또는 섬유실 인편이 있다. 가장자리는 찢어지고 갈라져서 톱니상이며 연한 갈색에서 회갈색으로 된다. 육질은 백색이고 냄새와 맛은 불분명하다. 주름살은 자루에 대하여 내린주름살로 약간 성기고 맥상으로 연결된다. 자루의 길이는 6cm, 굵기는 6mm 정도로 원통형이며 섬유상의 인편이 있으며 반점상으로 된다. 포자문은 백색이다. 포자의 크기는 5~6.5×4~4.5㎛로 아구형이다.

생태 썩는 고목 등걸 등에 다발로 발생

분포 한국(백두산), 중국, 북아메리카

참고 식용 불분명

애기무리버섯

Clitocybula familia (Peck) Sing.

형태 균모의 지름은 1~4cm로 종모양에서 원추형을 거쳐 차차 편평하게 된다. 표면은 습기가 있을 때 밋밋하고 갈색에서 크림색으로 된다. 살은 얇고 부서지기 쉽다. 가장자리는 아래로 말렸다가 나중에 다시 퍼지며 간혹 위로 뒤집혀지고 갈라지기도 한다. 주름살은 자루에 대하여 떨어진주름살로 백색으로 폭은 좁고 밀생한다. 자루의 길이는 4~8cm, 굵기는 1.5~3mm로 가늘고 회백색이며 표면은 매끄럽고 기부에는 미세한 털이 나 있다. 포자의 지름은 3.5~4.5μm로 구형이며 표면은 매끄럽고 투명하며 아미로이드 반응이다. 포자문은 백색이다.

생태 여름~가을 / 침엽수의 죽은 나무에 군생

분포 한국(백두산), 중국, 북아메리카

머리모자버섯

Calyptella capula (Holmsk.) Quél.

형태 자실체는 자루를 가진다. 직립하거나 컵을 매단 형태, 크기는 2~5×2~7mm로 컵받침형에서 깔때기형으로 된다. 바깥 면은 밋밋하고 백색에서 크림색이며 내면(주름살)은 백색의 자실층으로 바깥 면처럼 밋밋하고 백색에서 크림색이다. 가장자리는 물결형이고 밋밋하며 약간 톱니형이다. 자루의 높이는 2×5mm로 서서히 컵모양으로 섬세하고 부드럽게 융합한다. 포자의 크기는 6~9×3.5~4.5㎛로 타원형이나 한쪽 면이 편평하며 표면은 매끈하고 투명하다. 담자기는 막대형으로 20~25×6~8㎛로 4-포자성이다. 기부에 꺽쇠가 있다. 낭상체는 없다.

생태 여름~가을 / 잘린 나무나 고목의 옆 또는 위에 군생

분포 한국(백두산), 유럽

테두리털가죽버섯

Crinipellis zonata (Pk.) Sacc.

형태 균모의 지름은 1~2.5cm로 둥근산모양에서 거의 편평하게 되며 가끔 중앙은 들어간다. 흑갈색에서 황갈색의 털로 덮이며 전형적으로 흑색과 밝은 색의 고리가 있고 균모 가장자리는 어릴 때 안으로 말린다. 살은 얇고 단단하고 백색이며 냄새와 맛은 불분명하다. 주름살은 자루에 대하여 끝붙은주름살로 백색으로 밀생하며 폭이 넓다. 자루의 길이는 2.5~5cm, 굵기는 1~2mm로 상하가 같은 굵기이고 흑갈색에서 황갈색의 털을 가지고 있다. 포자문은 백색이다. 포자의 크기는 6.5~8.5×3.5~5μm로 타원형이며 표면은 매끈하고 벽은 얇다. 담자기는 26~32×7.5~9μm로 막대형이며 4-포자성이다.

생태 가을 / 썩는 고목 가지에 단생 · 속생

분포 한국(백두산), 북아메리카

주름애이끼버섯

Gerronema strombodes (Berk. & Mont.) Sing.
Chrysomphalina strombodes (Berk. & Mont.) Clemencon

형태 균모의 지름은 1.5~4cm로 처음에는 중앙이 오목한 둥근산 모양에서 가운데가 깊게 파인 깔때기모양으로 된다. 표면은 회갈색, 황갈색 및 갈색으로 중앙부위가 진하다. 가장자리는 아래로 감기고 방사상으로 줄무늬선 또는 홈선이 있고 오래되면 갈라지거나 고르지 않다. 살은 유백색이다. 주름살은 자루에 대하여 내린주름살이고 어릴 때는 유백색에서 연한 황백색으로 되고 폭이 넓으며 성기다. 자루의 길이는 2.5~4.5cm, 굵기는 2.5~4mm로 매우 가늘고 상하가 같은 굵기로 가끔 휘기도 한다. 표면은 유백색으로 연한 회갈색이고 자루의 상부에는 가루모양이 피복되어 있고 속은 비어 있다. 포자의 크기는 4.6~6×3~4.1μm로 타원형이다. 표면은 밋밋하고 투명하며 기름방울이 있다. 포자문은 백색이다.

생태 여름 / 땅속에 매몰되거나 활엽수고목, 활엽수 가지에 소수 군생

분포 한국(백두산), 중국, 유럽, 북반구

참고 매우 희귀종

단풍밀애기버섯

Gymnopus acervatus (Fr.) Murr.
Collybia acervata (Fr.) Kummer

형태 균모의 지름은 1~5cm로 반구형에서 차차 편평해지며 중앙부는 돌출하거나 약간 오목하다. 표면은 흡수성이고 습기가 있을 때 연한 황토색 또는 연한 살색이며 마르면 색깔이 연하고 털이 없으며 가는주름이 있다. 가장자리는 처음에 아래로 감기나 나중에 펴지거나 위로 들리며 습기가 있을 때 희미한 줄무늬홈선이 있다. 살은 얇고 색이 연하며 자루 쪽은 다갈색으로 맛은 부드럽다. 주름살은 자루에 대하여 바른주름살 또는 떨어진주름살에 가까우며 폭은 조금 넓고 백색 또는 살색을 띤다. 자루의 길이는 3~5cm, 굵기는 0.2~0.5cm로 원주형이며 상하의 굵기가 같고 연한 갈색 또는 흑갈색이다. 상부는 가끔 색이 연하며 털이 없고 기부에 백색의 융털이 있으며 섬유질이다. 자루의 속이 비어 있다. 포자의 크기는 5~6×2.5~3μm로 타원형이며 표면은 매끄럽다. 포자문은 백색이다. 낭상체는 없다.
생태 여름~가을 / 활엽수의 썩는 고목 또는 낙엽 층에 속생
분포 한국(백두산), 중국, 일본
참고 식용

다발밀애기버섯

Gymnopus confluens (Pers.) Ant. Hall. & Noordel.
Collybia confluens (Pers.) Kumm.

형태 균모의 지름은 2~3.5cm로 반구형에서 차차 편평해지며 중앙부는 둔한 볼록형이다. 표면은 습기가 있을 때 짧은 줄무늬홈선이 나타나고 분홍색이고 마르면 황토색이고 중앙부는 색이 진하다. 가장자리는 처음에 아래로 감기나 나중에 펴지고 노후 시 위로 치켜들어진다. 살은 얇고 균모와 동색이다. 주름살은 자루에 떨어진주름살로 밀생하며 폭이 아주 좁고 백색이다. 자루의 길이는 5~6cm, 굵기는 0.1~0.2cm로 원주형이고 상하의 굵기가 같거나 기부가 다소 굵으며 질기고 속이 비어 있다. 상부는 균모와 동색이며 하부는 밤갈색이고 백색의 부드러운 털이 밀생한다. 기부는 면모상의 균사가 기물에 부착한다. 포자의 크기는 5~6.5×3~4μm로 타원형이고 표면은 매끄럽다. 포자문은 백색이다. 연낭상체의 벽은 얇고 30~45×6~10μm이다.

생태 여름~가을 / 숲속 낙엽이 썩는 곳에 군생·속생하며 균륜을 형성

분포 한국(백두산), 중국, 일본

참고 식용

밀애기버섯

Gymnopus dryophilus (Bull.) Murr.
Collybia dryophila (Bull.) Kummer

형태 균모의 지름은 1~4cm로 반구형에서 차차 편평해지며 중앙부는 둔하게 돌출하거나 약간 오목하고 가끔 모양이 삐뚤어진다. 표면은 습기가 있을 때 점성이 있고 털이 없으며 매끄러우며 황백색, 연한 황토색이고 중앙부는 황갈색을 띤다. 가장자리는 색이 연하거나 백색으로 가는 줄무늬홈선이 있다. 살은 얇고 균모와 비슷한 색깔로 맛은 온화하다. 주름살은 자루에 홈파진주름살로 밀생하며 폭은 아주 좁으며 길이가 같지 않고 백색 또는 연한 색깔이다. 가장자리는 반반하거나 잔 톱니상이다. 자루의 길이는 2~5cm, 굵기는 0.2~0.3cm로 원주형이며 상하의 굵기가 같거나 기부가 약간 불룩하고 상부는 색이 연하고 아래로 균모와 동색이다. 표면은 매끄럽고 연골질이며 털이 없다. 자루의 기부에 백색의 융털이 있다. 포자의 크기는 5~6×3~3.5μm로 타원형이고 표면은 매끄럽다. 포자문은 백색이다. 낭상체는 없다.

생태 여름~가을 / 숲속 유기물이 많은 곳에 군생 · 속생

분포 한국(백두산), 중국, 일본

참고 식용

선녀밀애기버섯

Gymnopus erythropus (Pers.) Antonin, Hall. & Noordel.
Collybia erythropus (Pers.) Kummer

형태 균모의 지름은 1~3cm로 처음에 둥근산모양에서 거의 편평
해지고 때때로 가장자리가 불규칙한 파상을 이룬다. 오래되면 표
면에 다소 쭈굴쭈굴한 주름이 잡힌다. 습기가 있을 때는 분홍색
의 황토갈색이며 마르면 연한 황토색 또는 크림색이고 중앙이
다소 진하다. 주름살은 자루에 대하여 떨어진주름살로 흰색-연
한 황토색이고 폭이 좁고 밀생한다. 자루의 길이는 4~7cm, 굵기
는 2~4mm로 가늘고 길며 흔히 한쪽이 납작해진 모양으로 어두
운 적갈색이며 밑동 부근에는 거친 솜털이 피복한다. 자루의 속
은 빈다. 포자의 크기는 6~8×3.5~4μm로 타원형이고 표면은 매
끈하다. 포자문은 백색이다.

생태 가을 / 활엽수림의 숲속의 낙엽층에 속생

분포 한국(백두산), 중국, 일본, 유럽, 북아메리카

참고 희귀종

가랑잎밀애기버섯

Gymnopus peronatus (Bolt.) Ant., Hall. & Noordel.
Collybia peronata (Bolt.) Gray

형태 균모의 지름은 1.5~3.5cm로 둥근산모양에서 거의 편평하게
되지만 중앙이 약간 들어간다. 표면은 방사상의 주름이 있고 가
죽색-나무줄기색으로 습기가 있을 때 가장자리에 약간 줄무늬선
을 나타낸다. 살은 얇고 가죽질인데 매운맛이 있다. 주름살은 자
루에 대하여 올린주름살-바른주름살이지만 나중에 거의 끝붙은
주름살로 성기고 폭이 2~4mm이며 연한 황갈색이다. 자루의 길
이는 2.5~5cm, 굵기는 2~3mm로 균모보다 연한 색이고 속이 차
있으며 하부는 연한 황색의 밀모로 싸여 펠트상이다. 포자의 크
기는 7.5~11×3.5~4㎛로 장타원형-종자형이다.
생태 여름~가을 / 숲속의 땅에 군생
분포 한국(백두산), 중국, 일본, 유라시아

화경버섯

Omphalotus japonicus (Kawam.) Kirchm. & O. K. Miller
Lampteromyces japonica (Kawam.) Sing.

형태 균모의 지름은 10~25cm로 반원형, 신장형에서 부채형으로 된다. 표면은 습기가 있을 때 점성이 있고 처음 오렌지황색 또는 계피색이다. 자루의 기부에 실 같은 가느다란 솜털의 인편이 있다. 성숙되면 암자색의 방사상 반점이 밀포하여 표면이 암자색, 자갈색으로 보이고 기름 같은 광택이 난다. 살은 백색, 황색을 띠며 자루의 기부는 두껍고 부서지기 쉬우며 이상한 냄새가 나며 자루의 살은 노후 시 암자색으로 된다. 가장자리는 처음에 아래로 말리나 나중에 위로 약간 말리고 섬유상 인편이 있다. 주름살은 자루에 대하여 내린주름살로 고리모양의 부푼 부분이 있고 처음 백색에서 연한 황색이며 폭이 넓고 노후 시 갈라지며 밤이나 어두운 곳에서 인광의 빛을 볼 수 있다. 자루의 길이는 0.5~2cm, 굵기는 1~2cm로 원주형이고 연한 황색으로 측생이다. 처음에 두꺼운 막상의 턱받이가 탈락하면서 턱받이모양의 부푼 부분을 남긴다. 포자의 크기는 12~15μm로 구형이며 표면은 매끄럽고 벽은 두껍다. 포자문은 백색, 연한 자주색이다.
생태 봄~가을 / 넘어진 단풍나무속의 나무에 겹쳐서 중생
분포 한국(백두산), 중국, 일본
참고 맹독버섯, 절단하였을 때 자루의 기부가 검은색 또는 자흑색인 점이 특징

표고버섯

Lentinula edodes (Berk.) Pegler
Lentinus edodes (Berk.) Sing.

형태 균모의 지름은 4~10cm, 20cm 그 이상인 것도 있다. 둥근산 모양에서 편평하게 되지만 가운데는 약간 구릉상으로 융기한다. 때때로 깔때기모양이며 심하게 갈라져 인편상-거북상이다. 표면은 건조하거나 약간 습기를 품으며 다갈색-흑갈색 또는 연한 갈색이다. 전체가 백색-연한 갈색의 면모상의 인편을 부착하지만 나중에 소멸하여 불분명하게 된다. 균모의 하면은 면모상 막질의 피막으로 덮여 있지만 피막은 파괴되어 가장자리에 부착한다. 자루에 불완전한 턱받이가 있지만 탈락하기 쉽다. 살은 치밀하고 탄력성이고 질기며 백색으로 건조하면 특유의 강한 냄새가 난다. 가장자리는 강하게 아래로 말린다. 주름살은 홈파진-올린주름살로 밀생, 백색이지만 때때로 갈색의 얼룩을 만든다. 주름살의 가장자리는 밋밋하고 성숙하면 물결형으로 된다. 자루의 길이는 3~5cm, 굵기는 1~2cm로 원주형이고 기부 쪽으로 가늘어지며 한쪽으로 굽어진 것도 있다. 턱받이 위는 백색이고 아래쪽은 백색-갈색으로 섬유상의 인편이 있다. 포자는 5~6.5×3~3.5㎛로 좁은 타원형 또는 난원상의 타원형이다. 담자기는 25~30×5~ 70㎛로 4-포자성이다.

생태 봄~가을 / 연 2회 활엽수의 넘어진 나무, 절주, 낙지 등에 군생

분포 한국(백두산), 중국, 일본, 동아시아, 동남아시아, 뉴질랜드

큰낭상체버섯

Macrocystidia cucumis (Pers.) Joss.
M. cucumis var. latifolia (J. E. Lange) Imaz. & Hongo

형태 균모의 지름은 1.3~4cm로 소형이다. 원추상의 종모양을 오래 유지하다 나중에는 평평해지나 가운데는 젖꼭지모양의 돌기가 있다. 표면은 오렌지갈색이며 습기가 있을 때는 줄무늬선이 나타난다. 살은 균모와 같은 색이며 물고기 냄새가 나고 질기다. 주름살은 자루에 대하여 바른-올린주름살로 성기고 처음 백색에서 약간 살색으로 되며 중앙부는 폭이 넓어서 거의 삼각형을 이룬다. 자루의 길이는 3~6cm 정도이고 굵기는 2.5~6mm 정도로 암갈색이지만 상부는 연한 색이고 가는 털이 밀생하며 비로드모양이고 속은 비어 있다. 포자는 크기는 6~11×3~5μm로 협타원형-원주형이다.

생태 여름~가을 / 숲속, 풀밭 등에 군생

분포 한국(백두산), 중국, 일본, 유럽, 북아메리카

실낙엽버섯

Marasmius bulliardii Quél.
M. bulliardii f. acicola (Lund.) Noordel.

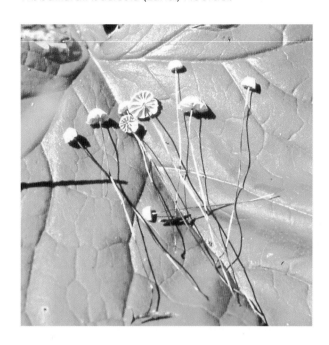

형태 균모의 지름은 2.5~8mm로 반구형이고 중앙에 흑갈색의 작은 젖꼭지모양의 돌기가 있으며 낙하산모양이다. 표면은 밋밋하고 무디며 백색의 크림색이고 방사상의 줄무늬홈선이 있다. 가장자리는 물결모양이다. 살은 얇고 냄새는 불분명하며 맛은 온화하다. 주름살은 자루에 대하여 떨어진주름살로 백색이며 폭이 넓고 성기다. 주름살의 변두리는 고르다. 자루의 길이는 20~45mm, 굵기는 0.2~0.5mm로 말털처럼 가늘고 길며 표면은 흑갈색이며 밋밋하고 광택이 나며 속은 비었다. 포자의 크기는 6~8.6×3~4.5μm로 타원형이며 표면은 매끈하고 기름방울이 있다. 담자기는 원형-막대형으로 20~25×6~7μm로 기부에 꺽쇠가 있다. 낭상체는 없다.
생태 여름~가을 / 가문비나무 숲의 땅에 군생 · 속생
분포 한국(백두산), 중국, 일본, 유럽, 아시아

키다리낙엽버섯

Marasmius buxi Fr.

형태 균모의 지름은 0.5~5mm로 어릴 때는 반구형에서 둥근산 모양을 거쳐 차차 약간 편평형으로 된다. 표면은 미세한 알갱이-가루가 붙어 있고 중심부는 적갈색이고 가장자리는 연해지다가 유백색으로 된다. 살은 막질이다. 가장자리는 날카롭다. 주름살은 자루에 대하여 바른주름살로 유백색이다. 자루의 길이는 0.5~2.5cm, 굵기는 0.1~0.3mm로 매우 가늘고 말총같이 뻣뻣하고 상하가 같은 굵기이다. 표면은 어릴 때 위쪽이 유백색이고 아래쪽은 암갈색으로 미세한 흰색 가루가 붙어 있다. 나중에는 매끈해지고 암적갈색-흑갈색으로 된다. 포자의 크기는 8.2~12× 3.6~4.6μm로 방추형-타원형이고 표면은 매끄럽고 투명하며 내부에 기름방울이 있다.

생태 늦가을~봄 / 땅에 떨어진 상록활엽수나 회양목의 잎 또는 가지에 군생

분포 한국(백두산), 중국, 유럽

우산낙엽버섯

Marasmius cohaerens (Pers.) Cooke & Quél.

형태 균모의 지름은 2~3.5cm로 원추형에서 반구형의 종모양에서 둥근산모양을 거쳐 중앙이 높은 편평형으로 되지만 중앙은 돌출한다. 표면은 연한 계피색이며 중앙부는 진하고 가는 털로 덮여 있다. 어릴 때는 밋밋하지만 노후 시 방사상으로 주름이 잡힌다. 주름살은 자루에 대하여 끝붙은주름살로 백색에서 갈색이며 폭은 넓고 성기다. 자루의 길이는 7~9cm, 굵기는 2~4mm로 원주형이다. 표면은 밋밋하고 광택이 나며 각질이며 상부는 유백색으로 하부는 암갈색이고 속은 비어 있다. 기부는 백색의 솜털 균사로 싸여 있다. 포자의 크기는 7~9.5×4~5μm로 타원형 또는 종자모양이며 표면은 매끄럽고 투명하다. 포자문은 백색이다.
생태 여름~가을 / 낙엽수림 또는 혼효림의 낙엽이나 썩은 가지에 단생·군생
분포 한국(백두산), 중국, 일본, 북반구 온대

환희낙엽버섯

Marsmius delectans Morgan

형태 균모의 지름은 1~3cm로 볼록형이나 중앙은 오목하며 차차 편평해진다. 황갈색에서 바랜 황갈색으로 되며 희미한 줄무늬선이 있다. 살은 얇고 냄새와 맛은 불분명하다. 주름살은 자루에 대하여 바른주름살로 주름살의 간격은 보통이고 폭은 넓고 백색이다. 자루의 길이는 3~7mm, 굵기는 0.1~0.3mm로 흑갈색이고 위쪽은 부분적으로 백색이고 미끈거리며 기부는 부풀고 균사가 부착한다. 포자의 크기는 6~6.5×3.5~4.5μm로 타원형이며 표면에 침을 가진 것도 있다. 담자기는 25~30×3.8~5μm로 긴-방망이형이다. 낭상체는 35~45×11.3~15μm이고 배불뚝이모양이다. 주름살의 균사는 60~105×7.5~11.3μm로 세포벽이 두꺼운 것도 있으며 꺽쇠가 있다.

생태 여름 / 고목의 이끼류에 군생 · 산생

분포 한국(백두산), 중국, 유럽, 북아메리카

참고 식용 불분명

풀잎낙엽버섯

Marasmius graminum (Lib.) Berk.

형태 균모의 지름은 2~6mm로 둥근산모양에서 차차 편평해지고 중앙이 약간 돌출하며 방사상의 줄무늬홈선이 있다. 표면은 분홍황토색-벽돌색으로 줄무늬홈선과 중앙은 진한 색이다. 주름살은 자루에 대하여 떨어진주름살로 유백색이고 성기다. 자루의 길이는 1~3cm, 굵기는 1~2mm로 매우 가늘고 암갈색-흑갈색이다. 포자의 크기는 8~11×5~5.5μm로 타원형이며 표면은 밋밋하다.
생태 여름~가을 / 죽은 벼과식물의 줄기에 군생
분포 한국(백두산), 중국, 일본, 유럽, 북아메리카, 아프리카

주름낙엽버섯

Marasmius leveilleanus (Berk.) Sacc.

형태 균모의 지름은 1~3cm로 둥근산모양에서 차차 편평하게 되며 중앙은 돌출한다. 표면은 암적갈색으로 방사상의 줄무늬홈선이 있다. 살은 얇고 백색이다. 주름살은 자루에 대하여 끝붙은주름살이고 백색에서 황색이며 성기다. 자루는 길이는 3.5~8cm, 굵기는 0.5~1mm로 상하가 같은 굵기이고 아래로 약간 가늘다. 속은 비고 단단하며 표면은 밋밋하고 흑갈색이고 꼭대기는 연한색이다. 근부에는 균사체는 없고 기주에 붙는다. 포자의 크기는 7.2~9.5×3.3~4.4μm로 타원형–약간 아몬드형이고 끝이 침상이다. 연낭상체는 12~15×4~7μm로 곤봉형, 원주형이며 박막 또는 약간 후막으로 상부에 여러 개의 낭상체 돌기가 있다. 측낭상체는 없다.

생태 여름 / 숲속의 낙엽, 낙지, 고목 등에 군생

분포 한국(백두산), 중국, 일본, 열대지방

큰낙엽버섯

Marasmius maximus Hongo

형태 균모의 지름은 3.5~10cm로 종모양-둥근산모양에서 차차 중앙이 높은 편평형으로 된다. 표면은 방사상의 줄무늬홈선이 주름을 이루고 가죽색 또는 녹색을 따나 중앙부는 갈색인데 마르면 백색이 된다. 살은 얇고 가죽질이다. 주름살은 자루에 대하여 올린주름살-끝붙은주름살로 균모보다 연한 색이며 성기다. 자루의 길이는 5~9cm이고 굵기는 2~3.5mm로 상하 크기가 같고 질기며 표면은 섬유상이며 상부는 가루모양이며 속은 차 있다. 포자의 크기는 7~9×3~4μm로 타원형-아몬드형이다. 연낭상체는 16~29×6.5~9.5μm로 곤봉형이나 불규칙형이다.

생태 봄~가을 / 숲속, 죽림의 낙엽 위에 군생하며 균사가 낙엽을 펠트모양으로 싸고 있음.

분포 한국(백두산), 중국, 일본, 전 세계

털낙엽버섯

Marasmius minutus Peck
M. capillipes Sacc.

형태 균모의 지름은 0.5~2mm로 어릴 때는 거의 반구형에서 둥근산모양을 거쳐 편평형으로 된다. 표면은 방사상으로 주름이 잡혀 있으며 적갈색-회갈색으로 가장자리는 물결모양이며 살은 막질이다. 주름살은 자루에 대하여 바른주름살로 흔적의 주름살 또는 맥상으로 되며 유백색이다. 자루의 길이는 0.5~1.5cm, 굵기는 0.1~0.2mm로 실모양이다. 표면은 미세한 분상이고 적색-암갈색이고 꼭대기는 연한색이거나 유백색이다. 포자의 크기는 6.8~8.1×2.6~3.4㎛로 원주상의 타원형이며 표면은 매끈하고 투명하다.
생태 여름~가을 / 습기가 많은 땅에 떨어진 미류나무류, 버드나무류, 오리나무류의 잎에 군생하며 초본식물이나 갈대에서도 발생
분포 한국(백두산), 중국, 유럽

선녀낙엽버섯

Marasmius oreades (Bolt.) Fr.

형태 균모는 반육질로서 연하고 질기며 지름 2~5cm이고 호빵형에서 편평하게 되고 중앙부가 조금 돌출하거나 편평하다. 균모 표면은 마르고 매끄러우며 연한 살색 내지 황토색이고 퇴색하면 희끄므레해진다. 균모 변두리는 반반하며 습기가 있을 때는 줄무늬홈선이 있다. 살은 가운데가 두껍고 조금 강인하며 육질이고 희끄므레하며 향기롭고 맛이 있다. 주름살은 자루에 대하여 떨어진주름살이고 조금 성기며 나비는 넓고 가끔 주름 사이에 횡맥이 있으며 백색 또는 연한 색이다. 자루의 길이는 4~5.5cm, 굵기는 0.3~0.4cm이며 원주형이다. 표면은 매끄럽거나 가는 융털이 있고 어두운 백색이며 아주 강인하나 연골질은 아니다. 자루의 속이 비어 있거나 차 있다. 포자의 크기는 7~9×4~5μm로 난형의 원추형이고 표면은 매끄럽다. 포자문은 백색이다.

생태 여름~가을 / 침엽림 속 땅에 군생 또는 균륜을 형성하며 소나무와 외생균근을 형성

분포 한국(백두산), 중국

참고 식용

낙엽버섯

Marasmius rotula (Scop.) Fr.

형태 균모의 지름은 5~15mm로 처음에는 중앙이 오목하게 들어가지만 한가운데는 젖꼭지모양으로 볼록 튀어나오는 것도 있다. 표면은 밋밋하고 방사상의 줄무늬홈선이 생긴다. 어릴 때는 백색-유백색에서 베이지-황토색으로 되며 때때로 중앙이 진하다. 가장자리는 날카로운 둥근 톱니모양을 이룬다. 주름살은 자루에 대하여 떨어진주름살로 매우 성기고 어릴 때는 백색이나 오래되면 베이지-연한 황토색으로 된다. 자루의 길이는 2~6cm, 굵기는 0.5~1.5mm로 상하가 같은 굵기이며 광택이 나고 위쪽은 유백색이나 아래쪽은 암적갈색이다. 자루의 꼭대기에 턱받이가 고리모양으로 부착한다. 포자의 크기는 6.8~8.5×2.9~4μm로 타원형이며 표면은 매끄럽고 투명하며 기름방울이 있다. 포자문은 유백색이다.
생태 여름~가을 / 숲속의 썩은 나뭇가지, 낙엽에 속생하며 때로는 나무의 뿌리에서도 발생
분포 한국(백두산), 일본, 중국, 유럽, 아프리카

마늘낙엽버섯

Marasmius scrodonius (Fr.) Fr.

형태 균모의 지름은 1~2cm로 어릴 때는 반구형에서 둥근산모양을 거쳐 차차 편평형으로 펴지며 때때로 중앙이 오목해지고 한 가운데에 작은 돌출이 생기기도 한다. 표면은 밋밋하고 약간 미세한 주름이 잡히기도 하며 분홍갈색-황토갈색이다. 가장자리는 날카롭고 오래되면 불규칙하게 물결모양으로 굴곡진다. 살은 유백색의 얇은 막질이고 마늘 냄새가 난다. 주름살은 자루에 대하여 홈파진주름살로 밀생하며 유백색-크림색이다. 자루의 길이는 2.5~5cm, 굵기는 1~2mm로 상하가 같은 굵기이며 광택이 나고 위쪽은 연한 적갈색이지만 밑동 쪽으로 흑갈색으로 진해진다. 밑동은 백색의 균사로 덮여 있다. 포자의 크기는 6.6~9.2×3.2~4.3μm로 타원형이며 표면은 매끄럽고 투명하며 기름방울을 가진 것도 있다. 포자문은 백색이다.

생태 여름~가을 / 소나무, 잣나무 등의 침엽수림의 낙엽이나 나무 잔재물 또는 풀밭 등에 단생 · 군생 · 속생

분포 한국(백두산), 중국, 일본, 유럽

애기낙엽버섯

Marasmius siccus (Schw.) Fr.

형태 균모의 지름은 0.5~2cm로 종모양-둥근산모양으로 표면은 황토색, 계피색, 연한 홍색인데 방사상의 줄무늬홈선이 있다. 살은 종이처럼 아주 얇고 가죽처럼 질기다. 주름살은 자루에 대하여 바른주름살-떨어진주름살로 주름살의 수는 13~15개로 매우 성기며 백색이다. 자루의 길이는 4~7cm, 굵기는 1~1.5mm로 상부는 백색이고 그 외는 흑갈색이고 철사모양으로 매우 질기다. 표면은 광택이 나고 물결모양으로 굽어진다. 자루의 속은 비어 있다. 포자의 크기는 18~21×4~5μm로 가늘고 긴데 한쪽이 아주 가늘며 표면은 매끈하고 무색이다. 난아미로이드 반응이다. 포자문은 백색이다.

생태 여름~가을 / 낙엽위에 단생 · 군생

분포 한국(백두산), 중국, 일본, 유럽

자줏빛낙엽버섯

Marasmius wynneae Berk. & Br.

형태 균모의 지름은 2~6cm로 반구형에서 차차 편평한 둥근산모양으로 되며 자회색 또는 연한 색, 습기가 있을 때 중앙부터 건조하여 크림 황갈색에서 진흙 핑크색으로 되며 약간 주름진다. 습기가 있을 때 가장자리는 줄무늬선이 있다. 살은 백색이다. 주름살은 백색에서 퇴색하며 또는 자색을 나타낸다. 자루의 길이는 2~10cm, 굵기는 2~5mm로 꼭대기는 황갈색 또는 적갈색에서 거의 흑색으로 되며 기부 쪽으로 미세한 백색의 가루가 있다. 포자문은 백색이다. 포자의 크기는 5~7×3~3.5μm로 씨앗모양이다.
생태 가을 / 자작나무 숲의 유기물에 속생
분포 한국(백두산), 중국, 유럽
참고 희귀종, 식용불가

넓은잎애기버섯

Megacollybia platyphylla (Pers.) Kotl. & Pouz.
Oudemansiella platyphylla (Pers.) Moser

형태 균모의 지름은 5~15cm로 반구형에서 둥근산모양을 거쳐 편평하게 되고 중앙이 조금 오목하다. 표면은 회갈색 또는 흑갈색인데 방사상의 섬유무늬를 나타낸다. 살은 백색이다. 주름살은 자루에 대하여 홈파진주름살로 백색-회갈색이며 폭은 넓고 성기다. 자루의 길이는 7~12cm, 굵기는 7~20mm로 단단하며 백색-회백색을 띠고 섬유상이며 상부는 가루모양이고 근부는 백색이고 기부에 실모양-끈모양의 균사다발이 있다. 포자의 크기는 7~10×5.5~7.5µm로 광타원형이다. 연낭상체는 25~60×13~15µm로 프라스코형-서양배모양이다. 측낭상체는 없다.
생태 여름~가을 / 활엽수림의 부식토나 그 부근에 군생 · 단생
분포 한국(백두산), 중국, 일본, 북반구 온대 이북
참고 식용

넓은옆버섯

Pleurocybella porrigens (Pers.) Sing.

형태 균모의 지름은 2~6cm로 처음에는 원형이나 차차 자라서 귀모양, 부채모양이지만 주걱모양으로 되는 것도 있다. 표면은 백색이 있다. 가장자리는 아래로 말린다. 살은 얇고 질기며 백색이다. 주름살은 폭이 좁고 밀생하며 분지한다. 거의 자루가 없지만 기주 부착점에 털이 있다. 포자의 크기는 5.5~6.5×4.5~5.5μm로 아구형이다.

생태 가을 / 침엽수 특히 삼나무의 오래된 그루터기나 넘어진 나무 등에 많이 겹쳐서 군생

분포 한국(백두산), 중국, 일본, 반구 온대 이북

참고 맛 있는 식용균

버터붉은애기버섯

Rhodocollybia butyracea (Bull.) Lennox
Collybia butyracea (Bull.) Kumm.

형태 균모의 지름은 3~6cm로 둥근산모양에서 차차 편평하게 된다. 표면은 매끄럽고 흡수성이고 습기가 있을 때는 적갈색-암올리브갈색으로 되며 마르면 회백색으로 된다. 살은 연한 홍색-연한 갈색에서 백색으로 된다. 주름살은 자루에 대하여 올린주름살-끝붙은주름살로 백색이며 밀생한다. 자루는 길이가 2~8cm, 굵기는 0.4~0.8cm로 기부는 부풀고 구부러진다. 표면은 적갈색이며 세로로 줄무늬선이 있고 속은 비어 있다. 포자의 크기는 5~7×2.5~4μm로 타원형이며 표면은 매끄럽고 투명하다.
생태 여름~가을 / 활엽수, 침엽수림의 땅에 군생
분포 한국(백두산), 중국, 일본, 북반구 일대
참고 식용, 흔한 종

점박이붉은애기버섯

Rhodocollybia maculata (Alb. & Schw.) Sing.
Collybia maculata (Alb. & Schw.) Kumm.

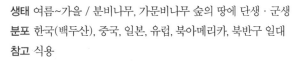

형태 균모의 지름은 4.5~6cm로 반구형에서 둥근산모양을 거쳐 차차 편평해지며 중앙부는 넓게 돌출하거나 둔하다. 표면은 마르고 매끈하며 백색으로 연한 색깔이고 녹슨 반점이 생기며 나중에 전부 황색으로 된다. 살은 질기고 단단하며 균모의 중앙부는 살이 두꺼우며 백색이고 맛은 온화하다. 가장자리는 아래로 감기고 불규칙한 물결형이다. 주름살은 자루에 대하여 홈파진주름살이며 폭이 좁고 백색 또는 크림색으로 녹슨 색의 반점이 있다. 주름살의 변두리는 톱니상이다. 자루의 길이는 11~12.5cm, 굵기는 0.7~0.8cm로 원주형이며 기부는 가근상으로 뾰족하고 단단하며 연골질이고 속은 차 있다가 빈다. 표면은 세로줄무늬가 있고 또는 세로줄무늬홈선이 있고 녹슨 적색의 반점이 생기기도 한다. 포자의 지름은 4~6.5μm로 구형이며 표면은 매끈하고 투명하고 기름방울을 함유한다. 포자문은 백색 또는 살색이다. 낭상체는 없다.

생태 여름~가을 / 분비나무, 가문비나무 숲의 땅에 단생·군생
분포 한국(백두산), 중국, 일본, 유럽, 북아메리카, 북반구 일대
참고 식용

부채끈적살버섯

Sarcomyxa serotina (Pers.) Karst.
Hohenbuchelia serotina (Pers.) Sing, Panellus serotinus (Pers.) Kühn

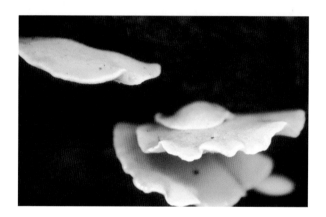

형태 균모의 지름은 약 10cm로 반원형-콩팥모양이다. 표면은 탁한 황색-황갈색인데 간혹 녹색을 띠고 가는 털로 덮여 있다. 표피는 아래에 젤라틴층이 있어서 벗겨지기 쉽다. 살은 흰색이고 두꺼우며 자루의 살도 백색이다. 주름살은 자루에 붙어 있지만 내린주름살은 아니고 황색으로 폭이 좁고 밀생한다. 자루는 균모 옆에 붙으며 굵고 짧으며 표면에 갈색의 짧은 털이 있다. 포자의 크기는 4~5.5×1μm로 소시지형이다. 연낭상체는 25~36×7~10μm이며 방추형으로 끝은 때때로 가늘고 길며 벽은 얇다. 측낭상체는 25~36×7~10μm로 원주형, 곤봉형 또는 좁은 방추형으로 처음 얇은 막에서 두꺼운 막으로 된다.

생태 여름~가을 / 활엽수의 고목에 다수가 중첩하여 군생

분포 한국(백두산), 중국, 일본, 온대 이북

참고 식용, 화경버섯처럼 균모나 자루에 가는 털이 있지만 자루에 고리모양의 볼록한 부분과 발광성이 없는 것이 차이점

빨간애주름버섯

Mycena acicula (Schaeff.) Kummer

형태 균모의 지름은 5~10mm로 어릴 때는 반구형에서 둥근산모
양이나 종모양으로 된다. 표면은 광택이 있고 적황색-밝은 오렌
지황색이며 살은 연한 황색이다. 가장자리 쪽은 다소 연하고 줄
무늬선이 거의 중앙까지 나타난다. 주름살은 자루에 대하여 올린
주름살-바른주름살로 흰색-연한 황색이며 가장자리가 더 희고
약간 성기다. 자루의 길이는 3~5cm, 굵기는 0.5~1mm 상하가 같
은 굵기로 다소 휘어지기도 하며 가늘고 길며 연한 황색이다. 밑
동 쪽으로 다소 연해지고 다소 미세한 털이 있다. 포자의 크기는
8.6~9.9×2.3~3.7㎛로 원주형-방추형이고 표면은 매끈하며 투명
하다. 포자문은 백색이다.

생태 늦은 봄~가을 / 습기가 많은 땅의 죽은 가지나 나무 썩은
곳, 장마 등으로 나무쓰레기들이 모인 곳 등에 단생

분포 한국(백두산), 중국, 일본, 유럽

참고 희귀종

가는대애주름버섯

Mycena adscendens Mass Geest
M. tenerrima (Berk.) Quél.

형태 균모의 지름은 2~5mm로 반구형에서 종모양 또는 원추형이고 표면은 밋밋하며 미세한 가루에서 드물게 솜털상이며 투명한 줄무늬가 중앙까지 발달하고 투명한 백색으로 전체가 크림색이다. 가장자리는 물결형-주름진 줄무늬선이 있다. 살은 백색이며 막질이고 냄새는 없으며 맛은 온화하다. 주름살은 자루에 대하여 거의 끝붙은주름살로 백색으로 폭이 넓으며 배불뚝이형이다. 주름살의 변두리는 밋밋하며 미세한 솜털상이다. 자루의 길이는 1~2cm, 굵기는 0.2~0.5mm로 직립하며 백색의 털이 기부로 있다. 표면은 투명한 백색이며 밋밋하고 부서지기 쉽다. 기부는 둥글게 부풀고 자루의 속은 비었다. 포자의 크기는 6~10×3.5~6μm로 난형에서 광타원형으로 표면은 매끈하고 투명하며 기름방울이 있고 무색이다. 담자기는 배불뚝이형으로 15~20×7~8.5μm로 1-2-포자성이며 기부에 꺽쇠가 있다. 희미한 거짓아미로이드(와인-적색) 반응이다. 연낭상체는 원통형에서 방추형이며 25~35×4~8μm로 거친 사마귀점이 있다.

생태 늦여름~겨울 / 넘어진 식물들의 가지에 군생

분포 한국(백두산), 중국, 유럽, 북아메리카

작은우산애주름버섯

Mycena aetites (Fr.) Quél.

형태 균모의 지름은 8~2mm로 반구형–종모양에서 둥근–원추모 양으로 되며 가운데는 둥근모양의 돌출이 있다. 표면은 밋밋하고 무디며 광택의 인편이 있고 투명한 줄무늬선이 가운데까지 발달 한다. 흡수성으로 회갈색에서 습기가 있을 때 황토회색으로 되 며 건조하면 베이지색이고 중앙은 검은색이다. 가장자리는 연하 고 찢어진 줄무늬선이 있다. 살은 회갈색으로 얇고 냄새가 조금 나며 맛은 온화하다. 주름살은 자루에 대하여 좁은 바른주름살로 회색이고 폭이 넓다. 가장자리는 미세한 털이 있고 연하다. 자루 의 길이는 20~60mm, 굵기는 1~2mm로 원주형이다. 표면은 밋 밋하고 무딘 비단결이며 회갈색이나 위쪽으로 연한 백색이다. 기 부로 진한 회갈색이며 꼭대기는 약간 가루상이며 부서지기 쉽고 백색의 털이 있다. 자루의 속은 비었다. 포자의 크기는 6~10.5× 4~6.5㎛로 타원형이며 표면은 매끈하고 투명하다. 담자기는 가 는 막대형으로 20~35×6~8㎛로 기부에 꺽쇠가 있다.

생태 여름~가을 / 풀밭, 길가, 풀숲의 땅에 군생

분포 한국(백두산), 중국, 유럽

참고 희귀종

알애주름버섯

Mycena arcangeliana Bres.
M. oortiana Hora

형태 균모의 지름은 0.7~2cm로 어릴 때는 원추상의 종모양에서 둥근산모양으로 되고 중앙에 무딘 돌출이 생긴다. 표면은 밋밋하고 둔하며 흡수성이며 황색을 띤 올리브갈색으로 습기가 많을 때는 중앙이 다소 진하다. 가장자리 쪽은 반투명의 줄무늬선이 나타나고 날카롭다. 살은 레몬황색으로 얇다. 주름살은 자루에 대하여 홈파진주름살로 유백색이고 폭이 넓으며 약간 촘촘하다. 자루의 길이는 4~7.5cm, 굵기는 1~3mm로 원주형으로 가늘고 길다. 표면은 밋밋하고 미세한 털이 있다. 꼭대기 부근은 유백색이고 아래쪽은 연한 회색-회올리브색이다. 밑동에는 유백색의 거친 털이 있고 자루의 속은 비었고 단단하다. 포자의 크기는 7.1~8.8×5~6μm로 광타원형이고 표면은 투명하며 기름방울을 함유한다. 포자문은 유백색이다.

생태 여름~가을 / 활엽수, 그루터기, 낙지에 단생·군생
분포 한국(백두산), 중국, 유럽, 북아메리카

긴대애주름버섯

Mycena aurantiomarginata (Fr.) Quél.

형태 균모의 지름은 0.5~2cm로 어릴 때는 반구형이나 나중에 둥
근산모양으로 되며 가운데가 돌출된 넓은 종모양으로 된다. 표
면은 밋밋하고 광택이 나며 붉은색의 회갈색-갈색이다. 가장자
리는 오렌지색을 띤 연한 갈색으로 연하며 방사상의 줄무늬가
거의 중앙까지 나타난다. 주름살은 자루에 대하여 홈파진주름
살로 어릴 때는 회색에서 황토갈색으로 되며 폭은 보통으로 약
간 성기다. 가장자리는 고르다. 자루의 길이는 3~5cm, 굵기는
1~2mm로 원주상이고 가늘고 길며 황갈색, 회황색, 연한 올리브
갈색 등이다. 표면은 밋밋하고 광택이 나며 반투명으로 탄력성이
있다. 자루는 속은 비었고 부러지기 쉽다. 밑동은 유백색 또는 황
색의 균사가 있다. 포자의 크기는 7.2~10.5×4~5.5μm로 타원형
이며 표면은 매끈하고 투명하다. 포자문은 유백색이다.
생태 여름~가을 / 침엽수 또는 활엽수 밑의 부식질 토양에 산생
분포 한국(백두산), 중국, 유럽, 북아메리카, 북아프리카

회색애주름버섯

Mycena cinerella (Karst.) Karst.

형태 균모의 지름은 5~12mm로 반구형에서 원추형으로 되지만 가운데는 편평하거나 약간 들어간다. 표면은 밋밋하고 투명한 줄무늬선이 중앙까지 발달하며 흡수성이고 회색에서 회갈색이다. 가장자리는 엷은 색이며 오래되면 퇴색한다. 살은 막질이고 냄새와 맛은 밀가루 같고 온화하다. 주름살은 자루에 대하여 내린주름살로 회백색으로 포크형이다. 주름살의 가장자리는 밋밋하다. 자루의 길이는 20~50mm, 굵기는 0.5~1mm로 원통형이며 가끔 굽은 것도 있다. 표면은 밋밋하고 연한 회갈색이며 꼭대기는 더 연한 색으로 어릴 때 가루가 부착한다. 자루의 속은 비었고 기부는 약간 두껍고 털이 있다. 포자의 크기는 7~10×4~5.5μm로 타원형이고 표면은 매끈하며 기름방울이 있다. 담자기는 22~30×7~9μm로 막대형이며 기부에 꺽쇠가 있다.

생태 여름 / 혼효림의 낙엽 속에 군생·속생

분포 한국(백두산), 중국, 유럽

자줏빛애주름버섯

Mycena clavularis (Batsch) Sacc

형태 균모의 지름은 1~2cm로 둥근산모양이나 가끔 중앙이 낮은 갓도 있지만, 중앙이 볼록모양으로 된다. 가장자리는 오래되면 바르게 펴진다. 표면은 회갈색 또는 회청색이며 어릴 때 약간 백색의 가루상이고 주름지고 표피가 벗겨진다. 습기가 있을 때 희미한 줄무늬선이 나타난다. 살은 매우 얇고 백색 또는 회색이고 연골질이며 맛과 냄새는 없다. 주름살은 자루에 대하여 바른주름살로 성기고 폭은 좁거나 약간 폭이 넓고 적회색-갈색이다. 가장자리는 유백색이다. 자루의 길이는 1.3~2.5cm, 굵기는 1~2mm로 균모와 동색으로 꼭대기는 밝은 색이며 점성이 있고 백색 털이 기부에 있다. 포자의 지름은 8~10μm로 구형 또는 아구형이다. 연낭상체는 긴 막대형이며 꼭대기는 필라멘트형이다. 아미로이드 반응이다. 포자문은 백색이다.

생태 봄~가을 / 침엽수림의 고목의 껍질, 낙엽에 군생

분포 한국(백두산), 중국, 유럽

솔잎애주름버섯(레몬애주름버섯)

Mycena epipterygia (Scop.) S. F. Gray
M. epipterygia var. lignicola A. H. Smith

빛솔애주름형

형태 균모의 지름은 1~2cm로 처음 반구형에서 종모양을 거쳐 가운데가 돌출한 종모양으로 된다. 표면은 밋밋하고 습기가 있을 때 점성이 있고 광택이 있고 방사상의 줄무늬홈선 또는 반투명의 줄무늬홈선이 나타난다. 표피는 벗겨지기 쉽고 올리브황색에서 올리브갈색으로 된다. 중앙부는 탁한 갈색이며 탄력이 있고 점성이 있으며 질기다. 가장자리는 회갈색이고 예리하고 톱니형의 물결형이며 백색이다. 살은 회색-올리브색에서 황-올리브색이 되고 얇으며 맛은 온화하나 쓴 것도 있다. 주름살은 자루에 바른주름살-내린주름살로 백색에서 황백색으로 되며 폭은 넓고 성기다. 주름살의 변두리는 톱니상이다. 자루의 길이는 3~5cm, 굵기는 1~2mm로 원통형이고 가끔 굽은 것도 있으며 점성이 있으며 탄력성이 있다. 자루의 속은 비었고 부서지기 쉽다. 포자의 크기는 8~10.5×5.5~8μm로 타원형이며 표면은 매끈하고 투명하며 기름방울이 있다. 아미로이드 반응이다. 담자기는 25~30×8~9μm로 막대형이며 기부에 꺽쇠가 있다.

생태 여름 / 이끼류가 있는 활엽수림의 땅에 군생

분포 한국(백두산), 중국, 유럽, 북반구 일대

빛솔애주름형(M. epipterygia var. splendidipes) 균모는 올리브갈색에서 검은 갈색이며 중앙은 검다. 가장자리는 습기 시 끈적거리고 미끈거린다. 주름살은 실처럼 잘 찢어진다. 포자는 거짓아미로이드 반응이다.

붉은애주름버섯

Mycena erubescens Höhn.

형태 균모의 지름은 0.5~1.5cm로 어릴 때는 반구형-무딘 원추형에서 종모양-둥근산모양으로 되지만 중앙은 작고 무딘 돌기가 있다. 표면은 밋밋하고 약간의 광택이 나며 황토색, 분홍색의 갈색, 적색으로 다양하고 중앙은 진하다. 방사상으로 반투명한 줄무늬선이 있고 또 주름모양의 골이 파져 있다. 가장자리는 예리하다. 주름살은 자루에 대하여 약간 올린주름살이고 어릴 때는 분홍색의 백색에서 회백색으로 되며 손으로 만지면 적색으로 변색하며 폭이 넓다. 자루의 길이는 1.5~4cm이고 굵기는 0.5~1.2mm로 원주형이며 위쪽에서 굽어 있는 것도 있다. 표면은 밋밋하고 꼭대기는 백색 또는 유백색이며 아래쪽은 점점 더 갈색을 띤다. 자루의 속은 비었으며 부러지기 쉽고 신선한 것은 자루를 자르면 물기가 맺히기도 한다. 포자의 크기는 8.8~10.8×7.2~8.6μm로 광타원형-아구형이며 표면은 매끈하고 투명하며 많은 기름방울을 함유한다. 포자문은 백색이다.

생태 여름~가을 / 오래된 살아 있는 참나무류, 단풍나무류, 느릅나무류 때로는 전나무 등 침엽수의 나무줄기의 이끼 사이에서 단생·군생

분포 한국(백두산), 중국, 유럽

가마애주름버섯

Mycena filopes (Bull.) Kumm
M. amygdalina (Pers.) Sing.

형태 균모의 지름은 5~12mm로 원추상의 종모양인데 표면은 약
간 흡습성이고 연한 회갈색으로 중심부는 암색이다. 습기가 있을
때는 줄무늬선이 보인다. 주름살은 자루에 대하여 바른주름살이
고 회백색이며 밀생하거나 약간 성기다. 자루의 길이는 5~9mm,
굵기는 1mm 정도로 가늘고 길며 때때로 아래쪽이 굽어 있으며
밑쪽으로 흰털이 싸고 있다. 표면은 암회갈색이고 꼭대기는 연한
색-흰색이다. 자루는 속이 비어 있다. 포자의 크기는 9.5~11×
5.5~6.5μm로 타원형-난형이고 표면은 매끈하다. 포자문은 백색
이다.

생태 가을~초겨울 / 숲속의 낙엽이나 죽은 가지에 군생

분포 한국(백두산), 중국, 일본, 유럽, 북반구 온대

황변애주름버섯

Mycena flavescens Velen.

형태 균모의 지름은 5~18mm로 원추형에서 종모양 또는 둥근산 모양으로 된다. 밋밋하고 백색-크림색 가끔 엷은 황색의 녹색인 것도 있으며 오래되면 올리브갈색으로 되며 중앙은 진하다. 투명한 줄무늬선이 거의 중앙까지 발달한다. 가장자리는 예리하고 톱니상, 색은 연하다. 살은 백색으로 막질, 냄새가 나고 맛은 온화. 주름살은 바른주름살 또는 이빨처럼 된 내린주름살인 것도 있고 크림색, 엷은 황색, 폭은 넓다. 주름살의 변두리는 밋밋하고 보통 구리황색. 자루의 길이는 30~70mm, 굵기는 0.5~1.5mm로 원통형으로 휘어지고 속은 비었다. 밋밋하고 무딘 비단결이며 꼭대기는 가루상으로 밝은 회갈색 또는 엷은 라일락색이며 검은 흑갈색이 위로 약간 있다. 기부는 백색 균사가 있고 탄력이 있고 부서지기 쉽다. 포자는 6.9~9.8×4.4~5.4μm이고 타원형이며 매끈, 투명하며 기름방울을 가진 것도 있다. 담자기는 막대형으로 18~22×6~7μm로 기부에 꺽쇠가 있다. 거짓아미로이드 반응이다.

생태 여름 / 활엽수림에 이끼가 있는 고목에 단생 · 군생

분포 한국(백두산), 중국, 유럽

가루애주름버섯

Mycena olida Bres.

형태 균모의 지름은 3~15mm로 원추형-종모양이며 가끔 둥근 산모양도 있다. 표면은 밋밋하고 미세한 가루가 있다. 습기가 있을 때 투명한 줄무늬선이 나타나고 백색에서 크림색이며 중앙은 진하다. 가장자리는 예리하고 밋밋하며 톱니상이다. 살은 백색의 막질이며 얇고 냄새가 약간 나고 맛은 온화하다. 주름살은 자루에 대하여 올린주름살로 백색이며 폭은 넓다. 주름살의 변두리는 밋밋하고 물결형이다. 자루의 길이는 15~25mm, 굵기는 0.5~1mm로 원통형으로 투명하고 백색이다. 표면은 세로로 미세한 백색의 가루가 분포하고 자루의 속은 비었고 부서지기 쉽다. 기부에 백색의 균사체 덩어리가 있다. 포자의 크기는 5.9~7.2×4.6~5.6μm로 난형 또는 광타원형이며 표면은 밋밋하고 투명하며 기름방울을 함유한다. 담자기는 가는 막대형으로 23~30×5~7μm로 2-포자성이며 기부에 꺽쇠가 없다. 연낭상체는 막대형에서 방추형-배불뚝이형이고 30~42×15~17μm이다.

생태 가을 / 고목의 이끼류 사이에 단생 · 군생

분포 한국(백두산), 중국, 유럽, 북아메리카

흰노랑애주름버섯

Mycena flavoalba (Fr.) Quél.

형태 균모의 지름은 8~20mm로 종모양-원추형에서 둥근산모양을 거쳐 편평하게 된다. 표면은 밋밋하고 무디며 투명한 줄무늬 선이 중앙까지 발달한다. 표면은 밝은 황색에서 엷은 오렌지색을 가진 황색으로 되며 중앙은 진하고 가장자리 쪽으로 연하다. 가장자리는 위로 올라가고 백색이며 미세한 톱니상이다. 살은 백색에서 황색으로 되고 매우 얇고 냄새가 약간 나며 맛은 온화하다. 주름살은 자루에 대하여 내린주름살로 어릴 때 백색에서 밝은 크림황색으로 되고 폭은 넓다. 가장자리는 반반하고 톱니상이다. 자루의 길이는 25~45mm, 굵기는 1~1.5mm로 원통형이며 표면은 밋밋하고 무디며 백색에서 황색으로 되며 꼭대기는 백색의 가루상이고 쉽게 부서지지 않지만 쉽게 약해진다. 자루의 속은 비었다. 포자의 크기는 6~7.7×3.8~4.1㎛로 타원형 또는 원주상의 타원형이며 표면은 매끈하고 투명하며 기름방울이 있다. 담자기는 막대형으로 20~30×5.5~7㎛이고 기부에 꺽쇠가 있다.
생태 가을 / 침엽수림의 침엽수의 고목의 풀과 이끼류 사이에 군생
분포 한국(백두산), 중국, 유럽, 북아메리카

흑갈색애주름버섯

Mycena fusco-occula Smith

형태 균모의 지름은 0.5~1.5cm로 둔한 원추형에서 종모양으로
된다. 표면은 회흑색이고 중앙은 핑크갈색이며 그 외는 황갈색이
고 가장자리는 연한 색이다. 표면은 물기가 있고 밋밋하며 줄무
늬홈선이 있다. 살은 얇고 냄새가 있고 맛은 온화하다. 주름살은
자루에 대하여 바른주름살로 폭은 좁고 백색으로 약간 밀생하거
나 약간 성기다. 자루의 길이는 4~8cm, 굵기는 1~1.5mm이고 잘
휘어지고 연하나 부서지기 쉽다. 표면은 황갈색-갈색이고 상부
로 연한 색이며 밋밋하고 꼭대기는 거칠며 약간 점성이 있다. 기
부는 털이 있고 물기가 있다. 포자의 크기는 10~12×5~6㎛로 타
원형이다. 아미로이드 반응이다. 포자문은 백색이다.
생태 가을 / 침엽수림의 이끼류에 군생
분포 한국(백두산), 중국, 유럽, 북아메리카
참고 식용 불명

애주름버섯

Mycena galericulata (Scop.) S. F. Gray

형태 균모의 지름은 2~5.5cm로 어릴 때는 원추형에서 중앙이 높은 편평형으로 된다. 표면은 회갈색-갈색이고 중앙부가 진하고 건조할 때는 다소 연한 색이며 방사상의 반투명의 줄무늬선이 있다. 살은 백색이다. 주름살은 자루에 대하여 바른주름살로 백색-회백색에서 연한 홍색으로 되고 폭이 넓고 약간 성기다. 자루의 길이는 4~8cm, 굵기는 2~4mm로 상하가 같은 굵기이며 균모와 같은 색이며 밑동은 때때로 뿌리모양으로 미세한 백색의 균사가 피복된다. 포자의 크기는 9~12×6.3~8.6μm로 난형이고 표면은 매끈하고 투명하다. 포자문은 크림색이다.

생태 여름~가을 / 상수림나무, 졸참나무 기타 활엽수의 부후목, 그루터기에 군생 또는 다발로 속생

분포 한국(백두산), 중국, 일본, 유럽, 북아메리카, 전 세계

참고 식용

종애주름버섯

Mycena galopus (Pers.) Kumm.

형태 균모의 지름은 8~20mm로 원추형에서 종모양 또는 둔한 둥근산모양으로 된다. 표면은 백색-베이지색에서 회갈색으로 되며 가운데는 진하다. 무딘 물결모양의 줄무늬선이 중앙까지 발달하며 어릴 때 미세한 백색가루가 있다. 가장자리는 옅은 색에서 백색으로 되고 가루가 있고 표면은 밋밋하다가 톱니형처럼 된다. 살은 백색이고 얇으며 냄새가 약간 나고 맛은 온화하다. 주름살은 자루에 대하여 바른주름살로 백색에서 회백색으로 되고 폭이 넓다. 자루의 길이는 50~75mm, 굵기는 1~2mm로 원통형이며 기부는 때때로 두껍고 약간 뿌리형으로 백색이다. 표면은 밋밋하고 무디며 꼭대기는 백색에서 크림색이 섞인 진한 회색이고 아래쪽은 적갈색으로 된다. 신선한 것은 상처 시 백색의 즙액이 나온다. 자루의 속은 비었고 탄력이 있다. 포자의 크기는 8.7~11.9×4.5~6μm로 원주상의 타원형이며 표면은 밋밋하고 투명하며 기름방울이 있다. 담자기는 가는 막대형이며 26~31×7~9μm이고 기부에 꺽쇠가 있다. 연-측낭상체는 방추형 또는 배불뚝이형이며 55~75×8~13μm이다. 측낭상체는 드물다.

생태 여름~가을 / 침엽수림과 활엽수림의 떨어진 가지 등과 이끼류 사이에 군생

분포 한국(백두산), 중국, 유럽, 북아메리카

적갈색애주름버섯

Mycena haematopusa (Pers.) Kummer

형태 균모의 지름은 1~3.5cm로 종모양 또는 원추상의 종모양이나 가끔 중앙이 돌출한다. 표면은 적갈색 또는 연한 적자색 등인데 중앙은 진하며 방사상의 줄무늬선이 있고 가장자리는 톱니모양이다. 주름살은 자루에 대하여 내린 모양의 바른주름살로 백색에서 살구색-연한 적자색으로 되며 상처 시 암색으로 변색한다. 자루의 길이는 2~13cm, 굵기는 1.5~3mm로 균모와 같은 색인데 상처를 입으면 암혈홍색의 액체가 스며 나온다. 포자의 크기는 7.5~10×5~6.5μm로 광타원형이다. 연낭상체 및 측낭상체는 39~65×9.5~13μm로 방추형이며 상단 끝은 뾰족하다.

생태 여름~가을 / 활엽수의 썩은 나무나 그루터기 위에 군생·속생

분포 한국(백두산), 중국, 유럽, 북아메리카, 전 세계

참고 이 버섯의 균모나 자루 위에 적갈색 애주름 곰팡이(spinellus)가 마치 많은 바늘을 꽂아 놓은 것처럼 나서 이상한 모양을 보인다.

무더기애주름버섯

Mycena inclinata (Fr.) Quél.

형태 균모의 지름은 2~3.5cm로 원추형에서 종모양으로 되고 중앙이 볼록하게 돌출된다. 연한 적색을 띤 갈색-회갈색이며 중앙은 암갈색으로 진하며 건조하면 베이지갈색으로 연해진다. 방사상으로 줄무늬가 있고 건조할 때는 줄무늬선이 홈선모양으로 파지기도 한다. 가장자리 끝은 다소 톱니모양이다. 주름살은 자루에 대하여 홈파진주름살로 처음에는 흰색-연한 회갈색이나 오래되거나 건조할 때는 핑크색를 띤다. 폭이 넓고 다소 성기다. 자루의 길이는 5~10cm, 굵기는 2~4mm로 상하가 같은 굵기이며 꼭대기 부근은 흰색이고 아래쪽으로 진한 적갈색을 띠며 밑동쪽에는 흰색의 솜털모양 균사가 피복되어 있다. 포자의 크기는 8.1~10.9×5.6~6.3μm로 타원형이며 표면은 밋밋하고 투명하며 기름방울이 들어 있다. 포자문은 크림색이다.

생태 늦여름~가을 / 활엽수의 썩는 고목에 무더기로 속생하며 일반적으로 여러 개의 버섯이 무더기 다발로 나는 것이 특징

분포 한국(백두산), 중국, 유럽, 북아메리카, 전 세계

천가닥애주름버섯

Mycena lavevigata Gill.

형태 균모의 지름은 10~20mm로 반구형에서 약간 종모양으로 되며 중앙은 약간 거칠다. 표면은 밋밋하고 왁스처럼 미끈거리며 약간 빛나며 백색-크림색에서 맑은 황토색으로 되며 흡수성이며 습기 시 미세한 줄무늬선이 중앙으로 발달한다. 가장자리는 예리하고 약간 치아상이다. 살은 백색의 크림색으로 얇고 냄새는 없고 맛은 온화하다. 주름살은 자루에 대하여 홈파진주름살로 살과 동색이며 폭이 넓고 주름살의 가장자리는 밋밋하다. 자루의 길이는 3~5cm, 굵기는 1~2mm로 원통형으로 매끈하며 크림-백색 또는 희미한 회청색이며 부분적으로 투명한 가로띠가 있고 약간 빛난다. 위로 약간 부풀며 속은 비고 부러지기 쉽고 섬유실이 풀어진 상태. 포자의 크기는 6.5~8×3~4.5μm로 타원형이며 표면은 매끈하며 투명하고 기름방울이 있다. 담자기는 막대형, 4-포자성이다. 기부에 격쇠가 있다. 멜저액반응은 거짓아미로이드 반응이다. 연낭상체는 송곳모양에서 방추형으로 25~40×6~10μm이다.

생태 여름~가을 / 숲속의 썩는 고목의 이끼류에 단생·군생·속생

분포 한국(백두산), 중국, 유럽

참고 희귀종

쇠머리애주름버섯

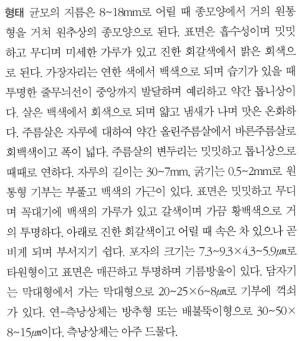

애주름버섯과 ≫ 애주름버섯속

Mycena leptocephala (Pers.) Gillet

형태 균모의 지름은 8~18mm로 어릴 때 종모양에서 거의 원통형을 거쳐 원추상의 종모양으로 된다. 표면은 흡수성이며 밋밋하고 무디며 미세한 가루가 있고 진한 회갈색에서 밝은 회색으로 된다. 가장자리는 연한 색에서 백색으로 되며 습기가 있을 때 투명한 줄무늬선이 중앙까지 발달하며 예리하고 약간 톱니상이다. 살은 백색에서 회색으로 되며 얇고 냄새가 나며 맛은 온화하다. 주름살은 자루에 대하여 약간 올린주름살에서 바른주름살로 회백색이고 폭이 넓다. 주름살의 변두리는 밋밋하고 톱니상으로 때때로 연하다. 자루의 길이는 30~7mm, 굵기는 0.5~2mm로 원통형 기부는 부풀고 백색의 가근이 있다. 표면은 밋밋하고 무디며 꼭대기에 백색의 가루가 있고 갈색이며 가끔 황백색으로 거의 투명하다. 아래로 진한 회갈색이고 어릴 때 속은 차 있으나 곧 비게 되며 부서지기 쉽다. 포자의 크기는 7.3~9.3×4.3~5.9μm로 타원형이고 표면은 매끈하고 투명하며 기름방울이 있다. 담자기는 막대형에서 가는 막대형으로 20~25×6~8μm로 기부에 꺽쇠가 있다. 연-측낭상체는 방추형 또는 배불뚝이형으로 30~50×8~15μm이다. 측낭상체는 아주 드물다.

생태 봄~가을 / 숲속의 땅, 낙엽, 이끼류 사이에 군생
분포 한국(백두산), 중국, 유럽, 북아메리카, 아시아

꿀색애주름버섯

Mycena meliigena (Berk. & Cooke) Sacc.

형태 균모의 지름은 0.2~0.5cm로 반구형에서 둥근산모양으로 되었다가 약간 편평해진다. 표면은 밋밋하거나 또는 미세한 과립(루페로 볼 때)이 있으며 습기가 있을 때 주름진 줄무늬가 중앙까지 발달한다. 살은 얇고 맛과 냄새는 불분명하다. 주름살은 자루에 대하여 약간 주름살이며 백색-크림색으로 폭은 넓으며 약간 밀생한다. 자루의 길이는 1~1.5cm, 굵기는 0.2cm정도로 원통형이며 가늘고 가끔 굽었다. 표면은 미세한 털이 있으며 특히 아래로 털이 아주 많으나 나중에 매끈하게 된다. 기부에 백색의 균사가 많이 부착한다. 포자문은 백색이다. 포자의 크기는 9~11×7.5~10㎛로 아구형이며 표면은 매끈하다. 아미로이드 반응이다. 낭상체는 막대형이다.

생태 가을~겨울 / 살아 있는 나무의 껍질 또는 가끔 이끼류 속에 단생, 군생할 때는 큰 군집을 형성

분포 한국(백두산), 중국, 전 세계

참고 매우 희귀종

테두리애주름버섯

Mycena metata (Secr. ex Fr.) Kumm.

형태 균모의 지름은 10~20mm로 원추형-종모양이지만 드물게 펴지며 중앙은 약간 볼록하다. 표면은 밋밋하고 약간 방사상으로 인편이 분포하며 줄무늬선이 거의 중앙까지 발달하고 흡수성이고 베이지-갈색으로 황색이 가미되어 있으며 또는 약간 살색이며 중앙은 진하다. 가장자리는 미세한 털이 있고 위로 올라간다. 육질은 물색의 갈색으로 막질, 냄새는 요오드 냄새가 나고 맛은 온화하다. 주름살은 자루에 대하여 약간 올린주름살로 간혹 약간 내린주름살이며 베이지색에서 살색으로 폭은 넓고 때때로 포크형이다. 주름살의 변두리는 다소 밋밋하다. 자루의 길이는 3~6cm, 굵기는 0.8~2mm로 원통형이며 표면은 밋밋하고 엷은 올리브색으로 기부는 진하다. 꼭대기 쪽으로 백색의 가루가 있고 자루의 속은 비었고 부서지기 쉽다. 포자의 크기는 7.2~9.8×3.8~4.7μm로 타원형이며 표면은 밋밋하고 투명하며 기름방울이 있다. 담자기는 원통형의 막대형으로 23~30×7~9μm로 기부에 격쇠가 있다. 거짓아미로이드(와인-적색) 반응이다. 연-측낭상체는 원통형이며 많이 있고 25~55×8~22μm로 푸대모양이고 꼭지는 없다.

생태 가을 / 숲속의 쓰레기 같은 곳, 침엽수림 등에 군생 · 속생

분포 한국(백두산), 중국, 유럽, 북아메리카

졸각애주름버섯

애주름버섯과 ≫ 애주름버섯속

Mycena pelianthiana (Fr.) Quél.

형태 균모의 지름은 2.5~5cm로 어릴 때는 둥근산모양에서 차차 평평해진다. 표면은 밋밋하고 흡습성이고 방사상으로 미세하게 눌려 붙은 섬유가 있다. 습기가 있을 때는 회갈색을 띤 자주색이고 건조할 때는 라일락색의 베이지색이다. 가장자리는 띠모양으로 회갈색의 자주색으로 2중 색채를 나타내면서 바깥쪽이 진하고 습기가 있을 때는 줄무늬선이 나타난다. 주름살은 자루에 대하여 바른주름살-홈파진주름살로 어두운 회자색으로 폭이 넓으며 주름 사이는 맥상으로 연결된다. 자루의 길이는 4~8cm, 굵기는 4~8mm로 균모와 같은 색이고 세로로 섬유상의 줄무늬가 있다. 자루의 속은 비어 있고 때로는 밑동이 굽어 있다. 포자의 크기는 5~7×2.3~3.1㎛로 타원형이며 표면은 밋밋하고 투명하며 기름방울이 들어 있다. 포자문은 백색이다.

생태 여름~가을 / 활엽수림의 낙엽 사이에서 군생

분포 한국(백두산), 중국, 일본, 유럽, 북반구 온대

녹색변두리애주름버섯

애주름버섯과 ≫ 애주름버섯속

Mycena viridimarginata Karst.

형태 균모의 지름은 10~25mm로 원추형-종모양으로 가운데는 둥근 돌출이 있고 투명한 줄무늬선이 발달한다. 청색에서 회흑색으로 되며 미세한 물결문으로 건조하면 백색의 가루상이며 습할 시 광택이 나고 중앙은 검은 올리브갈색. 가장자리는 연한 올리브황색. 황색의 띠가 있고 예리하다. 살은 갈색으로 건조하면 백색, 냄새가 나며 맛은 온화. 주름살은 올린주름살로 백색에서 회색으로 되며 폭은 넓다. 가장자리는 백색으로 퇴색한다. 밋밋하고 회녹색에서 올리브색으로 된다. 자루의 길이는 3~5cm, 굵기는 1.5~3mm로 원통형이며 밋밋하고 매끄러우며 어릴 때 미세한 백색가루로 덮인다. 꿀색에서 올리브갈색이지만 꼭대기는 연한 색이다. 기부는 때때로 백색의 털이 있다. 포자는 7.5~12.3×5.9~8.4㎛로 광타원형이며 매끈하고 투명하며 기름방울이 있다. 담자기는 가는 막대형으로 27~35×6~8㎛로 기부에 꺽쇠가 있다.

생태 늦봄~늦여름 / 썩는 고목에 단생·군생

분포 한국(백두산), 중국, 유럽

낙엽애주름버섯

Mycena polyadelpha (Larsh) Kühn.

형태 균모의 지름은 0.5~3mm 정도로 반구형-종모양에서 둥근
산모양으로 된다. 표면은 흰색이며 미세한 방사상의 골이 파여
있고 미세한 솜털로 반투명으로 보인다. 주름살은 자루에 대하
여 바른주름살-홈파진주름살로 성기고 흰색이지만 주름살이 발
달하지 않은 것도 있으며 거의 없는 것도 있다. 자루의 길이는
0.4~2cm, 굵기는 0.1~0.2mm로 매우 가늘며 원주형 또는 실모양
이며 흔히 굽어 있다. 전체가 미세한 흰색 분말로 덮여 있으나 나
중에 밋밋해진다. 포자의 크기는 6~10×3.5~4.8μm로 타원형이
다. 포자문은 백색이다.
생태 가을~초겨울 / 전년도에 떨어진 참나무류의 낙엽에 군생
분포 한국(백두산), 중국, 유럽

세로줄애주름버섯

Mycena polygramma (Bull.) S. F. Gray

형태 균모의 지름은 2~5cm로 어릴 때는 원추형-종모양에서 약간 퍼지지만 평평해지는 일이 드물고 중앙부가 약간 돌출된다. 표면은 밋밋하고 회색-회갈색이며 때로는 중앙이 암갈색으로 진하며 방사상의 긴 줄무늬가 있다. 가장자리는 날카롭고 고르다. 살은 얇고 유백색-연한 회갈색이다. 주름살은 자루에 대하여 올린주름살로 연한 회색이며 폭이 넓고 약간 성기다. 자루의 길이는 4~10(12)cm, 굵기는 2~4mm로 원주형이며 가늘고 길며 밑동에는 흰털이 덮여 있다. 표면은 균모보다 연한 색이고 세로로 줄무늬가 있고 자루의 속이 비어 있다. 포자의 크기는 8.1~10.6×5.4~7.3μm로 광타원형이고 표면은 매끈 투명하며 기름방울이 들어 있는 것도 있다. 포자문은 백색이다.

생태 여름~가을 / 활엽수림의 땅의 그루터기, 낙엽, 낙지 등에 단생·군생·속생

분포 한국(백두산), 중국, 유럽, 북반구 온대

맑은애주름버섯

Mycena pura (Pers.) Kummer

형태 균모의 지름은 2~4cm로 종모양 또는 둥근산모양에서 차차 편평하게 되며 중앙부는 넓게 돌출한다. 표면은 습기가 있고 분홍색, 분홍자색, 연한 자색, 연한 색으로 다양하다. 가장자리는 반반하고 줄무늬홈선이 있다. 살은 얇고 분홍색이며 맛은 유하다. 주름살은 자루에 대하여 바른주름살 또는 홈파진주름살로 빽빽하거나 성기며 폭은 넓다. 주름살 사이에 횡맥이 있어서 서로 연결되며 백색, 분홍색 또는 자색이다. 변두리는 물결모양 또는 톱날모양이다. 자루의 길이는 3~8cm, 굵기는 0.2~0.6cm로 상하의 굵기가 같으며 원주형이다. 표면은 매끈하고 광택이 나고 균모와 동색이거나 연한 색이고 기부에 백색의 융털이 있고 자루의 속은 비어 있다. 포자의 크기는 5.5~7.5×3~3.5μm로 장타원형이고 표면은 매끄럽다. 포자문은 백색이다. 낭상체는 방추형 또는 곤봉형이고 38~79×14.5~18μm이다.

생태 여름~가을 / 숲속의 썩는 고목이나 땅에 단생·군생·산생

분포 한국(백두산), 중국, 일본, 유럽

참고 독버섯

젤리애주름버섯

Mycena rorida (Scop.) Quél.

형태 균모의 지름은 4~10mm로 반구형에서 낮은 둥근산모양으로 되고 중앙이 약간 오목하게 들어간다. 표면은 약간 분상이고 크림색, 연한 갈색을 띤 회백색으로 때로는 거의 백색이다. 습기가 있을 때는 줄무늬가 나타나고 오래된 것은 얕은 줄무늬홈선이 생긴다. 주름살은 자루에 대하여 홈파진주름살-약간 내린주름살로 흰색이고 성기다. 자루의 길이는 1.5~4.5cm, 굵기는 0.5~1mm로 매우 가늘고 연한 회백색-흰색으로 반투명하다. 자루의 아래쪽에 젤라틴질의 점액이 다량 붙어 있다. 포자의 크기는 9.5~12.2×4~6μm로 타원형-원주상의 타원형으로 표면은 밋밋하고 투명하며 기름방울이 들어 있다. 포자문은 백색이다.

생태 봄~가을 / 숲속의 낙엽, 낙지, 죽은 가지 등에 여러 개가 단생·군생

분포 한국(백두산), 중국, 일본, 유럽, 북반구 온대

붉은둘레애주름버섯

Mycena rubromarginata (Fr.) Kumm.

형태 균모의 지름은 10~25mm로 어릴 때 반구형에서 둥근산모양으로 된다. 표면은 밋밋하고 무디며 미세한 방사상의 섬유상이고 습기가 있을 때 투명한 줄무늬선이 중앙의 반까지 발달하며 또는 약간 줄무늬홈선이 있다. 색깔은 회색-베이지색으로 중앙은 베이지갈색 또는 가끔 희미한 라일락색이다. 가장자리는 예리하고 약간 물결형이다. 살은 물색 또는 베이지갈색, 얇고 냄새가 없으며 맛은 온화하다. 주름살은 자루에 대하여 넓은 바른주름살 또는 약간 내린주름살로 어릴 때 백색에서 밝은 베이지-회색으로 되며 가끔 엷은 핑크색이다. 주름살의 변두리는 밋밋하고 밝은 베이지핑크색이다. 자루의 길이는 20~45mm, 굵기는 1.5~2.5mm로 원통형으로 가끔 굽었다. 표면은 무디다가 매끄럽게 되고 희미한 라일락색이 있는 회갈색이다. 자루의 꼭대기는 거의 백색이고 미세한 가루가 있으며 기부는 진하고 균사체로 된 백색의 털이 있다. 자루의 속은 비었으며 부서지기 쉽다. 포자의 크기는 8.4~13×5.7~7.9μm로 타원형이며 표면은 매끈하고 기름방울이 있다. 담자기는 원통형에서 가는 막대형이고 24~35×6~8μm로 기부에 꺽쇠가 있다. 연낭상체는 방추형, 막대형, 포크형으로 30~70×7~12μm이다.

생태 봄~가을 / 썩는 활엽수림의 재목에 군생

분포 한국(백두산), 중국, 유럽

젖꼭지애주름버섯

Mycena speirea (Fr.) Gill.

형태 균모의 지름은 5~15mm로 어릴 때는 둥근산모양이고 가운데가 젖꼭지 같은 돌기가 있고 그 주위는 들어가지만 나중에 편평하게 되고 물결형으로 된다. 표면은 미세한 비듬이 있으며 습기가 있을 때 광택이 나고 투명한 줄무늬선이 중앙까지 발달한다. 색깔은 거무스런 크림색, 회갈색 또는 황토갈색으로 중앙은 진하다. 가장자리는 연하고 크림색이며 예리하고 밋밋한 형에서 톱니상으로 된다. 살은 막질이고 약간 풀 냄새가 나는 것도 있으며 맛은 온화하다. 주름살은 자루에 대하여 바른주름살-홈파진내린주름살로 백색에서 크림색이며 폭은 넓으며 포크형이다. 주름살의 변두리는 밋밋하다. 자루의 길이는 20~60mm, 굵기는 0.3~1.5mm로 밝은 회색에서 황토갈색으로 되며 기부 쪽으로 진하다. 꼭대기는 백색에서 밝은 황색이다. 자루의 속은 비었고 탄력이 있고 강인하며 기부는 미세한 가근이 있다. 포자의 크기는 8~10×4~6μm로 타원형으로 표면은 밋밋하고 투명하며 기름방울이 있다. 담자기는 가는 막대형으로 16~25×4.5~5.5μm로 2-포자성이다. 기부에 꺽쇠가 없다. 연낭상체는 밋밋하고 20~35×3~7μm이다.

생태 봄~가을 / 활엽수의 껍질에 군생

분포 한국(백두산), 중국, 유럽, 북아메리카, 아시아, 아프리카, 호주

총채애주름버섯

Mycena stipata M. Geest. & Schwöobel

형태 균모의 지름은 10~25mm로 종모양에서 원추상의 종모양으로 된다. 표면은 밋밋하고 털이 없으며 약간 백색가루가 있다. 흡수성으로 습기가 있을 때 광택이 나고 줄무늬선이 중앙까지 발달한다. 색은 밝은 회갈색에서 검은 회색-적갈색으로 된다. 가장자리에 줄무늬선이 있으며 톱니상이다. 살은 백색이며 얇고 냄새가 나고 맛은 온화하나 약간 불분명하다. 주름살은 자루에 대하여 바른주름살로 회백색에서 회갈색으로 되고 폭이 넓으며 가장자리는 백색이고 밋밋하다. 자루의 길이는 3~7cm, 굵기는 1.5~3mm로 원통형이며 단단하나 부서지기 쉬우며 속은 비었다. 표면은 밋밋하고 무딘 상태에서 광택이 나며 꼭대기는 약간 백색의 비듬이 있다. 자루의 아래쪽은 회갈색으로 가끔 백색의 가루상이고 기부는 약간 백색의 솜털상이다. 포자의 크기는 7.4~10×4.5~6μm로 타원형에서 막대상의 타원형이고 표면은 매끈하고 투명하며 기름방울을 함유한다. 담자기는 막대형이며 26~35×7~9μm로 기부에 꺽쇠가 있다. 연-측낭상체는 막대형이고 26~35×7~9μm이다.

생태 여름~가을 / 썩는 등걸 그루터기에 군생

분포 한국(백두산), 중국, 유럽

포도애주름버섯

Mycena vitilis (Fr.) Quél.

형태 균모의 지름은 1~2.2cm로 종모양에서 차차 펴져서 편평하게 되며 중앙은 볼록하다. 표면은 밋밋하고 무디며 미세한 방사상의 주름진 섬유가 있고 밝은 베이지에서 회갈색이다. 표피는 탄력적이다. 가장자리는 연하고 예리하며 투명한 줄무늬선이 있으며 습기가 있을 때 중앙까지 발달하고 점성이 있다. 살은 백색 또는 물 같은 회색으로 얇고 냄새는 없고 맛은 온화하지만 분명하지 않다. 주름살은 자루에 대하여 바른주름살 또는 톱니상의 내린주름살로 백색에서 밝은 회색이며 폭이 넓고 포크형이다. 가장자리는 백색, 갈색의 반점이 산재한다. 자루의 길이는 4~11cm, 굵기는 1~3mm로 원통형에서 원추형으로 속은 비었다. 표면은 기부 쪽으로 밋밋하며 꼭대기는 백색으로 가끔 가루상이고 자루의 아래쪽은 회색으로 습기가 있을 때 점성이 있다. 포자의 크기는 9.4~12×5.5~7.3μm로 타원형이며 표면은 밋밋하고 투명하며 기름방울을 함유한다. 담자기는 22~42×7.5~10μm로 기부에 꺽쇠가 있다. 연낭상체는 15~30×4.5~10μm이다.

생태 늦봄~늦여름 / 숲속의 썩는 고목에 단생 · 군생

분포 한국(백두산), 중국, 유럽

부채버섯

Panellus stipticus (Bull.) Karst.

형태 자실체는 가죽질 또는 반가죽질로 질기다. 균모의 지름은 1~3cm이고 부채모양 또는 신장형이며 마르면 가장자리가 안으로 말리나 습기가 있을 때 원형으로 회복된다. 균모 표면은 마르고 황색, 계피색 또는 목재색이며 마지막에 유백색으로 퇴색된다. 표피는 가는 인편으로 갈라지고 가끔 중앙부 또는 기부에 홈 파진 동심원의 환문이 있다. 균모 가장자리는 아래로 말린다. 살은 질기고 백색이며 맛은 맵다. 주름살은 황갈색 또는 계피색이고 밀생하며 폭이 좁고 얇으며 주름 사이에 횡맥이 있다. 자루는 짧아서 길이는 0.2~1.5cm, 굵기는 0.3~0.5cm이며 약간 굽고 아주 질기며 속이 차 있고 균모 표면과 동색이며 짧은 털이 밀생한다. 포자의 크기는 4~5×2~2.5㎛이고 장방형으로 표면은 매끈하며 무색이고 아미로이드 반응이다. 포자문은 백색이다. 낭상체는 피침형이고 30~50×2.5~3.5㎛이다.

생태 여름~가을 / 활엽수 부목에 속생하며 겹쳐서 군생

분포 한국(백두산), 중국, 일본, 유럽, 북아메리카

참고 독이 있으며 목재의 부후를 야기

골무버섯

Tectella patellaris (Fr.) Murr.
Tectella operculata (Berk. & Curt.) Murr.

형태 균모의 지름은 1~1.5cm로 둥근산모양이며 가장자리는 아래로 말린다. 약간 끈적이는 느낌이 있다. 주름살은 약간 밀생하고 폭은 좁으며 바랜 갈색이나 황갈색으로 되며 약간 밀생하고 폭은 좁으며 바랜 갈색이다. 자루는 없거나 있을 때 길이는 1~3mm 정도로 측생 또는 편심생이다. 포자의 크기는 3~4× 1~1.5μm로 소시지형이며 표면은 매끈하다. 아미로이드 반응이다. 포자문은 백색이다.

생태 여름 / 활엽수의 가지나 넘어진 고목에 군생
분포 한국(백두산), 중국, 북아메리카
참고 식·독 불명

이끼살이버섯

Xeramphalina campanella (Batsch) Maire

형태 균모의 지름은 1~2cm로 종모양 또는 반구형에서 차차 편평하게 되며 중앙부는 오목하거나 깔때기모양과 비슷하게 된다. 표면은 습기가 있을 때 수침상으로 털이 없으며 방사상의 줄무늬홈선이 있으며 오렌지황색 또는 홍색이며 마르면 연한 색이다. 살은 얇고 막질이며 황색이다. 주름살은 자루에 대하여 초기에 바른주름살이나 나중에 깊은 내린주름살로 밀생하거나 약간 성기며 폭이 넓고 활모양이며 주름살 사이는 황맥상으로 연결되고 황백색이다. 자루의 길이는 1~3cm, 굵기는 0.5~1mm로 처음에 상부는 황색이고 하부는 밤갈색이고 나중에 상하 전부 밤갈색으로 된다. 기부에 백색 또는 황색의 거친 털이 있고 각질에 가깝고 속이 비어 있다. 포자의 크기는 5~5.5×3~3.5μm로 타원형이며 표면은 매끄럽다. 아미로이드 반응이다. 포자문은 백색이다.
생태 여름~가을 / 썩는 고목이나 그루터기에 군생·속생
분포 한국(백두산), 중국, 일본, 유럽, 북반구 일대

가랑잎이끼살이버섯

Xeramphalina cauticinalis (With.) Kühn. & Maire

형태 균모의 지름은 1~2.5cm로 처음에는 중앙이 오목한 둥근산 모양에서 나중에 평평하게 펴지며 중앙이 오목하나 흔히 중앙에는 젖꼭지모양의 돌기가 있다. 표면은 털이 없고 방사상으로 줄무늬홈선이 있고 갈색의 황색이며 중앙부는 암갈색으로 진하다. 살은 얇고 가죽질이다. 가장자리는 고르거나 또는 불규칙하게 들쑥날쑥되기도 한다. 주름살은 자루에 대하여 바른주름살이면서 내린주름살로 성기고 서로 간에 맥상으로 연결되며 크림색-황토색이다. 자루의 길이는 2~8cm, 굵기는 0.5~2mm로 매우 가늘고 각질이며 흑갈색으로 상부는 색이 연하다. 밑동에는 둥글게 뭉친 황갈색의 균사덩어리가 피복되어 있다. 포자의 크기는 5~6× 2.5~3㎛로 타원형이며 표면은 투명하다.

생태 가을 / 침엽수 밑 또는 물이끼 사이에 군생

분포 한국(백두산), 중국, 일본, 유럽, 북반구 일대

물렁뽕나무버섯

Armillaria borealis Marxmuller & Korhonen

형태 균모의 지름은 2.5~10cm로 어릴 때는 둥근산모양에서 차차 편평형으로 되며 가장자리가 불규칙하게 굴곡되기도 하며 중앙부는 항상 작은 돌출이 있다. 표면은 흡습성이고 중앙에서 가장자리 쪽으로 미세한 황토색, 황토갈색, 황색의 섬유상의 인편이 분포한다. 습기가 있을 때는 황토색이고 건조할 때는 크림황색이다. 가장자리에는 반투명의 줄무늬가 있고 날카롭고 고르며 백색 피막의 잔존물이 붙기도 한다. 살은 백색이고 얇다. 주름살은 자루에 대하여 바른주름살의 내린주름살이며 어릴 때는 백색에서 황토갈색으로 되고 폭이 넓고 촘촘하다. 가장자리는 상처를 입으면 약간 갈색을 띤다. 자루의 길이는 6~10cm, 굵기는 5~15cm로 원추형으로 흔히 밑동 쪽으로 굵어진다. 표면은 연한 황색이고 아래쪽으로 암색이며 세로로 백색 섬유가 부착되어 있고 위쪽에 백색 섬유질로 된 막상의 턱받이가 있다. 포자의 크기는 5.5~8.7×4.3~5.1㎛로 광타원형이며 표면은 밋밋하고 투명하며 기름방울이 들어 있다. 포자문은 연한 크림색이다.

생태 여름~가을 / 활엽수 또는 침엽수의 떨어진 가지, 줄기, 살아 있는 나무의 상처 부위 등에 발생하며 사물기생 및 활물기생을 함께한다.

분포 한국(백두산), 중국, 유럽, 북반구 일대

뽕나무버섯

Armillaria mellea (Vahl) Kumm.

형태 균모의 지름은 4~13cm로 둥근산모양에서 차차 편평하게 되고 중앙부가 둔하거나 약간 파진다. 표면은 거의 건조성이고 습기가 있을 때 점성이 있다. 색깔은 연한 황토색, 밀황색, 황갈색이나 노후 시 토갈색이고 중앙부에 직립 또는 압착된 가는 인편이 있으며 털이 없어서 매끈한 것도 있다. 가장자리는 처음에 아래로 감기며 줄무늬홈선이 있다. 살은 백색이고 맛은 온화하거나 조금 쓰다. 주름살은 자루에 대하여 바른주름살 또는 내린주름살로 성기며 처음은 백색에서 분홍살색으로 되고 노후 시 암갈색의 반점이 생긴다. 자루의 길이는 5~14cm, 굵기는 0.7~1.9cm로 원주형이고 기부는 불룩하며 구부러진다. 표면은 균모와 동색으로 줄무늬홈선 또는 털모양 인편이 있고 섬유질이다. 자루의 속은 갯솜질이나 나중에 빈다. 턱받이는 상위이고 처음에 두 층이며 갯솜질이다. 포자의 크기는 7~11×5~7㎛로 타원형 또는 난원형이고 표면은 매끄러우며 황색인 것도 있다.

생태 여름~가을 / 활엽수 또는 침엽수의 줄기, 밑동, 뿌리 또는 땅에 묻힌 고목에 속생·군생, 이 버섯은 여러 가지 나무의 근부병을 일으키며 천마의 공생균으로서 천마 재배에 이용

분포 한국(백두산), 중국, 일본, 전 세계

참고 맛 좋은 야생 식용 버섯

껍질뽕나무버섯

Armillaria ectype (Fr.) Lamoure

형태 균모의 지름은 3~4.5cm로 둥근산모양에서 차차 편평하게 펴지며 가장자리는 처음에 아래로 말린다. 표면은 약간 점성이 있고 황갈색 또는 연한 황토색이고 중앙은 암회갈색의 미세한 섬유상 인편이 밀집한다. 주름살은 자루에 대하여 바른주름살 또는 내린주름살로 연한 황색으로 약간 성기고 때때로 2분지한다. 자루의 길이는 4.5~9cm, 굵기는 4~8mm로 위쪽으로 가늘고 균모와 동색으로 섬유질이며 위쪽은 거의 백색이다. 자루의 속은 비었다. 기부는 거의 곤봉상으로 부풀고 암회갈색이다. 자실체는 손으로 만지면 흑색으로 변색한다. 포자의 크기는 7.5~9(10.5)× 5~6.6(7)μm로 난형 또는 타원형이다.

생태 가을 / 이끼류, 습지 등에 단생 · 군생, 드물게 속생

분포 한국(백두산), 중국, 일본, 유럽, 북아메리카

참고 식용

흑뽕나무버섯

Armillaria obscura (Schaeff.) Herink
A. polymyces (Pers.) Sing. & Clémençon

형태 균모의 지름은 3.5~11cm로 처음에 편반구형에서 차차 편평하게 되지만 중앙은 약간 들어가나 혹은 볼록하다. 표면은 거의 황토색이고 인편은 백색에서 갈색으로 변색한다. 가장자리는 옅은 백색이고 물결형 또는 날개모양이다. 주름살은 자루에 대하여 바른주름살 내지 홈파진주름살로 길이가 같지 않다. 색은 오백색 또는 옅은 살색으로 종종 홍갈색의 반점이 있다. 자루의 길이는 5~13cm, 굵기는 0.5~2cm로 원주형이며 기부는 약간 팽대되어 있다. 표면은 백색이고 뚜렷한 인편이 부착하며 턱받이는 막질이다. 자루의 상부는 옅은 오백색으로 아래쪽은 갈색 내지 암갈색 혹은 흑갈색이고 속은 차 있다. 포자의 크기는 6.5~7.8× 4.5~6.9μm로 구형 혹은 광타원형이고 광택이 나며 표면은 매끄럽다.

생태 여름~가을 / 썩는 고목에 속생 · 단생

분포 한국(백두산), 중국

참고 식용

잣뽕나무버섯

Armillaria ostoyae (Romagn.) Herink

형태 균모의 지름은 3~10cm로 처음에는 반구형-둔한 원추형에서 편평해지거나 가운데가 오목해진다. 표면은 어릴 때 암갈색이고 나중에 유백색 또는 암갈색의 섬유상 인편이 산재하며 흡수성으로 습기가 있을 때 적갈색이 되고 건조하면 연한 색으로 된다. 가장자리는 연한 색-유백색으로 줄무늬선이 있고 아래로 감기고 물결모양으로 굴곡지기도 하며 어릴 때는 가장자리 끝부분에 피막의 잔재물이 붙는다. 살은 두터운 편이고 백색에서 유백색으로 된다. 주름살은 자루에 대하여 올린주름살-내린주름살이며 처음에는 백색에서 크림색, 회백색으로 되며 적갈색의 얼룩이 생기기도 하며 촘촘하다. 자루의 길이는 6~15cm, 굵기는 0.5~2cm로 원주형이며 간혹 눌려 있는 경우도 있다. 위쪽은 백색이고 아래쪽은 갈색이며 밑동 쪽은 흑갈색이다. 표면은 섬유상이고 흑갈색의 면모상의 비늘이 붙어 있다. 턱받이는 백색 막질로 속은 어릴 때는 차 있으나 나중에 빈다. 포자의 크기는 $6.4\sim7.9\times4.8\sim6.9\mu m$로 아구형-광타원형이며 표면은 매끈하고 투명하며 기름방울이 있다. 포자문은 유백색이다.

생태 봄~가을 / 가문비나무 등 침엽수의 그루터기 또는 썩은 나무에 군생

분포 한국(백두산), 중국, 일본, 유럽

뽕나무버섯부치

Armillaria tabescens (Scop.) Emel

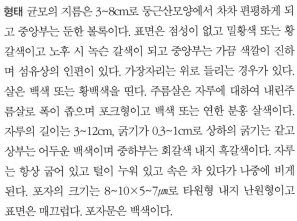

형태 균모의 지름은 3~8cm로 둥근산모양에서 차차 편평하게 되고 중앙부는 둔한 볼록이다. 표면은 점성이 없고 밀황색 또는 황갈색이고 노후 시 녹슨 갈색이 되고 중앙부는 가끔 색깔이 진하며 섬유상의 인편이 있다. 가장자리는 위로 들리는 경우가 있다. 살은 백색 또는 황백색을 띤다. 주름살은 자루에 대하여 내린주름살로 폭이 좁으며 포크형이고 백색 또는 연한 분홍 살색이다. 자루의 길이는 3~12cm, 굵기가 0.3~1cm로 상하의 굵기는 같고 상부는 어두운 백색이며 중하부는 회갈색 내지 흑갈색이다. 자루는 항상 굽어 있고 털이 누워 있고 속은 차 있다가 나중에 비게 된다. 포자의 크기는 8~10×5~7μm로 타원형 내지 난원형이고 표면은 매끄럽다. 포자문은 백색이다.

생태 여름~가을 / 나무의 줄기, 기부, 뿌리에 속생

분포 한국(백두산), 중국, 일본, 전 세계

참고 식용하나 설사를 유발

갈색날민뿌리버섯

Oudemarsiella brunneomarginata Lj. Vass

형태 균모의 지름은 3~15cm로 처음 둥근산모양에서 거의 편평해진다. 표면은 처음에 자주색을 띤 갈색에서 회갈색-황색을 띤 흰색으로 된다. 표면은 습기가 있을 때는 강한 점성이 잇고 줄무늬홈선이 있다. 가장자리는 때때로 방사상의 줄무늬가 나타난다. 살은 씹히는 맛이 좋은 버섯이다. 주름살은 자루에 대하여 바른 주름살이고 흰색-연한 황색의 흰색이며 폭이 넓으며 약간 성기다. 주름살의 가장자리는 진한 자갈색의 테두리가 있다. 자루의 길이는 4~10cm, 굵기는 0.4~1cm로 거의 상하가 같은 굵기로 속은 비었다. 표면은 자갈색의 인편이 덮여 있으며 위쪽이 옅은 색이다. 포자의 크기는 14~20(22)×9.5~12.5㎛로 광타원형-아몬드형이고 표면은 매끈하다.

생태 가을 / 활엽수의 죽은 나무에 다수 군생

분포 한국(백두산), 중국, 일본, 러시아 연해주

참고 식용

끈적민뿌리버섯

Oudemansiella mucida (Schrad.) Höhn

형태 균모의 지름은 3~15cm로 반구형에서 차차 편평하게 되고 중앙부가 둔하게 돌출한다. 표면은 습기가 있을 때 점성이 있고 털이 없어서 매끄러우며 순백색 또는 연한 회색이고 중앙부는 황갈색이며 습기가 있을 때 반투명 마르면 광택이 난다. 표피층은 벗겨지기 쉽다. 가장자리는 처음에 아래로 감기며 뚜렷한 줄무늬홈선이 있다. 살은 젤라틴질로 유연하며 백색이고 맛은 유하다. 주름살은 자루에 대하여 바른주름살 또는 내린주름살로 성기고 폭이 넓으며 점성이 있으며 약간 투명하고 백색에서 황색으로 된다. 자루의 길이는 1.5~10cm, 굵기는 0.3~0.8cm로 원주형이고 기부는 팽대하며 기물에 접촉 부위는 구부정하다. 표면은 백색, 회색 또는 황색으로 다양하고 질기며 연골질에 가깝고 속은 차 있다. 턱받이는 자루의 위쪽에 있으며 막질이고 수평 또는 아래로 드리우며 백색 또는 황백색이며 가끔 줄무늬홈선이 있고 영존성이다. 포자의 지름은 14~20μm로 구형이고 표면은 매끄러우며 포자벽이 두껍다. 낭상체는 방추형 또는 원주형으로 90~110×15~30μm이다. 포자문은 백색이다.

생태 여름~가을 / 활엽수의 죽은 나무나 쓰러진 나무에 군생 · 속생

분포 한국(백두산), 중국, 일본

참고 식용

끈적민뿌리버섯아재비

Oudemansiella venosolamellata (Imaz. & Toki) Imaz. & Hongo

형태 균모의 지름은 2~6cm로 반구형이지만 위가 편평한 둥근산 모양이 된다. 표면은 점성이 있고 어릴 때는 중앙이 회갈색이고 나중에 연한 회색 또는 거의 백색으로 된다. 살은 얇고 흰색 또는 회색이다. 주름살은 자루에 대하여 바른주름살의 홈파진주름 살로 유백색이고 폭이 넓으며 성기고 쭈굴쭈굴하게 주름져 있다. 표면은 분상이고 때로는 주름살 사이가 맥상으로 연결된다. 자루의 길이는 1.5~4cm, 굵기는 3~10mm로 위쪽은 흰색이고 아래쪽은 회갈색이며 턱받이는 흰색의 막질로 속은 차 있다. 포자의 크기는 18.5~25.5×14~23μm로 아구형, 표면은 매끄럽다.

생태 봄~가을 / 특히 너도밤나무 등의 활엽수의 죽은 줄기에 발생

분포 한국(백두산), 중국, 일본

참고 식용

가시맛솔방울버섯

Strobilurus ohshimae (Hongo) Hongo

형태 균모의 지름은 1~5cm로 처음 둥근산모양에서 차차 편평형이나 나중에 중앙이 다소 오목하지만 가끔 중앙이 약간 돌출된 것도 있다. 표면에 끈기는 없고 유백색이며 중앙이 연한 회색이나 쥐회색을 띤다. 가장자리는 고르고 습기가 있을 때는 미세한 줄무늬선이 있다. 주름살은 자루에 대하여 올린주름살-떨어진주름살로 흰색이고 촘촘하나 약간 성긴 것도 있다. 자루의 길이는 3~7cm, 굵기는 1.5~4mm로 상하가 같은 굵기이며 때때로 밑동쪽이 다소 굵다. 표면은 암황토색-오렌지황갈색이고 분상-미세한 융털모양으로 되며 꼭대기는 백색이고 연골질이다. 자루의 속은 비어 있다. 포자의 크기는 4.5~6.5×2~3μm로 타원형-원통형이며 표면은 매끈하다.

생태 늦가을~초겨울 / 숲속에 묻힌 침엽수(특히 삼나무)의 낙지에서 발생

분포 한국(백두산), 중국, 일본, 유럽, 북아메리카, 북반구 온대

참고 식용

잣맛솔방울버섯

Strobilurus trullisatus (Murr.) Lennox

형태 균모의 지름은 0.5~2cm로 편반구형에서 차차 편평형으로 된다. 표면은 광택이 나며 밋밋하고 가는 작은 인편이 있고 오백색 또는 분황백색으로 중앙은 연한 홍갈색이다. 육질은 얇다. 가장자리는 처음에 아래로 말린다. 주름살은 자루에 대하여 바른주름살로 백색이고 백황색의 가루가 있다. 자루의 길이는 2.5~5cm, 폭은 0.1~1.5mm로 백색 또는 황갈색으로 된다. 포자의 크기는 3~5×1.5~3㎛로 타원형이다.

생태 여름~가을 / 솔방울 위에 군생

분포 한국(백두산), 중국

꼬막버섯

Hohenbuehelia petaloides (Bull.) Schulzer

흙색형

형태 균모의 지름은 2~8cm로 느타리형의 버섯으로 귀모양 또는 깔때기모양 또는 한쪽이 뚫린 깔때기모양이다. 표면은 광택이 나며 밋밋하고 백색에서 회색 또는 연한 회색이다. 가장자리에 줄무늬홈선이 있다. 주름살은 자루에 대하여 긴-내린주름살로 포크형이고 유백색으로 밀생하고 폭은 좁으며 주름살이 길게 밑부분까지 이어진다. 자루는 길이는 1~3cm, 굵기는 0.5~1cm로 측생하고 오백색이며 털이 있다. 포자의 크기는 4.5~6×3~4.5μm로 타원형이고 표면은 매끈하며 이물질을 함유하고 있고 포자벽은 얇다. 낭상체는 많고 무색 또는 옅은 황색으로 벽이 두껍다. 35~85×10~20μm이다. 포자문은 백색이다.

생태 가을 / 부러진 나무, 그루터기, 땅에 묻힌 고목에 군생·속생

분포 한국(백두산), 중국, 일본, 유럽

참고 식용

흙색형(Hohenbuehelia geogenia) 균모의 지름은 4~16cm로 부채형, 반원형에서 거의 깔때기형으로 되며 흙색이다. 포자의 크기 7~8×3.5~4μm이다. 항암기능이 있다.

흰끝말림느타리버섯

Pleurotus albellus (Pat.) Pegler

형태 균모의 지름은 4~11cm로 중앙은 들어가고 깔때기형 또는 부채형이며 시간이 지나면 표면은 찢어져 위쪽으로 말리고 인편상으로 된다. 표면은 백색으로 매끄럽고 편평하게 된다. 가장자리는 홈선의 주름무늬가 있다. 육질은 백색이고 광택이 나며 맛은 없다. 주름살은 자루에 대하여 짧은 내린주름살로 백색이며 언저리는 미세한 거치상이다. 자루의 길이는 1~8cm, 굵기는 0.5~1.5cm로 원주상이고 중심생, 측생, 편심생 등 다양하며 속은 차 있다. 표면은 백색이고 처음에 털이 있으며 나중에 털이 없어지고 매끈해지며 광택이 나고 표피는 약간 갈라지며 기부에 여러 개가 붙어서 연결된다. 포자의 크기는 6~7×2.5~3μm로 타원형 또는 난상의 타원형이며 광택이 나고 투명하다.

생태 여름~가을 / 썩은 고목에 군생·속생

분포 한국(백두산), 중국

참고 식용, 목재부후균

끝말림느타리버섯

Pleurotus anserinus Sacc.

형태 균모의 지름은 3~12cm로 부채형, 옅은 백색, 황갈색 혹은 약간 진한 황갈색이다. 표면은 거의 밋밋하다. 가장자리는 아래로 말리고 물결형이다. 살은 오백색이며 비교적 얇고 알코올 냄새가 난다. 주름살은 자루에 대하여 내린주름살로 거의 류백황색 또는 황색으로 포크형이다. 자루의 길이는 0.5~1cm, 굵기는 0.8~1.5cm로 짧고 측생이며 균모와 동색이다. 포자의 크기는 7~9×3~4㎛로 장타원형이며 투명하고 표면은 매끈하다.

생태 여름~가을 / 살아 있는 나무껍질 또는 죽은 나무에 속생

분포 한국(백두산), 중국

모자느타리버섯

Pleurotus calyptratus (Lindbl. ex Fr.) Sacc.

형태 균모의 지름은 5~12cm로 거의 부채형이지만 중앙은 처음은 들어갔지만 차차 편평해지며 오백색에서 유백색으로 된다. 표면은 미세한 홈선의 줄무늬가 있으며 밋밋하고 털은 없으며 흡수성이고 어릴 때 갈라진다. 살은 백색이고 약간 얇다. 주름살은 자루에 대하여 내린주름살로 밀생하고 유백색으로 폭은 약간 넓으며 포크형이다. 자루의 길이는 0.5~1cm, 굵기는 0.8~1cm이며 하부는 가늘고 백색이다. 자루의 속은 차 있지만 자루가 없는 것도 있다. 포자의 크기는 9~12×3~5㎛로 장타원형이고 광택이 나며 표면은 매끈하고 투명하다.

생태 가을 / 썩는 고목에 속생

분포 한국(백두산), 중국

노랑느타리버섯

Pleurotus citrinopileatus Sing.
P. cornucopiae subs. citrinopileatus (Sing.) O. Hilber

형태 균모의 지름은 3~10cm로 구형 또는 반구형이며 중앙부는
오목하고 나중에 펴져서 깔때기형으로 된다. 표면은 매끄러우나
끈기는 없으며 황색 또는 레몬색이고 오래되면 색깔이 연해진다.
살은 백색이고 표피 아래쪽은 황색으로 밀가루 냄새가 난다. 주
름살은 자루에 대하여 내린주름살로 다소 빽빽하며 포크형이며
서로 융합하여 2~4회 분지하며 백색 또는 황백색이다. 자루의
길이는 2~5cm, 굵기는 0.4~0.9cm로 편심생이고 가끔 자루에 줄
무늬홈선이 있고 속은 차 있고 기부는 서로 맥상으로 연결된다.
포자의 크기는 7.5~9.5×3~4μm로 원주형이며 표면은 매끄럽고
무색이다. 포자문은 연한 자색 또는 암회색이다.
생태 여름~가을 / 느릅나무 등의 활엽수의 넘어진 나무나 그루
터기 또는 오래된 살아 있는 나무에 군생·속생
분포 한국(백두산), 한반도 전체, 중국, 일본, 아시아
참고 맛 있는 식용균, 인공재배

흰느타리버섯

Pleurotus cornucopiae (Paul.) Rolland

형태 균모의 지름은 5~12cm로 편평형이지만 중앙이 들어간 깔때기형이 되고 때때로 가장자리가 물결형이나 또는 갈라진다. 표면은 크림색에서 연한 황갈색으로 되고 나중에는 황갈색으로 된다. 살은 백색이다. 주름살은 자루에 대하여 긴-내린주름살이고 백색에서 연한 살구색으로 되며 폭이 넓고 성기다. 자루의 길이는 3~8cm, 굵기는 0.7~2.5cm로 편심생 또는 중심생으로 주름살과 동색이나 오래되면 진한 색으로 된다. 포자의 크기는 8~11×3.5~5μm로 약간 장타원형이다. 포자문은 연한 라일락색이다.
생태 봄~가을 / 참나무류, 활엽수 등의 죽은 나무나 그루터기에 여러 개의 자루가 기부에서 갈라져 나오며 속생
분포 한국(백두산), 중국, 유럽, 북아메리카
참고 식용

전복느타리버섯

Pleurotus cystidiosus O. K. Miller
P. abalonus Y. H. Han, K. M. Chen & S.Cheng

형태 균모의 지름은 6~11cm로 처음에 둥근산모양에서 차차 편평해지며 조개형-부채형이다. 표면은 거의 밋밋하고 처음에 암갈색에서 퇴색되어 회갈색-황갈색으로 되었다가 거의 연한 황색으로 된다. 흑갈색의 미세한 인편이 있으며 중앙에 밀집하고 연한 갈색이다. 육질은 두껍고 치밀하며 백색이다. 주름살은 자루에 대하여 내린주름살로 그 말단에 자루의 위에서 상호 맥상으로 연결되며 백색-엷은 크림색이고 약간 성기다. 자루의 길이는 1~4cm, 굵기는 1~3.5cm로 측생이며 보통 짧고 굵지만 아래로 가늘며 가근상이며 털이 있다. 상부는 백색 또는 하부는 회색이며 표면은 거의 밋밋하고 특히 기부에 거친 황갈색의 털이 있다. 포자의 크기는 10~15×5~6㎛로 원주형 또는 장타원형이다. 담자기는 50~60×8~10㎛로 4-포자성이다. 연낭상체는 12.5~30×5~7.5㎛로 곤봉형-원주상의 타원형으로 꼭대기에 1개의 이빨모양 또는 짧은 돌기를 가지며 벽이 두껍다. 포자문은 백색이다. 자실체 발생 시 나무에 높이 1~3mm의 백색의 분생포자에 의해서 물방울이 나타나기도 한다. 분생포자는 원주형으로 11~20×4.5~6㎛로 1개의 세포로 되고 암갈색으로 벽이 두껍다.
생태 초여름~가을 / 포프라, 살아 있는 나무 등의 상처 부위에 단생하거나 다수가 중첩하여 군생
분포 한국(백두산), 대만(인공재배), 중국, 일본, 북아메리카
참고 식용, 인공재배

분홍느타리버섯

Pleurotus djamor (Rumph.) Boedijn

형태 균모의 지름은 3~10.5cm이고 조개형 또는 부채형이며 처음 회홍색에서 선명한 가루상의 홍색으로 되었다가 퇴색하여 백색으로 된다. 육질은 분홍색이고 얇다. 가장자리는 물결형이 아래로 말린다. 주름살은 자루에 대하여 내린주름살로 폭은 좁고 밀생한다. 자루는 짧거나 없다. 포자의 크기는 6~10×4~6μm로 타원형이고 분홍색이며 표면은 매끄럽고 광택이 난다. 담자기는 4-포자성이다. 연낭상체는 곤봉형이다.

생태 여름~가을 / 고목에 속생

분포 한국(백두산), 중국

참고 식용, 인공재배

아위느타리버섯

Pleurotus eryngii (DC) Quél.
Pleurotus eryngii var. ferrulae (Lanzi) Sacc

형태 균모의 지름은 5~15cm로 거의 반구형에서 점차 편평형으로 되며 나중에 중앙이 약간 들어간다. 표면은 처음 갈색에서 차차 연한 갈색으로 되며 빛이 나며 밋밋하다. 노후하면 갈라져서 거북등 같은 환문을 이룬다. 가장자리는 어릴 때는 아래로 말린다. 육질은 백색이고 두껍다. 주름살은 자루에 대하여 내린주름살로 백색에서 연한 황색으로 되며 밀생한다. 자루의 길이는 2~6cm, 굵기는 1~3cm로 편심생이고 백색이며 아래쪽으로 가늘며 속은 차 있다. 포자의 크기는 12~14×5~6μm로 장방형의 타원형이며 표면은 매끈하고 광택이 나며 무색이다.

생태 봄에 고목에 단생·속생

분포 한국(백두산), 중국

참고 식용

사철느타리버섯

Pleurotus floridanus Sing

형태 자실체는 기와를 포개놓은 모양이다. 균모의 지름은 3~12cm로 저온 시 백색이며 고온 시 청남색이나 황색 또는 백색이 가미된다. 처음 반구형에서 편평하여 져서 부채형 또는 얕은 깔때기형으로 된다. 가장자리는 아래로 말리고 깊게 갈라지기도 한다. 살은 약간 얇고 백색이다. 주름살은 자루에 대하여 내린주름살로 아래로 가늘고 얇은 황백색이나 오래되면 연한 황색으로 변하고 밀생하나 차차 드물게 성기는 것도 있다. 자루의 길이는 3~7cm, 굵기는 1~2cm로 측생, 편심생, 중심생으로 가늘고 길며 항상 자루 위에 맥상이 있다. 자루의 속은 차고 백색이며 기부는 백색의 융모가 있다. 포자문은 백색이다. 포자의 크기는 6~9×2.5~3μm로 아구형이다.

생태 여름~가을 / 활엽수의 썩는 고목에 군생

분포 한국(백두산), 북아메리카

투명느타리버섯

Pleurotus limpidus (Fr.) Sacc.

형태 균모의 지름은 2~4.5cm로 반원형, 도란형, 신장 또는 부채형 등 다양하다. 표면은 백색이고 광택이 나며 밋밋하다. 살은 백색으로 얇고 연하다. 주름살은 자루에 대하여 내린주름살로 백색이며 치밀하고 밀생하며 반투명이다. 자루의 길이는 2~3cm로 거의 원주형으로 측생하며 백색이다. 표면은 미세한 털이 있고 자루의 속은 차 있다. 포자의 크기는 5.6~8×3.5~4㎛로 장타원형으로 광택이 나며 표면은 매끈하다. 포자문은 백색이다.
생태 여름~가을 / 상록활엽수의 넘어진 고목에 겹쳐서 군생
분포 한국(백두산), 중국
참고 식용, 싱싱한 것은 밤에 빛을 내는 것도 있음.

느타리버섯

Pleurotus ostratus (Jacq.) Kummer

형태 균모의 지름은 5~17cm로 둥근산모양에서 차차 펴져서 부채모양, 조개껍질모양, 신장형 등 여러 가지이며 때로는 중앙이 오목하여 깔때기형처럼 된다. 표면은 자주색에서 회색, 회백색 또는 어두운 백색으로 되며 매끄럽고 습기가 있다. 살은 두껍고 탄력성이 있으며 향기롭고 백색이며 맛이 좋다. 가장자리는 처음에 아래로 감기나 나중에 펴진다. 주름살은 자루에 대하여 길게 내린 내린주름살로 서로 얽히며 다소 밀생하거나 성기며 백색이다. 자루의 길이는 1~3cm, 굵기는 1~2cm로 짧고 측생, 편심생, 중심생, 세로줄의 홈선이 있고 백색이며 속이 차 있다. 기부에 백색의 짧고 미세한 털이 있다. 자루가 없는 것도 있다. 포자의 크기는 7.5~11×3~4μm로 원주형이고 백색이며 표면은 매끄럽다. 포자문은 백색이다.

생태 여름~가을 / 피나무, 자작나무, 황철나무, 사시나무 또는 버드나무 등의 활엽수의 고목, 그루터기 등에 군생하며 중첩하여 발생해 백색부후균을 형성

분포 한국(백두산), 중국, 전 세계

참고 맛 있는 식용균, 인공재배

산느타리버섯

Pleurotus pulmonarius (Fr.) Quél.

형태 균모의 지름은 2~8cm로 부채모양이나 조개껍질모양으로 처음 흰색에서 연한 회색으로 되며 또는 약간 갈색에서 흰색 또는 연한 황색으로 되기도 한다. 균모가 느타리에 비해서 얇고 가장자리가 더 날카로운 느낌이며 살은 흰색이고 연하다. 주름살은 자루에 대하여 내린주름살로 밀생하며 흰색에서 연한 황토색의 흰색으로 된다. 자루의 길이는 매우 짧거나 없다. 자루가 있는 것은 0.5~1.5cm 정도로 측생한다. 포자의 크기는 7.5~11×3~4μm로 원주형이며 표면은 매끈하다. 포자문은 백색이다.
생태 여름~가을 / 활엽수의 그루터기나 쓰러진 나무 등걸에 여러 개의 버섯이 중첩하여 군생
분포 한국(백두산), 중국, 일본, 유럽, 북아메리카
참고 식용

느타리아재비버섯

Pleurotus spodoleucus (Fr.) Quél.

형태 균모의 지름은 3~7.5cm로 둥근산모양에서 부채모양으로 된다. 표면은 매끄러우며 백색이고 중앙부는 연한 황색이나 마르면 황갈색으로 된다. 육질은 두껍고 백색이며 맛은 온화하다. 주름살은 자루에 대하여 긴-내린주름살이고 빽빽하며 폭은 넓고 백색이다. 자루의 길이는 3~9cm, 굵기는 0.6~0.8cm로 원주형으로 편심생 또는 거의 측생이고 백색이며 속은 차 있다. 포자의 크기는 7~8.5×4μm로 원주형이고 표면은 매끄럽고 백색이다. 포자문은 백색이다.

생태 여름 / 활엽수의 썩는 고목에 속생

분포 한국(백두산), 중국

참고 식용

큰난버섯

Pluteus admirabilis (Peck) Peck

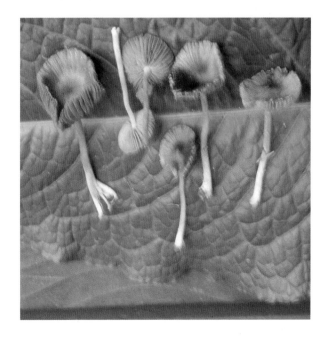

형태 균모의 지름은 1~3cm로 둥근산모양에서 차차 편평해지나 중앙에 작은 볼록이 있다가 약간 들어간다. 표면은 건조성이고 밝은 노란색에서 황갈색으로 되며 밋밋하고 중앙 쪽으로 주름진다. 가장자리는 줄무늬선이 있다. 살은 얇고 냄새와 맛은 불분명하다. 주름살은 자루에 대하여 끝붙은주름살로 밀생하며 백색에서 노란색으로 되었다가 퇴색하여 핑크색으로 변색한다. 자루의 길이는 3~6cm, 굵기는 1~2.5mm로 부서지기 쉬우며 표면은 백색의 연한 노란색이고 밋밋하며 기부는 솜털상이다. 포자의 크기는 6~7×4.5~6μm로 광타원형이고 표면은 매끈하다. 포자문은 핑크색이다.

생태 여름~가을 / 썩는 고목에 군생
분포 한국(백두산), 중국, 북아메리카
참고 식용

흑갈색난버섯

Pluteus atrofuscens Hongo

형태 균모의 지름은 2.5~4.5cm로 둥근산모양에서 편평형으로 되고 가운데가 약간 오목하게 들어간다. 표면은 점성이 없고 흑갈색-거의 흑색이고 방사상의 섬유상으로 된다. 중심부에는 가는 인편이 밀생한다. 살은 흰색이고 얇으며 물기가 많은 편이다. 주름살은 자루에 대하여 떨어진주름살로 처음에는 흰색에서 살색으로 되며 폭이 약간 좁으나 촘촘하다. 주름살의 언저리는 분상이다. 자루의 길이는 5~7.5cm, 굵기는 2~3mm로 위쪽으로 약간 가늘다. 표면은 섬유상으로 피복되고 균모보다 연한 색이고 꼭대기는 거의 흰색이고 자루의 속은 차 있다. 포자의 크기는 7.5~8.5×6.5~7.5μm로 구형-아구형이며 표면은 매끈하다.

생태 여름~가을 / 썩은 보릿짚 또는 쓰레기 버린 곳에 군생 또는 소수가 속생

분포 한국(백두산), 중국, 일본

끝검은난버섯

Pluteus atromarginatus (Konrad) Kühner
P. nigrofloccosus (R. Schulz.) Favre

형태 균모의 지름은 3.5~9cm이며 종형 또는 반구형에서 편평해 지고 중앙부는 둔하거나 조금 돌출한다. 표면은 거칠고 중앙에 가는 인편이 있고 황갈색 내지 흑갈색이다. 균모의 가장자리는 얇고 섬유상이며 줄무늬홈선은 없다. 살은 얇고 백색이나 표피 아래쪽은 흑갈색이고 유연하며 맛은 온화하다. 주름살은 자루에 대하여 떨어진주름살이고 밀생이며 나비(폭)는 넓고 얇으며 백색에서 연한 오렌지갈색으로 된다. 주름살의 가장자리는 솜털모양이고 흑갈색이다. 자루는 높이는 3.5~9cm, 굵기는 0.4~0.9cm 이고 원주형이다. 표면은 균모와 동색이거나 연한 색깔이고 섬유상의 홈선이 있으며 하부에 가는 인편이 있다. 자루의 속이 차 있다. 포자의 크기는 6.5~7×4.5μm로 타원형이고 표면은 매끄럽고 무색이거나 연한 황색이다. 포자문은 분홍색이다. 측낭상체는 방추형 또는 곤봉형이고 꼭대기에 2~3개의 뿔이 있고 무색이며 72~80×18~22μm이다. 연낭상체는 난상 또는 타원형으로 갈색의 물질이 들어 있고 40~50×15~20μm이다.
생태 여름~가을 / 침엽수 부목에 산생·속생
분포 한국(백두산), 중국, 일본, 전 세계
참고 식용

빨간난버섯

Pluteus aurantiorugosus (Trog.) Sacc.

형태 균모의 지름은 2~4.5cm이며 종모양 또는 반구형에서 편평
해지고 중앙부는 둔하거나 조금 돌출한다. 표면은 습기가 있고
오렌지홍색으로 중앙은 색깔이 진하다. 가장자리는 습기가 있을
때 짧은 줄무늬홈선이 있다. 살은 얇고 백색이며 표피 아래의 것
은 분홍색을 띤다. 주름살은 자루에 대하여 떨어진주름살이고 밀
생하며 나비는 넓은 편이고 백색이나 나중에 분홍색으로 된다.
자루의 높이는 2.5~6cm, 굵기는 0.3~0.5cm이고 원주형으로 가
끔 구부정하며 기부의 위쪽은 오렌지홍색이나 나중에 오렌지황
색으로 되고 섬유질이다. 자루의 속이 비어 있다. 포자의 크기는
5~6×4.5~5μm로 아구형으로 표면은 매끄럽다. 포자문은 분홍색
이다. 연낭상체는 방추형 또는 주머니모양이고 33~55×15~25μm
이다. 균모 표피의 세포는 구형으로 오렌지색이며 지름 22~33μm
이다.
생태 여름~가을 / 잣나무, 활엽수 등의 혼성림 속의 부목에 단생
· 군생
분포 한국(백두산), 중국, 일본

난버섯

Pluteus cervinus (Schaeff.) Kumm
P. atricapillus (Batsch) Fayod

형태 균모의 지름은 3~4cm이며 종모양에서 차차 편평해진다. 균모의 표면은 습기가 있을 때 점성이 있으며 암회색 또는 회갈색이며 중앙은 색깔이 진하고 매끄럽거나 진한 색의 방사상의 섬유상 인편으로 덮이며 중앙부에 인편이 더 많다. 살은 백색으로 얇고 유연하며 맛이 유화하나 냄새는 좋지 않다. 주름살은 자루에 대하여 떨어진주름살이고 밀생하며 나비는 넓고 길이는 같지 않으며 백색에서 분홍색으로 된다. 자루의 높이는 4.5~9cm, 굵기는 0.5~1cm이며 위아래의 굵기가 같거나 아래로 가늘어진다. 상부는 백색이고 매끄럽거나 회흑색의 섬유모가 있으며 하부는 균모와 동색이다. 자루는 속이 차 있으며 기부는 둥근모양으로 부풀었다. 포자의 크기는 6.5~7.5×4.5~5.5μm로 타원형이며 표면은 매끄럽고 무색이다. 포자문은 분홍색이다. 낭상체는 방추형이고 꼭대기에 3~5개의 뿔이 있으며 60~85×14~20μm이다.
생태 봄~가을 / 잣나무, 활엽수림 속의 땅 또는 부목에 단생·산생하며 소나무와 외생균근을 형성
분포 한국(백두산), 중국, 유럽, 북아메리카, 전 세계
참고 식용

명갈색난버섯

Pluteus ephebeus (Fr.) Gillet
P. murinus Bres.

형태 균모의 지름은 3~7cm로 어릴 때는 반구형-종모양에서 둥근산모양을 거쳐 편평형으로 되지만 때때로 중앙이 돌출한다. 표면은 회갈색-베이지색의 갈색이고 털이 덮여 있으며 방사상으로 섬유가 피복하며 중앙은 흑갈색의 인편이 밀집되어 있다. 가장자리 쪽으로 인편이 거의 없거나 눌려 붙어 있으며 날카롭거나 무딘 톱니꼴이 되기도 한다. 살은 백색이고 얇다. 주름살은 자루에 대하여 떨어진주름살로 처음에는 백색에서 칙칙한 분홍색-오렌지 분홍색으로 되며 폭이 넓고 다소 빽빽한 편이다. 주름살의 변두리는 유백색이며 치아상이다. 자루의 길이는 5~7cm, 굵기는 3~5mm로 원주상이고 밑동은 때때로 굵어지며 부러지기 쉽다. 표면은 밋밋하고 백색 또는 회갈색 섬유가 아래쪽으로 덮여 있으며 부분적으로 다소 섬유상으로 피복되거나 인편이 분포한다. 자루의 속은 차 있다. 포자의 크기는 6.5~8×5.5~7μm로 류구형-타원형이고 광택이 나며 표면은 매끄럽다. 낭상체는 14~25×4.5~6.5μm이다.

생태 여름~가을 / 숲속의 그늘지고 습기 많은 땅, 나뭇가지를 버린 곳, 톱밥 등에 발생

분포 한국(백두산), 중국, 유럽

꾀꼬리난버섯

Pluteus chrysophaeus (Schaeff.) Quél.
P. luteovirens Rea

형태 균모의 지름은 2~4cm로 종모양에서 둥근산모양을 거쳐 편평해지나 중앙이 약간 볼록하다. 표면은 겨사의 노란색에서 올리브황토색으로 된다. 살은 얇고 맛과 냄새는 불분명하다. 주름살은 자루에 대하여 떨어진주름살로 백색에서 핑크색으로 되며 노란색은 없다. 자루의 길이는 2~6cm, 굵기는 2~5mm로 백색에서 크림색으로 되고 기부는 노란색이다. 포자문은 핑크색이다. 포자의 크기는 5~6×5μm로 아구형으로 투명하다. 측낭상체는 병모양으로 얇은 벽이다.
생태 여름 / 썩는 고목에 군생
분포 한국(백두산), 중국, 유럽

노랑난버섯

Pluteus leoninus (Schaeff.) Kummer

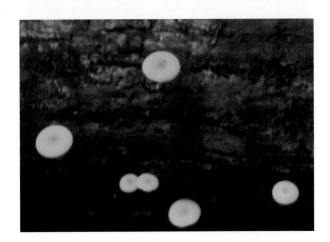

형태 균모의 지름은 2~7cm이며 반구형 또는 종모양에서 차차 편평해지며 중앙부는 조금 돌출한다. 표면은 습기가 있으며 황색, 녹황색, 오렌지황색 등이며 털은 없으며 비단 광택을 낸다. 가장자리는 전연이며 줄무늬홈선이 없다. 살은 얇고 부서지기 쉽고 백색 또는 황백색으로 맛은 유하다. 주름살은 자루에 대하여 떨어진주름살로 밀생하고 폭은 넓고 얇으며 처음 백색에서 분홍색으로 된다. 가장자리는 황색이나 나중에 분홍색으로 된다. 자루의 높이는 3~9cm, 굵기는 0.5~1.4cm로 상하의 굵기가 같거나 위로 가늘어진다. 기부는 조금 불룩하고 투명한 백색 또는 황백색이며 털이 없거나 비단실 같은 줄무늬선이 있다. 자루는 부서지기 쉽고 속이 차 있다. 포자의 크기는 6~7×5~6μm로 난형 또는 아구형이며 표면은 매끄럽고 황색을 띤다. 포자문은 분홍색이다. 낭상체는 많고 방추형이다. 균모 표피의 세포는 방추형이다.

생태 봄~가을 / 활엽수 고목에 군생 · 속생

분포 한국(백두산), 중국, 유럽, 북아메리카, 전 세계

빛난버섯

Pluteus luctuosus Boud.

형태 균모의 지름은 2~5cm로 처음 둥근산모양에서 차차 편평하게 퍼진다. 중앙이 미세하게 갈라지며 그 외는 미세한 벨벳이다. 살은 백색에서 회색, 맛과 냄새는 불분명하다. 주름살은 자루에 대하여 끝붙은주름살로 백색에서 핑크색으로 되며 가장자리는 흑갈색이다. 자루의 길이는 2~6cm, 굵기는 0.5~1cm로 원통형이며 위쪽으로 가늘어지고 꼭대기는 미세한 백색의 털이 있으며 기부에 보통 백색의 털이 있다. 포자문은 핑크색이다. 포자의 크기는 6~8×5~7μm로 아구형 또는 광타원형이고 표면은 매끈하다.

생태 가을 / 고목, 활엽수의 나무 쓰레기 등에 단생·군생

분포 한국(백두산), 중국, 영국, 전 세계

참고 매우 희귀종

애기난버섯

Pluteus nanus (Pers.) Kummer

형태 균모의 지름은 1.5~3cm로 어릴 때는 원추상의 종모양에서 둥근산모양을 거쳐 편평형이 되지만 흔히 가운데가 높게 돌출한다. 표면은 분상이고 회갈색이지만 중앙부는 흑갈색이고 때에 따라 중앙에 가는 맥상의 주름이 있다. 가장자리에 습기가 있을 때 미세한 줄무늬선이 나타난다. 살은 얇고 백색이며 냄새는 없고 맛은 온화하다. 주름살은 자루에 대하여 떨어진주름살로 처음에는 흰색에서 연한 살색 또는 분홍색으로 되고 폭이 넓으며 촘촘하다. 가장자리는 밋밋하다. 자루의 길이는 2~5cm, 굵기는 2~5mm로 원통형이며 부분적으로 세로줄의 줄무늬홈선이 있고 비틀리고 부서지기 쉽다. 자루의 속은 차 있다. 표면은 섬유상으로 피복되며 흰색에서 약간 갈색을 띤다. 포자의 크기는 6.3~8.5×5~7.1㎛로 아구형-광타원형이고 핑크-회색이고 표면은 매끄럽다. 포자문은 오렌지갈색이다. 담자기는 23~35×6~8.5㎛로 배불뚝이의 원통형이며 4-포자성이다.

생태 여름~가을 / 숲속의 낙지나 썩은 나무에 발생

분포 한국(백두산), 중국, 유럽, 북반구 일대

참고 희귀종

갈색비늘난버섯

Pluteus petasatus (Fr.) Gill.

형태 균모의 지름은 5~15cm로 원추상의 종모양에서 둥근산모양을 거쳐 차차 편평형으로 되지만 중앙이 약간 돌출한다. 표면은 흰색-크림색 바탕에 미세한 갈색의 인편이 방사상으로 분포되어 있는데 중앙은 강하게 눌러 붙어 있다. 가장자리는 백색이며 밋밋하다. 살은 백색이며 두껍고 상처 시에도 변색하지 않는다. 주름살은 자루에 대하여 떨어진주름살로 처음에는 흰색에서 연한 살색으로 되고 폭이 넓으며 빽빽하다. 자루의 길이는 6~8cm, 굵기는 10~20mm로 아래쪽이 굵거나 곤봉상이며 꼭대기는 백색이고 아래쪽은 칙칙한 백색이다. 기부는 갈색의 섬유상 인편으로 피복된다. 자루의 속은 차 있다. 포자의 크기는 6~7.5×4~5μm로 광타원형이며 표면은 매끄럽고 회분홍색이다. 포자문은 황토 적색이다.

생태 봄~가을 / 활엽수의 썩은 나무나 톱밥에 발생

분포 한국(백두산), 중국, 유럽, 북반구 온대

망사난버섯

Pluteus phlebophorus (Ditm.) Kumm.

형태 균모의 지름은 2~7cm이며 반구형에서 호빵형을 거쳐 편평
해지고 중앙은 약간 돌출한다. 균모 표면은 암다색에서 암육계색
또는 황갈색으로 되며 흑색의 늑맥 또는 주름이 있으나 중앙은 반
반하고 매끈하다. 가장자리에 줄무늬홈선은 없다. 살은 얇고 연약
하며 백색으로 맛은 유하다. 주름살은 자루에 대하여 떨어진주름
살이고 밀생하며 나비(폭)가 넓고 백색에서 살색으로 된다. 자루
의 높이는 2~7cm, 굵기는 0.5~0.9cm이며 원주형이고 기부가 다
소 불룩하며 구부정하다. 표면은 백색이며 털이 없고 비단 광택이
난다. 자루는 속이 비어 있다. 포자의 크기는 5~6.5×4~5㎛로 아
구형 또는 광타원형으로 표면은 매끄럽고 무색이다. 포자문은 붉
은 인주색이다. 낭상체는 여러 가지 모양으로 40~75×17~31㎛
이다.

생태 여름~가을 / 피나무 등의 부목에 단생 · 군생

분포 한국(백두산), 중국

살갖난버섯

Pluteus plautus (Weinm.) Gill.

형태 균모의 지름은 2.5~5cm로 원추상의 종모양에서 둥근산모양으로 되었다가 차차 편평형으로 되며 중앙이 약간 돌출한 것도 있다. 흡수성이고 표면은 방사상으로 얕은 줄무늬홈선 또는 줄무늬가 있고 연한 황토색-연한 갈색이다. 건조할 때는 유백색이고 중앙에는 미세한 황토색 또는 연한 황갈색의 인편이 피복되어 있다. 살은 얇고 백색이다. 주름살은 자루에 대하여 떨어진 주름살로 백색에서 연한 살색으로 되며 폭이 넓으며 빽빽하다. 자루의 길이는 2.5~4cm, 굵기는 2~4mm로 원주상이고 백색에서 황색으로 된다. 밑동이 다소 굵고 미세하게 거스름모양의 털이 있다. 표면은 광택이 나며 밋밋하며 자루의 속은 차고 부러지기 쉽다. 포자의 크기는 7~8×5.5~6.5μm로 광타원형-아구형이고 표면은 매끄럽다. 포자문은 적갈색이다.

생태 여름~가을 / 죽은 활엽수나 드물게 침엽수에도 나며 그루터기, 톱밥 등에 단생 · 산생

분포 한국(백두산), 중국, 유럽

톱밥난버섯

Pluteus podospileus Sacc. & Cub.

형태 균모의 지름은 7~17cm로 어릴 때는 반구형, 원추형, 종모양에서 둔한 돌출을 가진 편평형으로 된다. 표면은 미세한 벨벳형으로 둔하고 중앙은 미세한 사마귀모양처럼 되기도 하며 암적갈색이며 미세하게 갈라지기도 한다. 살은 백색이며 얇다. 가장자리는 날카롭고 희미한 줄무늬가 나타나기도 한다. 주름살은 자루에 대하여 떨어진주름살로 백색에서 분홍색으로 되고 나중에 분홍갈색이 되며 폭이 넓고 빽빽하거나 약간 빽빽하다. 주름살의 언저리는 갈색의 미세한 털이 있다. 자루의 길이는 1.5~2.5cm, 굵기는 1~2mm로 원주형이고 밑동은 약간 구근상이다. 어릴 때는 속이 차 있으나 오래되면 속이 비며 탄력성이 있다. 표면은 백색의 세로로 된 섬유상으로 피복되며 때때로 밑동에 갈색의 털이 있다. 포자의 크기는 5.4~7.8×5~7μm로 아구형이며 표면은 매끈하고 회분홍색이며 포자벽은 얇다. 포자문은 적갈색이다.

생태 여름~가을 / 활엽수의 썩은 나무나 땅에 단생 · 군생

분포 한국(백두산), 중국, 유럽

회흑색난버섯

Pluteus cinereofuscus J. E. Lange

형태 균모의 지름은 15~30mm로 원추-종모양에서 둥근산모양을 거쳐 편평하게 중앙은 오목 또는 둔한 볼록모양을 가지기도 한다. 표면은 밋밋하며 올리브-갈색에서 회갈색으로 되며 중앙은 어두운 색이다. 가장자리는 희미한 줄무늬선이 있거나 없으며 예리하다. 살은 백색에서 밝은 회갈색으로 얇고 냄새는 없고 맛은 온화, 씹으면 떫은맛이 나며 오래 지속된다. 주름살은 끝붙은주름살로 어릴 때 백색에서 회핑크색을 거쳐 핑크갈색으로 되며 폭은 넓다. 가장자리는 백색의 섬유상이다. 자루의 길이는 40~60mm, 굵기는 2.5~6mm로 원통형이고 비틀리며 부풀거나 기부로 가늘어지며 미세한 세로줄의 백색 섬유실이 있다. 자루의 속은 비고 부서지기 쉽고 백색에서 회색. 포자는 6~9×5~7μm로 광타원형이며 매끈, 회-핑크색이다. 담자기는 배불뚝이형으로 16~30×8~10μm로 4-포자성이며 기부에 꺽쇠가 없다.

생태 여름~가을 / 썩는 고목, 묻힌 나무에 단생 군생

분포 한국(백두산), 중국, 유럽

난버섯아재비

Pluteus pouzarianus Sing.

형태 균모의 지름은 5~10cm로 어릴 때는 반구형-원추형에서 종모양-둥근산모양을 거쳐 편평해지며 가운데가 약간 오목해진다. 표면은 밋밋하며 미세한 섬유상의 방사상 무늬가 있고 둔하며 광택이 난다. 때로는 중앙 쪽에 약간 비늘이 덮여 있으며 황토갈색, 적갈색 또는 흑갈색이나 중앙은 보통 암색-흑색이다. 가장자리는 예리하고 밋밋하다. 살은 냄새가 나고 맛은 온화한 맛에서 쓴맛이다. 주름살은 자루에 떨어진주름살-바른주름살로 어릴 때는 흰색에서 회분홍색 또는 분홍살색으로 빽빽하다. 자루의 길이는 5~9cm, 굵기는 0.7~2cm로 원주형이고 밑동이 약간 부풀어 있다. 속은 차 있고 부러지기 쉽고 뻣뻣하며 껍질켜가 있다. 표면은 밋밋하고 유백색 바탕에 회흑색의 세로줄의 섬유상으로 피복된다. 포자의 크기는 7.3~9.8×5.4~7.1μm로 광타원형이며 표면은 매끈하고 연한 분홍회색이다. 포자문은 황토 적색이다.

생태 봄~가을 / 주로 침엽수의 그루터기, 목재 버린 곳, 침엽수의 톱밥 등에 단생 · 군생 · 속생

분포 한국(백두산), 중국, 유럽

장미난버섯

Pluteus roseipes Höhn.

형태 균모의 지름은 40~80mm로 종모양에서 둥근산모양으로 되었다가 편평하게 된다. 표면은 무디고 밋밋하며 적갈색 바탕에 백색가루가 있으며 부드럽고 중앙은 흑색-흑갈색이다. 살은 백색으로 얇고 냄새는 없으며 맛은 온화하고 버섯 냄새가 약간 난다. 가장자리는 전연이고 오래되면 가끔 갈라진다. 주름살은 자루에 대하여 끝붙은주름살로 어릴 때 백색에서 연어의 핑크색을 거쳐 갈색-핑크색으로 되며 폭이 넓다. 자루의 길이는 70~120mm, 굵기는 8~15mm로 원통형이고 기부 쪽으로 부푼다. 어릴 때 백색 바탕에 밝은 핑크색이다. 표면은 미세한 백색의 섬유상이고 기부는 황색 또는 황토색이며 오래되면 변색한다. 속은 차 있다가 빈다. 포자의 크기는 6.2~8.8×5~7μm로 광타원형이며 표면은 매끈하고 투명하다. 담자기는 원통형-배불뚝이형이고 27~41×9~10μm로 기부에 꺾쇠가 없다.

생태 여름~가을 / 고목의 껍질 등에 군생 · 속생

분포 한국(백두산), 중국, 유럽

참고 희귀종

버들난버섯

Pluteus salicinus (Pers.) Kumm.

형태 균모의 지름은 20~50mm로 어릴 때 둥근산모양에서 차차 편평하게 되고 중앙은 둥근형이며 때로는 가운데가 톱니상이다. 표면은 밋밋하며 미세한 방사상의 섬유상이고 밝은 회색에서 회갈색으로 되고 가끔 회녹색에서 회흑색(중앙)으로 된다. 가장자리는 밋밋하고 전연이며 습기가 있을 때 희미하게 투명한 줄무늬선이 나타난다. 살은 백색으로 얇고 냄새가 나고 맛은 온화하다. 주름살은 자루에 대하여 끝붙은주름살로 백색에서 회색 또는 핑크색으로 되며 폭이 넓고 가장자리는 백색의 섬유상이다. 자루의 길이는 2.5~7cm, 굵기는 3~8mm로 원통형이고 기부 쪽으로 부푼다. 표면은 백색이고 기부는 회색에서 회청색으로 되며 백색의 미세한 섬유상 무늬가 있으며 빳빳하고 부서지기 쉽다. 자루의 속은 차 있다. 포자의 크기는 7~9.9×5.1~6.9μm로 광타원형에서 원주형으로 표면은 매끈하고 핑크-회색이다. 담자기는 원통형-배불뚝이형으로 25~35×8~10μm로 4-포자성이다. 기부에 꺽쇠가 있다. 연낭상체는 30~55×15~25μm로 막대형이다. 측낭상체는 80~90×16~27μm로 방추형이며 2~4개의 장식물이 있고 벽이 두껍다.

생태 여름~가을 / 활엽수림의 고목에 단생 · 군생

분포 한국(백두산), 중국, 유럽, 북아메리카, 아시아

그물난버섯

Pluteus umbrosus (Pers.) Kummer

형태 균모의 지름은 3~8cm로 둥근산모양에서 차차 편평해지며 중앙이 약간 돌출하기도 한다. 표면은 연한 갈색 바탕에 미세한 벨벳모양의 암갈색-흑갈색 인편이 중앙 부근에서 가장자리 쪽으로 불규칙하게 분포하여 미세한 그물모양으로 피복되며 중앙이 진하다. 가장자리는 날카롭다. 살은 얇고 유백색이며 표피 밑은 갈색이고 냄새는 안 좋고 맛은 온화하다. 주름살은 자루에 대하여 떨어진주름살로 처음에 흰색에서 연한 살색이고 폭이 넓으며 빽빽하다. 가장자리는 현저한 암갈색의 테모양이 된다. 자루의 길이는 3~9cm, 굵기는 4~12mm로 흰색 바탕에 미세한 갈색 벨벳모양의 인편이 피복된다. 자루의 속은 차 있다가 체구멍처럼 비게 된다. 포자의 크기는 5.6~7.3×4.4~5.7㎛로 광타원~아구형이며 표면은 매끈하고 투명하다. 포자문은 분홍색이다.

생태 가을 / 활엽수의 썩은 나무에 발생

분포 한국(백두산), 중국, 유럽

참고 식용

흰비단털버섯

Volvariella bombycina (Schaeff.) Sing.

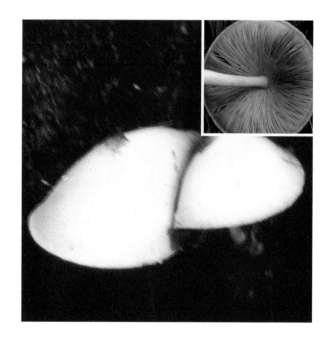

형태 균모의 지름은 8~10cm로 육질이고 구형에서 종모양을 거쳐 차차 편평해지며 중앙은 가끔 둔하게 돌출한다. 표면은 마르고 백색이나 나중에 거의 황색, 백색 또는 갈색을 띤 은색실 모양의 부드러운 털이 밀포한다. 가장자리는 전연이고 가끔 표피가 주름살보다 더 길게 연장된다. 살은 중앙부가 두껍고 가장자리 쪽으로 갑작스레 얇아지며 백색 또는 황백색, 유연하며 맛은 유하다. 주름살은 자루에 대하여 떨어진주름살로 밀생하며 폭이 넓고 길이가 같지 않으며 백색에서 분홍색 또는 살색의 홍색으로 된다. 자루의 높이는 8~10cm, 굵기는 0.8~1.3cm로 원주형으로 상하의 굵기가 같고 속이 차 있다. 기부가 둥글게 부풀며 구부정하고 표면은 매끄러우며 백색으로 대주머니는 크고 두꺼운 주머니모양으로 백색 또는 암백색이며 위쪽(웃머리)은 떨어져 있고 3~5개 조각으로 찢어지며 융털모양의 인편으로 덮인다. 포자의 크기는 6.5~7×4.5~5.5μm로 타원형이며 표면은 매끄럽고 연한 색이며 포자벽이 두껍다. 포자문은 분홍색이다. 연낭상체는 방추형이고 꼭대기는 둔하거나 꼬리모양이며 36~92×17~24μm이다. 측낭상체는 연낭상체와 비슷하다.

생태 여름 / 피나무 등의 활엽수 그루터기 기부나 고목에 단생·군생
분포 한국(백두산), 중국. 일본, 유럽, 북아메리카, 전 세계
참고 식용

백마비단털버섯

Volvariella hypopithys (Fr.) Schaffer

형태 균모의 지름은 1.5~5cm로 어릴 때는 알모양의 외피막에 싸여 있다가 발생하면 반구형-난형에서 종모양-편평형이 되고 오래되면 중앙에 무딘 돌출이 생긴다. 색깔은 약간 황색으로 되면서 균모 전체가 칙칙한 베이지황토색이 된다. 가장자리는 날카롭고 약간 술이 달린다. 살은 백색이다. 주름살은 자루에 대하여 떨어진주름살로 처음 백색에서 분홍색으로 되며 폭이 넓고 촘촘하다. 주름살의 변두리는 미세한 털이 있다. 자루의 길이는 3.5~5.5cm, 굵기는 3~7mm로 원주형이나 기부가 약간 곤봉형, 주머니모양으로 외피막에 싸여 있다. 자루의 속은 차 있고 단단한 편이지만 부서지기 쉽다. 표면은 백색-크림색이고 세로로 미세한 섬유상 털이 전면에 피복하며 대주머니는 막질이고 흰색-칙칙한 회색이다. 포자의 크기는 5.5~7.5×3.5~4.5μm로 타원형이며 표면은 매끈하고 광택이 난다. 포자문은 분홍갈색이다.

생태 여름~가을 / 활엽수림의 땅이나 침엽수림과 활엽수림의 혼효림의 땅에 단생·군생·속생

분포 한국(백두산), 중국, 일본, 유럽, 북아메리카, 전 세계

애기비단털버섯

Vovariella subtaylori Hongo

형태 균모의 지름은 0.5~4cm 정도로 어릴 때는 알모양의 외피막에 싸여 있다가 발생하면 둥근산모양에서 차차 평평한 모양으로 되며 가운데가 약간 돌출된다. 표면은 회갈색 중앙부는 흑갈색이며 흔히 표면이 얕게 갈라져서 방사상으로 회갈색-흑갈색의 섬유상 무늬가 분포한다. 중앙부에는 가는 털이 있다. 살은 얇으며 흰색이다. 주름살은 자루에 대하여 떨어진주름살로 흰색에서 연한 홍색으로 되고 밀생하며 가장자리는 분상이다. 자루의 길이는 4~5cm, 굵기는 3~4mm이며 흰색이고 표면에는 가는 털이 덮여 있다. 자루는 속이 차 있고 매우 가늘고 길며 위쪽이 더 가늘다. 대주머니는 막질이고 흑색으로 가는 털이 덮여 있다. 포자의 크기는 6~7.5×4~4.5㎛로 난형-타원형이고 표면은 매끄럽다. 포자문은 분홍색이다.

생태 여름~가을 / 소나무 숲이나 다른 숲속의 땅 또는 절개지에 단생

분포 한국(백두산), 중국, 일본

풀버섯

Volvariella volvacea (Bull.) Sing.
V. volvacea (Bull.) Sing. var. volvacea

형태 균모의 지름은 5~10cm로 처음에 달걀모양의 외피막에 싸여 있다가 외피막이 터지면서 종모양으로 되었다가 둥근산모양을 거쳐 편평해진다. 표면은 건조하고 그을린 색이며 중앙은 암색, 흑색-흑갈색으로 되며 흔히 방사상으로 째져서 압착된 모양의 섬유상으로 덮여 있다. 살은 백색이고 유연하다. 주름살은 자루에 대하여 끝붙은주름살이며 백색에서 살색으로 되고 폭이 넓다. 자루의 길이는 5~12cm, 굵기는 1~2cm로 상하가 같은 굵기이나 기부는 부풀고 백색-황색이며 흰털이 있으며 속이 차 있다. 대주머니는 크고 막질이며 두껍고 위 끝이 갈라져 있으며 백색이다. 포자의 크기는 5~8×3~5μm로 타원형이며 표면은 매끄럽다. 포자문은 분홍색이다.
생태 여름~가을 / 땅 위나 볏짚더미 위에 군생하며 동남아에서는 재배
분포 한국(백두산), 중국, 일본, 유럽, 북아메리카, 아시아
참고 식용

털주머니난버섯

Volvopluteus gloiocephalus (DC.) Vizzini, Contu & Justo
Volvariella gloiocephala (DC.) Boekh. & Enderle, Volvariella speciosa (Fr.) Sing. var. speciosa

형태 균모의 지름은 5~15cm로 처음에는 알모양의 외피막에 싸여 있다. 난형-구형에서 둥근산모양을 거쳐 평평한 모양이 되고 가운데가 돌출된다. 표면은 점성이 있고 밋밋하며 흰색-연한 회색이고 중앙부는 회갈색이다. 살은 흰색이다. 주름살은 자루에 대하여 떨어진주름살로 흰색에서 살색으로 되고 폭이 매우 넓으며 촘촘하다. 자루의 길이는 9~20cm, 굵기는 8~20mm로 흰색-크림색이며 밑동의 위쪽은 다소 황갈색을 띤다. 자루의 속은 차 있으며 밑동에 흰색의 주머니모양으로 외피막이 있다. 포자의 크기는 11~16×9~9.5μm로 난형-타원형이고 표면은 매끄럽다. 포자문은 분홍색이다.
생태 여름~초겨울 / 부식질이 풍부한 땅, 퇴비 등이 쌓인 곳, 정원, 풀밭, 숲속의 비옥한 땅에 단생·군생
분포 한국(백두산), 중국, 일본, 전 세계

두포자무리눈물버섯

Coprinellus bisporus (Lange) Vilgalys, Hopple & Jacq. Johnson
Coprinus bisporus J. E. Lange

형태 균모의 지름은 10~30mm이고 높이는 10~18cm로 어릴 때 원통형에서 난형으로 되었다가 종모양을 거쳐 편평하게 되지만 중앙은 둥글게 볼록하다. 표면은 습기가 있을 때 광택이 나고 어릴 때 베이지황토색이고 희미한 줄무늬선이 있고 중앙에 황토갈색의 진한 회색이다. 줄무늬홈선이 중앙까지 발달하고 미세한 털이 직립한다. 살은 칙칙한 베이지황토색이고 균모의 중앙은 두껍고 가장자리 쪽으로 얇다. 냄새는 약간 풀 냄새가 나고 맛은 온화하다. 가장자리는 예리하다. 주름살은 자루에 대하여 좁은 바른 주름살로 백색에서 자갈색으로 되었다가 거의 흑색으로 변색되며 폭은 넓다. 주름살의 언저리는 밋밋하고 백색이다. 자루의 길이는 25~80mm, 굵기는 1.5~3mm이며 원통형으로 속은 비었고 탄력성이 있다. 표면은 백색이고 기부 쪽으로 황토색이며 세로로 백색가루상의 줄무늬가 있다. 포자의 크기는 10.4~14.6×6.8~8.3μm로 타원형이고 적갈색이며 발아공이 있으며 표면은 매끈하다. 담자기는 막대형으로 20~28×7.5~9μm이지만 기부에 꺽쇠가 없다. 연낭상체는 배불뚝이형이고 23~40×16~25μm이다.

생태 봄~가을 / 풀밭, 짚더미, 분 등의 분비물 등에 군생·속생

분포 한국(백두산), 중국, 일본, 유럽, 북아메리카

고깔무리눈물버섯

Coprinellus diseminatus (Pers.) Lange
Coprinus diseminatus (Pers.) S. F. Gray

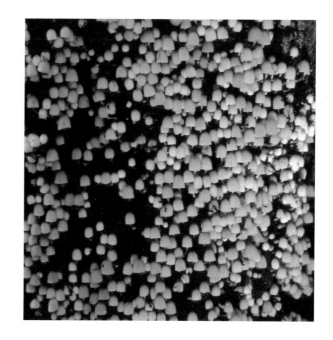

형태 균모의 지름은 0.8~1.7cm로 난형에서 종모양을 거쳐 편평하게 된다. 표면은 처음에 백색에서 회색 또는 회갈색으로 되고 중앙부는 황색이며 줄무늬홈선이 있는 능선이 부채모양을 이룬다. 살은 아주 얇고 백색이다. 주름살은 자루에 대하여 떨어진주름살로 성기며 폭은 넓고 백색에서 회색을 거쳐 흑색으로 되나 액화하지 않는다. 자루의 길이는 2~4cm, 굵기는 0.1~0.2cm로 위아래의 굵기가 같거나 위로 가늘어진다. 기부에 백색의 융털이 있고 구부정하며 백색으로 투명하고 속이 비어 있다. 포자의 크기는 6~8×4~5㎛로 타원형이고 흑갈색이며 표면은 매끄럽다. 포자문은 흑갈색이다.
생태 여름~가을 / 숲속의 고목 또는 그루터기에 군생·속생
분포 한국(백두산), 중국, 일본, 유럽, 북아메리카, 전 세계

갈색무리눈물버섯

Coprinellus micaceus (Bull.) Vilgalys, Hopple & Jacq. Johnson
Coprinus micaceus (Bull.) Fr.

형태 균모의 지름은 1~4cm이고 반막질로서 난형에서 종모양을 거쳐 차차 편평형으로 되며 중앙부는 조금 돌출한다. 표면은 처음에 빛나는 운모상 알갱이로 덮이나 나중에 없어져 매끈하게 되며 회백색 또는 연한 황갈색이고 중앙부는 색이 진하다. 가장자리는 방사상의 능선이 있고 가끔 갈라진다. 살은 얇고 연한 황색이며 맛은 유하다. 주름살은 자루에 떨어진주름살 또는 올린주름살이고 밀생이며 폭은 넓은 편이고 처음은 백색이나 나중에 갈색을 거쳐서 흑색이 되어 액화한다. 자루는 높이가 3~8cm이고 굵기는 0.4~0.6cm이고 위아래의 굵기가 같거나 위로 가늘어진다. 표면은 매끄럽고 백색이며 속이 비어 있다. 포자의 크기는 7~10×4~4.5㎛이고 타원형이며 암갈색으로 발아공이 있다. 포자문은 흑색이다. 낭상체는 무색투명하고 짧은 원주형 또는 난원형으로 65~127×38~40㎛이다.

생태 봄~가을 / 당버들, 버드나무 등 활엽수의 기부, 쓰러진 나무 또는 고목 부근의 땅에서 속생

분포 한국(백두산), 중국, 일본, 유럽, 아시아

참고 식용

두엄가루눈물버섯

Coprinopsis atramentaria (Bull.) Redhead, Vilg. & Monc
Coprinus atramentarius (Bull.) Fr.

형태 균모의 지름은 8~20cm로 난형에서 둥근산모양을 거쳐 편평형으로 된다. 표면은 크림백색에서 연한 황색이 되지만 손으로 만진 부분은 황색으로 변색한다. 가장자리는 흔히 외피막의 파편이 붙어 있다. 살은 두껍고 흰색이지만 약간 황색을 띤다. 주름살은 자루에 대하여 떨어진주름살이고 백색에서 회색을 띤 홍색으로 되었다가 나중에 흑갈색으로 된다. 폭이 넓고 빽빽하다. 자루의 길이는 5~20cm, 굵기는 1~3cm로 백색과 크림백색을 띤다. 표면은 어릴 때는 밋밋하지만 오래되면 다소 섬유상의 인편이 생기며 밑동이 약간 부풀어 있다. 손으로 만지면 황색을 띤다. 턱받이는 백색 막질로 위쪽에 있고 아래쪽에는 방사상으로 찢어진 부스럼 모양의 부속물이 있다. 자루의 속은 비어 있다. 포자의 크기는 6.3~7.7×4.4~5.3㎛로 타원형, 표면은 매끈하며 암갈색으로 포자막은 두껍다. 포자문은 암자갈색이다.
생태 여름~가을 / 풀밭, 숲의 가장자리, 죽림, 숲속의 땅에 군생
분포 한국(백두산), 중국, 일본, 유럽, 북아메리카, 전 세계
참고 식용, 흔한 종

재가루눈물버섯

Coprinopsis cinerea (Schaeff.) Redhead, Vilg. & Monc,
Coprinus cinereus (Fr.) S. F. Gray

형태 균모의 지름은 2~5cm 정도로 처음에는 난형-장난형에서
종모양을 거쳐 둥근산모양으로 되고 더욱이 가장자리의 끝은 위
쪽으로 치켜 올라가게 된다. 어린 버섯의 표면은 흰색 바탕에 흰
색-갈색의 솜털모양의 피막에 덮여 있지만 생장하면서 탈락하고
회갈색-회색의 바탕색이 드러난다. 균모의 중앙 부근에서 가장
자리까지 방사상의 흰색 줄무늬홈선이 있다. 주름살은 자루에 대
하여 떨어진주름살로 회갈색에서 흑색으로 되면서 액화가 시작
된다. 주름살은 빽빽하고 매우 얇다. 자루의 길이는 4~12cm, 굵
기는 3~6mm로 흰색으로 위쪽이 약간 가늘며 밑동은 약간 부풀
었다가 가는 뿌리처럼 길게 뻗어져 기주 속으로 들어간다. 포자
의 크기는 9.5~11×6.5~7.6μm로 타원형으로 암자갈색이고 표면
은 밋밋하며 발아공이 있다. 포자문은 흑색이다.

생태 여름~가을 / 쌓여 있는 짚, 소똥, 말똥 등에 군생

분포 한국(백두산), 중국, 일본, 유럽, 북아메리카, 전 세계

참고 어릴 때 식용

꼬마가루눈물버섯

눈물버섯과 ≫ 가루눈물버섯속

Coprinopsis friesii (Quél.) Karst.
Coprinus friesii Quél.

형태 균모의 지름은 5~10mm 정도로 처음에는 난형상의 공모양에서 종모양을 거쳐 거의 평평하게 펴진다. 표면에는 미세한 털이며 흰색이고 중앙부는 약간 살갗색이나 나중에 회색을 띤다. 가장자리는 줄무늬홈선이 나타난다. 살은 특히 얇고 백색이다. 주름살은 자루에 대하여 떨어진주름살로 유백색에서 흑색으로 되며 성기다. 자루의 길이는 1~2cm, 굵기는 1mm로 매우 가늘고 짧으며 흰색으로 밑동은 약간 굵어지고 방사상의 줄무늬선이 있고 흰털이 분포한다. 포자의 크기는 7~9×6~7×7~8μm로 타원상의 난형-아구형으로 발아공이 있고 표면은 매끈하다. 연낭상체는 곤봉형, 류원주형으로 22~58×8~16μm이다. 측낭상체는 37~75×11.5~13.5μm이다. 포자문은 암밤갈색이다.

생태 여름~가을 / 특히 장마 후 벼과식물이나 오래된 초본류의 줄기, 짚, 새끼 썩은 곳 등에 군생하며 발생 후 곧 사그라져 자루만 앙상하게 남음.

분포 한국(백두산), 중국, 일본, 유럽, 북아메리카

참고 흔한 종

흰가루눈물버섯

Coprinopsis jonesii (Peck) Redhead, Vilgalys & Monc.

형태 균모의 지름은 1.5~5.5cm로 처음은 원추형에서 둥근산모양을 거쳐 차차 편평하게 펴진다. 처음에는 털 같은 백색의 인편이 덮여 있으며 다음에 약간 밋밋해진다. 가장자리는 찢어지고 곱슬모양이다. 살의 맛과 냄새는 불분명하다. 주름살은 자루에 대하여 떨어진주름살로 백색에서 흑색으로 된다. 자루의 길이는 3~11cm, 굵기는 4~6mm로 원통형이며 위쪽으로 가늘어지고 약간 백색의 털섬유로 덮이고 다음에 부분적으로 밋밋해진다. 포자문은 흑보라색이다. 포자의 크기는 6~9×5~7μm로 타원형-렌즈모양이고 표면은 매끈하며 발아공이 있다.

생태 가을 / 땅 위, 불탄 나무 등에 군생

분포 한국(백두산), 중국

솜털가루눈물버섯

Coprinopsis lagopides (Karst.) Redhead, Vilg. & Monc.
Coprinus lagopides Karst.

형태 균모의 지름은 2~5cm 정도로 처음에는 원통형-원추형에
서 둥근산모양을 거쳐 차차 평평하게 펴지면서 보통 가장자리가
위로 말린다. 처음에는 흰색이나 회갈색 바탕에 유백색 또는 회
색의 섬유상 피막의 잔존물이 덮여 있다가 일부 탈락된다. 가장
자리는 방사상으로 얕은 줄무늬홈선이 생긴다. 주름살은 자루에
대하여 바른주름살이고 백색에서 암자갈색으로 되었다가 흑색
으로 되며 폭은 넓다. 가장자리는 백색의 솜털상이다. 자루의 길
이는 3~11cm, 굵기는 3~12mm로 흰색이다. 표면은 처음에는 흰
색의 미세한 털이 있으나 곧 일부 부위가 밋밋해진다. 포자의 크
기는 7.8~9.6×5.5~6.3㎛로 광타원형이고 표면은 매끈하며 암회
적갈색으로 발아공이 있다.
생태 여름~늦가을 / 숲속의 불탄 자리나 쓰레기에 군생
분포 한국(백두산), 중국, 일본, 유럽, 북아메리카

소녀가루눈물버섯

Coprinopsis lagopus (Fr.) Redhead, Vilg. & Monc.
Coprinus lagopus (Fr.) Fr.

형태 균모의 지름은 2.5~4.5cm로 원추형 또는 종모양에서 차차 편평형으로 된다. 표면은 처음에 백색 또는 갈색의 융털이 있으나 나중에 점점 없어지면 회색으로 되고 중앙부는 황색이다. 방사상의 줄무늬홈선이 가장자리에서 균모 꼭대기에까지 이른다. 가장자리는 나중에 약간 뒤집혀 감긴다. 살은 막질이고 백색이다. 주름살은 자루에 대하여 떨어진주름살로 조금 빽빽하며 폭이 좁고 처음 백색에서 회백색을 거쳐 흑색으로 된다. 자루의 높이는 4.5~10cm, 굵기는 0.3~0.5cm로 위아래의 굵기가 같거나 위로 가늘어지며 백색이고 탈락하기 쉬운 백색의 융모상 인편으로 덮이고 부서지기 쉽다. 자루의 속이 비어 있다. 포자의 크기는 8~13×5~6.5μm이고 타원형, 흑적갈색으로 표면은 매끄러우며 발아공이 있다. 포자문은 흑색이다. 담자기는 16~30×8~10μm로 막대형이며 4-포자성이다. 낭상체는 자루(푸대)모양으로 지름은 14~21μm이다.

생태 여름~가을 / 숲속의 땅에 군생

분포 한국(백두산), 중국, 일본, 유럽, 북아메리카

모자가루눈물버섯

Coprinopsis macrocephala (Berk.) Redhead, Vilg. & Monc.

형태 균모의 지름은 10~30mm, 높이는 5~15mm로 원통형에서 난형을 거쳐 종모양이 되었다가 편평하게 된다. 오래되면 오목렌즈형으로 된다. 표면은 어릴 때 밝은 회갈색이며 백색의 표피로 덮여 있고 성숙하면 연한 회색에서 흑회색으로 되고 줄무늬홈선이 중앙까지 발달한다. 표피는 갈라져서 섬유상의 인편으로 되며 오래되면 매끄럽다. 가장자리는 톱니형이다. 살은 백색이며 얇고 냄새는 좋지 않고 맛은 온화하다. 주름살은 자루에 대하여 좁은 바른주름살이고 백색에서 회색을 거쳐 흑색으로 되고 폭은 넓다. 주름살의 가장자리는 밋밋하다. 자루의 길이는 40~120mm, 굵기는 3~12mm로 원통형이며 꼭대기 쪽으로 가늘어지고 기부는 뿌리형으로 속은 차 있고 빳빳하다. 표면은 백색의 섬유상이나 탈락하여 백색으로 되고 밋밋하며 위쪽으로 백색의 가루가 있다. 포자의 크기는 11.2~14.9×7~8.8μm이고 타원형이고 암적갈색이며 표면은 매끈하고 발아공이 있다. 담자기는 막대형으로 25~29×10~12μm이며 기부에 꺽쇠가 있다. 연낭상체는 배불뚝이형 또는 막대형으로 40~70×26~42μm이다.

생태 봄~가을 / 유기물이 풍부한 곳, 동물의 똥에 단생 · 군생

분포 한국(백두산), 중국, 일본, 유럽, 아시아

원뿔가루눈물버섯

Coprinopsis nivea (Pers.) Redhead, Vilg. & Monc
Coprinus niveus (Pers.) Fr

형태 균모의 지름은 1.5~3cm 정도의 소형으로 처음에는 난형이
다가 원추형으로 되며 펴지면 종모양이 된다. 표면은 어릴 때는
흰색이고 나중에 연한 회색 바탕에 분필 가루와 같은 흰 분상의
물질이 피복되어 있어서 눈처럼 흰 느낌을 준다. 오래되면 중앙
쪽이 연한 가죽색을 띤다. 가장자리는 찢어져 균열이 되고 끝이
약간 위로 치켜 올라간다. 주름살은 자루에 대하여 떨어진주름살
로 흰색이나 곧 흑색으로 되며 폭이 매우 좁고 촘촘하다. 자루의
길이는 1.5~6.5cm이고 굵기는 2~4mm로 흰색이고 표면이 분상
이며 밑동은 부풀어 있다. 자루의 속은 비어 있다. 포자의 크기는
15~19.3×8.5~11×11.2~13.9μm로 타원형~서양배모양이고 흑갈
색이며 표면은 매끈하고 발아공이 있다. 포자문은 흑색이다.
생태 가을 / 동물의 분, 비옥토 등에 군생
분포 한국(백두산), 중국, 일본, 아시아, 유럽, 북아메리카, 호주

우산가루눈물버섯

Coprinopsis phlyctidospora (Romagn.) Redhead, Vilg. & Monc.
Coprinus phlyctidosporus Romagn.

형태 균모의 지름은 1~3cm 정도의 극소형-소형으로 육질이 매우 얇고 처음에는 난형-종모양에서 편평형-접시모양으로 되고 결국에는 가장자리 끝이 위로 말린다. 표면은 처음에는 거의 흰색인데 섬유상의 손 거스름모양의 피막이 촘촘히 덮여 있지만 점차적으로 피막이 탈락해서 연한 회색의 바탕색이 나타나며 약간 반투명하게 보인다. 주름살은 자루에 대하여 떨어진주름살로 흰색이나 곧 암회색-회흑색으로 되어 액화되며 폭이 매우 좁고 약간 촘촘하다. 자루의 길이는 3~7cm이고 굵기는 1~3mm로 매우 가늘고 길며 상하가 같은 굵기, 간혹 위쪽이 약간 가늘어지는 것도 있다. 표면은 미세한 백분상이고 자루의 속이 비어 있다. 포자의 크기는 8~9×6~7.5μm로 타원형-난형으로 표면에 작은 사마귀반점들이 덮여 있다.

생태 봄~가을 / 퇴비장, 묘목에 퇴비를 준 곳, 숲속의 동물 사체 썩은 곳 등에 군생

분포 한국, 일본, 유럽

반가루눈물버섯

Coprinopsis semitalis P. D. Orton, Redhead, Vilg. & Monc.

형태 균모의 지름은 1~2cm이고 높이는 0.5~2cm로 난형에서 원통형으로 되었다가 종모양을 거쳐 편평형으로 된다. 표면은 백색에서 밝은 회색 털로 된 과립의 인편이 있다. 나중에 방사선의 홈파진 줄무늬선이 있고 가장자리부터 흑색으로 된다. 가장자리는 쉽게 찢어지고 위로 올라간다. 살은 백색의 막질이며 냄새는 없고 맛은 부드럽다. 주름살은 자루에 대하여 좁은 바른주름살로 어릴 때 백색에서 회갈색으로 되었다가 나중에 검은색으로 된다. 가장자리는 백색의 솜털상이다. 자루의 길이는 5~7cm, 굵기는 2~4mm이고 원통형으로 부서지기 쉽고 백색의 가루가 분포하며 속은 비었다. 포자의 크기는 10.5~13.5×5~6.5μm로 협타원형이고 흑적갈색이며 발아공이 있으며 주위에 덧막이 있다. 담자기는 막대형이고 15~32×8~11μm로 기부에 꺽쇠가 없으며 4-포자성이나 2-포자성인 것도 간혹 있다. 연낭상체는 배불뚝이형이고 40~80×35~40μm이며 측낭상체는 막대형 또는 원통형으로 65~120×25~40μm이고 간혹 기부에 꺽쇠가 있는 것도 있다.

생태 여름~가을 / 숲속의 땅에 군생

분포 한국(백두산), 중국, 유럽

껍질눈물버섯

Psathyrella bipellis (Quél.) A. H. Smith

형태 균모의 지름은 2~3cm로 처음에는 둔한 원추형에서 둥근산 모양으로 되었다가 차차 편평하게 퍼지며 가운데가 돌출한다. 흡수성이고 습기가 있을 때는 적갈색-자갈색-암홍색이다가 건조하면 연한 홍갈색-베이지회색으로 된다. 표면은 방사상으로 주름이 잡혀 있다. 가장자리의 부근과 끝에는 솜찌꺼기 모양의 작은 인편이 부착하나 소실되기 쉽다. 주름살은 자루에 대하여 바른 주름살로 암홍갈색에서 흑갈색으로 되고 가장자리는 백색의 분상이며 약간 성기다. 자루의 길이는 4.5~8cm, 굵기는 3~4mm로 다소 굴곡지며 속이 빈다. 표면은 비단결-섬유상이며 위쪽은 흰색이고 아래쪽은 홍갈색-암홍갈색이다. 포자의 크기는 12~15× 6~7μm로 타원형이고 표면은 매끈하며 암자갈색이다. 포자문은 흑색이다.

생태 봄~여름 / 노출된 토양, 정원, 숲속의 땅, 그루터기 등에 군생
분포 한국(백두산), 중국, 일본, 인도, 유럽, 아프리카, 북아메리카

족제비눈물버섯

Psathyrella candolleana (Fr.) Maire

형태 균모의 지름은 3~6cm로 반막질이고 종모양에서 차차 편평형으로 되며 중앙은 조금 돌출한다. 표면은 처음에 밀황색 또는 갈색에서 희게 되며 중앙부는 홍황색이고 털이 없거나 미세한 알갱이로 덮이며 마르면 매끄럽거나 주름이 있다. 가장자리는 처음에 피막의 잔편이 붙어 있고 균모가 펴지면 가장자리는 위로 들리며 째진다. 살은 얇고 백색이며 맛은 유하다. 주름살은 자루에 대하여 바른주름살로 밀생하며 폭이 좁고 처음은 회백색에서 회자색을 거쳐 암자갈색으로 된다. 주름살의 가장자리는 처음에 가는 털이 있다. 자루의 높이는 3.5~6.5cm, 굵기는 0.2~0.5cm로 원주형이며 세로로 째지고 백색으로 섬유털이 있고 속이 비어 있다. 포자의 크기는 6.5~8×3.5~4.5㎛로 타원형이고 발아공이 있다. 포자문은 자갈색이다. 연낭상체는 원주형으로 꼭대기는 둔하며 25~50×9~16㎛이다.

생태 여름~가을 / 고목 및 그 부근의 땅에서 군생·속생

분포 한국(백두산), 중국, 일본, 유럽, 아시아, 북아메리카, 전 세계

참고 식용

회갈색눈물버섯

Psathyrella cernua (Vahl) Moser

형태 균모의 지름은 15~35mm로 반구형에서 차차 편평형으로 되지만 가끔 불규칙한 모양이 되기도 하며 중앙은 둔하게 볼록하다. 표면은 강한 흡수성이며 밋밋하고 무디며 적색이 가미된 흑회갈색이다. 습기가 있을 때 투명한 줄무늬선이 균모의 반절까지 발달하며 건조 시 밝은 크림색이 거의 백색으로 된다. 가장자리는 어릴 때 밋밋하고 오래되면 물결형이다. 살은 백색에서 회갈색으로 되며 얇고 버섯 냄새가 나고 맛은 온화하다. 주름살은 자루에 대하여 넓은 바른주름살 또는 약간 톱니상의 내린주름살로 백색에서 회갈색을 거쳐 검은 적갈색으로 되며 폭은 넓다. 주름살의 언저리는 미세한 백색-갈색의 섬유가 있다. 자루의 길이는 25~70mm, 굵기는 2~5mm로 원통형이며 굽었고 어릴 때 속은 차 있다가 오래되면 비며 단단하고 부서지기 쉽다. 표면은 밋밋하고 매끈하며 칙칙한 황색의 바탕에 미세한 세로줄의 백색의 섬유가 있고 꼭대기는 가루상이다. 포자의 크기는 6.8~8.1×3.8~5μm로 타원형이고 표면은 매끈하며 적갈색으로 발아공이 있다. 담자기는 막대-배불뚝이형으로 15~20×6~8μm로 4-포자성으로 기부에 꺽쇠가 있다.

생태 가을 / 숲속의 땅, 나무 등걸에 군생·속생

분포 한국(백두산), 중국, 일본, 유럽, 북아메리카

참고 희귀종

가는대눈물버섯

Psathyrella corrugis (Pers.) Konrad & Maubl
P. gracilis (Fr.) Fr.

형태 균모의 지름은 10~35mm로 원추-종모양에서 산모양으로
된다. 표면은 미세한 방사상의 주름이 있고 흡수성이고 습할 시
투명한 줄무늬선이 중간까지 발달하며 야자색에서 황토갈색으
로 되지만 적색 또는 회색을 띄며 건조 시 크림색이다. 가장자리
는 핑크색을 가지며 어릴 때 백색으로 표피의 섬유실이 부착하나
오래되면 물결형으로 되고 예리하게 된다. 살은 크림색에서 회갈
색이며 얇고 냄새는 안 좋다. 주름살은 올린주름살-넓은 바른주
름살로 크림베이지색에서 회색을 거쳐 자갈색으로 되며 폭은 넓
고 언저리는 백색의 섬모실이다. 자루의 길이는 5~15cm, 굵기는
1~3.5mm로 원통형이고 기부는 뿌리형이며 부서지기 쉽고 속은
비었다. 표면은 매끈하고 광택이 나고 백색에서 연한 크림색으로
기부는 백색의 섬유실이 있고 꼭대기는 백색의 가루상이다. 포자
는 10.5~14×6~7.5μm로 타원형이며 매끈하고 검은 회갈색으로
발아공이 있다. 담자기는 막대형이며 25~35×10~13μm로 4-포
자성이다. 기부에 꺽쇠가 있다.
생태 여름~가을 / 숲속의 땅에 군생
분포 한국(백두산), 중국, 유럽

흰기둥눈물버섯

Psathyrella caputmedusae (Fr.) Konard & Maubl

형태 균모의 지름은 2~3cm로 처음에 원추형에서 넓은 둥근형으로 된다. 표면은 약간 털상의 인편으로 덮이고 중앙은 약간 밋밋하다. 가장자리는 아래로 말리고 다음에 펴진다. 주름살은 자루에 대하여 넓은 바른-올린주름살로 회색에서 흑갈색으로 되며 밀생한다. 주름살의 변두리는 백색이다. 자루의 길이는 4.5~12cm, 굵기는 0.5~1cm로 약간 원통형이나 또는 위쪽으로 약간 가늘다. 표면은 위쪽으로 약간 밋밋하고 거친 뒤집힌 인편으로 덮이고 약간 2중성의 턱받이가 있다. 살은 질기고 백황색이고 맛은 불분명하며 냄새는 강하고 달콤하다. 포자문은 흑갈색이다. 포자의 크기는 9~11.5×4~5.5μm로 좁은 타원형이며 표면은 매끈하고 발아공은 희미하거나 없다. 낭상체는 넓은 병모양이다.

생태 가을 / 썩는 고목, 소나무 관목의 그루터기, 덤불에 속생

분포 한국(백두산), 중국, 유럽, 전 세계

흰눈물버섯

Psathyrella leucotephra (Berk. & Br.) P. D. Orton

형태 균모의 지름은 30~70mm로 반구형에서 둥근산모양을 거쳐 차차 편평하게 되며 가운데가 볼록하다. 표면은 밋밋하고 흡수성으로 습기가 있을 때 황토갈색이며 건조하면 베이지색에서 크림색으로 된다. 가장자리는 예리하고 오랫동안 아래로 말리고 어릴 때 백색의 표피섬유가 띠를 만든다. 살은 백색으로 얇고 약간 밀가루 냄새가 나고 맛은 온화하다. 주름살은 자루에 대하여 올린주름살로 백색에서 회흑색으로 되거나 또는 백색에서 자색의 라일락색이다. 가장자리는 백색이며 섬유상이다. 자루의 길이는 7~11cm, 굵기는 6~11mm로 원통형이며 부서지기 쉽고 속은 비었다. 표면은 위쪽에 백색의 턱받이가 있고 줄무늬선이 있으며 표피 아래쪽은 백색, 섬유상이다. 턱받이는 백색의 막질로 매달린다. 포자의 크기는 7.7~10.7×4.8~6μm로 난형이고 흑갈색이며 표면은 매끈하고 발아공은 없다. 담자기는 막대형이며 25~30×8~10μm로 기부에 꺽쇠가 없다. 연낭상체는 작은 주머니모양이고 27~41×8~11μm이다.

생태 여름~가을 / 활엽수림의 땅에 속생

분포 한국(백두산), 중국, 유럽

다람쥐눈물버섯

Psathyrella piluliformis (Bull.) P. D. Orton
P. hydrophila (Bull.) Maire

형태 균모의 지름은 2~6cm로 반구형에서 둥근산모양을 거쳐 편평형으로 되지만 중앙은 돌출한다. 표면은 흡수성이고 습기가 있을 때는 갈색 또는 암갈색이고 매끄럽다. 방사상의 요철 홈선이 있으며 마르면 연한 계피색 또는 황갈색이며 다소 가루로 덮이고 주름이 있다. 가장자리에 암색의 줄무늬홈선이 있고 탈락하기 쉬운 피막의 잔편이 붙어 있고 나중에 가끔 물결모양으로 되며 자주 갈라진다. 살은 얇고 균모와 동색으로 맛은 온화하다. 주름살은 자루에 대하여 바른주름살로 밀생하고 폭은 약간 넓고 얇으며 처음에는 회갈색에서 암갈색으로 된다. 주름살의 언저리는 처음에 백색의 가는 융털이 있다. 자루의 길이는 3~6cm, 굵기는 0.3~0.5cm로 원주형이며 꼭대기는 가루로 덮이고 아래에 섬유상의 털이 있으며 광택이 나고 백색이다. 자루의 기부는 갈색을 띠고 부서지기 쉽고 속이 비어 있다. 포자의 크기는 6~7×3.5~4.5μm로 타원형이며 표면은 매끄럽고 연한 자갈색이다. 포자문은 자갈색이다. 낭상체는 방추형이고 30~35×10~11μm이다.

생태 봄~초겨울 / 썩는 고목 및 그 부근의 땅에서 군생·속생

분포 한국(백두산), 중국, 일본, 유럽, 북아메리카

참고 식용

잔디말똥버섯

Panaeolus reticulatus Overh.

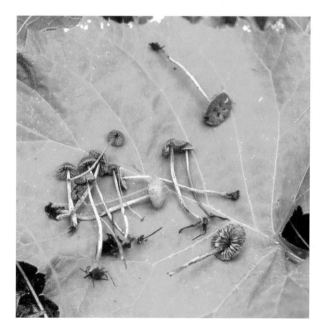

형태 균모의 지름은 6~10mm로 원추상의 반구형에서 원추상의 종모양으로 되며 중앙은 넓은 둥근형이다. 표면은 밋밋하고 방사상의 섬유가 있다. 건조하면 그물꼴의 맥상이고 베이지갈색이며 흡수성으로 습기가 있을 때 회색에서 적갈색으로 되고 황토갈색의 띠가 가장자리 쪽으로 있다. 살은 회갈색으로 얇고 거의 냄새가 없으며 맛은 온화하나 분명치는 않다. 가장자리는 검고 예리하다. 주름살은 자루에 대하여 바른주름살로 어릴 때 흑갈색이고 폭은 넓다. 가장자리는 백색의 섬유상이다. 자루의 길이는 5~7cm, 굵기는 1~2mm로 원통형으로 휘어지기 쉽고 부서지기 쉬우며 속은 차 있다. 표면은 밝은 베이지색이며 일렬로 백색의 가루가 있다. 기부는 적갈색, 가끔 띠를 형성한다. 포자의 크기는 7.9~10.5×4.6~5.5μm로 타원형이고 표면은 매끈하고 적갈색으로 포자벽은 두껍고 발아공이 있다. 담자기는 막대형으로 23~30×10~12μm로 기부에 꺽쇠가 있다. 연낭상체는 굴곡이 진 원통형이며 15~40×5~7μm이다.

생태 봄 / 잔디, 풀밭, 이끼류가 있는 곳에 단생 · 군생

분포 한국(백두산), 중국, 일본, 유럽

참고 희귀종

송곳말똥버섯

Panaeolus acuminatus (Schaeff.) Quél.
P. caliginosus (Jungh.) Gillet

형태 균모의 지름은 1~3cm, 높이는 1~2.5cm로 원추-종모양이
지만 펴지지 않는다. 표면은 흡수성으로 검은 적색-흑갈색이고
습할 시 희미하게 투명한 줄무늬선이 나타나며 건조 시 중앙에
검은색을 가진 황토갈색으로 때때로 방사상으로 주름이 있다. 가
장자리는 예리하고 표피의 잔편은 없다. 살은 습기가 있고 갈색
으로 얇으며 버섯의 냄새와 맛이 나고 온화하다. 주름살은 자루
에 대하여 올린주름살 또는 좁은 바른주름살로 회색에서 회흑색
으로 얼룩점이 있으며 폭은 넓다. 주름살의 언저리는 밋밋하고
백색의 솜털상이다. 자루의 길이는 8~12cm, 굵기는 1.5~2.5mm
로 원통형으로 유연하며 표면은 무디고 흑갈색의 바탕색에 미세
한 백색에서 밝은 회색의 가루가 있으나 가끔 자색을 가진 것도
있다. 자루의 속은 비었다. 기부는 백색의 털이 있고 꼭대기는 신
선할 때 미세한 반점이 있다. 포자의 크기는 11.5~15×7.5~9.5μm
로 타원형-구형이며 흑적갈색이고 두꺼운 벽이 있고 발아공이
있다. 담자기는 원통-막대형으로 22~27×10~13μm로 4-포자성
이다. 기부에 꺽쇠가 있다.

생태 여름~가을 / 숲속의 기름진 땅에 군생, 드물게 단생

분포 한국(백두산), 유럽

붓버섯

Deflexula fascicularis (Bres. & Pat.) Corner

형태 자실체의 길이는 1~2cm의 유연한 침모양인 가지가 사방으로 뻗쳐 나와서 일부는 아래쪽으로 굽어진다. 굵기는 기물에 부착된 부위가 0.5~1mm로 가늘다. 침모양은 한 가지이거나 때로는 끝 부분이 갈라진다. 처음에는 흰색에서 연한 황토색을 띠고 나중에는 탁한 황토갈색이 된다. 살은 약간 단단하고 휘어지기 쉽다. 포자의 크기는 9~10.5×9~10μm로 구형 또는 아구형이며 표면은 매끈하고 투명하다.

생태 여름 / 쓰러진 나무에 군생, 드물게 단생
분포 한국(백두산), 중국, 일본, 필리핀

큰깃싸리버섯

Pterula grandis Syd. & P. Syd.

형태 자실체는 비교적 소형으로 높이는 5~7cm, 폭은 2~4.5cm 정도로 여러 개로 분지하며 위쪽 부분은 회백색 내지 회황갈색이고 아래쪽의 색은 진한 색이거나 또는 진한 갈색이다. 자루의 길이는 0.5~1.8cm, 굵기는 0.7~2cm로 다수가 중첩하여 중복된 분지이고 부분적으로 3분지 또는 여러 갈래로 분지한다. 자루의 기부는 만곡하며 기주 쪽에 부착한다. 분지는 직립 또는 만곡되고 표면은 편평하며 꼭대기는 가늘다. 포자의 크기는 4~6×3.5~4μm로 아구형으로 무색이고 표면은 거칠다.
생태 여름~가을 / 활엽수림에 군생
분포 한국(백두산), 중국

깃싸리버섯

Pterula multifida E. P. Fr. ex Fr.

형태 자실체의 높이는 2~6cm, 굵기 0.3~1mm 정도의 머리카락 또는 강모모양의 자실체가 수십 개씩 다발로 함께 난다. 개별 자실체는 가는 밑동에서 가늘고 긴 침 사이로 가지가 촘촘하게 분지되고 때로는 반복 분지되며 선단은 바늘같이 뾰족하다. 표면은 흰색-회백색에서 황갈색-갈색으로 되며 마르면 검은색이 된다. 살은 질기고 연골질이며 마르면 반투명의 털과 같이 된다. 포자의 크기는 5~6×2.5~3.5 μm로 난형-타원형으로 표면은 매끈하고 투명하며 기름방울이 들어 있다.

생태 여름 / 떨어진 가지나 낙엽에 단생·속생, 때때로 일렬로 나란히 발생

분포 한국(백두산), 중국, 일본, 유럽, 북아메리카, 모로코 등지

노랑이끼버섯

Rickenella fibula (Bull.) Raithelh.
Gerronema fibula (Bull.) Sing.

형태 균모의 지름은 5~10mm로 종모양-둥근산모양에서 차차 펴져서 중앙이 약간 볼록하며 표면은 오렌지-오렌지황색이다. 가장자리는 연한 색이고 습기가 있을 때 줄무늬홈선이 나타난다. 주름살은 자루에 대하여 긴-내린주름살로 백색이며 성기다. 자루의 길이는 1.5~3cm, 굵기는 1mm 정도로 원통형이며 오렌지-오렌지황색이다. 균모와 자루의 표면에 미세한 털이 밀생하지만 육안으로 확인하기 어렵고 확대경으로 보아야 가능하다. 포자의 크기는 4~6.5×2~3μm로 협타원형-류원주형이다.
생태 봄~가을 / 숲속의 땅, 이끼류가 있는 곳에 군생 · 산생
분포 한국(백두산), 중국, 일본, 전 세계

털이끼버섯

Rickenella swartzii (Fr.) Kuyper

형태 균모의 지름은 5~15mm로 원추형에서 종모양을 거쳐 편평한 둥근산모양으로 되며 마침내 오목한 깔때기형으로 되며 중앙은 깊은 배꼽형이다. 표면은 흡수성이고 습기가 있을 때 검은 자갈색이며 중앙은 검은 먹물색으로 건조 시 연한 노랑갈색이고 확대경으로 보면 미세한 털이 보인다. 가장자리는 노랑갈색에서 황갈색으로 되며 투명한 줄무늬선이나 약간 줄무늬홈선이 나타난다. 살은 얇고 표면과 동색이고 냄새와 맛은 없다. 주름살은 자루에 대하여 긴-내린주름살로 두껍고 밀생하며 울퉁불퉁하며 주름살들은 맥상으로 연결되며 폭이 넓다. 표면은 백색에서 연한 크림색으로 미세한 엽편모양이고 오래되면 백색으로 된다. 자루의 길이는 2.1~4.9cm, 굵기는 0.6~2mm로 원통형으로 곧거나 휘어진다. 퇴색한 갈색의 오렌지색에서 또는 노랑갈색으로 되며 위쪽으로 검은색이다. 꼭대기는 검은 자색에서 검은 적갈색이나 광택이 나며 녹색이고 미세한 털이 덮여 있다. 기부 쪽으로 백색의 섬유실이 있다. 포자의 크기는 5~7×2.5~3μm로 타원형이며 투명하다. 포자문은 백색이다. 담자기는 15~22×4~5μm로 4-포자성이다. 연낭상체는 35~54×8~13μm로 방추형, 약간 배볼뚝이형이며 꼭대기는 두상모양이다. 측낭상체는 연낭상체 비슷하다.

생태 여름~가을 / 이끼류와 유기물이 많은 땅에 군생

분포 한국(백두산), 중국, 유럽, 북반구

치마버섯

Schizophyllum commune Fr.

형태 균모의 지름은 2~4cm이며 반구형에서 차차 편평해지고 중앙부는 둔하거나 조금 돌출한다. 표면은 처음에 흑갈색에서 밤갈색 또는 암갈색이고 비로드모양 또는 가루모양의 인편으로 덮이고 중앙에 방사상의 주름무늬가 있다. 가장자리는 반반하고 살은 얇으며 백색이다. 주름살은 자루에 대하여 떨어진주름살로 밀생하며 백색에서 살색으로 된다. 주름살의 가장자리에 백색의 가는 융털이 있다. 자루의 높이는 2~5cm, 굵기는 0.2~0.4cm이고 백색이며 털이 없고 가는 세로줄의 홈선이 있으며 가끔 구부정하고 속이 차 있다. 포자는 5~6×4~5μm로 아구형이며 표면이 매끄럽고 연한 색이다. 포자문은 살색이다. 낭상체는 방추형이고 꼭대기에 뿔이 없으며 길이 60~80μm이다.

생태 여름~가을 / 숲속 활엽수 썩는 고목에 산생 · 군생

분포 한국(백두산), 중국

버들볏짚버섯(버들송이)

Agrocybe cylindracea (DC.) Maire

형태 균모의 지름은 3~6cm로 반구형에서 차차 편평형으로 된다. 표면은 습기가 있을 때 점성이 있고 마르면 매끄러우며 가끔 주름무늬가 있으며 중앙부는 거북등처럼 갈라지며 연한 황색 또는 연한 황갈색이다. 가장자리는 백색을 띠며 처음에 아래로 감긴다. 살은 얇고 백색이며 표피 아래쪽은 갈색으로 밀가루 냄새가 나며 맛은 유하다. 주름살은 자루에 대하여 바른주름살로 밀생하며 폭은 넓고 처음은 연한 색에서 녹슨 갈색으로 된다. 자루의 높이는 8~10cm, 굵기는 0.6~1cm로 위아래의 굵기가 같고 기부는 다소 굵으며 꼭대기는 백색이고 아래로 연한 갈색이며 섬유질이고 속은 차 있다가 빈다. 턱받이는 상위이며 막질로 드리우며 백색이나 포자가 떨어져 암갈색으로 보이며 영존성이다. 포자의 크기는 9.5~10.5×5.5~6μm이고 타원형이며 표면은 매끄럽고 연한 갈색으로 발아공이 불분명하다. 포자문은 진한 갈색이다. 낭상체는 흩어져 있고 곤봉상 또는 서양배모양으로 40~60×10~14μm이다.

생태 봄~가을 / 활엽수 마른 줄기와 그루터기에서 속생·산생
분포 한국(백두산), 중국, 일본, 유럽, 북아메리카
참고 식용

광택볏짚버섯

Agrocybe dura (Bolt.) Sing.

형태 균모의 지름은 3~8cm로 반구형에서 둥근산모양으로 된다. 습기가 있을 때 약간 점성이 있고 광택이 나며 바랜 황토색이다. 건조하면 칙칙한 크림색에서 백색으로 되며 가장자리는 아래로 말린다. 어릴 때는 백색의 파편이 매달린다. 살은 백색이고 균모의 가운데는 두껍고 가장자리 쪽으로 얇다. 살의 냄새는 밀가루 냄새가 나고 맛은 부드럽다. 주름살은 자루에 대하여 떨어진 주름살로 어릴 때 백색에서 회갈색을 거쳐 흑갈색으로 되고 가끔 엷은 라일락색을 나타내며 폭은 넓다. 가장자리는 백색의 털이 있다. 자루의 길이는 4~7cm, 굵기는 0.5~1.2cm로 원통형이며 위쪽은 부풀고 기부는 두껍고 속은 차 있다가 비게 된다. 표면은 백색이고 세로줄의 섬유상 털이 있고 기부 쪽으로 갈색이다. 턱받이의 흔적이 세 겹으로 띠를 나타내기도 한다. 포자의 크기는 10~14×6.5~7.7μm로 타원형이며 표면은 매끈하고 포자벽은 두꺼우며 황갈색으로 발아공이 있다. 담자기는 3.5~45×10~12μm로 가늘고 긴 막대형이다.

생태 봄~여름 / 숲속의 땅에 군생

분포 한국(백두산), 중국, 일본, 유럽, 북아메리카

참고 희귀종

가루볏짚버섯

Agrocybe farinacea Hongo

형태 균모의 지름은 2~6cm로 처음에는 둥근산모양에서 거의 평평하게 펴진다. 표면은 끈기는 없고 밋밋하며 약간 주름이 잡혀 있고 암황토색-황토색이다. 가장자리는 어릴 때는 안쪽으로 굽어 있다. 살은 두껍고 연한 황토색 또는 거의 흰색이다. 주름살은 자루에 대하여 바른주름살 또는 약간 내린주름살로 처음에는 연한 색에서 암갈색이며 폭이 약간 넓고 촘촘하다. 가장자리는 백분상이고 톱니상이다. 자루의 길이는 3~8cm, 굵기는 4~8mm로 밑동 부분이 굵다. 표면은 균모와 거의 같은 색이고 섬유상의 줄무늬가 있으며 꼭대기 부분은 분상이다. 턱받이는 없다. 포자의 크기는 9~11×5.5~7.5㎛로 타원형-난형으로 표면은 매끈하며 벽이 두껍고 발아공이 있다.

생태 여름~가을 / 퇴비더미, 왕겨, 노지 등에 군생·속생

분포 한국(백두산), 중국, 일본, 유럽, 북아메리카

황토볏짚버섯

Agrocybe pediades (Fr.) Fayod
A. semiorbicularis (Bull.) Fayod

형태 균모의 지름은 1~3.5cm이며 반구형에서 둥근산모양을 거쳐 편평형으로 되고 중앙부는 둔하다. 균모 표면은 습기가 있을 때 점성이 있고 매끄러우며 흙황색 내지 황갈색이고 중앙부는 갈색이다. 균모 변두리는 초기에 안쪽으로 감기며 줄무늬홈선이 없다. 살은 얇고 연한 황토색이다. 주름살은 자루에 대하여 바른주름살이고 다소 성기며 나비는 넓고 연한 황토색이나 나중에 암갈색으로 된다. 자루의 높이는 3~6cm, 굵기는 02~05cm이며 위아래의 굵기가 같고 기부는 다소 불룩하며 밑은 둥글고 때로는 구불구불하다. 표면은 섬유상 인편으로 덮이고 균모와 동색이거나 연한 색이고 상부는 백색을 띤다. 자루의 속은 비어 있다. 포자의 크기는 10.5~13×7~8.5μm로 타원형이며 표면은 매끄럽고 포자벽이 두껍고 칙칙한 연한 노란색이다. 포자문은 녹슨 갈색이다. 담자기는 25~37×8~10μm로 막대형이며 기부에 꺽쇠가 있다. 연낭상체는 방추형이고 꼭대기는 가늘며 긴 목이 있고 35~40×8.5~10μm이다. 측낭상체는 주머니모양으로 35~77×10~14μm이다.

생태 봄~가을 / 길가 썩은 풀 또는 땅에 군생 · 산생

분포 한국(백두산), 중국, 일본, 유럽, 북아메리카, 전 세계

볏짚버섯

Agrocybe praecox (Pers.) Fayod

형태 균모의 지름은 3~8cm이고 둥근산모양에서 편평형으로 되고 중앙부는 조금 오목하다. 표면은 물을 흡수하여 매끄럽고 털이 없으며 성숙하면 중앙부는 거북등처럼 터져서 갈라진다. 색깔은 암백색, 황백색이고 또는 암황색이고 습기가 있을 때 암갈색으로 된다. 가장자리는 처음에 아래로 감기며 매끄럽고 피막의 잔편이 붙어 있다. 살은 두껍고 백색이며 맛은 유하다. 주름살은 자루에 대하여 바른주름살이나 나중에 떨어진주름살로 되며 밀생하고 폭이 넓으며 처음은 연한 색에서 회갈색을 거쳐 암갈색으로 된다. 자루의 길이는 5~9.5cm, 굵기는 0.6~1cm로 위아래의 굵기가 같고 기부는 약간 불룩하며 백색의 가근과 이어진다. 상부는 백색이고 가루로 덮이고 하부는 연한 황갈색으로 세로줄무늬의 홈선이 있으며 속은 차 있다. 턱받이는 상위이고 막질로서 백색이며 탈락하기 쉽다. 포자의 크기는 12~14×7~8μm로 난상의 타원형이며 표면은 매끄럽고 불분명한 발아공이 있다. 담자기는 25~37×8~10μm로 막대형이며 기부에 꺽쇠가 있다. 포자문은 갈색이다. 낭상체는 모양이 다양하며 20~35×10~18μm이다.

생태 초여름~가을 / 초지, 정원, 길가나 숲속의 땅에 산생

분포 한국(백두산), 중국, 일본, 유럽, 북아메리카

참고 식용

반구볏짚버섯

Agrocybe sphaleromorpha (Bull.) Fayod

형태 균모의 지름은 1.5~4cm로 처음에는 반구형에서 둥근산모양으로 되었다가 편평형으로 된다. 표면은 약간 끈기가 있고 꿀황색-황토색을 띤다. 주름살은 자루에 대하여 홈파진주름살 또는 약간 올린주름살로 처음에는 연한 황토색에서 성숙하면 암갈색-암계피색으로 되며 약간 촘촘하다. 자루의 길이는 6~10cm, 굵기는 2.5~4mm로 상하가 같은 굵기이며 흔히 밑동이 부풀어 있으며 약간 굽었고 균모와 같은 색이고 속이 비었다. 밑동에는 백색 뿌리모양의 균사다발이 있다. 자루의 위쪽에 막질의 턱받이가 있고 턱받이는 백색이며 줄무늬가 있다. 포자의 크기는 9.5~12.5×6~8.5μm로 광타원형으로 표면은 매끈하고 꿀색이며 발아공이 있다. 포자문은 암밤갈색이다.

생태 봄~가을 / 초지, 잔디밭, 나지, 길가 또는 풀을 버린 곳 등에 군생

분포 한국(백두산), 중국, 일본, 유럽, 북아메리카, 전 세계

독황토버섯

Galerina fasciculata Hongo

형태 균모의 지름은 2~5cm로 둥근산모양에서 차차 거의 평평하게 펴지며 때때로 중앙이 돌출된다. 표면은 점성이 없고 밋밋하며 습기가 있을 때 어두운 계피색-암갈색이며 건조하면 중앙부에서 가장자리 쪽으로 연한 황색이 되어 마치 젖은 모양으로 보인다. 가장자리는 약간 줄무늬선이 보인다. 살은 균모 부분은 연한 갈색이고 자루의 살은 갈색이다. 주름살은 자루에 대하여 바른주름살-약간 내린주름살로 계피색이고 폭은 넓은 편이며 촘촘하거나 약간 성기다. 가장자리는 미분상이다. 자루의 길이는 6~9cm, 굵기는 2.5~5mm로 가늘고 길며 속이 비어 있다. 표면은 연한 황토색-연한 점토색으로 하부는 탁한 갈색을 띠고 섬유상이며 꼭대기 쪽은 분상이다. 밑동에는 흰색의 균사가 덮인다. 포자의 크기는 6.5~8.5×4~5μm로 난형-타원형이다. 표면에 거친 사마귀가 덮여 있다.

생태 가을 / 썩은 나무 위나 오래된 톱밥, 쓰레기 버린 곳 등에 군생·속생

분포 한국(백두산), 중국, 일본

참고 맹독성이어서 사망하기도 하고 콜레라와 같이 심한 설사도 유발

황갈색황토버섯

Galerina helvoliceps (Berk. & Curt.) Sing.

형태 균모의 지름은 1.5~4cm로 처음에는 원추형에서 둥근산모양을 거쳐 거의 편평형이 되고 가끔 중앙에 젖꼭지모양의 돌기가 생긴다. 표면은 밋밋하며 갈색을 띤 황토색-황갈색으로 습기가 있을 때는 줄무늬선이 나타난다. 주름살은 자루에 대하여 바른주름살 또는 올린주름살로 계피색을 띠고 넓으며 약간 성기다. 자루의 길이는 2~5cm, 굵기는 1~3mm로 자루의 위쪽에 소실되기 쉬운 막질의 턱받이가 있고 턱받이 위쪽은 탁한 황색을 띠고 아래쪽은 암갈색인데 흰색의 가는 섬유가 붙어 있다. 포자의 크기는 8.5~9.5×5~6μm로 난형-아몬드형이다. 표면에는 비교적 큰 사마귀가 덮여 있다.

생태 이른 봄~초겨울 / 침엽수 및 활엽수의 그루터기, 낙지 및 부식토에 단생·군생

분포 한국(백두산), 중국, 일본, 유럽, 남아메리카, 쿠바

이끼황토버섯

Galerina hypnorum (Schrank) Kühn.

형태 균모의 지름은 4~10mm로 반구형에서 종모양이 되었다가 둥근산모양으로 된다. 표면은 밋밋하고 비단결이며 흡수성이고 습기가 있을 때 오렌지갈색이고 투명한 줄무늬선이 거의 중앙까지 발달하며 건조 시 밝은 황토색에서 크림베이지색으로 되며 줄무늬선이 사라진다. 가장자리는 예리하며 고르고 어릴 때 표피에 백색가루가 있다. 살은 밝은 황토색으로 얇고 부서지면 밀가루 냄새가 나고 밀가루 맛이고 온화하다. 주름살은 자루에 대하여 올린주름살로 밝은 크림황색에서 황토색으로 폭은 넓다. 가장자리는 백색의 섬모가 있다. 자루의 길이는 15~30mm, 굵기는 0.5~1mm로 원통형으로 유연하고 속은 차 있다가 빈다. 표면은 밝은 갈색이고 어릴 때 표피에 섬유상으로 된 것이 덮였다가 매끈해지며 꼭대기는 가루상이다. 포자의 크기는 9~12×5.1~6.6µm로 타원형또는 복숭아모양, 표면에 희미한 사마귀점이 있고 밝은 황토색이다. 담자기는 원통형에서 막대형으로 18~30×7~8.5µm이고 기부에 꺽쇠가 있다.

생태 봄~가을 / 숲속의 이끼류 사이 또는 고목의 이끼류에 군생
분포 한국(백두산), 중국, 일본, 유럽, 북아메리카, 아시아

가을황토버섯

Galerina marginata (Batsch) Kühn.
G. autumnalis (Pk.) Smith & Sing.

형태 균모의 지름은 15~25mm로 반구형에서 둥근산모양을 거쳐 편평하게 되지만 중앙은 약간 울퉁불퉁하거나 둔한 볼록형이다. 표면은 밋밋하고 점성이 있으며 광택은 없다가 광택이 나며 흡수성이며 습기가 있을 때 적색-황토갈색이며 건조 시 황토갈색이다. 가장자리는 고르고 예리하며 가끔 습기가 있을 때 줄무늬선이 있다. 살은 밝은 황토색에서 갈색으로 얇고 밀가루 냄새가 나고 맛은 온화하다. 주름살은 자루에 대하여 올린주름살에서 약간 내린주름살, 밝은 황토색에서 적갈색이며 폭은 넓으며 가장자리는 백색의 섬유상이다. 자루의 길이는 30~50mm, 굵기는 1.6~6mm로 원통형이고 어릴 때 속은 차 있다가 빈다. 표면은 턱받이 위쪽은 황토색 바탕에 백색가루가 있고 턱받이 아래쪽은 갈색 바탕에 백색의 섬유실이 있다. 턱받이는 섬유실에서 막질로 되며 아래로 늘어진다. 원래는 백색이나 주름살에서 낙하한 포자로 적갈색으로 보이는 때도 있다. 포자의 크기는 7.7~10.6×4.7~6.4μm로 타원형 또는 난형이며 표면은 사마귀반점이 있고 황토색이다. 담자기는 원통형에서 막대형으로 24~30×7~9μm로 기부에 격쇠가 있다.

생태 여름~가을 / 숲속의 땅에 군생 · 속생

분포 한국(백두산), 중국, 일본, 유럽, 북아메리카, 아시아

기둥황토버섯

Galerina stylifera (Atk.) A. H. Sm. & Sing.

형태 균모의 지름은 2~4cm로 원추형에서 둥근산모양을 거쳐 편평하게 된다. 표면은 흡수성이고 갈색이며 빛나고 점성이 있고 건조 시 황토색이다. 가장자리는 어릴 때 백색의 표피 섬유로 띠를 형성하며 예리하고 고르며 어릴 때 백색의 표피가 매달리며 오래되면 줄무늬선이 나타난다. 살은 밝은 노란색에서 황토갈색으로 되며 얇고 냄새가 약간 나고 맛은 온화하다. 주름살은 자루에 대하여 올린주름살로 크림색에서 갈색이고 폭은 넓다. 주름살의 언저리는 무딘 톱니상이고 백색의 섬모가 있다. 자루의 길이는 3~7cm, 굵기는 3.5~5mm로 원통형이고 유연하며 기부 쪽으로 약간 부풀며 속은 차 있다가 빈다. 표면은 섬유털로 밀집되고 올리브갈색 바탕 위에 인편으로 되며 군데군데 턱받이 흔적의 불규칙한 밴드를 형성한다. 포자의 크기는 5.8~8.6×3.8~5μm로 타원형이며 표면은 매끈하고 밝은 귤색의 노란색이다. 담자기는 원통형-막대형으로 18~25×5~7.5μm로 기부에 꺽쇠가 있다.

생태 가을 / 숲속의 땅에 군생하거나 땅속에 묻힌 고목에 속생

분포 한국(백두산), 중국, 일본, 유럽, 북아메리카

녹색미치광이버섯

Gymnopilus aeruginosus (Peck) Sing.

형태 균모의 지름은 2~10cm로 둥근산모양에서 차차 거의 편평하게 된다. 표면은 녹색, 황색, 자갈색 등이고 매끄러우며 나중에 다수의 인편이 생기고 불규칙하게 갈라진다. 살은 녹색이며 쓴맛이다. 주름살은 자루에 대하여 바른-올린주름살로 연한 황토색에서 오렌지갈색이다. 자루의 길이는 3~8cm, 굵기는 3~10mm로 중심성 또는 편심성이며 균모와 동색이거나 어두운색이고 세로의 섬유무늬가 있다가 없어지며 막질의 턱받이를 가졌다. 포자의 크기는 7.5~8.5×4~5μm로 타원형이고 미세한 사마귀로 덮인다.
생태 봄~가을 / 침엽수, 활엽수의 재목 위에 군생
분포 한국(백두산), 일본, 중국, 북아메리카

미치광이버섯

Gymnopilus liguiritiae (Pers.) Karst.

형태 균모의 지름은 1.5~4cm로 원추상의 종모양에서 둥근산모양을 거쳐 거의 편평형으로 된다. 표면은 매끄럽고 오렌지황갈색-오렌지갈색이다. 가장자리에 약간 줄무늬선이 나타난다. 살은 균모와 같은 색이고 쓴맛이 조금 있다. 주름살은 자루에 대하여 바른주름살로 황색에서 녹슨 갈색으로 되며 밀생한다. 자루의 길이는 2~5cm, 굵기는 2~4mm로 위쪽으로 가늘고 표면은 섬유상인데 녹슨 갈색이며 속은 비어 있다. 포자의 크기는 8.5~10×4.5~6㎛로 아몬드형이고 표면은 미세한 사마귀로 덮인다.

생태 가을 / 숲속의 참엽수의 썩은 나무에 군생·속생

분포 한국(백두산), 일본, 중국, 북아메리카, 북반구 온대 이북

침투미치광이버섯

Gymnopilus penetrans (Fr.) Murr.

형태 균모의 지름은 3~7cm로 처음에는 원추형 또는 둥근산모양에서 차차 편평해진다. 표면은 건조하고 밋밋하며 오렌지황색-적황색이나 보통 중앙이 진하다. 가장자리는 날카롭고 고르며 막편이 매달린다. 살은 황백색-연한 적황색이다. 자루에서는 더 진한 녹슨색으로 된다. 주름살은 자루에 대하여 바른주름살로 처음에는 연한 황색에서 진한 황색-적황색으로 되며 폭이 좁고 촘촘하다. 자루의 길이는 4~8cm, 굵기는 3~10mm로 상하가 같은 굵기이거나 또는 위쪽이 약간 가늘다. 표면은 하얀 거미집막 흔적이 있고 어릴 때는 유백색-연한 황색이나 나중에는 적색의 황색으로 되며 밑동이 암색을 띠기도 하며 털로 덮이기도 한다. 자루의 속은 빈다. 포자의 크기는 7~9×3.5~5μm로 난상의 타원형이며 표면에 미세한 가시가 있거나 매끈하고 황토색이다. 포자문은 황토색이다.

생태 여름~가을 / 침엽수 및 활엽수의 썩는 고목에 군생 · 속생

분포 한국(백두산), 일본, 중국, 북아메리카, 유럽

배불뚝미치광이버섯

Gymnopilus ventricosus (Earle) Hesler

형태 균모의 지름은 6~10cm로 둥근산모양에서 차차 둔한 편평한 모양으로 된다. 오렌지-노란색에서 적갈색이고 중앙은 밝으며 미세한 노랑 털로 덮인다. 표피는 두껍고 가끔 인편이 있거나 거의 밋밋하다. 가장자리는 고르고 표피 잔존물이 조금 매달린다. 살은 연한 노란색으로 냄새는 없고 맛은 쓰다. 주름살은 자루에 대하여 약간 홈파진주름살로 밀생하고 비교적 폭이 넓으며 적색에서 퇴색한다. 자루의 길이는 14~18cm, 굵기는 2~3cm로 속은 차 있고 가운데는 부풀고 연한 갈색이며 밀생한다. 꼭대기에 백색털이 있고 아래쪽은 미세한 노랑털이 있으며 근부는 백색의 균사체로 덮인다. 자루의 꼭대기에 턱받이가 있고 영존성이다. 포자의 크기는 7.5~9×4~5.5μm로 타원형 또는 난형이고 표면은 사마귀반점이 있다. 포자문은 녹슨 갈색이다. 균사에 꺽쇠가 있다.

생태 가을 / 덤불, 산 소나무의 기부에 군생

분포 한국(백두산), 일본, 중국, 북아메리카

참고 식용불가

무자갈버섯

Hebeloma crustliniforme (Bull.) Quél.

형태 균모의 지름은 3~8.5cm로 둥근산모양에서 차차 편평하게 되며 중앙부는 언덕처럼 높다. 표면은 점성이 조금 있고 연한 다색으로 중앙은 적갈색이며 매끄럽다. 가장자리는 아래로 감긴다. 살은 두껍고 치밀하며 무우 냄새와 매운맛이 있다. 주름살은 자루에 대하여 홈파진주름살로 백색에서 진흙색을 거쳐 갈색으로 되고 밀생하며 습기가 있을 때는 물방울을 내뿜는다. 자루의 길이는 4~10cm, 굵기는 5~15mm로 백색이며 기부가 부풀고 상부는 흰가루 또는 솜털로 덮여 있으며 속이 차 있다. 포자의 크기는 10~13.5×6~7.5㎛로 타원형-편도형이며 미세한 사마귀반점이 있거나 없다. 포자문은 연한 갈색이다.

생태 가을 / 숲속의 땅에 군생

분포 한국(백두산), 중국, 일본, 유럽, 북반구 온대 이북

솜털자갈버섯

Hebeloma mesophaeum (Pers.) Quél.

형태 균모의 지름은 2~3.5cm로 종모양-원추형에서 둥근산모양을 거쳐 편평형으로 되며 중앙부가 오목해지기도 한다. 표면은 끈기, 갈색의 진흙색 또는 다색이며 중앙은 밤갈색으로 매끄럽고 비단 빛이 난다. 가장자리에 백색 거미집막의 잔편이 있다. 살은 백색이다. 주름살은 자루에 대하여 바른주름살로 연한 색-탁한 살색에서 갈색으로 되고 밀생한다. 자루의 길이는 2.5~5cm, 굵기는 2.5~5mm로 상부는 백색의 가루모양이고 하부는 갈색의 섬유상이다. 표면의 거미집막은 백색이고 섬유상의 막질이고 자루 위에 턱받이를 남긴다. 포자는 8~10×5~6μm로 타원형이고 표면은 거칠다. 포자문은 녹슨색이다.

생태 가을 / 숲속의 땅에 군생

분포 한국(백두산), 중국, 일본, 유럽, 북반구 일대, 호주

바랜자갈버섯

Hebeloma pallidoluctuosum Gröger & Zschiesch

형태 균모의 지름은 15~60mm로 반구형에서 둥근산모양에서 차차 편평해진다. 표면은 끈적거리다가 매끄럽게 되며 건조성 또는 약간 흡수성이다. 중앙은 어릴 때는 연한 크림색에서 연한 핑크황갈색으로 되며 나중에 매끈해지며 노쇠하면 중앙은 진흙-황갈색이다. 가장자리는 아래로 말리지 않고 흔히 구부러지고 또는 불규칙하며 가끔 톱니상이다. 살의 냄새는 달콤하나 오래되면 나쁜 냄새가 나며 맛은 온화하고 약간 쓰다. 살은 습기가 있을 때 균모는 진흙-연한 황색이고 자루는 백색에서 진흙-연한 황색으로 변색하며 다음에 기부부터 암갈색으로 된다. 주름살은 자루에 대하여 좁은 바른주름살에서 거의 끝붙은주름살로 되며 폭이 넓고 약간 성기며 진흙색-연한 황색에서 적갈색으로 된다. 가장자리는 균모와 동색이고 물방울은 없다. 자루의 길이는 13~70mm, 굵기는 2.5~8mm로 원통형이며 흔히 기부로 가늘고 뿌리형으로 섬유실이 있으며 가루는 없다. 백색에서 연한 크림색으로 전체가 진흙색-연한 황색에서 암갈색으로 되며 기부부터 변색한다. 거미막집은 없다. 포자문은 암갈색이다. 포자의 크기는 11~15.5×5.5~8.5µm로 광타원형이고 표면은 심한 사마귀점으로 덮인다. 거짓아미로이드 반응이다. 담자기는 막대형 또는 원통형으로 30~50×8~11µm로 4-포자성이다.

생태 여름~가을 / 활엽수림의 땅에 군생

분포 한국(백두산), 중국

뿌리자갈버섯

Hebeloma radicosum (Bull.) Ricken

형태 균모의 지름은 8~15cm로 둥근산모양을 거처 중앙이 높은 편평형으로 된다. 표면은 황토갈색이고 매끄러우며 습기가 있을 때 점성이 있다. 가장자리는 연한 색이거나 전체가 거의 백색, 갈색의 인편이 있다. 살은 단단하고 백색이며 독특한 냄새가 난다. 주름살은 자루에 대하여 올린주름살로 갈색이고 밀생한다. 자루의 길이는 8~15cm, 굵기는 1~2cm로 근부는 부풀고 땅속에 긴 가근이 있다. 표면은 백색이고 상부에 막질의 턱받이가 있으며 하부에 갈색 인편이 있다. 포자의 크기는 7.5~10×4.5~5.5μm로 류방추형이며 표면에 미세한 사마귀반점이 있다.

생태 가을 / 활엽수림의 땅 또는 두더지의 갱도에 군생

분포 한국(백두산), 중국, 일본, 유럽

물결자갈버섯

Hebeloma sinuosum (Fr.) Quél.

형태 균모의 지름은 7~14cm로 둥근산모양에서 차차 편평하게 되며 중앙은 넓게 돌출한다. 표면은 습기가 있을 때 끈기가 있고 매끄러우며 연한 벽돌 회색 또는 붉은 점토색이다. 가장자리는 고르지 못한 물결형이고 짧은 줄무늬홈선이 있다. 살은 두껍고 백색이며 유연하고 조금 맵다. 주름살은 자루에 떨어진주름살로 밀생하며 폭은 넓고 백색 또는 유백색에서 녹슨색으로 된다. 자루의 높이는 5~15cm, 굵기는 1.5~2cm로 위아래의 굵기가 같거나 기부가 약간 굵으며 백색 또는 연한 점토색이다. 상부는 백색 융털모양 인편으로 덮이고 아래쪽은 섬유상이며 세로로 선이 있고 속은 비어 있다. 포자의 크기는 10~13×5~7μm로 난형이고 황토색이며 표면에 가시가 있다. 포자문은 녹슨 황색이다. 연낭상체는 가는 곤봉상으로 40~50×2~3μm이다.

생태 가을 / 침엽림의 땅에 군생

분포 한국(백두산), 중국, 일본, 유럽

참고 먹을 수 있으나 맵고 쓴맛

흰살자갈버섯

Hebeloma leucosarx P. D. Orton
H. velutipes Bruchet

형태 균모의 지름은 20~45mm로 원추형에서 종모양으로 되었다
가 둥근산모양을 거쳐 편평하게 되며 중앙은 둔한 돌출이 있다.
표면은 밋밋하며 건조 시 무광택으로 습할 시 광택이 나고 점성
이 있다. 어릴 때 중앙은 황토색의 크림색에서 노란색-적황토색
으로 된다. 가장자리는 예리하다. 살은 백색이며 균모의 중앙 살
은 두껍고 가장자리 쪽으로 얇다. 냄새와 맛은 약간 있다. 주름살
은 홈파진주름살 또는 좁은 올린주름살로 크림색에서 회핑크색
을 거쳐 적갈색으로 된다. 어릴 때 젖빛의 방울이 있고 노쇠하면
갈색의 반점을 가지며 폭은 넓다. 주름살의 변두리는 백색의 섬
유상이다. 자루의 길이는 40~80mm, 굵기는 4~9mm로 원통형
이고 기부로 굵으며 속은 차 있다가 비며 부서지기 쉽다. 표면은
백색의 가루상으로 어릴 때와 싱싱할 때 물방울이 맺히며 아래
쪽은 드물게 백색의 솜털이 있다. 노쇠하면 밋밋해지고 세로줄의
백색 섬유실이 있다. 포자의 크기는 9.5~13×5.5~7μm로 타원형
이지만 매끄럽지 못하고 사마귀반점이 약간 있고 노랑-황토색이
다. 담자기는 막대형으로 35~40×8~11μm로 4-포자성이다. 기부
에 꺽쇠가 있다.

생태 가을 / 숲속의 땅과 풀밭 사이에 단생 · 군생
분포 한국(백두산), 중국, 유럽
참고 희귀종

노란다발버섯

Hypholoma fasciculare (Hudson) Kumm.
Naematoloma fasciculare (Hudson) Karst.

형태 균모의 지름은 2~4cm로 반구형에서 편평형으로 되며 중앙은 약간 돌출한다. 표면은 마르고 매끄러우며 털이 없고 연한 황색에 녹색을 띠며 중앙부는 진한 황갈색 내지 토갈색이다. 가장자리는 안쪽으로 감기며 섬유상 피막의 잔편이 붙어 있다. 살은 얇고 황색이고 아주 쓰다. 주름살은 자루에 대하여 홈파진주름살로 밀생하며 폭은 좁고 처음은 유황색에서 올리브녹색을 거쳐 올리브갈색으로 되었다가 거의 흑색으로 된다. 자루의 높이는 4~6cm, 굵기는 0.3~0.6cm로 원주형이고 구부정하며 털이 없고 균모와 동색으로 섬유질이며 강인하고 속이 비어 있다. 턱받이는 상위이고 황백색으로 면모상이나 탈락하기 쉽다. 포자의 크기는 6~7×3.5~4.5㎛로 타원형이고 표면은 매끄럽다. 포자문은 자갈색이다. 낭상체는 곤봉상이며 30~45×7~10㎛이다.

생태 여름~가을 / 나무 그루터기, 부목 또는 묻힌 나무에서 속생

분포 한국(백두산), 중국, 일본, 유럽, 북아메리카, 전 세계

참고 독버섯

개암다발버섯

Hypholoma lateritium (Schaeff.) P. Kumm.
H. sublateritium (Schaeff.) Quél., Naematoloma sublateritium (Schaeff.) Karst.

형태 균모의 지름은 4~6cm로 반구형에서 편평형으로 되고 중앙부는 약간 볼록하다. 표면은 습기가 있을 때 점성이 있으며 중앙부는 암갈색이다. 가장자리로 향하면서 연한 황갈색이며 털이 없고 매끄럽거나 솜털상의 인편이 있다. 가장자리는 아래로 감기며 가끔 피막의 잔편이 붙어 있다. 살은 두껍고 단단하며 백색에서 황백색으로 되며 맛은 유하거나 조금 쓰다. 주름살은 바른주름살 또는 홈파진주름살로 어두운 황색에서 암갈색 또는 올리브갈색으로 되며 밀생하고 폭은 약간 넓다. 자루는 길이가 3~10cm, 굵기는 0.4~1.8cm로 위아래의 굵기가 같거나 위쪽으로 가늘어진 것도 있고 아래로 가늘어진 것도 있으며 구부정하다. 위쪽은 연한 황색이고 아래쪽은 균모와 동색이며 섬유상의 털 또는 섬유상의 인편으로 덮으며 나중에 속이 빈다. 턱받이는 상위이고 솜털모양으로 백색 또는 황색이고 소실하기 쉽다. 포자는 6~7.5×3.6~4.5μm로 타원형이고 매끄럽다. 포자문은 자갈색이다. 낭상체는 곤봉상이며 작다.

생태 가을 / 활엽수 그루터기나 넘어진 나무에 속생

분포 한국(백두산), 중국, 일본, 유럽, 북아메리카

무리우산버섯

Kuehneromyces mutabilis (Schaeff.) Sing. & A. H. Smith

형태 균모의 지름은 2~5cm로 반구형에서 차차 편평형으로 되며 중앙부는 돌출한다. 표면은 습기가 있을 때 점성이 조금 있으며 물을 흡수하고 매끄럽다. 색깔은 황갈색 또는 다갈색이고 중앙부는 가끔 홍갈색인데 습기가 있을 때 색이 진하고 마르면 연해진다. 가장자리는 습기가 있을 때 투명한 줄무늬홈선이 나타난다. 살은 백색 또는 연한 황갈색이다. 주름살은 자루에 대하여 바른주름살 또는 내린주름살로 밀생하며 폭이 넓고 얇으며 처음 연한 색에서 황갈색으로 된다. 자루의 높이는 4~7cm, 굵기는 0.3~0.5cm로 상하의 굵기가 같다. 턱받이 위쪽은 황갈색이고 가루로 덮이며 아래쪽은 흑갈색으로 갈라진 인편이 있으며 속이 비어 있다. 턱받이는 상위이고 막질로서 상면은 매끄럽고 하면은 인편으로 덮인다. 포자는 6.5~7.5×4~5μm로 난형이고 표면은 매끄럽다. 포자문은 녹슨색이다. 연낭상체는 원주형으로 20~30×5~5.5μm이다.

생태 여름~가을 / 활엽수 그루터기 또는 쓰러진 고목에 군생·속생

분포 한국(백두산), 중국, 유럽, 북아메리카

참고 식용, 인공재배

비늘개암버섯아재비

Naematoloma squamosum var. **thraustum** Imaz. & Hongo

형태 균모의 지름은 1.5~10.5cm로 처음에는 반구형 또는 약간 원추형에서 평평하게 퍼지며 때로는 중앙부에 완만하게 언덕모양 또는 원추상의 돌기를 갖는다. 표면은 습기가 있을 때 약간 점성이 있으며 유황색-주황색으로 표피 아래쪽은 오렌지적색이다. 가장자리는 처음에 황백색의 작은 인편이 산재하지만 쉽게 탈락한다. 살은 균모의 중앙부는 약간 두껍고 거의 흰색-황백색이다. 주름살은 자루에 대하여 바른주름살 또는 홈파진주름살로 흰색에서 회색으로 되었다가 암자갈색-흑갈색으로 변색된다. 가장자리는 거의 흰색이고 폭이 넓으며 촘촘하다. 자루의 길이는 5~13cm, 굵기는 2~10mm로 가늘고 길며 섬유질인데 견고하고 속이 비어 있다. 밑동은 때때로 뿌리모양의 가근이 있는데 때로는 길이가 9cm에 달하는 것도 있다. 말단에는 약간 흰색의 균사속이 있다. 표면은 점성이 없고 꼭대기는 흰색-황백색인데 분상하며 하부는 미세한 섬유상의 손거스름모양으로 되며 균모와 같은 색이다. 턱받이는 황백색-갈색이며 폭이 좁고 탈락하기 쉽다. 포자의 크기는 9~14×6~7μm로 타원형이고 표면은 매끈하고 발아공이 있다. 포자문은 암자갈색이다.

생태 가을 / 숲속의 풀밭, 나지 등에 단생·군생

분포 한국(백두산), 중국, 일본, 유럽, 북아메리카, 아프리카

검은비늘버섯

Pholiota adiposa (Batsch) Kummer

형태 균모의 지름은 5~10cm로 둥근산모양에서 차차 편평형으로 되며 중앙부는 약간 돌출한다. 표면은 습기가 있을 때 끈기가 있으며 마르면 광택이 나며 레몬황색이나 어두운 황색 또는 황갈색이며 탈락성인 원추형의 갈색 인편이 피복되어 있으며 중앙에 인편이 몰려 있다. 가장자리는 처음에 아래로 감기며 섬모상의 피막의 잔편이 붙어 있다. 살은 두껍고 백색 또는 연한 황색이고 맛은 유하다. 주름살은 자루에 대하여 바른주름살 또는 홈파진주름살로 밀생하며 폭은 넓고 길이는 같지 않으며 황색에서 녹슨 갈색으로 된다. 자루의 높이는 3~10(15)cm, 굵기는 0.5~1.1cm로 점성이 있고 상하의 굵기가 같거나 아래로 가늘어지며 하부는 구부정하다. 색깔은 균모와 동색이고 기부는 진하다. 턱받이 아래쪽은 인편으로 덮이고 섬유질이고 속은 차 있다. 턱받이는 상위이고 연한 황색으로 막질이며 떨어지기 쉽다. 포자는 6~8×3.5~4.5㎛로 타원형이고 표면은 매끄럽다. 포자문은 녹슨색이다. 연낭상체는 곤봉상 또는 방추형으로 20~32×6~9㎛이다.

생태 봄~가을 / 사시나무, 황철나무, 버드나무, 자작나무 등의 활엽수의 마른 대 또는 쓰러진 고목에 속생 · 산생

분포 한국(백두산), 중국, 일본, 유럽, 북아메리카

참고 식용

금빛비늘버섯

Pholiota aurivella (Batsch) Kummer

형태 균모의 지름은 6~12cm이며 섬유상 육질로 둥근산모양에서 편평형으로 되며 중앙부는 둔하게 돌출한다. 표면은 습기가 있고 끈적거리며 마르면 광택이 나고 황금색에서 녹슨 황색으로 된다. 압착된 탈락성인 삼각형의 인편이 동심원의 테로 덮이고 중앙부에 몰려 있으나 가장자리로 가면서 점점 적어진다. 가장자리는 처음에 아래로 감기며 섬유상 피막의 잔사(殘絲)가 걸려 있다. 살은 섬유상 육질로 연한 색이나 나중에 레몬황색이 되고 자루 쪽은 홍갈색을 띠며 맛은 유하다. 주름살은 자루에 대하여 홈파진주름살로 밀생하며 처음에는 황색에서 녹슨 황색을 거쳐 갈색으로 된다. 자루의 높이는 6~13cm, 굵기는 0.7~1.5cm로 상하의 굵기가 같거나 기부가 조금 더 굵으며 가근상으로 되고 점성이 있으며 상부는 황색이고 하부는 녹슨 갈색이다. 처음에 턱받이 아래에 끝이 뒤집혀 감긴 인편이 계단모양으로 덮이나 나중에 없어지고 때로는 구부정하고 속이 비어 있다. 턱받이는 거미집막질이나 쉽게 탈락한다. 포자의 크기는 7~8×4~4.5µm로 타원형이고 표면은 매끄럽다. 포자문은 녹슨색이다. 연낭상체는 곤봉상으로 20~30×5.5~8.5µm이다. 측낭상체는 20~45×4.8~8µm로 적게 있다.

생태 가을 / 숲속의 피나무의 썩는 고목에 군생

분포 한국(백두산), 중국, 일본, 유럽, 북아메리카

참고 식용

노랑비늘버섯

Pholiota flammans (Batsch) Kumm.

형태 균모의 지름은 2~7cm이며 둥근산모양에서 편평형으로 되고 중앙은 약간 돌출한다. 표면은 마르며 레몬황색 내지 황갈색으로 동심원의 고리무늬를 이루고 유황색의 섬유모의 인편으로 덮이나 오래되면 거의 없어진다. 가장자리에 피막의 잔편이 있다. 살은 약간 두껍거나 얇고 단단하며 유황색이다. 주름살은 자루에 대하여 바른주름살로 밀생하고 폭은 좁고 얇으며 처음 황색에서 녹슨색으로 된다. 자루의 높이는 2~7cm, 굵기는 0.5~0.9cm로 레몬황색이고 상하의 굵기가 같고 때로는 약간 구부정하며 마르고 속은 충실하나 나중에 빈다. 턱받이는 상위이고 솜털모양이나 탈락하기 쉽다. 턱받이 아래쪽은 끝이 뒤집혀 감긴 솜털 인편으로 덮인다. 포자의 크기는 4.2~4.8×2.5~3μm로 타원형이고 표면은 매끄럽다. 포자문은 녹슨색이다. 낭상체는 많으며 곤봉상-방추형으로 갈색 또는 무색이다.

생태 가을 / 나무 그루터기나 썩는 나무에 속생

분포 한국(백두산), 중국, 일본, 유럽, 북아메리카, 전 세계

참고 식용

담황색비늘버섯

Pholiota flavida (Schaeff.) Sing.

형태 균모의 지름은 1.5~6.5cm로 종모양에서 차차 편평해지며 중앙부는 볼록하고 옅은 황갈색에서 다갈색으로 된다. 표면은 밋밋하고 중앙부는 융모상의 작은 인편이 있다. 가장자리는 갈라진다. 살은 황색이며 얇다. 주름살은 자루에 대하여 바른-홈파진 주름살이며 옅은 황갈색-녹슨색으로 포크형이다. 자루의 길이는 6~9cm, 굵기는 0.4~0.9cm로 황백색이고 아래로 홍갈자색이며 융모상의 인편이며 속은 차 있고 기부는 팽대한다. 포자의 크기는 6~8×3~5μm로 타원형이며 표면은 매끈하고 광택이 난다. 담자기는 2~4-포자성이다.

생태 여름~가을 / 썩는 고목, 떨어진 나뭇가지에 단생·산생
분포 한국(백두산), 중국, 일본, 유럽, 북아메리카

재비늘버섯

Pholiota highlandensis (Peck) A.H.Smith & Hesler

형태 균모의 지름은 1.5~5cm로 둥근산모양에서 차차 편평하게 된다. 표면은 황갈색-다갈색이며 점성이 있고 매끄럽다. 가장자리는 황백색의 얇은 내피막이 붙어 있다가 없어진다. 주름살은 자루에 대하여 바른-올린주름살로 연한 황색에서 탁한 갈색으로 되고 밀생한다. 자루의 길이는 3~7cm, 굵기는 3~5mm로 황백색-황색이고 하부는 갈색이며 표면은 섬유상인데 미세한 인편이 있으며 섬유상의 희미한 턱받이는 있다가 없어진다. 포자문은 회갈색이다. 포자는 6.5~7×4~5μm로 난형-타원형이고 발아공이 있다.

생태 봄~가을 / 불탄 자리의 땅위나 불탄 자리의 숯 위에 군생·속생

분포 한국(백두산), 중국, 일본, 유럽, 북아메리카, 전 세계

참고 식용

비듬비늘버섯

Pholiota jahnii Tjall.-Beuk. & Bas.

형태 균모의 지름은 2~5cm로 둥근산모양에서 차차 편평하게 된다. 표면은 검은색에서 흑갈색으로 되며 황금색의 바탕색에 직립된 비늘이 있다. 습기가 있을 때 점성이 있다. 가장자리는 아래로 말리고 표피 껍질의 피막이 매달린다. 살은 노란색이고 두껍다. 주름살은 자루에 대하여 홈파진주름살 또는 넓은 바른주름살로 어릴 때 연한 황토색에서 올리브황토색으로 되며 폭은 넓다. 자루의 길이는 4~8cm, 굵기는 5~7mm로 원주형이며 기부로 가늘고 가끔 밑동에서는 둥글게 부풀고 탄력이 있다. 어릴 때 속은 차 있다가 오래되면 비게 된다. 표면은 노란색에서 황토색이고 턱받이 위는 미세한 알갱이가 분포하고 아래쪽은 적갈색의 인편이 있다. 포자의 크기는 5.5~8×4~5㎛로 광타원형이고 2중막으로 희미한 기름방울이 있다. 담자기는 17.5~23.5×3.8~5㎛로 곤봉형이다. 연낭상체는 43.8~50×12.5~15㎛로 플라스코-방추형이며 속에 이물질을 함유한다. 측낭상체는 30~37.5×7.5~10㎛로 속에 이물질을 함유한다. 주름살의 균사는 27.5~72.5×2.5~17.5㎛로 원통형이다.

생태 여름 / 혼효림의 썩는 고목, 대나무 그루터기에 군생

분포 한국(백두산), 중국, 일본, 유럽

흰비늘버섯

Pholiota lenta (Pers.) Sing.

형태 균모의 지름은 3~9cm의 둥근산모양에서 차차 평평하게 펴진다. 표면은 현저히 점성이 있고 황토백색–다백색이고 중앙은 회갈색으로 진하다. 백색 솜털모양의 작은 인편이 점점이 있지만 소실되기 쉽다. 살은 흰색–연한 황색이고 자루는 녹슨 갈색이다. 주름살은 자루에 대하여 바른주름살로 흰색에서 계피갈색으로 되며 폭이 넓고 촘촘하다. 자루의 길이는 3~9cm, 굵기는 4~15mm로 상하가 같은 굵기 또는 밑동을 향해서 굵어진다. 표면은 흰색으로 밑동부터 위쪽을 향해 갈색을 띠며 점성이 없고 섬유상 또는 약간 인편상이다. 꼭대기는 분상이고 턱받이는 없다. 포자의 크기는 6.8~8.9×4.4~5.3μm로 타원형이며 표면은 매끈하고 연한 회황색으로 발아공이 있고 포자벽은 두껍다. 포자문은 암황갈색이다.

생태 가을 / 소나무 숲이나 참나무류 숲속의 땅에 또는 썩는 고목에 소수가 군생 · 속생

분포 한국(백두산), 중국, 일본, 유럽, 북반구 온대

참고 식용

꽈리비늘버섯

Pholiota lubrica (Pers.) Sing.

형태 균모의 지름은 3~7cm이며 섬유상 육질로 반구형 또는 둥근산모양에서 차차 편평형으로 되며 중앙은 돌출한다. 표면은 습기가 있을 때 끈기가 있고 중앙부는 홍갈색이고 가장자리를 향하여 점차 황토색으로 젤라틴화된 황색의 유연한 털모양의 인편으로 덮인다. 가장자리는 연한 색이고 줄무늬홈선이 있다. 살은 어두운 백색이고 표피 아래쪽은 황색이며 중앙부는 두껍고 강인하며 냄새가 나며 맛은 유하다. 주름살은 자루에 대하여 바른주름살, 홈파진주름살 또는 내린주름살 등으로 밀생하며 폭은 보통의 넓이로 연한 색에서 땅색으로 된다. 주름살의 가장자리는 가는 털이 있다. 자루의 높이는 2~5cm, 굵기는 0.5~0.6cm로 상하의 굵기가 같거나 위로 가늘어지고 기부는 약간 둥글게 부푼다. 처음에는 백색이나 하부는 갈색으로 되고 마르며 섬모로 덮이며 기부에 부드러운 털이 있으며 섬유질이다. 자루의 속이 차 있다. 턱받이는 백색으로 거미집막 같은 막질이고 탈락하기 쉽다. 포자의 크기는 5.5~6.2×3.5~3.7μm로 타원형이고 표면은 매끄럽고 연한 녹슨색이다. 포자문은 녹슨색이다. 낭상체는 많고 피침형이며 정단이 둔하다.

생태 가을 / 잣나무, 활엽수 혼효림의 땅에 군생

분포 한국(백두산), 중국, 일본, 유럽, 북아메리카

발비늘버섯

Pholiota malicola (Kauffman) A. H. Sm.
P. malicola var. macropoda A. H. Sm. & Hesler

형태 균모의 지름은 4~12cm로 둥근산모양에서 차차 편평해진다. 가장자리는 흔히 물결형에서 열편으로 되며 점성이 있고 가장자리에 매달린 표피 막질을 제외하고는 매끈거린다. 중앙은 오렌지-황갈색, 연한 노란색에서 칙칙한 황토색-털로 되며 흔히 아래로 말린 가장자리를 따라서 물결 띠를 형성한다. 살은 두껍고 단단하며 노란색이고 냄새는 향기롭고 맛은 온화하다. 주름살은 자루에 대하여 바른주름살에서 올린주름살로 밀생하며 얇고 어릴 때 노란색에서 연한 녹슨 갈색으로 되며 폭은 좁거나 넓다. 가장자리는 고르고 상처 시 변색하지 않거나 또는 서서히 오렌지색으로 된다. 자루의 길이는 6~10cm, 굵기는 4~10mm, 같은 굵기이거나 아래로 가늘며 속은 차 있다. 표면은 흙색에서 노란색이고 위쪽으로 비단결로 얇은 표피의 섬유실의 띠는 점차 희미하게 사라지나 아래쪽으로 섬유상의-줄무늬가 생긴다. 기부의 위쪽부터 검은 녹슨 갈색으로 된다. 표피는 파란색에서 연한황색으로 된다. 포자의 크기는 7.5~11×4.5~5.5μm로 난형-타원형이며 표면은 매끈하고 선단에 발아공이 있다. 거의 거짓아미로이드 반응이다. 담자기는 20~25×5~6μm로 4-포자성이다. 막대형이다. FeSO$_4$반응은 밝은 녹색이다.

생태 침엽수와 활엽수의 고목, 묻힌 나무에 속생

분포 한국(백두산), 북아메리카

황토비늘버섯

Pholiota subochracea (A. H. Sm.) A. H. Sm. & Hesler
P. nematolomoides (Favre) Moser

형태 균모의 지름은 15~25mm로 처음 반구형에서 둥근모양을 거쳐 편평하게 된다. 표면은 약간 흡수성이고 습기가 있을 때 광택이 나고 무디고 밋밋하며 건조하면 오렌지갈색으로 되며 중앙은 때때로 진한색이다. 가장자리는 오래 아래로 말리고 예리하다. 살은 크림색에서 황갈색으로 되며 얇고 냄새가 나고 맛은 쓰다. 주름살은 자루에 대하여 넓은 바른주름살로 밝은 황색에서 황토갈색으로 되며 폭은 넓다. 가장자리는 밋밋한 상태여서 술장식이 드리워진 상태로 된다. 자루의 길이는 3.5~4.5cm, 굵기는 2~4mm로 원통형이며 때때로 기부는 부풀고 속 차 있다가 비고 단단하고 휘어진다. 표면은 어릴 때 백색의 섬유상이고 나중에 매끈해지고 기부로 갈색을 띠고 위로 백색의 가루상이다. 포자의 크기는 4.5~6×3~4μm로 타원형이며 표면은 매끈하고 밝은 노란색으로 발아공은 없고 포자벽은 두껍다. 담자기는 12~26×4.5~6μm이고 원통형에서 원통-막대형이며 4-포자성이고 기부에 꺽쇠가 있다. 낭상체는 방추형이며 35~50×6~10μm이다.
생태 여름~가을 / 침엽수의 고목에 군생
분포 한국(백두산), 중국, 유럽

노란갓비늘버섯

Pholiota spumopsa (Fr.) Sing.

형태 균모의 지름은 1.5~5cm로 처음에 돌출한 모양에서 차차 편평형으로 되며 중앙부는 조금 오목하다. 표면은 습기가 있을 때 끈기가 있으며 유황색이고 가끔 녹색을 띠며 중앙부는 황갈색으로 오래되면 표피가 갈라져서 작은 인편으로 된다. 가장자리는 처음에 아래로 감기고 황색의 솜털모양의 피막의 잔편이 붙어 있다가 곧 없어지며 오래되면 위로 들린다. 살은 얇고 유황색이다. 주름살은 자루에 대하여 바른주름살에서 홈파진 주름살로 밀생하며 폭은 보통이고 연한 황갈색으로 된다. 자루의 길이는 2~4cm, 굵기는 0.2~0.5cm로 상하의 굵기가 같으며 상부는 흰 가루로 덮이고 하부는 갈색이며 섬유질이고 속이 차 있다. 포자는 6~6.5×3.5~4㎛로 타원형이고 표면은 매끄럽다. 포자문은 연한 녹슨색이다. 낭상체는 풍부하고 피침형이며 중앙부가 불룩하고 36~47×8~12㎛이다.

생태 여름~가을 / 숲속의 가문비나무 또는 전나무 썩는 고목에 군생·속생

분포 한국(백두산), 중국, 일본, 유럽, 북아메리카, 소아시아, 아프리카

비늘버섯

Pholiota squarrosa (Vahl) Kummer

형태 균모의 지름은 3~11cm이며 종모양 또는 둥근산모양에서 차차 편평형으로 되지만 중앙부는 조금 돌출한다. 표면은 마르고 녹슨 황색이고 끝이 뒤집혀 감긴 홍갈색의 털 인편으로 덮인다. 가장자리는 처음에 피막의 잔편이 붙어 있다. 살은 두껍고 연한 황색이며 맛은 온화하다. 주름살은 자루에 대하여 바른주름살로 밀생하며 폭이 넓고 황색에서 녹슨색으로 된다. 자루의 길이는 5~15cm, 굵기는 0.5~1.2cm로 상하의 굵기가 같거나 아래로 가늘어지며 턱받이 위쪽은 황색이고 아래쪽은 균모와 동색이다. 표면은 매끄럽고 끝이 뒤집혀 감긴 갈색의 섬모상 인편이 밀포되고 속은 비어 있다. 포자는 4.5~6×3~3.5μm로 타원형이며 표면은 매끄럽고 녹슨색이다. 포자문은 녹슨색이다. 낭상체는 2종으로 1종은 무색이고 곤봉상으로 정단이 둔하거나 뾰족하며 다른 1종은 갈색이고 정단이 둔하거나 자른 모양이다.

생태 늦봄~늦가을 / 활엽수 마른 나무와 쓰러진 고목에 속생

분포 한국(백두산), 중국, 일본, 유럽, 북아메리카, 북반구 일대, 아프리카

참고 식용

침비늘버섯

Pholiota squarrosoides (Peck) Sacc.

형태 균모의 지름은 4~7cm이며 반구형에서 차차 편평형으로 된다. 표면은 습기가 있을 때 끈기가 있으며 연한 색 또는 연한 황토색, 계피색 또는 밤갈색 등이고 곧추선 뾰족한 인편으로 덮이는데 중앙부에 몰려 있으며 가장자리 쪽으로 드물어져 거의 없다. 살은 두껍고 백색 또는 황백색이며 맛은 유하다. 주름살은 자루에 대하여 바른주름살이고 연한 황색에서 계피색으로 되고 밀생하며 폭은 약간 넓다. 자루의 높이는 4~14cm, 굵기는 0.4~1.2cm로 상하의 굵기가 같거나 위로 가늘어지며 균모와 동색이고 턱받이 위쪽은 백색으로 매끄럽고 아래쪽은 밤갈색의 솜털 인편으로 덮인다. 턱받이는 상위이고 솜털모양의 막질로서 연한 황색이고 탈락하기 쉽다. 포자는 4.5~6.2×2.5~3μm로 타원형이고 표면은 매끄럽다. 포자문은 녹슨 갈색이다. 낭상체는 2종으로 1종은 곤봉상으로 정단이 뾰족하며 다른 1종은 연한 갈색으로서 정단이 뾰족하거나 둔하며 25~50×9~12.5μm이다.

생태 가을 / 사시나무, 황철나무, 버드나무, 자작나무 또는 신갈나무 등의 활엽수의 썩는 고목이거나 그루터기에서 속생·산생

분포 한국(백두산), 중국, 일본, 유럽, 북아메리카, 북반구 일대

참고 식용

땅비늘버섯

Pholiota terrestris Overh.

형태 균모의 지름은 2~6cm로 둥근산모양에서 차차 편평하게 되며 중앙은 약간 볼록하다. 표면은 건조성이나 습기가 있을 때 끈기가 있고 크림색, 계피색, 백갈색, 암갈색 등이며 계피색의 섬유상 인편이 피복되어 있다. 인편은 중앙에서 위로 돌출한다. 가장자리는 아래로 감기고 내피막의 잔편을 붙인다. 살은 연하며 연한 황색이다. 주름살은 자루에 대하여 바른-올린주름살로 황색에서 계피색-암갈색으로 되며 폭은 3~8mm로 밀생한다. 자루의 길이는 3~7cm, 굵기는 3~13mm로 상하가 같은 굵기이고 균모와 같은 색으로 갈색-계피색의 뾰족한 섬유상의 갈라진 인편으로 덮인다. 피막은 솜털모양의 막질로 불분명한 턱받이를 만든다. 속은 차 있다가 빈다. 턱받이는 얇고 섬유질이며 찢어져 있다. 포자의 크기는 5.5~6.5×3.5~4μm로 타원형이며 표면은 매끈하다. 포자문은 녹슨색이다.

생태 봄~가을 / 숲속, 풀밭, 길가 등의 땅에 군생·속생

분포 한국(백두산), 중국, 일본, 북아메리카

참고 식용

제주비늘버섯

Pholiota tuberoculosa (Schaeff.) Kumm.

형태 균모의 지름은 3~5cm이며 반구형에서 차차 편평형으로 되며 중앙부는 약간 볼록하다. 표면은 마르고 황색이나 중앙부는 진하고 황갈색의 섬유상의 인편이 압착되어 있다. 가장자리는 낮은 물결모양이다. 살은 황색이고 단단하며 맛은 유하다. 주름살은 처음에 자루에 대하여 바른주름살이고 나중에 홈파진주름살로 되며 밀생하고 폭은 넓고 유황색에서 녹슨 갈색으로 된다. 자루의 높이는 4.5~7cm, 굵기는 0.5~0.8cm로 상하의 굵기가 같으며 기부는 둥글게 부풀고 밑 끝은 가근상으로 아래로 신장하며 황갈색이다. 턱받이 위쪽은 매끄럽고 아래쪽은 갈색을 띠며 황갈색의 섬모상의 인편이 흩어져 있다. 자루의 속은 비어 있다. 포자의 크기는 6.5~7.5×4~5μm로 타원형이며 녹슨 갈색으로 표면은 매끈하다. 포자문은 녹슨 갈색이다. 낭상체는 없다.

생태 가을 / 신갈나무 등 썩는 고목에 군생

분포 한국(백두산), 중국, 유럽, 북아메리카

분색환각버섯

Psilocybe merdaria (Fr.) Ricken

형태 균모의 지름은 2~5cm의 소형으로 둥근산모양에서 차차 평평해지며 중앙이 둔하게 돌출된다. 표면은 털이 없고 점성이 있는 피막을 가지고 있다. 습기가 있을 때는 적갈색-흑색을 띤 벽돌색으로 건조할 때는 황토색으로 된다. 가장자리는 습기가 있을 때 약간 줄무늬선이 나타나고 소실성의 흰색 피막의 잔존물이 있다. 살은 흰색이고 균모의 중앙 이외는 얇다. 주름살은 자루에 대하여 바른주름살로 처음 황색에서 자갈색-암갈색으로 된다. 폭이 매우 넓고 약간 촘촘하다. 자루의 길이는 2~7cm, 굵기는 3~6mm로 거의 상하가 같은 굵기이거나 아래쪽으로 가늘어지고 강인하며 상부는 백색이고 하부는 황갈색 혹은 적갈색이다. 처음에는 미세한 섬유모양의 손거스름이 있으나 나중에는 밋밋해진다. 건조하고 속이 차 있거나 비어 있다. 밑동은 흔히 뿌리모양으로 길다. 턱받이는 자루의 중간쯤에 있고 막질이 불완전하게 찢어져서 자루에 붙어 있다. 포자의 크기는 10.9~13.5×6.3~8.2μm로 타원형이며 표면은 매끈하고 황갈색으로 포자벽이 두껍고 발아공이 있다. 포자문은 자갈색이다.

생태 가을 / 말똥 등의 분뇨 위나 거름을 준 토양에 군생 · 속생

분포 한국(백두산), 중국, 일본, 유럽, 북아메리카, 전 세계

독청버섯

Stropharia aeruginosa (Curt.) Quél.

형태 균모의 지름은 3~7cm, 둥근산모양을 거쳐 편평하게 된다. 표면은 점액으로 덮이고 백색 솜털모양의 인편이 산재하며 청록-녹색에서 황록색으로 되고 마르면 빛이 난다. 살은 백색이다. 주름살은 자루에 대하여 바른주름살로 회백색에서 자갈색이다. 주름살의 가장자리는 백색이다. 자루는 길이가 4~10cm, 굵기는 4~12mm로 상하가 같은 굵기이나 간혹 상부가 가늘고 백색이며 하부는 녹색이다. 자루의 속은 비었으며 기부에 흰색 균사다발이 있다. 표면은 백색 솜털모양의 인편이 생기고 턱받이는 막질이다. 포자문은 자갈색이다. 포자의 크기는 7~9×4~5μm로 난형-타원형이다.

생태 여름~초겨울 / 각종 숲의 습기가 있는 땅이나 풀밭에 군생

분포 한국(백두산), 중국, 일본, 유럽, 북아메리카, 북반구 일대

참고 식 · 독 불명

왕관독청버섯

Stropharia coronilla (Bull. ex DC.) Quél.

형태 균모의 지름은 2.5~7cm로 처음에는 중앙이 높고 나중에 편평형으로 되며 때로는 중앙부가 조금 오목하다. 표면은 습기가 있을 때 끈기가 있으며 마르면 매끄러우며 털이 없고 백색 또는 연한 황토색이다. 가장자리는 처음에 아래로 감기며 오래되면 위로 들리고 물결모양이며 백색의 솜털 같은 것이 있다. 살은 두껍고 백색으로 냄새가 고약하다. 주름살은 처음에 자루에 대하여 바른주름살이나 나중에 홈파진주름살로 되며 밀생하고 폭이 약간 넓으며 처음은 연한 자갈색에서 흑자갈색으로 된다. 주름살의 언저리는 회백색이다. 자루의 높이는 4~9cm, 굵기는 0.5~1.4cm로 위아래의 굵기가 같거나 아래로 가늘어진다. 백색이나 오래되면 황색을 띠며 턱받이 위쪽은 매끄럽고 가루로 덮이고 아래쪽은 섬유상으로 찢어진다. 자루의 속은 차 있다가 빈다. 턱받이는 상위이고 백색으로 좁고 위쪽에 홈선이 있으며 영존성이다. 포자는 9~9.5×4~5μm로 타원형이며 표면은 매끄럽고 자줏빛이다. 포자문은 자갈색이다. 낭상체는 짧고 곤봉상이다.
생태 여름~가을 / 잣나무, 활엽 혼효림의 땅에 군생 · 단생
분포 한국(백두산), 중국, 일본, 유럽, 북아메리카

독청버섯아재비

Stropharia rugosannulata Farlow ex Murr.
S. rugosannulata f. lutea Hongo

형태 균모의 지름은 5~15cm로 반구형에서 편평형으로 된다. 표면은 습기가 있을 때 끈기가 있으며 마르면 광택이 나고 갈색, 회갈색 또는 녹슨색으로 섬유상 인편이 있으며 때로는 매끄럽다. 가장자리는 처음에 아래로 감기며 피막의 잔편이 붙어 있고 나중에 위로 조금 들린다. 살은 두껍고 백색이며 유연하다. 주름살은 자루에 대하여 바른주름살로 밀생하고 폭은 다소 넓고 얇으며 처음에는 백색에서 자회색을 거쳐 암자갈색으로 된다. 자루의 높이는 5~12cm, 굵기는 0.5~2.1cm이며 기부에 백색의 균사다발이 있고 턱받이 위쪽은 백색이고 매끄러우며 아래쪽은 연한 황색 또는 연하고 비단털로 덮이며 속은 차 있다가 빈다. 턱받이는 상위 또는 중위이고 2겹으로 되며 백색 또는 황백색이고 폭은 좁으며 두꺼운 막질로 위쪽에 방사상의 줄무늬홈선이 있으나 없어지기 쉽다. 포자의 크기는 11~12.5×6~8.5μm로 타원형이며 표면은 매끄럽다. 포자문은 자갈색이다. 낭상체는 곤봉상이며 정단에 미세한 돌기가 있고 30~45×6~4μm이다.
생태 봄~가을 / 하천 기슭의 초지와 숲속 초지에 군생·단생
분포 한국(백두산), 중국, 일본, 유럽, 북아메리카

꽃잎주름버짐버섯

Pseudomerulius curtisii (Berk.) Redhead & Ginns
Paxillus curtisii Berk.

형태 균모의 지름은 2~5cm로 때로는 그 이상이며 반원형, 콩팥형 또는 부채형인데 자루가 없다. 표면은 황색이고 거의 털이 없거나 또는 약간 비로드상이다. 가장자리는 강하게 아래로 말린다. 살은 연한 황색이고 신선할 때는 특유한 불쾌한 냄새가 있다. 주름살은 균모보다 진한 황색이거나 오렌지황색이며 오래되면 약간 올리브색으로 폭이 좁고 촘촘하며 방사상으로 배열되어 있고 불규칙하게 여러 번 분지된다. 주름살이 현저히 우글쭈글하다. 자루는 없다. 포자의 크기는 3~4×1.5~2μm로 타원형-약간 원주형이며 표면은 매끈하고 흔히 한쪽이 만곡되어 있다. 비아밀로이드 반응이다. 포자문은 올리브황색이다.
생태 여름~가을 / 소나무 목재 위에 단생 또는 중첩해서 군생하며 갈색 부후균을 형성
분포 한국(백두산), 중국, 일본, 유럽, 북아메리카, 러시아의 극동

바늘색시버섯

Arrhenia acerosa (Fr.) Kühner

형태 균모의 지름은 1~3.5cm로 숟가락형 또는 국자모양이다. 표면은 옅은 회갈색이며 미세한 털이 있다. 육질은 오백색이다. 주름살은 자루에 대하여 내린주름살이다. 자루의 길이는 0.5~1cm, 굵기는 0.2~0.3cm로 측생하며 오백색 또는 회백색에 가깝다. 포자의 크기는 6.8~18×3~4μm로 타원형이며 표면은 매끄럽고 광택이 난다.

생태 여름 / 활엽수의 썩는 고목에 군생

분포 한국(백두산), 중국

요리색시버섯

Arrhenia epichysium (Pers) Redhead, Lutz., Monc.& Vilgays
Omphalina epichysium (Pers.) P. Kumm.

형태 균모의 지름은 1.5~3cm로 어릴 때는 둥근산모양이나 곧 중앙이 오목한 편평형으로 되며 때로는 깔때기형으로 된다. 표면은 흡습성이고 어릴 때 미세한 털이 있으나 나중에 없어지며 회갈색-암회갈색이지만 건조할 때는 다소 연한 색이 된다. 습기가 있을 때는 굵은 반투명한 줄무늬가 방사상으로 거의 중앙까지 퍼져 있다. 가장자리는 다소 굴곡되거나 끝이 이빨모양으로 된다. 주름살은 자루에 대하여 내린주름살로 연한 회갈색이고 폭이 좁으며 다소 성기다. 자루의 길이는 1.5~3cm, 굵기는 2~4mm로 위아래가 같은 굵기이며 밑동이 굵어지기도 한다. 표면은 균모와 같은 색이고 밋밋하며 밑동에는 흰색의 균사가 피복한다. 자루는 대부분 속이 차 있으나 일부는 속이 비어 있다. 포자의 크기는 6.2~8.6×3.6~5.1μm로 타원형이며 표면은 매끈하고 투명하다. 포자문은 백색이다.

생태 여름~가을 / 숲속의 썩은 나무나 그루터기 또는 습기가 많은 곳에 묻힌 나무(특히 침엽수) 등에서 단생 · 군생

분포 한국(백두산), 중국, 일본, 유럽, 북아메리카

오목꿀버섯

Callistoporium luteolivaceum (Berk. & Curt.) Sing.
C. xanthophyllum (Malencon & Bertault) Bon

형태 균모의 지름은 1~2cm로 둥근산모양에서 차차 편평하게 펴지고 중앙부가 약간 오목하게 들어간다. 표면은 밋밋하며 흡수성이고 꿀색-황토색으로 중앙부가 진한 색이다. 건조하면 옅은 색으로 되고 습기가 있을 때는 약간 줄무늬선이 나타나기도 한다. 살은 얇고 표면과 같은 색이다. 주름살은 자루에 대하여 바른주름살-올린주름살로 황색이며 촘촘하다. 자루의 길이는 2~3cm, 굵기는 0.2~0.3cm로 가늘고 길며 균모와 거의 같은 색이고 다소 섬유상으로 속은 비었다. 포자의 크기는 4.5~6.5×3~4.5μm로 타원형이며 표면은 매끈하다.
생태 여름~가을 / 숲속의 침엽수림의 부식토나 오래된 그루터기에서 발생
분포 한국(백두산), 중국, 일본, 유럽, 북아메리카, 북반구 온대
참고 희귀종, 식용불가

턱받이전나무버섯

Catathelasma imperiale (Quél.) Sing.

형태 균모의 지름은 12~40mm로 둥근산모양에서 편평하게 되며 중앙은 오목하기도 하다. 표면은 오황갈색 또는 흑갈색에서 칙칙한 갈색이며 약간 점성이 있지만 건조하면 갈라진다. 살은 중앙은 두껍고 단단하며 백색으로 냄새가 나고 밀가루 맛이다. 가장자리는 얇으며 아래로 말리며 노후 시 갈라진다. 주름살은 자루에 대하여 내린주름살로 밀생하며 폭은 좁다가 넓어지며 노란색에서 연한 녹회색이며 포크형이다. 자루 길이는 12~18cm, 굵기는 5~8cm로 기부로 뒤틀리며 칙칙한 황갈색 또는 핑크갈색의 막질의 초 같은 물질이 덮여 있다. 표피는 2중으로 자루 위에 2중의 턱받이로 되고 꼭대기 층은 막질로 되며 줄무늬선이 있으며 밑층은 점성이 있다. 포자의 크기는 11~14×4~5.5μm로 장타원형 또는 원주형으로 광택이 나고 표면은 매끈하다. 포자문은 백색이다.

생태 여름~가을 / 침엽수림의 땅에 단생·군생·산생

분포 한국(백두산), 중국, 북아메리카

늘골깔때기버섯

Clitocybe costata Kühn. & Romagn.

형태 균모의 지름은 2.5~5cm로 어릴 때 중앙이 들어가고 아래로 말리며 나중에 다소 깔때기형으로 된다. 표면은 밋밋하며 광택이 없고 확대경 아래에서 벨벳 같은 털이 보이며 약간의 흡수성이고 황토갈색에서 베이지갈색으로 되며 중앙은 어두운 색이다. 가장자리는 보통 늘골모양에서 물결형으로 된다. 살은 백색이고 얇으며 향료 냄새가 나고 쓴 아몬드의 성분이고 맛은 온화하다. 주름살은 자루에 대하여 내린주름살로 백색에서 칙칙한 크림색으로 폭은 넓고 약간 포크형이다. 가장자리는 밋밋하다가 톱니형으로 된다. 자루의 길이는 3~4.5cm, 굵기는 4~8mm로 원통형이고 밋밋하며 균모와 동색인 황토갈색으로 미세한 세로무늬의 백색 섬유실로 덮이고 속은 차 있다가 빈다. 포자의 크기는 5~7×3.5~4.5μm로 씨앗모양으로 표면은 매끈하고 투명하며 기름방울을 함유한다. 담자기의 크기는 25~35×5~6.5μm로 가는 막대형이고 4-포자성이다. 기부에 꺽쇠가 있다. 낭상체는 없다.

생태 늦봄~가을 / 침엽수림의 땅에 군생

분포 한국(백두산), 중국, 유럽

흰깔때기버섯

송이버섯과 ≫ 깔때기버섯속

Clitocybe albirhiza Bigelow & Smith

형태 균모의 지름은 3~10cm로 둔한 둥근산모양에서 차차 편평하게 되며 가끔 깔때기모양으로 되는 것도 있다. 표면은 밋밋하고 습기가 있을 때 솜털이 나타나고 건조 시 줄무늬홈선이 있다. 육질은 단단하며 가운데가 두껍고 연한 황색이다. 가장자리는 위로 말리는 것도 있고 물결형이다. 살의 냄새는 좋지 않고 맛은 쓰다. 주름살은 자루에 대하여 바른주름살에서 내린주름살로 밀생하며 폭은 좁다가 넓어지며 백색에서 연한 황색 또는 균모와 동색이다. 자루의 길이는 30~80mm, 굵기는 5~20mm이며 속은 차고 나중에 빈다. 기부에 백색의 가근으로 덮이고 균모와 동색이며 질기다. 표면은 습기가 있을 때 밋밋하고 또는 솜털이 있다가 미세한 털로 되며 건조 시 세로로 줄무늬홈선이 나타난다. 포자의 크기는 4.5~6×2.5~3.5㎛로 타원형이고 표면은 매끈하며 난아미로이드 반응이다. 포자문은 백색이다.

생태 여름 / 활엽수림의 땅에 속생

분포 한국(백두산), 중국, 일본, 유럽, 북아메리카, 북반구 온대

참고 식용불가

흰비단깔때기버섯

Clitocybe alnetorum Favre

형태 균모의 지름은 1.5~2.5cm로 어릴 때는 넓은 반구형이며 차차 둥근산모양을 거쳐 편평하게 되었다가 깔때기모양으로 된다. 표면은 밋밋하며 비단결이고 백색에서 크림색으로 되었다가 베이지색의 칙칙한 백색으로 되며 드물게 얼룩이 있다. 살은 유백색이고 가운데는 두껍고 청산가리 냄새가 나고 풀잎 맛이다. 가장자리는 얇고 날카롭다. 주름살은 자루에 대하여 내린주름살로 어릴 때 백색에서 크림색으로 되며 폭은 넓다. 가장자리는 밋밋하다. 자루의 길이는 2~3.5cm, 굵기는 3~4mm으로 원통형이며 위쪽으로 약간 부풀고 기부는 백색의 털이 있다. 표면에 세로줄의 섬유가 있고 백색에서 하얀 크림색으로 된다. 자루의 속은 차 있다가 비게 된다. 포자의 크기는 4~6.5×2.5~3μm로 타원형이고 표면은 밋밋하다. 담자기는 18~24×4~55μm로 원통형의 막대모양으로 기부에 꺽쇠가 있다.

생태 여름~가을 / 맨땅에 단생·군생

분포 한국(백두산), 중국, 일본, 유럽, 북아메리카, 북반구 온대

참고 희귀종

비단깔때기버섯

Clitocybe candicans (Pers.) Kummer

형태 균모의 지름은 2~5cm로 막질에 가깝고 둥근산모양에서 차차 편평해지며 중앙부는 오목하다. 표면은 건조하고 백색이며 미세한 비단털이 있어서 광택이 난다. 살은 얇고 백색이며 맛은 온화하다. 가장자리는 처음에 아래로 말린다. 주름살은 자루에 대하여 내린주름살로 밀생하며 폭은 좁고 얇으며 백색이다. 자루의 길이는 2.5~5cm, 굵기는 0.3~0.5cm로 원주형이고 다소 구부정하며 백색이다. 표면은 매끄러우며 연골질이다. 자루의 속은 비어있으며 기부에 백색의 융털이 있다. 포자의 크기는 4~5×3~4μm로 아구형이고 표면은 매끄럽다. 포자문은 백색이다.
생태 여름~가을 / 분비나무, 가문비나무 숲의 썩은 낙엽층에 군생
분포 한국(백두산), 중국, 일본, 유럽, 북아메리카, 북반구 온대

접시깔때기버섯

Clitocybe catinus (Fr.) Quél.

형태 균모의 지름은 3~8cm로 처음 둥근산모양에서 편평형을 거쳐 가운데가 들어가서 약간 깔때기모양으로 된다. 표면은 백색에서 베이지색으로 군데군데 희미한 핑크색의 얼룩들이 있다. 살은 백색이고 얇으며 부드럽고 맛은 온화하다. 가장자리는 날카롭다. 주름살은 자루에 대하여 내린주름살로 백색에서 약간 황색으로 폭은 넓으며 포크형이다. 가장자리는 매끈하다. 자루의 길이는 3.5~5cm, 굵기는 0.5~0.2cm로 원통형이며 기부 쪽으로 부풀고 하얀 균사로 덮여 있으며 백색에서 밝은 베이지색이다. 자루의 속은 차 있다가 비게 된다. 표면에 세로줄의 섬유무늬가 있다. 포자의 크기는 6~8×4.5~5μm로 광타원형이며 기름방울을 가지고 있다. 담자기는 25~35×6~7.5μm로 가늘고 막대형으로 기부에 꺽쇠가 있다.

생태 여름~가을 / 숲속의 흙에 군생

분포 한국(백두산), 중국, 일본, 유럽, 북아메리카, 북반구 온대

백황색깔때기버섯

Clitocybe dealbata (Sow.) P. Kumm.

형태 균모의 지름은 2~4cm의 소형으로 깔때기형이며 중심부가 약간 오목하게 들어간다. 표면은 매끄럽고 칙칙한 흰색이고 분홍 갈색의 반점이 드문드문 생기기도 한다. 자루와 주름살은 흰색에서 나중에 연한 황토색으로 된다. 가장자리가 약간 안쪽으로 말려 있거나 펴지기도 한다. 살은 연한 갈색을 띠며 흰색이며 습기가 많고 부드러우며 가늘다. 주름살은 자루에 대하여 바른주름살-내린주름살로 어릴 때는 흰색이나 연한 황토색이다. 자루의 길이는 2~4cm, 굵기는 0.3~0.6cm로 어릴 때는 흰색을 띠나 섬유질이고 오래되면 연한 황토색-분홍갈색을 띤다. 포자의 크기는 4~5.3×3~3.3μm로 타원형이며 표면은 매끈하고 투명하다. 포자문은 백색이다.

생태 여름~가을 / 관목아래 낙엽이 쌓인 곳, 목장, 초지, 길가 등에 군생

분포 한국(백두산), 중국, 일본, 유럽, 북아메리카, 북반구 온대

풍선깔때기버섯

Clitocybe dilatata P. Karst.

형태 균모의 지름은 3~15cm로 둥근산모양에서 편평하게 되나 중앙에 부푼 볼록이 있다. 표면은 회색에서 백색 또는 분필색으로 건조성이며 밋밋하고 솜털이 있다. 살은 단단하고 중앙이 두꺼우며 옅은 회색에서 백색으로 되며 냄새는 없고 맛은 좋다. 가장자리는 불규칙하게 아래로 말리거나 위로 뒤집히며 물결형이다. 주름살은 자루에 대하여 바른주름살에서 내린주름살이고 백색에서 연한 황색으로 되며 밀생하고 폭은 좁다가 넓어진다. 자루의 길이는 5~12.5cm, 굵기 0.5~2cm로 가끔 굽었고 기부 쪽으로 부푼다. 표면은 백색으로 상처 시 기부는 흑색으로 변색하고 미세한 펠트와 줄무늬홈선이 있고 미세한 인편이 기부 쪽으로 분포한다. 자루의 속은 차 있다가 나중에 빈다. 포자의 크기는 4.5~6.5×3~3.5μm로 타원형이고 표면은 매끈하다. 난아미로이드 반응이다. 포자문은 백색이다.

생태 봄~가을 / 모래 섞인 땅에 군생 · 속생하며 가끔 겹쳐서 중생

분포 한국(백두산), 중국, 북아메리카

참고 독버섯

흰삿갓깔때기버섯

Clitocybe fragrans (With.) Kummer

형태 균모의 지름은 2~3.5cm로 편평하게 되지만 중앙부가 오목하다. 표면은 매끄럽고 습기가 있을 때 가장자리에 줄무늬선이 있고 연한 황색이며 건조하면 줄무늬선은 없어지고 백색으로 된다. 가장자리는 처음에 아래로 말린다. 살은 얇고 표면과 같은 색이다. 주름살은 자루에 대하여 바른-내린주름살로 폭이 좁고 밀생한다. 자루의 길이는 3~4.5cm로 굵기는 4~8mm로 균모와 같은 색 또는 살색이고 광택이 나며 속이 비어 있다. 기부에 솜털모양의 균사체가 있다. 포자의 크기는 6.5~7.5×3.5~4μm로 협타원형이고 연한 오렌지색의 크림색이며 표면은 매끄럽고 투명하다. 담자기는 25~33×6.5~7.5μm로 원통형의 막대형으로 4-포자성이다. 기부에 꺽쇠가 있다. 낭상체는 안 보인다.

생태 여름~가을 / 가끔 봄에 발생하며 각종 숲속의 땅에 군생·속생

분포 한국(백두산), 중국, 일본, 유럽, 북아메리카, 북반구 온대 이북

깔때기버섯

Clitocybe gibba (Pers.) Kummer

형태 균모의 지름은 4~12cm이며 얇은 육질이고 반구형으로 중앙부는 약간 돌출하나 곧 깔때기모양으로 된다. 균모 표면은 마르고 매끄럽거나 가는 융털이 있으며 연한 황색, 연한 분홍 살색 또는 살색이며 중앙부는 어두우나 노후하면 연해진다. 균모 변두리는 초기 아래로 감기나 나중 펴져서 물결모양으로 된다. 살은 중앙부가 두껍고 밖으로 점차 얇아지며 백색이고 유연하며 맛은 유하다. 주름살은 자루에 대하여 내린주름살이고 밀생하며 나비가 좁고 얇으며 백색 또는 연한 색깔이다. 자루의 길이는 4~9cm, 굵기는 0.4~1cm이며 위아래의 굵기가 같거나 원주형이고 단단하며 탄력성이 있다. 자루의 속은 차 있으며 상부는 털이 없고 기부의 백색 균사는 기물과 이어졌다. 포자의 크기는 6~9×3.5~4 μm로 타원형이며 표면은 매끄러우며 광택이 나고 무색이다. 포자문은 백색이다.

생태 여름~가을 / 분비나무, 가문비나무 숲, 이깔나무 숲, 잣나무 활엽수, 혼효림 또는 사시나무, 자작나무 숲속의 낙엽층에서 산생·군생

분포 한국(백두산), 중국, 일본, 유럽, 북아메리카, 북반구 온대

참고 식용

담황색깔때기버섯

송이버섯과 ≫ 깔때기버섯속

Clitocybe intermeida Kauffman

형태 균모의 지름은 1.5~4cm로 넓은 둥근산모양이며 가운데가 들어가서 깔때기모양으로 된다. 표면은 흡수성이고 밋밋하며 연한 황색에서 연한 황갈색으로 된다. 살은 얇고 부서지기 쉬우며 밀가루 냄새가 난다. 가장자리는 아래로 말리며 물결형이다. 주름살은 자루에 대하여 내린주름살이며 밀생하고 좁은 것 또는 약간 넓은 것이 있으며 연한 황색 또는 연한 핑크-회색이다. 자루의 길이는 10~65mm, 굵기는 2~6mm로 속은 차 있다가 빈다. 표면은 가끔 주름지고 균모와 동색으로 밋밋하나 미세한 털이 있으며 가끔 백색의 균사체가 기부를 둘러싼다. 포자의 크기는 6.5~8.5×4~5μm이고 타원형이고 표면은 매끈하며 아미로이드 반응이다. 포자문은 백색이다.

생태 가을 / 길가, 숲속의 길에 속생 · 산생

분포 한국(백두산), 중국, 일본, 유럽, 북아메리카, 북반구 온대

참고 식용불가

변색깔때기버섯

Clitocybe metachrora (Fr.) Kumm.

형태 균모의 지름은 3~6cm로 편평한 둥근산모양이고 어릴 때 가운데는 들어가서 배꼽형이다. 표면은 밋밋하며 강한 흡수성이고 가운데는 갈색의 크림백색이다. 건조하면 비단처럼 매끈하다. 습기가 있을 때 베이지갈색이다. 가장자리는 날카롭고 투명한 줄무늬선이 있다. 살은 백색으로 얇고 약간 버섯 냄새가 나며 맛은 부드럽다. 주름살은 자루에 대하여 내린주름살로 칙칙한 크림색에서 회색으로 되었다가 베이지갈색으로 된다. 가장자리는 밋밋하다. 자루의 길이는 3.5~6cm, 굵기는 3~7mm로 원통형이며 간혹 눌린 상태로 약간 굽었고 비틀어진 것도 있다. 표면은 세로줄홈선이 있고 백색의 섬유상이다. 자루의 위쪽은 백색의 크림색이고 기부 쪽으로 회갈색이며 단단하다. 자루의 속은 차 있다가 비게 된다. 포자의 크기는 5.5~7×3~4㎛로 타원형이며 표면은 매끈하고 기름방울이 있다. 담자기는 26~32×4.5~7㎛로 가늘고 막대기형이다. 기부에 꺽쇠가 있다.

생태 여름~가을 / 숲속의 땅에 군생

분포 한국(백두산), 중국, 유럽

회색깔때기버섯

Clitocybe nebularis (Batsch) Kummer

형태 균모의 지름은 3~12cm로 원추형에서 차차 편평해지고 중앙부는 약간 오목하다. 표면은 습기가 있을 때 약간 점성이 있으나 곧 마르며 처음에 가루상이나 나중에 매끄러워진다. 연한 회갈색 내지 회황색이고 중앙부는 색깔이 진하나 가장자리 쪽으로 점점 연해진다. 가장자리는 처음에 아래로 감기나 나중에 아래로 굽는다. 살은 두껍고 단단하고 백색이며 맛은 온화하다. 주름살은 자루에 대하여 내린주름살로 폭이 좁고 백색에서 회백색으로 되며 가장자리는 반반하다. 자루의 길이는 6~8cm, 굵기는 1~1.8cm이고 원주형이며 위아래의 굵기가 같거나 기부가 약간 굵다. 표면은 백색 또는 회백색이고 백색의 융털이 있다. 자루의 속은 희고 섬유질이며 차 있다. 포자의 크기는 4~6×3~4μm로 타원형이고 표면은 매끄럽다. 포자문은 백색이다.

생태 가을 / 숲속 낙엽층에 발생

분포 한국(백두산), 중국, 일본, 유럽, 북아메리카

참고 식용

하늘색깔때기버섯

Clitocybe odora (Bull.) Kummer
C. odora var. alba J. E. Lange

형태 균모의 지름은 2~6cm로 처음에 편평한 둥근산모양에서 불규칙한 물결형으로 되고 가운데는 돌출하지만 깔때기모양으로는 안 된다. 표면은 백색이며 약간 비단털이 있고 작은 적갈색의 돌출이 있고 상처를 받으면 수분 후에 적갈색의 작은 반점이 생긴다. 표피 아래쪽은 연한 녹색이고 암모니아 냄새가 강하게 느껴진다. 가장자리는 날카롭고 아래로 말린다. 균모 변두리는 안으로 감기며 나중에 펴지며 솜털이 있다. 살은 백색이며 얇고 냄새는 강하나 맛은 부드럽다. 주름살은 바른주름살이나 드물게 내린주름살로 백색에서 크림색을 거쳐서 베이지색으로 되고 곳곳에 핑크색의 얼룩이 있으며 폭은 넓고 약간 포크형이다. 가장자리는 매끈하다. 자루의 길이는 3.5~4cm, 굵기는 3~6mm로 원통형이며 백색에서 크림색으로 되며 상처 시 갈색으로 변색된다. 표면은 밋밋하고 세로줄의 섬유무늬가 있다. 기부는 백색의 균사가 있다. 자루의 속은 차 있다가 비게 되고 부서지기 쉽다. 포자는 5.5~7×4~5㎛로 광타원형이고 매끈하며 기름방울이 있다. 담자기는 25~33×6~8㎛로 막대형이며 기부에 꺽쇠가 있다. 포자문은 백색이다.

생태 여름~가을 / 활엽수림의 숲속 낙엽층에 단생 · 군생

분포 한국(백두산), 중국, 일본, 유럽, 북반구 온대

백색형

나뭇잎깔때기버섯

Clitocybe phyllophila (Pers.) Kumm.
C. cerussala (Fr.) P. Kumm.

형태 균모의 지름은 3~7cm로 둥근산모양에서 차차 편평해지며 중앙부는 오목하다. 표면은 건조하고 백색이며 매끄럽다. 가장자리는 처음에 아래로 굽으며 은회색이다. 살은 얇고 백색이다. 주름살은 자루에 대하여 내린주름살로 다소 성기며 폭은 좁고 백색이다. 자루의 길이는 2.5~4cm, 굵기는 0.3~1cm로 원주형이며 다소 구부정하고 백색이며 섬유질이다. 자루의 속은 갯솜질이며 기부에 백색의 어린 털이 있다. 포자문은 백색이다. 포자의 크기는 6~7×4~4.5μm로 타원형이며 표면은 매끄럽고 투명하다. 담자기는 18~25×4.5~5.5μm로 막대형으로 4-포자성이다. 기부에 꺽쇠가 있다.

생태 여름~가을 / 분비나무, 가문비나무 숲의 땅에 군생

분포 백두산, 한국, 중국, 일본, 유럽, 북아메리카, 북반구 온대

참고 독버섯

백색형(C. cerussata) 균모의 표면은 백색으로 가는 비단털이 있다가 없어져 매끈하게 된다. 가장자리는 물결모양, 융털이 있다. 주름살은 밀생하며 포자는 아구형이다.

백색형

고랑깔때기버섯

Clitocybe rivulosa (Pers.) Kummer

형태 균모의 지름은 2~5cm로 둥근산모양에서 편평하게 되나 중앙은 들어간다. 가장자리는 약간 아래로 감긴다. 표면은 백색의 가루가 중앙에 환문상을 이루거나 또는 희미한 살색의 흔적을 나타낸다. 살은 백색에서 연한 황색이며 냄새는 달콤하다. 주름살은 자루에 대하여 내린주름살로 밀생하며 백색에서 연한 황색이다. 자루의 길이는 30~40mm, 굵기는 4~10mm로 균모와 동색이고 기부에 약간 털이 있다. 포자문은 백색이다. 포자의 크기는 4~5.5×2.5~3.5μm이고 난형의 타원형이다.

생태 늦여름~늦가을 / 풀 속의 모래땅에 군집 또는 균륜을 형성
분포 한국(백두산), 중국, 일본, 유럽, 북아메리카, 북반구 온대
참고 흔한 종, 맹독균

비듬깔때기버섯

Clitocybe squamulosa (Pers.) Kummer

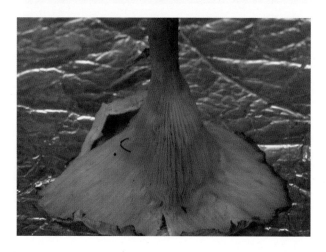

형태 균모의 지름은 15~50mm로 어릴 때는 둥근산모양에서 차차 편평해지나 중앙이 들어가거나 심한 깔때기형으로 중앙에 돌기는 없다. 표면은 회갈색 또는 적색의 황토색이며 중앙은 더 진하다. 미세한 털이 있고 중앙에 인편이 있으며 줄무늬선은 없다. 살은 백색이고 청산가리 냄새가 나고 맛은 불분명하다. 가장자리는 물결형이다. 주름살은 자루에 대하여 내린주름살로 약간 성기고 오래되면 2분지하며 폭은 3mm로 백색에서 퇴색한 연한 황색으로 되며 주름살의 변두리는 균모와 동색이다. 자루의 길이는 2~3.5cm, 굵기는 3~7mm로 원통형에서 약간 막대형으로 매끄러우며 균모와 동색이고 기부에 백색의 털이 있다. 포자문은 백색이다. 포자의 크기는 7~9.5×4~5μm로 표면은 매끄럽다. 담자기는 24~35×5~8μm이고 4-포자성이다. 기부에 꺽쇠가 있다. 연낭상체는 없다.

생태 여름~가을 / 침엽수림의 땅에 간혹 낙엽활엽수림의 땅에 군생

분포 한국(백두산), 중국, 유럽

바랜황색깔때기버섯

Clitocybe truncicola (Pk.) Sacc.

형태 균모의 지름은 1~5cm로 넓은 둥근산모양에서 차차 편평해지고 넓게 가운데가 들어간다. 표면은 백색에서 연한 황색으로 되고 백색의 털이 밀집하여 두껍게 덮여 있다. 가장자리는 아래로 말리고 물결형이다. 주름살은 자루에 대하여 바른주름살-짧은 내린주름살로 밀생하며 폭은 좁고 백색에서 크림색을 거쳐 연한 황색으로 된다. 자루의 길이는 10~40mm로 굵기는 2~10mm로 속은 차고 기부는 부풀고 굴곡진다. 표면은 백색에서 연한 크림색 또는 연한 핑크-연한 황색으로 꼭대기는 부풀고 아래쪽은 미세한 털이 밀집한다. 포자의 크기는 3.5~4.5×2.5~3.5μm로 아구형 또는 광타원형으로 표면은 매끈하다. 난아미로이드 반응이다. 포자문은 백색이다.

생태 여름~가을 / 나무 등걸에 산생·군생

분포 한국(백두산), 중국

줄깔때기버섯

Clitocybe vittatipes S. Ito & Imai

형태 균모의 지름은 4~5cm로 깔때기형이며 중앙부는 흑색의 펠트상이다. 표면은 올리브회색으로 다소 방사상의 섬유무늬가 있다. 살은 얇고 회색으로 거의 냄새가 없다. 가장자리는 어릴 때 아래로 말린다. 주름살은 자루에 대하여 긴 내림살주름살로 성기고 폭은 약 3mm이며 백색이다. 자루의 길이는 4cm 정도이고 굵기는 5mm이고 상하가 같은 크기이고 속은 비었다. 표면은 균모와 거의 같은 색이며 약간 연골질로 기부는 백색의 펠트상이다. 포자의 지름은 4~5㎛로 구형이며 표면은 밋밋하다

생태 10~11월경 숲속의 낙엽이 쌓인 땅에 군생

분포 한국(백두산), 중국, 일본

회갈색깔때기버섯

Clitocybe vibecina (Peck) Quél.

형태 균모의 지름은 1.5~5cm로 둥근산모양에서 편평형으로 되지만 중앙은 약간 들어간다. 밝은 회갈색이고 습기가 있을 때 가장자리에 줄무늬선이 나타나고 건조하면 크림색이다. 살은 얇고 백색에서 연한 황색으로 되며 밀가루의 맛과 냄새가 난다. 주름살은 자루에 대하여 내린주름살로 연한 회갈색이다. 자루의 길이는 30~50mm, 굵기는 3~8mm로 균모보다 연한 색이다. 기부 쪽으로 어릴 때 미세한 백색 털이 덮인다. 포자의 크기는 5.5~7×3.5~4㎛이고 타원형이다. 포자문은 백색이다.

생태 가을 / 침엽수림과 혼효림, 관목류의 땅, 간혹 양치식물의 사이에 군생

분포 한국(백두산), 중국, 유럽

참고 식용

혹애기버섯

Collybia tuberosa (Bull.) Kumm.

형태 균모의 지름은 0.5~1.5cm로 어릴 때는 둥근산모양이나 나중에 편평해지고 중앙이 약간 배꼽모양으로 들어간다. 표면은 유백색이고 중앙은 다소 황색-갈색이며 밋밋하고 둔하다. 가장자리는 날카롭다. 살은 유백색으로 얇고 막질이다. 주름살은 자루에 대하여 홈파진주름살로 유백색이며 폭이 좁고 다소 성기다. 자루의 길이는 3~5cm, 굵기는 0.5~1mm로 원주형이다. 표면은 유백색-연한 갈색이며 미세한 쌀겨모양 같은 반점이 분포한다. 자루는 부러지기 쉽고 밑동에 미세한 흰색 균사가 퍼져 있다. 백색의 균사체는 검은 갈색으로 되며 균핵에 연결된다. 포자의 크기는 3.5~5.3×2.2~2.9㎛로 타원형이며 표면은 매끈하고 투명하다. 포자문은 백색이다.

생태 여름~가을 / 숲속, 목장, 숲가 등에 발생하는 무당버섯류나 젖버섯류의 썩는 것에 군생

분포 한국(백두산), 중국, 유럽

참고 덧부치버섯으로 오인되기도 한다.

흰무리애기버섯

Collybia cirrhata (Schumach.) Quél.

형태 균모의 지름은 0.2~1.5cm로 처음에는 반구형에서 둥근산모양을 거쳐 차차 편평해지며 가운데가 약간 들어가기도 한다. 표면은 미세한 털이 있으며 흰색이나 중심부에 연한 황토색-크림색을 나타낸다. 살은 흰색이고 습기가 있을 때는 회백색이다. 주름살은 자루에 대하여 바른주름살로 백색이고 촘촘하다. 자루의 길이는 1~2cm, 굵기는 0.3~1mm로 매우 가늘고 약간 황색의 크림색이며 밑동은 백색의 균사가 있다. 포자의 크기는 3.7~5.5×2.3~3μm로 광타원형이며 표면은 매끈하고 투명하다. 포자문은 백색이다.

생태 여름~가을 / 썩는 무당버섯 또는 젖버섯이나 다른 주름버섯류의 위 또는 썩은 식물 위에 군생

분포 한국(백두산), 중국, 유럽, 북아메리카

참고 식용불가, 흔한 종으로 덧부치버섯속으로 오인되기도 한다.

콩애기버섯

Collybia cookei (Bres.) J. D. Arnold

형태 균모의 지름은 4~9mm로 둥근산모양에서 차차 편평하게 되며 중앙은 약간 볼록하고 표면은 밋밋하며 거의 백색이다. 주름살은 자루에 대하여 바른주름살로 백색이며 밀생한다. 자루의 길이는 2~5cm, 굵기는 0.5mm이고 물결형으로 굽어 있으며 황색-연한 갈색이고 근부는 가늘게 길며 털이 있으며 균핵에 연결된다. 균핵은 연한 황갈색으로 구형-신장형이며 다소 요철모양인 것도 있다. 포자의 크기는 4~7×2.5~3.5µm로 타원형이다.

생태 여름~가을 / 숲속의 부식토나 부패한 버섯에 발생

분포 한국(백두산), 중국, 일본, 북반구 온대 이북

바랜헛깔때기버섯

Pseudoclitocybe expallens (Pers.) M. M. Moser
Clitocybe expallens (Pers.) P. Kumm.

형태 균모는 얇은 육질이고 지름 3~5cm이며 호빵형에서 편평해 지고 깔때기형으로 된다. 균모의 표면은 매끄럽고 물을 흡수하면 반투명해지며 진한 회갈색이고 균모 변두리에 줄무늬가 있다. 살은 얇고 회색이다. 주름살은 자루에 대하여 내린주름살이고 다소 성기며 회색이다. 자루의 길이는 4~6cm, 굵기는 0.4~0.6cm이며 아래위의 굵기가 같거나 원주형이고 기부가 약간 굵다. 표면은 균모와 동색이고 백색의 융털이 있다. 포자의 크기는 5~6×3.5~4μm로 타원형이고 표면은 매끄러우며 무색이다. 포자문은 백색이다.

생태 여름~가을 / 분비나무, 가문비나무 및 잣나무 숲속의 땅에 산생

분포 한국(백두산), 중국

헛깔때기버섯

Pseudoclitocybe cyathiformis (Bull.) Sing.

형태 균모의 지름은 3~9cm로 어릴 때는 낮은 둥근산모양이지만 중앙이 편평하게 펴지면서 오목하게 되어 깔때기형으로 중앙이 깊게 파인다. 중앙 바닥에 작은 젖꼭지모양의 돌기가 있다. 표면은 밋밋하며 방사상으로 가는 섬유가 있다. 습기가 있을 때 밤색을 띤 암갈색-회갈색이고 오래되거나 건조하면 황갈색-베이지색으로 된다. 주름살은 자루에 대하여 내린주름살로 연한 회색-회갈색, 촘촘하고 폭이 좁다. 자루의 길이는 4~8cm, 굵기는 4~18mm로 거의 속이 차 있거나 빈 것도 있다. 표면은 회백색-갈색의 바탕에 쥐색의 불분명한 그물눈모양이 덮여 있다. 포자의 크기는 7.6~12×5~6.8㎛로 타원형이고 표면은 매끈하고 투명하며 기름방울이 많다. 포자문은 유백색의 크림색이다.

생태 가을 / 숲속의 떨어진 나뭇가지나 썩은 나무에 군생 · 속생

분포 한국(백두산), 중국, 일본, 북반구 일대, 아프리카

참고 식용

굽다리깔때기버섯

Infundibulicybe geotropa (Bull.) Harmaja
Clitocybe geotropa (Bull.) Quél.

형태 균모의 지름은 7~14cm로 이보다 더 큰 것도 있다. 처음에 넓은 돌기가 있으며 나중에 편평해지고 중앙부가 오목해지면서 깔때기형으로 된다. 표면은 건조하며 처음에는 색깔이 연한 색에서 회황색 또는 연한 황토색으로 된다. 가장자리는 얇고 처음에 아래로 말리나 나중에 펴지고 희미한 줄무늬선이 있으며 가끔 주름살 방향으로 갈라진다. 살은 중앙부는 조금 두껍고 가장자리 쪽으로 얇아지며 강인하고 백색이며 맛은 온화하다. 주름살은 자루에 내린주름살로 밀생하며 폭이 좁고 길이가 같지 않으며 백색에서 어두운 황색으로 되고 살과 쉽사리 떨어진다. 자루의 길이는 6~9cm, 굵기는 0.8~2cm로 원주형이고 기부는 구경상으로 불룩하며 백색이거나 균모와 동색으로 녹슨 반점이 있다. 표면은 섬유상 줄무늬가 있으며 강인하고 자루의 속은 갯솜질이다. 포자의 크기는 6~8×4~5㎛로 타원형이고 표면은 매끄럽거나 가는 가시가 있다. 포자문은 백색이다.

생태 가을 / 잣나무 등의 활엽수의 혼효림의 땅이나 나뭇가지와 낙엽층에 산생

분포 한국(백두산), 중국, 일본, 유럽, 북아메리카, 북반구 온대

참고 식용

끝말림자주방망이버섯

Lepista flaccida (Sow.) Pat.
Clitocybe flaccida (Sowerby) P. Kumm. , L. inversa (Scop.) Quél.

형태 균모의 지름은 3~8cm로 어릴 때는 가운데가 쑥 들어간 둥근산모양에서 깔때기형으로 된다. 표면은 밋밋하고 습기가 있을 때 적색를 띤 황갈색으로 건조할 때는 연한 황갈색이다. 가장자리는 약간 방사상의 섬유상으로 예리하고 다소 오랫동안 아래로 말리고 처음에는 전연이지만 나중에 불규칙한 물결모양의 굴곡이 진다. 살은 크림색-연한 갈색이고 얇다. 주름살은 자루에 대하여 내린주름살 간혹 홈파진주름살로 밀생하며 어릴 때 크림색에서 적색을 띤 베이지색으로 된다. 자루의 길이는 2~5cm, 굵기는 0.5~1.5cm로 원주형이고 위쪽이 약간 가늘다. 표면은 밋밋하고 적색를 띤 연한 황갈색, 보통 유백색의 섬유가 덮여 있다. 자루의 속은 어릴 때는 차 있다가 비게 되며 밑동은 유백색의 균사가 붙어 있다. 포자의 크기는 4~5.3×3.5~4.5μm로 아구형이고 표면은 미세한 사마귀반점이 있으며 투명하다. 포자문은 유백색이다.

생태 여름~늦가을 / 주로 침엽수림의 땅에 드물게 혼효림이나 활엽수림의 땅에 군생하며 열을 지어 나거나 균륜을 형성

분포 한국(백두산), 중국, 일본, 유럽, 북아메리카, 북반구 온대, 북아프리카

참고 식용

백청색자주방망이버섯

Lepista glaucocana (Bres.) Sing.

형태 균모의 지름은 5~10cm로 어릴 때는 원추형-반구형에서 둥근산모양을 거쳐 차차 편평해진다. 표면은 밋밋하고 연한 보라색, 회청색-황토색이 섞인 유백색이다. 살은 두껍고 부드럽다. 가장자리는 오랫동안 아래로 굽어 있고 나중에 예리해지며 물결모양으로 굴곡이 진다. 주름살은 자루에 대하여 홈파진주름살로 어릴 때는 유백색에서 연한 분홍자색-분홍 황토색이고 폭이 좁다. 가장자리는 밋밋하고 약간 밀생한다. 자루의 길이는 5~8cm, 굵기는 1~2.5cm로 원주형이며 가끔 밑동이 굵어지거나 굽었다. 표면은 균모와 비슷한 색이고 섬유상의 세로줄이 있다. 자루의 속은 차 있다. 포자의 크기는 5.8~8.4×3.5~4.7㎛로 타원형이며 표면에 미세한 사마귀점이 있고 투명하다. 포자문은 베이지 분홍색이다.
생태 늦여름~가을 / 침엽수와 활엽수림 내의 땅이나 숲 가장자리, 풀숲 등에 군생하며 열을 지어 발생해 때로는 균륜을 형성
분포 한국(백두산), 중국, 일본, 유럽, 북아메리카, 북반구 온대

광능자주방망이버섯

Lepista irrina (Fr.) Bigelow

형태 균모의 지름은 4~8cm로 어릴 때는 반구형-원추형에서 둥근산모양으로 되었다가 편평하게 된다. 표면은 밋밋하고 어릴 때는 백색이지만 차차 분홍색이 섞인 연한 베이지갈색-연한 황토색으로 된다. 표피의 바로 밑은 갈색를 나타낸다. 살은 백색 또는 옅은 분홍색으로 두껍고 냄새가 좋다. 가장자리는 유백색이고 오랫동안 아래로 말린다. 주름살은 자루에 대하여 올린주름살 또는 약간 홈파진주름살로 어릴 때는 크림색에서 회분홍색을 거쳐 적갈색으로 되고 다소 폭이 좁다. 자루는 길이는 6~10cm, 굵기는 1~2cm로 보통 원주형이고 때때로 약간 곤봉형인 것도 있으며 위쪽은 가루가 있다. 표면은 흰색-연한 갈색으로 손으로 만지면 다소 갈색으로 되며 오래되면 밑동 쪽은 갈색으로 변색한다. 자루의 속은 처음에 차 있다가 오래되면 비기도 하며 부서지기 쉽다. 포자의 크기는 6.1~7×3.4~4.6μm로 타원형이며 표면에 미세한 사마귀반점이 덮여 있고 투명하며 기름방울이 있다. 포자문은 크림황색이다. 이 버섯은 어릴 때의 색깔과 노숙한 후의 색깔에 큰 차이가 있다. 노숙한 버섯은 갈색-분홍갈색이며 살은 흰색이다.

생태 가을 / 활엽수림의 땅, 공원, 정원, 풀밭, 맨땅 등에 다양하게 발생

분포 한국(백두산), 중국, 일본, 유럽, 북아메리카, 북반구 온대

참고 식용

맛자주방망이버섯

Lepista luscina (Fr.) Sing.

형태 균모의 지름은 6~10cm로 반구형에서 차차 편평형으로 되나 어떤 때는 중앙은 오목하다. 표면은 회백색이고 연한 종려나 무색 혹은 중앙은 연한 회흑색 또는 회갈색이다. 살은 회백색이다. 가장자리는 균모보다 연한 색이고 종종 진한색의 반점이 있고 광택이 나며 밋밋하고 줄무늬선이 있다. 주름살은 자루에 대하여 바른주름살 또는 떨어진주름살로 백색 또는 살색으로 밀생하며 포크형이다. 자루의 길이는 3~8cm, 굵기는 1.2~2cm로 균모와 비슷한 색이며 세로줄의 홈선이 있으며 기부는 약간 팽대한다. 포자의 크기는 5~5.6×3.8~4μm로 타원형이고 가끔 광택이 나는 것도 있으며 표면은 매끈하거나 거친 반점이 있다. 포자문은 분홍색이다.

생태 여름~가을 / 초지에 군생 · 속생

분포 한국(백두산), 중국, 일본, 유럽, 북아메리카, 북반구 온대

참고 식용

민자주방망이버섯

Lepista nuda (Bull.) Cooke

형태 균모의 지름은 3~6.5cm로 구형에서 편평하게 되며 때로는 중앙부가 오목하게 된다. 표면은 흡수성이고 털이 없고 매끄러우며 자줏빛이 퇴색하여 연한 어두운 홍갈색 또는 어두운 분홍색으로 된다. 가장자리는 처음에 아래로 감기나 나중에 물결모양으로 된다. 살은 두껍고 부드럽고 자줏빛을 띠나 마르면 백색으로 되며 맛은 온화하고 약간 밀가루 냄새가 난다. 주름살은 자루에 대하여 바른주름살 또는 내린주름살로 밀생하며 폭이 좁고 처음에 자줏빛이거나 균모와 동색이며 마르면 색깔이 연해진다. 가장자리는 톱니상이다. 자루의 길이는 3~5.5cm, 굵기는 0.7~1.2cm로 원주형이고 기부는 불룩하며 자줏빛 또는 균모와 동색으로 마르거나 노후 시 색깔이 연해진다. 상부는 솜털모양의 미세한 가루가 있고 하부는 털이 없거나 세로줄의 홈선이 있으며 탄력성이 있다. 자루의 속은 차 있다. 포자의 크기는 6~8×3~5μm로 타원형이며 표면은 매끄럽거나 약간 껄껄하다. 포자문은 어두운 살색이다.

생태 가을 / 침엽수림과 활엽수림의 혼효림의 땅에 산생 · 군생하며 소나무, 개암나무 또는 사시나무 등과 외생균근을 형성

분포 한국(백두산), 중국, 일본, 유럽, 북아메리카, 북반구 온대

참고 향기롭고 맛 좋은 식용균

잔디자주방망이버섯

Lepista personata (Fr.) Cooke
L. saeva (Fr.) P. D. Orton

형태 균모의 지름은 7~12cm로 반구형에서 차차 편평해지나 중앙부가 둔하게 돌출하거나 약간 오목하다. 표면은 흡수성이고 처음에 자줏빛에서 어두운 백색으로 퇴색되며 노후 시 연한 갈색을 띤다. 습기가 있을 때 반투명하고 마르면 가루모양이나 나중에 매끄러워진다. 가장자리는 처음에 아래로 말리나 나중에 펴지고 가루모양의 미세한 털 뭉치가 매달리고 가끔 물결모양으로 된다. 육질은 중앙부가 두껍고 가장자리 쪽으로 점차 엷어지고 백색이며 가끔 자줏빛을 띠고 단단하나 나중에 갯솜질로 된다. 살의 맛은 온화하고 밀가루 냄새가 난다. 주름살은 자루에 대하여 홈파진주름살 또는 떨어진주름살로 밀생하며 폭이 넓고 포크형이며 자줏빛에서 연한 회자색 또는 연한 갈색으로 된다. 자루의 길이는 7~10cm, 굵기는 1~2.5cm로 원주형이며 기부가 다소 불룩하고 백색 바탕에 자줏빛에서 연한 색깔로 퇴색한다. 꼭대기는 가루모양으로 아래로는 세로줄의 줄무늬홈선이 있고 단단하다. 자루의 속이 차 있으나 나중에 빈다. 포자의 크기는 6~9×4.5~6μm로 타원형이고 표면에 미세한 반점이 있다. 포자문은 연한 살색이다.

생태 여름~가을 / 숲속의 땅, 낙엽에 군생·산생하며 가끔 열을 지어 나서 버섯울타리를 방불케 하며 가문비나무, 분비나무, 소나무, 신갈나무 등과 외생균근을 형성

분포 한국(백두산), 중국, 일본, 유럽, 북아메리카, 북반구 온대

자주방망이버섯아재비

Lepista sordida (Schumach.) Sing.
L. subnuda Hongo

형태 균모의 지름은 3~10cm로 둥근산모양에서 차차 편평형으로 되며 때로는 중앙부가 오목하게 된다. 표면은 습기가 있을 때 반투명하거나 흡수성이고 매끄럽고 처음에 자주색에서 어두운 백색으로 된다. 가장자리는 아래로 말리나 나중에 펴지고 매끄러우며 희미한 줄무늬홈선이 있고 물결모양이다. 살은 얇고 부서지기 쉽고 연한 자줏빛이다. 주름살은 자루에 대하여 바른주름살 또는 홈파진주름살로 성기며 폭이 넓고 얇으며 길이가 같지 않고 자줏빛 또는 연한 자색이다. 자루의 길이는 5~8cm, 굵기는 0.4~1.5cm로 원주형이고 균모와 동색이며 질기고 섬유질이며 속이 차 있다. 포자의 크기는 5.5~6×3.5~4μm로 타원형이며 표면은 매끄럽거나 결결하다. 포자문은 분홍색이다.
생태 여름~가을 / 숲 변두리의 부식토에서 군생·속생
분포 한국(백두산), 중국, 일본
참고 맛과 향이 좋은 식용균

참빗주름흰우단버섯

Leucopaxillus compactus (Karst.) Neuhoff

형태 균모의 지름은 8~15mm로 어릴 때는 반구형이지만 나중에 둥근산모양으로 된다. 표면은 무디게 펴지며 미세한 털이 있고 노란 황토색이며 어릴 때 엷은 녹색에서 황갈색 또는 적갈색으로 되며 반점이 있고 갈라지며 곳곳에 털이 있다. 살은 백색이며 두껍고 단단하며 부서지기 쉽고 냄새가 나고 맛은 온화하다. 가장자리는 아래로 말리며 오래되면 불규칙형으로 된다. 주름살은 자루에 대하여 바른주름살 또는 약간 내린주름살로 어릴 때 녹황색에서 노란황토색으로 되며 곳곳에 적색의 반점이 있으며 폭은 넓으며 포크형이다. 주름살의 언저리는 톱니형이다. 자루의 길이는 50~100mm, 굵기는 20~60mm로 혹모양으로 둥글고 표면은 백색이며 미세한 털과 황토색의 반점이 있고 속은 차 있다. 포자의 크기는 5.4~7.8×3.5~5.1㎛이고 광타원형으로 표면에는 사마귀점이 있으며 매끈하고 기름방울을 가지고 있다. 담자기는 막대형-원통형의 막대형으로 26~35×6.5~8㎛로 기부에 꺽쇠가 있다.

생태 여름~가을 / 참나무류의 숲에 단생 · 군생

분포 한국(백두산), 중국, 유럽, 북아메리카

참고 희귀종

흰우단버섯

Leucopaxillus giganteus (Quél.) Sing.
Clitocybe gigantea Quél.

형태 균모의 지름은 7~25cm로 어떤 것은 거의 40cm에 달하는 것도 있다. 처음은 둥근산모양에서 차차 편평해지며 중앙이 들어가서 깔때기형인 것도 있다. 표면은 백색이며 약간 크림색을 나타내기도 한다. 표면은 비단 같은 광택이 있고 밋밋하지만 나중에 미세한 부스럼으로 된다. 가장자리는 처음에 아래로 말리고 오래되면 찢어지는 것도 있다. 살은 백색이며 치밀하고 약간 냄새가 난다. 주름살은 자루에 대하여 내린주름살로 폭은 좁고 크림-백색으로 밀생하고 대부분이 자루에 접하는 부분에서 분지한다. 자루의 길이는 5~12cm, 굵기는 1.5~6.5cm로 속은 차고 표면은 균모와 동색이다. 포자의 크기는 5.5~7×3.5~4μm로 타원형 또는 난형으로 표면은 밋밋하다.
생태 여름~가을 / 숲속의 낙엽이 쌓인 땅에 군생, 드물게 단생
분포 한국(백두산), 중국, 일본, 북반구 온대 이북
참고 식용

녹색흰우단버섯

Leucopaxillus paradoxus (Costantin & L. M. Dufour) Boursir

형태 균모의 크기는 3~8cm로 처음 둥근산모양에서 약간 편평해지며 표면은 처음 광택이 나며 매트형이고 다음에 갈라진다. 살은 두껍고 단단하며 백색으로 맛은 온화하고 냄새는 불분명하다. 주름살은 자루에 대하여 내린주름살로 백색에서 크림색을 거쳐 노랑-크림색으로 되며 밀생하고 가끔 포크형 또는 그물꼴이다. 자루의 길이는 2~8cm, 굵기는 1~2cm로 원통형이지만 아래로 부푼다. 표면은 미세한 털 또는 섬유상이나 다음에 밋밋해지며 기부는 백색의 털이 있다. 포자문은 백색이다. 포자의 크기는 7~9×4~5.5μm이며 광타원형 또는 난형으로 표면에 큰 사마귀반점이 있으며 산재한다.

생태 가을 / 풀밭 속의 땅에 군생

분포 한국(백두산), 중국

참고 매우 희귀종

검은흰우단버섯

Leucopaxillus phaeopus (Favre & Poluzzi) Bon

형태 균모의 지름은 4~6cm로 편평한 넓은 둥근산모양에서 거의 편평형으로 되며 중앙이 들어가고 연한 진흙 갈색에서 황토색으로 되거나 또는 약간 분홍색에서 약간 흰색으로 된다. 가장자리는 약간 아래로 말린다. 살은 백색으로 부서지기 쉽고 냄새가 나고 맛은 온화하다. 주름살은 자루에 대하여 내린주름살로 밀생하며 크림백색 또는 분홍색을 띤다. 자루의 길이는 3~4cm, 굵기는 1~1.5cm로 위아래가 같은 굵기이고 미세한 세로의 줄무늬선이 있고 약간 밤색에서 검은 갈색이며 기부로 벨벳 같은 털이 있다. 포자의 크기는 6~7×5~5.5μm로 난형이고 표면에 사마귀반점이 있으며 연결사로 사마귀반점들은 연결된다.

생태 여름 / 숲속의 땅에 단생

분포 한국(백두산), 중국

장식흰비늘버섯

Leucopholiota decorosa (Peck) O. K. Mill., T. J. Volk & Bessette

형태 균모의 지름은 2.5~6cm로 아주 어릴 때는 반구형이지만 점차 넓은 둥근산모양을 거쳐 성숙하면 편평하게 된다. 표면은 건조하고 수많은 녹슨 갈색의 점상이 있고 뒤집힌 표피로 인편으로 덮인다. 가장자리는 아래로 말리고 보통 성숙하여도 그대로 유지되며 전형적으로 고르지 않고 거친 녹슨 갈색의 섬유로 된다. 살은 백색이고 단단하고 비교적 두꺼우며 냄새는 불분명하며 맛은 온화하거나 약간 쓰다. 주름살은 자루에 대하여 올린주름살로 백색이며 변두리는 미세하게 술 장식이 있으며 밀생하고 비교적 폭이 넓으며 길고 짧은 많은 주름살로 된다. 자루의 길이는 2.5~7cm, 굵기는 6~12mm로 속은 차고 상하의 굵기가 같거나 위로 가늘며 꼭대기는 백색으로 식물의 엽초 같은 녹슨 갈색의 점상이 있고 뒤집힌 인편이 있다. 턱받이는 거친 섬유상이다. 포자문은 백색이다. 포자의 크기는 5~6×3.5~4μm이고 타원형이며 표면은 매끈하고 벽은 얇다. 아미로이드 반응이다. 담자기는 21~24×5.5~6μm로 4-포자성이고 기부에 균꺽쇠가 있다. 연낭상체는 19~24×3~5μm로 꼭대기가 둔한 막대형 또는 방추형으로 벽은 얇고 투명하다.

생태 여름 / 고목에 단생

분포 한국(백두산), 중국, 북아메리카

상아색다발송이버섯

Macrocybe gigantea (Massee) Pegler & Lodge
Tricholoma giganteum Mass.

형태 균모의 지름은 4(12)~20(30)cm로 대형이며 개개의 균모는 처음에는 둥근산모양에서 차차 편평해지며 중앙이 약간 오목해진다. 표면은 거의 밋밋하고 베이지색-상아색이다. 성숙하면 각각의 개체는 물결모양으로 크게 굴곡된다. 살은 흰색이고 치밀하다. 가장자리는 아래로 강하게 말린다. 주름살은 자루에 대하여 홈파진주름살로 상아색으로 촘촘하고 어린 균은 폭이 좁으나 성장하면 1~2cm 정도로 넓다. 자루의 길이는 12~47cm, 굵기는 1~3.5cm로 아래쪽으로 굵어지고 밑동은 여러 개가 서로 유착되어 집단을 이룬다. 표면은 섬유상이고 균모와 같은 색이며 속은 차 있다. 포자의 크기는 4~7.5×3.5~5㎛로 난형-광타원형으로 표면은 매끈하며 기름방울이 1개 들어 있다. 포자문은 백색이다.
생태 여름~가을 / 유기질이 풍부한 토양이나 길가에 집단을 이루어 가을 숲속 낙엽 사이에 근부가 붙어서 덩어리 모양으로 발생
분포 한국(백두산), 중국, 일본, 유럽, 북아메리카, 아프리카

십자배꼽버섯

Melanoleuca decembris Métrod ex Bon

형태 균모의 지름은 5~7cm로 반구형 또는 좁은 반구형이며 중앙은 돌출하며 균모의 표면은 부드러운 또는 벨벳 같다. 색깔은 튜울립색이며 어두운 검은 갈색, 암갈색, 거무스레한 갈색 등에서 마침내 튜울립색으로 되거나 더러운 암갈색 연한 황토색으로 된다. 살은 백색이며 표피 아래쪽은 갈색 또는 불분명한 핑크색이다. 가장자리는 전연이며 폭은 넓다. 주름살은 자루에 대하여 내린주름살로 연한 회색에서 빨리 연한 황토회색으로 된다. 자루의 길이는 4~6cm, 굵기는 1~1.5cm로 거의 막대모양이고 흑갈색, 암갈색이며 부드러운 섬유상으로 줄무늬홈선이 있고 연한 털이 있으며 기부는 백색이다. 포자의 크기는 8~10×5~6.5㎛로 타원형으로 표면은 거의 융기된 맥상의 불규칙한 사마귀반점 또는 거친 사마귀반점이 있다.

생태 여름 / 풀밭에 단생 · 군생

분포 한국(백두산), 중국, 유럽

흑갈색배꼽버섯

송이버섯과 ≫ 배꼽버섯속

Melanoleuca grammopodia (Bull.) Murr.

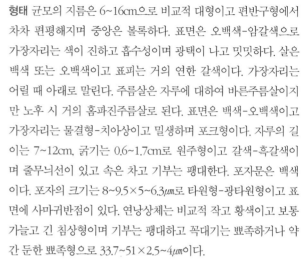

형태 균모의 지름은 6~16cm으로 비교적 대형이고 편반구형에서 차차 편평해지며 중앙은 볼록하다. 표면은 오백색-암갈색으로 가장자리는 색이 진하고 흡수성이며 광택이 나고 밋밋하다. 살은 백색 또는 오백색이고 표피는 거의 연한 갈색이다. 가장자리는 어릴 때 아래로 말린다. 주름살은 자루에 대하여 바른주름살이지만 노후 시 거의 홈파진주름살로 된다. 표면은 백색-오백색이고 가장자리는 물결형-치아상이고 밀생하며 포크형이다. 자루의 길이는 7~12cm, 굵기는 0.6~1.7cm로 원주형이고 갈색-흑갈색이며 줄무늬선이 있고 속은 차고 기부는 팽대한다. 포자문은 백색이다. 포자의 크기는 8~9.5×5~6.3μm로 타원형-광타원형이고 표면에 사마귀반점이 있다. 연낭상체는 비교적 작고 황색이고 보통가늘고 긴 침상형이며 기부는 팽대하고 꼭대기는 뾰족하거나 약간 둔한 뾰족형으로 33.7~51×2.5~4μm이다.
생태 여름~가을 / 숲속의 땅 또는 풀밭에 군생
분포 한국(백두산), 중국
참고 맛 좋은 식용균

배꼽버섯

Melanoleuca melaleuca (Pers.) Murr.

형태 균모의 지름은 3~10cm로 둥근산모양에서 차차 편평하게 되고 중앙부가 조금 오목하거나 배꼽모양으로 된다. 표면은 물을 흡수하며 털이 없고 습기가 있을 때는 암갈색-흑갈색이고 마르면 황갈색-황색으로 표피는 벗겨지기 쉽다. 가장자리는 처음에 아래로 감기나 나중에 펴진다. 살은 얇고 유연하며 백색으로 맛은 온화하다. 주름살은 자루에 대하여 홈파진주름살이고 밀생하며 폭이 넓은 편이고 길이가 같지 않으며 백색에서 황백색으로 된다. 가장자리는 물결모양이다. 자루의 길이는 4~10cm, 굵기는 0.4~1cm이며 원주형이고 기부는 공모양으로 불룩하다. 꼭대기는 백색이고 가루모양으로 아래쪽은 갈색-암자갈색이다. 노후하면 퇴색하고 세로줄무늬가 있으며 탄력이 있고 연골질에 가까우며 없어지기 쉽다. 자루의 속은 차 있다. 포자의 크기는 6~8× 4~5μm로 타원형이고 표면에 혹이 있다. 포자문은 백색이다. 낭상체는 원추형으로 꼭대기에 부속물의 과립이 있으며 60~70× 8.5~11μm이다.

생태 여름~가을 / 숲속 또는 숲 변두리의 땅에 단생·군생·산생하며 황철나무 또는 사시나무와 외생균근을 형성

분포 한국(백두산), 중국, 일본

참고 식용

삼각배꼽버섯

Melanoleuca metrodiana Bon

형태 균모의 지름은 3~5cm로 둥근산모양에서 빠르게 편평하게 되며 약간 가루가 있으며 완전히 암갈색-회색에서 그을린 회색으로 되며 중앙은 검은색이다. 살은 백색 또는 약간 갈색이고 냄새가 약간 난다. 주름살은 자루에 대하여 거의 내린주름살로 회색에서 누른빛의 회색으로 되며 밀생한다. 자루의 길이는 3~6cm, 굵기는 0.3~0.5cm로 균모와 거의 같은 색이고 섬유상이며 쉽게 탈락하여 밋밋하게 된다. 포자의 크기는 9~11×5~6㎛로 타원형이고 표면은 사마귀반점들이 있으며 사마귀반점들은 연락사로 서로 연결되어 있다.

생태 여름 / 숲속의 땅에 군생

분포 한국(백두산), 중국

헛배꼽버섯

Melanoleuca pseudoluscina Bon

형태 균모의 지름은 2~3cm로 둥근산모양에서 차차 편평해지며 회갈색이다. 주름살은 자루에 대하여 바른주름살로 유백색에서 연한 황토색으로 되며 약간 밀생한다. 살은 얇고 유백색 또는 크림색이나 자루의 기부는 갈색이고 냄새와 맛은 불분명하다. 자루의 길이는 3~5cm, 굵기는 0.2~0.4cm로 비교적 가늘고 균모와 비슷한 색 또는 녹슨색이지만 자색를 조금 띤다. 포자의 지름은 8×6.5㎛로 구형 또는 난형이고 표면의 사마귀점은 서로 분리되어 있다.

생태 여름~가을 / 잡목림 또는 숲의 이끼류 사이 가끔 모래땅에 단생 군생

분포 한국(백두산), 중국, 북유럽

직립배꼽버섯

Melanoleuca strictipes (P. Karst.) Jul. Schaeff.
M. evenosa (Saccardo) Konrad

형태 균모의 지름은 4~11cm로 처음은 반구형에서 차차 편평하게 되며 표면은 백색 또는 우윳빛 백색에서 갈색으로 된다. 가장자리에 줄무늬홈선은 없다. 살은 백색이고 얇다. 주름살은 자루에 대하여 바른주름살 또는 홈파진주름살로 백색 또는 우윳빛 백색이며 밀생하고 주름살의 길이가 다르다. 자루의 길이는 4~8cm, 굵기는 0.7~1.5cm로 원통형이다. 표면은 백색이고 미세한 털이 있으며 기부는 부푼다. 자루의 속은 차 있다. 포자의 크기는 7.7~11.5×6.5~7㎛로 타원형으로 표면에 사마귀점이 있다. 낭상체는 38~71×6~15㎛로 방추형이고 선단에 결정체가 있고 둥근형이다.
생태 혼효림의 땅에 군생
분포 한국(백두산), 중국

줄배꼽버섯

Melanoleuca stridula (Fr.) Sing.

형태 균모의 지름은 2.5~5.5cm로 구형에서 둥근산모양을 거쳐 편평하게 되며 중앙부는 약간 들어가거나 볼록하며 적갈색-암갈색이지만 중앙부는 진하다. 표면은 밋밋하며 어릴 때 가장자리는 아래로 말린다. 살은 백색이다. 주름살은 자루에 대하여 홈파진주름살이며 백색에서 암색으로 되고 밀생하며 포크형이다. 자루의 길이는 4~6.5cm, 굵기는 0.3~0.7cm로 원주형이며 균모에 비슷한 색으로 기부는 팽대한다. 포자의 크기는 7.5~8.3×4.8~5.7μm로 난원형이고 표면에 사마귀반점이 있으며 매끈하고 투명하며 기름방울을 가지고 있다. 담자기는 26~32×7.5~9.5μm로 원통형에서 원통형의 막대형으로 2~4-포자성이다. 기부에 꺽쇠가 없다.

생태 여름~가을 / 초지에 단생 · 군생 · 속생

분류 한국(백두산), 중국, 내몽고, 유럽

크림색배꼽버섯

Melanoleuca subalpina (Britz.) Bresinsky & Stagl.

형태 균모의 지름은 6~11cm로 반구형에서 둥근산모양을 거쳐 차차 편평하게 되지만 중앙은 오목해지며 한가운데는 약간 볼록하다. 표면은 밋밋하며 무디고 비단결이고 건조 시 그물꼴이 나타난다. 어릴 때 백색에서 크림색으로 되었다가 황토색으로 되며 가운데가 가끔 진하다. 가장자리는 예리하고 어릴 때 아래로 말린다. 살은 백색이고 가운데는 두껍고 가장자리는 얇으며 냄새가 약간 나고 맛도 약간 쓰다. 주름살은 자루에 대하여 홈파진주름살로 처음은 백색이지만 크림백색으로 되며 밀생하고 폭은 넓다. 가장자리는 물결형이고 포크형이다. 자루의 길이는 40~70mm, 굵기는 8~10mm로 원통형으로 속은 차 있고 기부는 약간 부풀어서 둥글다. 표면은 섬유상의 세로줄무늬가 있고 백색이다. 포자의 크기는 6.5~10×4.5~5.5 μm로 타원형이며 투명하고 기름방울이 있는 것도 있다. 표면에 미세한 반점이 있다. 포자문은 크림백색이다.

생태 봄~가을 / 풀밭 속, 목초지, 길가 등에 단생 · 군생하며 특히 고지대에 발생

분포 한국(백두산), 중국, 유럽

직립배꼽버섯아재비

Melanoleuca substrictipes Kühn.

형태 균모의 지름은 2~7cm로 구형에서 반구형을 거쳐 차차 편평하게 되지만 중앙은 볼록하다. 표면은 처음 백색에서 류황갈색으로 되나 중앙부는 진하고 광택이 나며 매끄럽다. 살은 백색이며 중앙부는 비교적 두껍고 향기가 난다. 가장자리는 위로 올린다. 주름살은 자루에 대하여 바른주름살로 비교적 밀생하고 백색에서 유백색을 거쳐서 분홍색으로 되며 갈색 반점이 있는 것도 있으며 포크형이다. 자루의 길이는 3~7cm, 굵기는 0.4~0.8cm로 원주형이며 백색에서 황갈색으로 되고 기부는 비교적 팽대된다. 표면에 긴 줄무늬홈선이 있으며 속은 차 있거나 푸석푸석한 스펀지모양이다. 포자의 크기는 8~10×5~6.5㎛로 타원형-난원형이며 표면은 사마귀반점이 있다. 낭상체는 능형으로 꼭대기에 부속물이 있고 중앙부에 격막이 있으며 3.5~4.5×5~6.5㎛이다.

생태 여름~가을 / 상록수림, 고산 등에 군생, 드물게 단생

분포 한국(백두산), 중국, 유럽

참고 식용

모래배꼽버섯

Melanoleuca verrucipes (Fr.) Sing.

형태 균모의 지름은 3.5~4.5cm로 원추형 내지 반구형에서 차차 편평하게 되고 중앙부는 돌출한다. 표면은 건조하고 유백색으로 나중에 중앙부는 황색 또는 갈색으로 되며 비단결 같고 털이 없이 매끈하다. 가장자리는 처음에 아래로 감기며 짧은 융털이 있다. 살은 중앙부가 두껍고 백색으로 유연하고 맛은 유하다. 주름 살은 자루에 대하여 홈파진주름살로 밀생하며 폭이 넓고 백색에서 어두운 황색으로 되며 포크형이다. 자루의 길이는 2.5~3.5cm, 굵기는 0.6~0.8cm로 원주형이고 기부는 불룩하며 백색이다. 암 갈색 또는 흑색의 주근깨 같은 인편 또는 혹이 있고 속은 차 있으나 나중에 빈다. 포자의 크기는 7~8×4~5μm로 타원형이고 표면에 사마귀 같은 반점이 있다. 포자문은 백색이다.

생태 여름 / 장백소나무 숲속 땅에 군생 · 산생

분포 한국(백두산), 중국, 일본, 유럽

참고 식용

회점액솔밭버섯

Myxomphalia maura (Fr.) Hora

형태 균모는 2~5cm로 어릴 때는 중앙이 솟아오른 반구형에서 둥근산모양-낮은 둥근산모양으로 되면서 중앙이 오목하게 들어간다. 표면은 흡습성이고 암갈색-황토색을 띤 암갈색으로 건조한 때는 색이 연해지고 광택이 나며 방사상의 긴 줄무늬가 나타난다. 주름살은 자루에 대하여 바른주름살의 내린주름살로 유백색-연한 갈색이고 밀생한다. 자루의 길이는 2~4cm, 굵기는 2~4mm로 균모와 같은 색이거나 다소 옅은 색이며 밑동이 다소 굵어진다. 포자의 크기는 4.7~6.8×3.5~4.9μm이고 광타원형으로 표면은 매끄럽고 투명하며 기름방울이 들어 있다. 포자문은 백색이다.
생태 가을 / 침엽수림의 불탄 자리에 군생
분포 한국(백두산), 중국, 일본, 유럽

노란귀느타리버섯

Phyllotopsis nidulans (Pers.) Sing.

형태 균모의 지름은 2~7cm로 유연하며 잘 썩지 않는다. 자루가 없이 기주에 측생하며 부채모양, 반원형, 조갑지형 또는 신장형 등 다양하다. 표면은 습기가 있으며 황색 또는 연한 황색으로 거센털 또는 미세한 털이 있다. 가장자리는 강하게 아래로 말리고 거센 털이 있다. 살은 유연하고 연한 황색으로 얇고 불쾌한 냄새가 난다. 주름살은 기주에 대하여 내린주름살로 기주에 붙은 곳으로부터 방사상으로 배열되며 균색의 황색으로 밀생하며 또는 약간 밀생한다. 가장자리는 고르다. 포자의 크기는 4.2~4.5× 1.5~2㎛로 소시지형으로 표면은 매끄러우며 무색이다. 난아미로이드 반응이다. 포자문은 분홍색이다.

생태 여름~가을 / 죽은 나무에서 겹쳐서 발생하며 나무를 썩히며 백색부후균을 형성

분포 한국(백두산), 중국, 일본, 북반구 온대

꽃귀버섯

Plicaturopsis crispa (Pers.) Reid

형태 균모의 지름은 1~2cm 정도의 크기로 반원형-부채꼴 또는 조개껍질형이다. 균모는 짧은 자루에 의하여 기질에 부착해 있다. 균모의 위쪽 표면은 가는 털이 덮여 있고 때때로 골이 잡혀 있다. 가장자리는 흔히 무딘 톱니꼴-물결모양이며 황토색-적갈색이며 끝쪽은 약간 연한 색이다. 균모의 하면(자실층)은 엽맥상의 주름살이 방사상으로 펴져 있고 흰색-황토색이다. 신선할 때는 유연한 가죽질이며 건조할 때는 단단하고 부서지기 쉽다. 포자의 크기는 3.5~4×1~1.3㎛로 원주형 또는 소시지형으로 표면은 매끈하고 투명하며 2개의 기름방울이 들어 있다.
생태 가을~초겨울 / 참나무류 등 활엽수의 썩은 둥치나 줄기, 가지 등에 군생 · 층생
분포 한국(백두산), 중국, 일본, 북반구 온대
참고 흔한 종

줄흑노랑버섯

Gamundia striatula (Kühner) Raithelh.
Fayodia pseudoclusilis (Joss. & Konr.) Sing.

형태 균모의 지름은 10~25mm로 둥근산모양에서 곧 편평해지며 중앙은 약간 배꼽형이다. 표면은 밋밋하고 둔한 비단결로 흡수성이며 습기가 있을 때 회갈색에서 꿀색의 갈색으로 되며 건조 시 회베이지색이다. 표피층은 점성이 있고 유연하며 막질로 벗겨지기 쉽다. 가장자리는 습기가 있을 때 투명한 줄무늬선이 나타나고 어릴 때 안으로 말리고 나중에 굽으며 예리하다. 살은 백색-크림색이고 얇으며 풀 또는 흙냄새가 약간 나거나 약간 가루 냄새가 난다. 맛은 온화하며 약간 가루 맛이다. 주름살은 자루에 대하여 넓은 바른주름살에서 약간 내린주름살로 폭은 넓으며 백색-크림색이며 다소 포크형이다. 주름살의 언저리는 밋밋하다. 자루의 길이는 20~35mm, 굵기는 2~4mm로 원통형이고 때때로 부풀거나 또는 기부로 가늘다. 표면은 연한 베이지색이며 회갈색의 바탕색에 백색의 세로줄무늬의 섬유실이 있다. 기부는 백색의 털-섬유실이 있고 속은 차 있다. 포자의 크기는 4.5~6×2.5~3μm로 타원형이며 미세한 반점이 있고 투명하다. 담자기는 가는 막대형으로 20~30×4.5~5.5μm로 4~2-포자성이다. 기부에 꺽쇠가 있다.

생태 혼효림의 낙엽 또는 풀 속, 이끼류 속에 단생·군생
분포 한국(백두산), 중국, 유럽
참고 희귀종

쥐털꽃무늬애버섯

Resupinatus trichotis (Pers.) Sing.

형태 균모의 지름은 5~12mm로 조개껍질형, 부채형이다. 표면은 회색이고 방사상의 주름진 줄무늬선이 있다. 배면의 중심에서 가 장자리 쪽으로 일단의 기물에 부착하며 암갈색-흑색의 털이 밀 생한다. 주름살은 회색이고 밀생한다. 자루는 없다. 포자의 지름 은 4.5~5.5μm로 구형이며 표면은 매끈하고 투명하다. 담자기는 18~21×5~6μm로 원통-막대형이고 4-포자성이며 기부에 꺽쇠 가 있다. 낭상체는 없다.

생태 초여름~가을 / 활엽수의 마른줄기 또는 고목에 다수가 중 첩-배착하여 군생

분포 한국(백두산), 중국, 일본, 유럽, 북아메리카

가시송이버섯

Tricholoma acerbum (Bull.) Vent.

형태 균모의 지름은 7~12cm로 반구형에서 약간 편평해진다. 표면은 엷은 황갈색, 꿀색 혹은 황갈색이고 살은 비교적 두껍다. 가장자리는 처음에 아래로 말리며 끈기는 없다. 주름살은 자루에 대하여 홈파진주름살로 폭이 좁고 밀생하며 엷은 황색에서 분홍색으로 된다. 자루의 길이는 3~7cm, 굵기는 1.5~3cm로 기부는 팽대되고 표면은 비교적 거칠고 속은 차 있다. 표면은 엷은 황색이며 상부는 분상의 작은 과립의 인편이 있다. 포자문은 백색이다. 포자의 크기는 4~6×3~3.5μm로 류구형-난원형이며 광택이 나고 표면은 매끄러우며 투명하고 기름방울을 함유한다. 담자기는 15~24×4~5μm로 원통형의 막대형이며 4-포자성이다. 기부에 꺽쇠가 없다. 낭상체는 40~50×16~22μm로 짧고 두꺼운 막대형이며 꼭대기에 미세하고 두꺼운 껍질 같은 것이 있다.

생태 여름~가을 / 활엽수림, 혼효림의 땅에 군생

분포 한국(백두산), 중국, 일본

흰송이버섯

Tricholoma album (Schaeff.) Kummer

형태 균모의 지름은 3~13cm로 반구형에서 차차 편평하게 되며 중앙부가 약간 돌출된다. 표면은 백색 또는 어두운 백색이나 오래되거나 마르면 황색을 띤다. 가장자리는 아래로 감기며 나중에 펴지고 가끔 물결모양으로 된다. 살은 중앙부가 두껍고 가장자리로 향해서 점차 얇아지며 백색 내지 유백색이고 냄새가 나며 맛은 조금 쓰다. 주름살은 자루에 대하여 홈파진주름살로 백색이고 밀생하며 폭은 넓고 길이가 같지 않다. 가장자리는 반반하거나 물결모양이다. 자루의 길이는 2~8cm, 굵기는 0.7~1.5cm로 원주형이며 상하의 굵기가 같고 기부는 구경모양으로 불룩하며 백색 또는 유백색이고 꼭대기는 가루상이며 아래쪽은 껄껄하고 속은 차 있다. 포자의 크기는 6~6.5×4.5~5㎛로 타원형이고 표면은 매끄럽다. 포자문은 백색이다.

생태 여름~가을 / 침엽수림과 활엽수림의 혼효림의 땅에 군생·속생하며 신갈나무와 외생균근을 형성

분포 한국(백두산), 중국, 일본

참고 식용

검은비늘송이버섯

Tricholoma atrosquamosum Sacc. var. **atrosquamosum**

형태 균모의 지름은 3~8cm로 어릴 때는 원추형-둥근산모양에서 차차 편평하게 되며 중앙이 돌출한다. 표면은 방사상이며 섬유상으로 회색, 흑갈색이고 가장자리가 다소 연하며 흑갈색의 끈적한 비늘이 촘촘하게 피복되어 있다. 살은 유백색 또는 회백색이다. 주름살은 자루에 대하여 홈파진주름살로 폭이 넓고 촘촘하다. 처음은 회백색이며 오래되면 갈색 또는 검은색으로 된다. 자루의 길이는 3~8cm, 굵기는 0.6~1.5cm로 상하가 같은 굵기이고 균모보다 다소 옅은 색으로 거무스레한 비늘이 피복되어 있다. 자루의 속이 차 있기도 하고 빈 것도 있으며 밑동에는 흰색의 균사가 피복되어 있다. 포자의 크기는 6.6~7.5×3.8~5μm로 타원형이며 표면은 매끈하고 투명하며 기름방울이 있다. 포자문은 크림색 비슷하다.

생태 여름~가을 / 석회질이 많은 침엽수림의 토양에서 단생·군생

분포 한국(백두산), 중국, 일본, 유럽, 북아메리카

참고 희귀종

비듬테두리송이버섯

Tricholoma cingulatum (Almfelt) Jacobashch

형태 균모의 지름은 3~6cm로 처음 반구형에서 차차 편평형으로 되며 중앙부는 비교적 볼록하다. 표면은 어릴 때 비교적 밋밋하며 광택이 나고 분명한 회색-회갈색의 인편이 있다. 살은 백색이고 뚜렷한 송진 냄새가 난다. 가장자리는 아래로 말린다. 주름살은 자루에 대하여 홈파진주름살로 회백색이고 비교적 밀생하며 포크형이다. 자루의 길이는 3~7cm, 굵기는 0.5~1.2cm로 거의 원주형이며 백색에서 약간 갈색으로 변색한다. 표면에 털 같은 인편이 있고 기부는 약간 팽대하며 때때로 뚜렷한 융모상이다. 포자의 크기는 4~6.5×2.5~3.2μm로 타원형이고 광택이 나며 표면은 매끄럽다. 담자기는 20~28×5~6μm로 긴 곤봉상이고 4-포자성이다. 기부에 격쇠가 없다. 포자문은 백색이다.

생태 여름~가을 / 낙엽이 있는 땅에 단생 · 군생 · 산생

분포 한국(백두산), 중국, 유럽, 북아메리카

흰비단송이버섯

Tricholoma columbetta (Fr.) Kummer

형태 균모의 지름은 3~10cm로 반구형에서 차차 편평하게 되며 중앙부가 둔하게 돌출된다. 표면은 마르고 순백색이며 광택이 나고 처음에는 털이 없으나 나중에 비단털 또는 가는 인편이 있다. 가장자리는 처음에 아래로 감기나 나중에 펴지며 가는 융털이 있다. 살은 얇고 백색으로 맛은 온화하다. 주름살은 자루에 대하여 홈파진주름살 또는 떨어진주름살로 밀생하며 폭은 넓고 백색이다. 가장자리는 물결모양이다. 자루의 길이는 5~7cm, 굵기는 1.8~3.5cm로 원주형이며 백색으로 속은 차 있다가 나중에 빈다. 포자의 크기는 7~8×4~4.5㎛로 타원형이고 표면은 매끄럽다. 담자기는 28~32×6~8㎛로 원통형의 막대형이고 4-포자성이다. 기부에 꺽쇠가 있다. 포자문은 백색이다.

생태 여름~가을 / 활엽수림의 땅에 단생·군생하며 신갈나무와 외생균근을 형성

분포 한국(백두산), 중국, 유럽, 북아메리카

참고 식용

금빛송이버섯

Tricholoma equestre (L.) Kumm.
T. flavovirens (Pers.) Lund., T. auratum Gill.

형태 균모의 지름은 4~7.5cm로 둥근산모양에서 차차 편평하게 되며 중앙부가 둔한 볼록이거나 조금 돌출한다. 표면은 습기가 있을 때 점성이 있으며 황색, 레몬색 또는 암황색, 암갈색 등의 뭉친 인편이 있으며 중앙부에 인편이 밀집되어 갈색으로 보인다. 가장자리는 반반하고 가끔 갈라진다. 살은 두꺼운 편이고 백색 또는 연한 황색이고 맛이 좋다. 주름살은 자루에 대하여 홈파진 주름살 또는 떨어진주름살에 가깝고 밀생하며 폭은 넓은 편이며 길이는 같지 않으며 황색 또는 레몬색이다. 가장자리는 톱날모양이다. 자루는 길이가 4~8cm, 굵기는 0.5~1.2cm로 원주형이고 기부는 볼록하며 연한 황색이고 가는 인편이 있으며 속은 차 있으나 나중에 듬성듬성 빈다. 포자의 크기는 6~7.5×4~5μm로 난형의 타원형이며 표면은 매끄럽다. 포자문은 백색이다.
생태 가을 / 침엽수와 활엽수의 혼효림의 땅에 군생·산생하며 소나무와 외생균근을 형성
분포 한국(백두산), 중국
참고 맛 좋은 야생 버섯

향기송이버섯

Tricoloma inamoenum (Fr.) Gillet

형태 균모의 지름은 4~6cm로 어릴 때는 반구형이지만 나중에 둥근산모양을 거쳐서 차차 편평해지며 중앙이 약간 돌출된다. 표면은 밋밋하며 미세하게 눌린 것 같은 솜털이 있고 칙칙한 흰색-연한 베이지갈색이다. 가장자리는 예리하다. 살은 유백색이고 치밀하며 연료 가스 같은 불쾌한 냄새가 난다. 주름살은 자루에 대하여 홈파진주름살 또는 떨어진주름살로 흰색이고 때로는 류황색인 것도 있으며 폭이 넓다. 자루의 길이는 5~7cm, 굵기는 8~10cm로 어릴 때는 가운데가 굵지만 나중에는 상하가 같은 굵기로 되며 속은 차 있다. 표면은 백색에서 연한 황색이고 아래쪽으로 갈색에 가까운 색이다. 포자의 크기는 8.6~10.6×5.7~7.5μm이고 타원형이며 표면은 매끈하고 투명하며 기름방울이 있다. 포자문은 백색이다.

생태 여름~가을 / 가문비나무 등 침엽수가 자라는 석회질 토양에 군생

분포 한국(백두산), 중국

참고 식용불가

일본흰송이버섯

Tricholoma japonicum Kawam.

형태 균모의 지름은 5~8cm로 처음 반구형에서 둥근산모양을 거쳐 거의 편평하게 된다. 표면은 습기가 있을 때 점성이 있고 거의 밋밋하며 거의 백색이지만 성숙하면 약간 중앙이 갈색 또는 탁한 황색을 띤다. 가장자리는 어릴 때 아래로 말린다. 살은 두껍고 치밀하며 백색으로 약간 쓴맛이 있다. 주름살은 자루에 대하여 홈파진주름살로 백색에서 탁한 갈색으로 되며 폭이 넓고 아주 밀생한다. 자루의 길이는 3.5~5.5cm, 굵기는 1~2cm로 굵고 짧으며 아래쪽이 약간 굵다. 위쪽은 백분상이고 아래쪽은 연한 갈색이며 표면상은 섬유상이다. 자루의 속은 차 있다. 포자의 크기는 4.5~6×2.5~3.5㎛로 타원형-광타원형이고 표면은 매끈하다. 포자문은 백색이다.

생태 여름~가을 / 혼효림의 숲속의 땅에 나며 군생하며 균륜을 형성

분포 한국(백두산), 일본, 중국, 유럽, 북아메리카

가루송이버섯

Tricholoma josserandii Bon

형태 균모의 지름은 3~6cm로 육질이고 종모양에서 차차 펴지고 중앙은 약간 낮은 볼록형이다. 표면은 벨벳 같은 부드러운 털로 덮인다. 건조성이고 회색 또는 물푸레나무색이다. 살은 얇으며 약간 백색이고 자루의 살은 가끔 적색으로 냄새가 나며 후에 곤충 썩는 냄새 비슷하다. 주름살은 자루에 대하여 끝붙은주름살로 약간 성기고 폭은 넓으며 백색에서 거의 물푸레나무색으로 된다. 자루의 길이는 4~5cm, 굵기는 0.6~1cm로 섬유상의 실로 되며 기부로 가늘고 회백색이다. 포자의 크기는 4×6~7㎛로 구형 또는 타원형이다.

생태 가을 / 풀밭에 군생
분포 한국(백두산), 유럽
참고 독버섯

송이버섯

Tricholoma matsutake (S. Ito. & Imai.) Sing.

형태 균모는 육질이고 지름 5~15(30)cm이며 구형 또는 반구형에서 편평하게 되며 중앙부가 둔하게 돌출된다. 균모 표면은 마르고 진한 황갈색, 갈색 또는 암갈색의 섬유상 인편이 있고 때로는 총모상으로 보이며 노후하면 인편이 갈라져 백색의 살이 노출된다. 균모 변두리는 초기 안쪽으로 감기나 나중에 펴지며 늙으면 위로 뒤집혀 들린다. 살은 두껍고 단단하며 백색이고 짙은 송진 냄새가 난다. 주름살은 자루에 대하여 홈파진주름살이고 밀생하며 나비는 넓고 백색에서 황색을 띤다. 자루는 길이는 7~15cm, 굵기는 1.8~5cm이며 원주형이고 기부는 불룩하며 턱받이의 위는 분질이고 아래쪽은 섬유상 인편이 있으며 균모와 동색이고 속이 차 있다. 턱받이는 상위이며 솜털모양이고 황갈색이다. 포자의 크기는 5~8×5~6μm로 타원형이며 표면은 매끄럽고 무색이다. 포자문은 백색이다.

생태 여름~가을 / 소나무 숲 또는 신갈나무 숲속 땅에 군생·단생하며 소나무와 외생균근을 형성

분포 한국(백두산), 중국, 일본

참고 식용, 살이 두껍고 향기로우며 맛좋은 야생 버섯으로 항암 등 약용 가치가 있다.

독송이버섯

Tricholoma muscarium Kawam. ex Hongo

형태 균모의 지름은 4~6cm로 원추형에서 차차 편평하게 되나 중앙부는 항상 돌출한다. 표면은 연한 황색 바탕에 올리브갈색의 섬유무늬로 덮여 있다. 중앙의 색은 짙고 가장자리는 연한 색이지만 때로는 전면이 올리브갈색을 나타내는 것도 있다. 살은 백색이다. 주름살은 자루에 대하여 올린-홈파진주름살로 폭은 4~5mm이며 밀생하고 또는 성기며 처음은 백색이지만 약간 황색으로 된다. 자루의 길이는 6~8cm, 굵기는 6~15mm로 상하의 크기가 같거나 또는 다소 방추형으로 백색-연한 황색이며 섬유상이고 속이 차 있다. 포자의 크기는 5.5~7.5×4~5μm로 협타원형이다. 연낭상체는 35~68×8.5~15μm로 원주형-곤봉형이다.

생태 가을 / 활엽수림 내 땅에 군생 · 산생

분포 한국(백두산), 중국, 일본

참고 살충성을 가진 트리코로민산이 들어 있어 파리 잡는 데 사용

거북송이버섯

Tricholoma pardinum (Pers.) Quél.

형태 균모의 지름은 5~15cm로 원추형에서 넓은 원추형 또는 편평형으로 되지만 중앙이 오목해지기도 하고 돌출하기도 한다. 표면은 건조하고 암회백색이고 섬유상 비늘로 덮인다. 살은 냄새가 나고 밀가루 맛이다. 주름살은 자루에 대하여 올린주름살로 백색이며 폭은 넓고 밀생한다. 자루는 길이가 5~15cm이고 굵기는 1.5~3.5cm로 원주형이나 기부에서 굵어진다. 표면은 건조하고 매끄러우며 상부는 백색의 가루가 있으며 하부는 백색 바탕에 연한 갈색의 작은 섬유상의 인편이 분포한다. 자루의 속은 차고 섬유질이다. 포자의 크기는 8~10×5.5~6.5μm로 타원형이며 표면은 매끄럽고 투명하다. 포자문은 백색이다.

생태 여름~가을 / 침엽수림의 땅에 군생 · 속생

분포 한국(백두산), 중국, 일본, 유럽, 북아메리카

줄무늬송이버섯

Tricholoma portentosum (Fr.) Quél.

형태 균모의 지름은 5~10cm로 처음 반구형에서 거의 편평형으로 되며 중앙부가 볼록하다. 표면은 거의 밋밋하고 방사상의 암색의 줄무늬선이 있으며 노후하면 털모양의 인편이 있다. 살은 백색에서 황색이며 약간 얇고 맛은 없다. 자루의 살은 송진 냄새가 나고 어떤 때는 털모양의 흔적이 있다. 가장자리는 아래로 말리고 나중에 종종 갈라진다. 주름살은 자루에 대하여 바른주름살에서 홈파진주름살로 백색 또는 황색으로 포크형이다. 자루의 길이는 3.5~10cm, 굵기는 0.5~1.6cm로 거의 원주형 또는 거의 곤봉상이다. 표면은 비교적 거칠고 백색이고 거의 밋밋하며 상부는 백색의 작은 인편이 있고 하부는 때때로 황갈색의 반점이 있다. 포자의 크기는 5~6.5×3.5~5µm로 난원형 또는 아구형이고 표면은 밋밋하다.

생태 늦여름~가을 / 숲속의 땅에 군생 · 산생
분포 한국(백두산), 중국

할미송이버섯

Tricholoma saponacium (Fr.) Kummer

형태 균모의 지름은 3.5~7cm로 반구형에서 중앙이 높은 편평형으로 된다. 표면은 흡수성이고 올리브녹색, 연한 갈색, 회백색 등으로 색의 변화가 많고 중앙부는 그을음 같은 인편이 밀포하며 때때로 반점이 있는 경우도 있다. 살은 백색이나 상처를 입으면 홍갈색으로 되며 맛은 풀잎 맛이다. 주름살은 자루에 대하여 홈파진주름살로 백색에서 적색의 얼룩이 생기고 홈파진 부분은 부풀거나 가늘고 백색-올리브색으로 밀생하고 폭이 넓다. 자루의 길이는 3~8cm, 굵기는 0.8~1.5cm로 원통형이나 아래쪽은 방추상으로 약간 굵어지거나 가늘어진다. 표면은 매끄럽고 꼭대기 쪽은 유백색이고 아래쪽은 그을은 색-회색의 인편으로 덮였다. 포자의 크기는 5~6.5×2.5~4.5μm이고 타원형으로 표면은 매끄럽고 투명하며 기름방울이 들어 있는 것도 있다. 포자문은 백색이다.

생태 가을 / 침엽, 활엽수림의 혼효림의 땅에 군생·산생

분포 한국(백두산), 중국, 일본, 북반구 온대 이북

참고 식용

노란비늘송이버섯

Tricholoma scalpturatum (Fr.) Quél.

형태 균모의 지름은 4~7cm로 반구형에서 차차 거의 편평하게 되며 중앙부는 약간 볼록하다. 표면은 암회백색이며 건조성이며 회색으로 털모양의 인편이 있고 때에 따라 가장자리가 갈라진다. 살은 백색이고 얇다. 주름살은 자루에 대하여 홈파진주름살로 비교적 밀생하며 백색 또는 회색에서 황색으로 되며 황색의 반점이 생기고 포크형이다. 자루의 길이는 4~5cm, 굵기는 0.8~1cm로 거의 원주형이고 백색이다. 하부는 작은 인편이 부착하고 중부 아래쪽은 짧고 가는 털이 있다. 간혹 균모의 막편상의 흔적이 있는 것도 있다. 오래되면 광택이 나고 밋밋하게 된다. 포자문은 백색이다. 포자의 크기는 4.5~6.2×3~4㎛로 타원형 또는 난원형이고 표면은 매끈하다.

생태 가을 / 낙엽속의 땅에 군생

분포 한국(백두산), 중국

참고 식용

쓴송이버섯

Tricholoma sejunctum (Sow.) Quél.

형태 균모의 지름은 4~10cm로 처음에 원추형에서 둥근산모양으로 되었다가 중앙이 높은 편평형으로 된다. 표면은 습기가 있을 때 점성이 조금 있고 밋밋하며 황색 바탕에 암녹색-흑록색의 방사상 섬유무늬가 덮여 있으며 중앙은 암갈색 또는 연기색이다. 살은 백색이고 표피 아래쪽은 연한 황색, 쓴맛이 약간 있다. 가장자리는 물결형이다. 주름살은 자루에 대하여 홈파진주름살이고 백색-황색이다. 자루의 길이는 5~13cm, 굵기는 1~2cm로 상하가 같은 크기이고 기부는 부풀며 백색-황색이고 세로의 섬유상의 줄무늬가 있으며 노후 시 연한 황갈색의 반점이 생기기도 한다. 자루의 속은 비어 있다. 포자의 지름은 5~7μm로 구형 또는 아구형으로 표면은 매끄럽고 투명하며 기름방울이 있다. 포자문은 백색이다.

생태 여름~가을 / 숲속의 땅에 군생

분포 한국(백두산), 중국, 일본, 시베리아, 유럽, 북아메리카

참고 구토성이 있으므로 삶아서 우려낸 후 식용

원뿔송이버섯

Tricholoma subacutum Peck

형태 균모의 지름은 3~7.3cm로 처음 반구형 혹은 원추상에서 삿 갓모양으로 되었다가 차차 편평하게 되며 중앙부는 돌출한다. 표 면은 회청갈색 혹은 회갈색이고 중앙에 방사상의 털상의 인편이 밀집한다. 가장자리 쪽으로 연한 색 또는 오백색이다. 살은 백색 이다. 주름살은 자루에 대하여 홈파진주름살로 백색이고 밀생하 며 포크형이다. 자루의 길이는 6~11cm, 굵기는 0.5~1.5cm로 원 주형이고 표면은 밋밋하며 털모양의 인편이 있다. 자루의 속은 비고 기부는 팽대한다. 포자의 크기는 6~7.5×4.5~5μm이고 난원 형으로 표면은 매끈하다.

생태 가을 / 활엽수-침엽수림의 땅에 군생하며 외생균근을 형성

분포 한국(백두산), 중국

땅송이버섯

Tricholoma terreum (Schaeff.) Kummer

형태 균모의 지름은 5~8cm로 반구형에서 둥근산모양-종모양을 거쳐 차차 편평하게 되며 중앙이 조금 볼록하다. 표면은 건조하고 회갈색-암갈색이고 중앙은 거의 흑색인데 섬유상의 솜털이 인편으로 되어 있다. 가장자리는 약간 연하다. 살은 백색이고 표피 아래쪽은 회색으로 얇고 연하며 밀가루 냄새가 난다. 주름살은 자루에 대하여 홈파진-올린주름살이고 백색-회색이며 폭이 넓고 밀생한다. 자루의 길이는 5~8cm, 굵기는 1~1.7mm로 상하 굵기가 같으며 백색-회색으로 상부는 흰 가루모양이며 하부는 솜털로 섬유가 있으며 속은 차 있다. 포자의 크기는 5~7×4~5㎛로 타원형으로 표면은 매끄럽고 투명하며 기름방울이 있다. 담자기는 30~38×5.5~7.5㎛로 가는 막대형이고 4-포자성이다. 기부에 꺽쇠가 없다. 낭상체는 안 보인다. 포자문은 백색이다.

생태 여름~가을 / 활엽수림의 땅에 단생 · 군생

분포 한국(백두산), 중국, 일본, 유럽, 북아메리카, 북반구 온대

참고 식용

비늘송이버섯

Tricholoma vaccinum (Schaeff.) Kummer

형태 균모의 지름은 3~6cm로 원추형 내지 종형에서 차차 편평하게 되고 중앙부가 뚜렷이 돌출한다. 표면은 마르고 계피색 또는 홍갈색이며 섬유상 인편이 있고 이것이 더 밀집된 중앙부는 색깔이 진하다. 가장자리는 처음에 아래로 감기며 가는 융털이 있다. 살은 두꺼운 편이며 처음은 백색이고 노후 시 상처가 나면 홍색으로 변색되며 냄새가 난다. 주름살은 자루에 대하여 홈파진주름살로 성기며 폭은 넓은 편이고 연한 색깔 또는 황색이며 노후 시 상처를 받으면 붉어진다. 자루의 길이는 4~8cm, 굵기는 0.5~1.2cm로 원주형 또는 부정형이고 기부는 불룩하다. 위쪽은 백색이고 아래쪽은 홍갈색이며 상처 시에 홍색으로 된다. 자루의 속은 차 있다가 나중에 빈다. 포자의 크기는 5.5~7×4.5~5㎛로 타원형이고 표면은 매끄럽다. 포자문은 백색이다.

생태 여름~가을 / 혼효림 또는 분비나무, 가문비나무 숲의 땅에 속생 · 군생하며 소나무, 분비나무, 가문비나무 등과 외생균근을 형성

분포 한국(백두산), 중국, 일본

참고 식용

흑비늘송이버섯

Tricholoma virgatum (Fr.) Kummer.

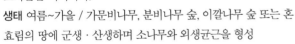

형태 균모의 지름은 4~8cm로 원추상의 종모양에서 차차 편평하게 되며 중앙부가 뚜렷이 돌출하여 삿갓모양으로 된다. 표면은 마르고 회색, 회녹색 또는 은회색이며 중앙부는 색깔이 진하다. 처음에는 털이 없어서 매끄러우나 나중에 흑색의 방사상 줄무늬 또는 인편이 있다. 가장자리는 아래로 굽었다. 살은 단단하고 백색이며 처음에는 매우 쓰나 오래되면 쓴맛이 없어진다. 주름살은 자루에 대하여 홈파진주름살로 밀생하고 폭은 넓은 편이고 백색에서 회백색으로 된다. 자루는 길이가 9~11cm, 굵기는 0.8~1.2cm로 원주형이며 기부가 불룩하다. 백색에서 회백색으로 되고 반반하거나 세로줄홈선이 있고 섬유질이며 속은 차 있다. 포자의 크기는 6~7×4~5㎛이고 광타원형이며 표면은 매끄럽다. 포자문은 백색이다.

생태 여름~가을 / 가문비나무, 분비나무 숲, 이깔나무 숲 또는 혼효림의 땅에 군생 · 산생하며 소나무와 외생균근을 형성

분포 한국(백두산), 중국, 일본

참고 쓴맛 때문에 식용불가

녹황색송이버섯

Tricholoma viridfucatum Bon

형태 균모의 지름은 50~90mm로 어릴 때 반구형에서 둔한 둥근 산모양을 거쳐 편평해지나 중앙은 약간 볼록하다. 표면은 녹황색의 바탕에 흑회색의 방사상의 섬유가 있다. 중앙에 압착된 회갈색의 인편이 있고 습기가 있을 때 광택이 난다. 가장자리는 날카롭다. 살은 백색으로 변색하지 않으며 두껍고 맛은 온화하고 밀가루 냄새와 맛이 있다. 주름살은 자루에 대하여 홈파진주름살로 백색이며 폭은 좁다. 가장자리는 물결형 또는 톱니상이다. 자루의 길이는 6~8cm, 굵기는 1~2cm로 원통형으로 가끔 기부 쪽으로 비틀린 것이 있고 표면은 밝은 녹황색으로 위와 아래쪽은 백색으로 갈색의 섬유상이다. 자루의 속은 차 있다. 포자의 크기는 5.5~7×4.5~6μm로 광타원형에서 아구형이며 표면은 매끈하고 투명하다. 담자기는 32~35×7~9μm로 4-포자성이다. 기부에 꺽쇠가 있다.

생태 가을 / 참나무류의 숲의 땅에 단생·군생

분포 한국(백두산), 중국, 유럽

참고 희귀종

솔버섯

Tricholomopsis rutilans (Schaeff.) Sing.

형태 균모의 지름은 4~20cm, 종모양에서 차차 편평하게 된다. 표면은 황색 바탕에 암적갈색-암적색의 가는 인편이 밀포되고 부드러운 가죽 같은 감촉이 있다. 주름살은 자루에 대하여 바른 주름살-홈파진주름살로 황색이며 밀생한다. 가장자리는 가는 가루모양이다. 자루의 길이는 6~20cm, 굵기는 1~2cm로 상하 같은 크기이거나 근부가 조금 가늘고 황색 바탕에 적갈색의 가는 인편을 가졌다. 포자의 크기는 5.5~7×4~5.5㎛로 협타원형이다. 연낭상체는 33~90×12.5~24㎛로 곤봉형 또는 방추형 등으로 벽은 얇다.

생태 여름~가을 / 침엽수의 그루터기나 썩은 나무에 단생·속생

분포 한국(백두산), 전 세계

참고 식용하나 설사를 유발하기도 한다.

대나무솔버섯

Tricholomopsis bambusina Hongo

형태 균모의 지름은 3~6cm로 둥근산모양에서 차차 편평하게 펴진다. 표면은 황색바탕에 암적갈색, 약간 부스럼상의 인편이 밀포한다. 살은 부서지기 쉽고 연한 황색이다. 주름살은 자루에 대하여 홈파진주름살-바른주름살로 연한 황-난황색, 약간 성기고 조금 밀생한다. 가장자리는 미세한 털이 촘촘히 나 있다. 자루의 길이는 4~6cm, 굵기는 4~6mm로 황색 바탕에 암적색의 섬유상의 무늬가 있다. 포자의 크기는 4.5~5.5×3.5~4.5μm이고 짧은 타원형-아구형이다. 연낭상체는 원주형-방추형이고 얇은 막으로 크기는 57~90×12~19μm이다.

생태 가을 / 대나무 절주 또는 썩는 고목에 군생·속생

분포 한국(백두산), 중국, 일본, 유럽, 북아메리카, 북반구 온대

둥근흰개미버섯

Termitomyces globulus Heim & Goos-Font.

형태 균모의 지름은 4~9cm로 처음 반구형에서 차차 편평해지며 중앙부는 볼록하다. 표면은 엷은 황색으로 광택이 나고 밋밋하고 약간 섬모상이며 혹은 갈라진 무늬가 있다. 가장자리는 엷은 황갈색이며 처음에 아래로 말리고 나중에 넓게 갈라진다. 살은 백색이다. 주름살은 자루에 대하여 떨어진주름살이고 백색 또는 엷은 갈색으로 폭은 넓고 포크형이다. 자루의 길이는 10.5~15cm, 굵기는 1.5~2.2cm로 원주형이며 속은 차고 기부는 뿌리상이다. 표면은 백색이며 미세한 털이 있고 기부는 흑갈색이다. 포자문은 살색의 분홍색이다. 포자의 크기는 6~9×3.3~5μm로 광난형 또는 광타원형이며 분홍색이고 광택이 나며 표면은 매끈하고 포자벽이 두껍다. 연낭상체는 곤봉상으로 34~40×3~18μm이다. 측낭상체는 드물고 거의 방추상으로 25~35×13~20μm이다.

생태 여름~가을 / 숲속의 땅에 단생

분포 한국(백두산), 중국

참고 식용

꼬마흰개미버섯

Termitomyces microcarpus Heim & Goos-Font.

형태 균모의 지름은 0.3~2.5cm로 처음은 구형 혹은 원추형내지 삿갓 형이며 중앙부는 뚜렷하게 볼록하고 뾰족하다. 표면은 광택이 나고 밋밋하며 뚜렷한 회색 또는 회갈색 또는 연한 갈색으로 방사상의 가는 털의 줄무늬선이 있다. 가장자리가 가끔 넓게 갈라진다. 살은 백색이고 얇다. 주름살은 자루에 대하여 거의 떨어진 주름살로 백색이며 중앙은 들어가고 밀생하며 포크형이다. 자루의 길이는 4~6cm, 굵기는 0.2~0.4cm로 백색의 섬유질이고 기부는 약간 뭉툭하거나 가근상이다. 포자의 크기는 6.3~7.5×3.3~5μm로 광타원형-난원형이며 표면은 매끈하다. 포자문은 분홍색이다.
생태 여름~가을 / 숲속의 땅에 군생·속생
분포 한국(백두산), 중국

배꼽꾀꼬리술잔버섯

Cantharellula umbonata (Gmel.) Sing.
Cantharellus umbonatus (Gmel.) Pers., Clitocybe umbonata (Gmel.) Konrad

형태 균모의 지름은 3~4cm로 둥근산모양에서 깔때기모양으로 되지만 중앙에 낮은 볼록한 돌기가 있다. 표면은 회갈색에서 연기색 또는 자회색이며 건조하면 미세한 털이 있다. 가장자리는 어릴 때 아래로 감기며 물결형이다. 살은 거의 백색이나 상처 시 적색 또는 노란색으로 변색되며 두껍고 냄새는 향기롭고 맛은 온화하다. 주름살은 자루에 대하여 내린주름살로 분지하며 폭은 좁고 회백색으로 밀생한다. 자루의 길이는 4~7cm, 굵기는 3~6mm로 백색에서 연한 회색이며 속은 푸석푸석하다가 비고 기부는 약간 부푼다. 백색의 솜털상의 균사가 이끼류의 줄기에 부착한다. 포자의 크기는 8.5~13×3.5~4㎛로 장타원상의 방추형이며 아미로이드 반응이다. 담자기는 4-포자성이다. 포자문 백색이다.
생태 가을 / 아고산대 숲속의 이끼류 또는 혼효림에 군생하며 외생균근을 형성
분포 한국(백두산), 중국, 일본, 유럽, 북아메리카
참고 식용

균핵부들국수버섯

Typhula sclerotioides (Pers.) Fr.

형태 자실체는 불임의 줄기와 임성의 머리로 되고 가는 막대형에서 거의 원통형으로 된다. 자실체의 높이는 7mm, 두께는 0.8mm로 기질 꼭대기의 단단한 부분부터 올라오고 두부(머리)가 1/3~1/2을 차지한다. 표면은 밋밋하고 무디며 백색으로 약간 투명하다. 자루의 두께는 0.4mm로 원통형이며 백색이고 미세한 가루가 분포한다. 연골질이고 점성이 있으며 건조 시 각질화되며 단단하다. 딱딱한 불임 줄기의 길이는 1~2mm로 불규칙한 둥근형의 렌즈형으로 되고 갈색에서 흑갈색으로 되며 속은 점성이 있다. 포자의 크기는 8.5~11×3.5~4μm로 원통형 또는 소시지형이며 표면은 매끈하고 투명하다. 담자기는 막대형으로 25~30×5~6.5μm로 4-포자성이다. 기부에 꺽쇠가 있다.

생태 여름~가을 / 죽은 나뭇가지에 줄지어 발생

분포 한국(백두산), 유럽, 북아메리카, 아시아

담자균문
BASIDIOMYCOTA

∨

주름균아문
AGARICOMYCOTINA

∨

주름균강
AGARICOMYCETES

∨

목이목

Auriculariales

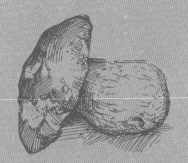

목이버섯

Auricularia auricula-judae (Bull.) Quél.
A. auricula (Hook.) Underw.

형태 자실체의 지름은 3~12cm이며 종모양 또는 귀모양으로 아교질이고 맥상의 주름이 있다. 검은 표면에 의하여 기주에 붙는다. 표면은 적갈색이고 밀모가 있으며 건조하면 적황색-남흑색으로 된다. 가장자리는 밋밋하고 예리하다. 하면의 자실층은 맥상이고 주름지며 색은 표면보다 연하다. 자루는 없다. 포자의 크기는 11~17×4~7μm로 콩팥형 또는 원통형이고 투명하며 기름방울을 함유한다. 담자기는 80×7.5μm에 이르고 원통형이고 가로막에 의하여 4실로 갈라지며 각 실에서 가늘고 긴 자루가 나와 그 끝에 포자가 붙는다. 기부에 꺽쇠가 없다. 낭상체는 없다.

생태 여름~가을 / 활엽수의 고목에 군생

분포 한국(백두산), 전 세계

참고 인공재배, 식용

뿔목이

Auricularia cornea Ehrenb.

형태 자실체는 아교질로 신선할 때는 자실체 전체가 투명하다. 균모의 크기는 다양하나 두께는 두께는 0.8~1.2mm로 술잔모양 또는 귀모양으로 아래의 표면은 가는 맥상의 주름이 있다. 자루는 없거나 있으면 아주 짧다. 색깔은 신선한 황갈색 또는 갈색이고 때로는 황색, 갈색, 암녹색 또는 갈색 등으로 다양하다. 표면에 미세한 털이 있으며 털의 길이는 180~220μm로 두께는 5~7μm이다. 자실층은 광택이 나고 밋밋하다. 포자의 크기는 13~16×5~6μm로 콩팥형이다. 담자기는 곤봉상이고 45~55×4~5μm로 가로막에 의하여 4실로 구분되며 각 실에서 자루(경자)가 나와 그 끝에 포자를 만든다.

생태 여름~가을 / 고목에 다수가 층층으로 군집하여 발생하며 드물게 단생

분포 한국(백두산), 중국, 전 세계

좀목이

Exidia glandulosa (Bull.) Fr.

형태 자실체의 지름은 10cm 이상, 두께 0.5~2cm로 연한 젤라틴질이며 작은 공모양으로 군생하지만 차차 연결되어 고목 위에 편평하게 펴진다. 표면은 흑색~청흑색이고 뇌와 같은 주름이 생긴다. 건조하면 종이처럼 얇고 단단해진다. 표면에는 가는 유두돌기가 있다. 포자의 크기는 12~15×4~5μm로 소시지형이며 표면은 매끈하고 투명하며 가끔 기름방울을 가진 것도 있다. 균사담자기는 16~18×8~9μm로 난형, 서양배모양으로 긴 세로의 격막이 있다. 균사의 두께는 1~1.5μm로 격막에 꺽쇠가 있고 젤라틴질이다.

생태 여름~가을 / 활엽수의 말라 죽은 가지나 그루터기에 군생
분포 한국(백두산), 중국, 일본, 전 세계

주걱혀버섯

Guepinia helvelloides (DC.) Fr.
Tremiscus helvelloides (DC) Donk, Phlogiotis helvelloides (DC.) Martin

형태 자실체의 크기는 30~100×20~50mm로 귀모양에서 원추형이며 옆은 늘어나고 결각 상태고 기부로 자루처럼 생긴 것이 가늘어지고 가끔 백색이다. 가장자리는 꽃잎모양이며 오렌지 핑크색에서 연어-적갈색이다. 표면은 밋밋하나 보통 오래되면 주름진맥상으로 바깥쪽이 자실층이다. 살은 탄력성과 끈기가 있으며 냄새와 맛은 특징이 없다. 포자의 크기는 9.5~11×5.5~6μm로 불규칙한 타원형이나 한쪽 옆이 납작하며 끝이 뾰족하고 표면은 매끈하고 투명하다. 균사담자기는 14~20×10~11μm로 난형이며 2~4개의 긴 세로의 격막이 있다. 균사의 길이 1~3μm이다.
생태 여름 / 줄을 지어 고목, 나무껍질의 틈새에 단생 · 속생
분포 한국(백두산), 중국

가지큰구멍버섯

Elmerina cladophora (Berk.) Bres.

형태 자실체는 가죽질 또는 목질이다. 균모의 지름은 3~5cm, 두께 0.5~1.5cm로 편평형, 반원형, 부채형이나 불규칙형인 것도 있다. 표면은 백색 또는 백황색이고 양모 같은 털이 있으며 동심원상의 테가 있고 대부분은 밋밋하나 거칠고 딱딱한 털이 돌출하는 것도 있다. 살은 상아색이다. 구멍은 각진형 또는 불규칙형으로 상아색이며 약 1~3/mm개가 있다. 자루는 없다. 포자의 크기는 8~11×5~6μm로 타원형 또는 광타원형으로 무색이며 표면은 매끈하다. 담자기는 곤봉상이고 4-포자성이다. 포자문은 백색이다.
생태 일년생으로 나뭇가지 또는 고목에 배착하여 발생
분포 한국(백두산), 중국(대만)

털미로목이

Protodaedalea hispida Imaz.

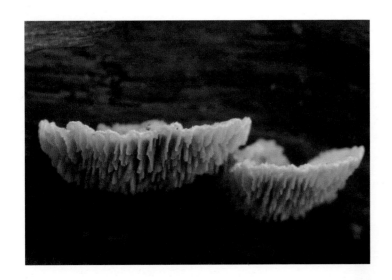

형태 자실체의 지름은 3~15cm, 부착점의 자실체의 두께는 1~7cm 정도로 기물에 균모의 측면이 직접 붙고 반원형이며 털모양으로 분지된 털이 덮여 있다. 하면에 자실층 탁이 발달해 있는데 방사상-미로상의 주름살을 이룬다. 주름살의 두께는 0.5~1mm이다. 살은 젤라틴질을 포함한 육질인데 다소 무르다. 건조하면 현저히 수축되어 원형을 잃게 되고 암갈색이 된다. 포자의 크기는 10~12×4~7μm로 난형이고 표면은 매끈하며 투명하다.
생태 여름~가을 / 참나무류 등 활엽수의 썩는 고목에 발생
분포 한국(백두산), 일본
참고 희귀종

헛바늘목이

Pseudohydnum gelatinosum (Scop.) Karst.

형태 자실체는 젤라틴질로 지름은 4cm, 두께는 1.5cm 정도로 반원형-부채꼴모양으로 기물에 직접 붙기도 하나 주걱모양의 짧은 자루가 붙기도 한다. 윗면은 연한 갈색-흑색으로 미세한 털모양으로 돌기(균사다발)가 덮여 있다. 하면은 흰색-황백색이며 긴원추상의 가시가 밀집해서 나 있고 이곳에 자실층이 생긴다. 가시의 길이는 4mm, 폭은 1mm 정도에 달한다. 포자의 크기는 5~6×4.5~5.5㎛로 구형-아구형으로 끝이 뾰족하며 표면은 매끈하고 투명하며 알갱이가 있다. 균사담자기는 10~15×7~9㎛로 서양배모양이며 긴 세로의 격막이 있고 4-포자성이다. 낭상체는 없다. 균사의 폭은 1.5~2.5㎛로 격막에 꺽쇠가 있다.

생태 여름~가을 / 침엽수의 썩은 그루터기나 뿌리 등에서 단생 · 군생

분포 한국(백두산), 중국, 일본, 유럽, 남북아메리카, 뉴질랜드

참고 식용

▌부 록

1. 백두산의 버섯을 연구하게 된 동기

백두산의 버섯에 관한 연구는 전 마산 성지여자고등학교 박성식 선생이 1991년에 백두산의 버섯을 채집하여 필자와 공동으로 「백두산의 고등균류상에 관한 연구(I)」이라는 논문을 발표함으로써 시작되었다. 그 후 박 선생이 뜻하지 않은 사고로 세상을 떠나 잠시 소강상태에 머무르게 되었다. 그 당시는 중국과 수교가 안 되어 가려고 해도 갈 수 없는 상황이었다. 그러던 차에 2000년에 한국자원식물학회에서 개최한 국제학술대회에 특강 차 한국을 방문한 연변대학농학원의 김수철 교수가 중국의 왕바이와의 공동연구를 제안하였다. 김 교수는 연변 등지의 생물, 삼림, 농학 등의 학술대회에서 왕바이를 알게 되었으며 실력도 있다고 하였다. 무엇보다 사람의 품성이 좋다고 하였다. 왕바이는 주름버섯류가 전공이지만 다공류(구멍장이버섯류)에도 실력이 있는 학자라고 하였다. 조건은 내가 왕바이에게 연구비, 버섯 촬영에 필요한 장비인 카메라, 필름 등을 제공하고 필름 현상도 내가 부담하는 조건이었다. 왕바이는 연구소를 퇴직하고 집에서 연금으로 살고 있었다. 아직 오십대였지만 중국에서는 30년을 근무하면 무조건 퇴직하는 것으로 들었다. 그래서 자유롭게 같이 일할 수 있는 기회가 된 것이다.

2001년 8월에 첫 번째로 백두산으로 채집을 가게 되었다. 그 후 나는 세 차례 더 채집을 하러 갔으며, 정재연 연구원도 나와 같이 두 번이나 백두산 버섯 채집에 동행하였다. 그러던 차에 왕바이가 다시 중국의 연구소에 복직되면서 왕바이가 나와 공동연구에 부담을 느낀다는 전갈을 받았다. 중국에서는 공직자의 경우 외국인과 공동으로 연구하는 것을 금하기 때문이었다. 한편 중국 정부도 정보나 자원의 유출 같은 것을 적극적으로 막고 있기 때문에 한국인인 나와의 연구를 꺼리는 눈치여서 왕바이와 함께 연구할 수 없게 되었다. 2009년에 왕바이와의 백두산 버섯 채집과 연구를 마무리하게 되었다.

한국인으로는 처음으로 백두산 천지에서 장백산이라 쓰인 입구까지 두 번이나 왕바이와 버섯을 채집하면서 내려 왔다. 백두산의 원시림도 학술적 목적으로 처음 탐사하였을 것이다. 실로 버섯을 채집하여 책으로 출간하기까지 24년이라는 세월이 흘렀다. 여러 번 채집을 가려고 하였지만 사스 등의 영향으로 매년 갈 수 없었던 점이 아쉬움으로 남는다.

필자와 정 연구원이 자료를 정리하느라 많은 어려움을 겪었다. 우선 정리된 자료만 세상에 내놓기로 하였으며 아직 정리가 안 된 것은 더 보완하여 다음에 내놓을 예정이다.

2. 버섯(균류)에 관한 연구사

균류인 버섯류에 관한 연구는 한국에서는 백두산의 일대의 『고등균류상에 관한 연구(1)』
(1992)에서 336종, 『백두산 지역의 고등균류상』(1992)에서 336종, 『백두산 일대의 균류자원』
(2010)에서 12종, 『한국산 담자균류의 연구』(2011)에서 11종, 『백두산의 고등균류상(1)』(2012)
에서 67종, 『신분류 체계에 의한 담자균류의 분류학적 연구』(2012)에서 60종이었다.

『백두산의 고등균류상(II)』(2013)에서 48종이 보고되었다. 북한의 자료는 『조선포자식물
(균류편 1)』(1987), 『조선포자식물(균류편 2)』(1989)에서 분포지를 백두산으로 기록한 것이
있을 뿐 몇 종이 분포하는가를 기재한 문헌은 없다. 중국에서의 연구는 『장백산산균도지(長
白山傘菌圖志)』(1986)에 345종, 『중국장백산마고(中國長白山菇)』(2003)에서 349종이 보고
되었다.

3. 백두산 버섯의 수직발생

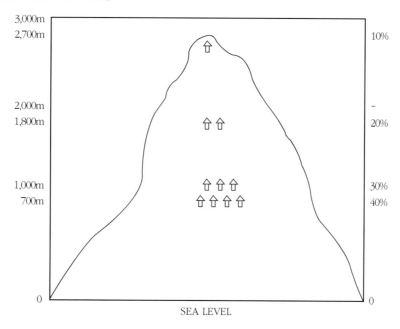

백두산의 균류(버섯)의 발생량를 보면 고도에 따라서 버섯의 발생 개체수가 다르게 나타남을

알 수 있다. 백두산의 맨 밑에서 해발 700m까지는 40%가량이 발생하고, 700m부터 1,000m까지는 30%, 1,000m부터 1,800m까지는 20%가 발생하고, 1,800m부터 2,700m까지는 10%가 발생한다. 이것은 백두산의 기온이 높이에 따라서 뚜렷한 차이를 나타내기 때문이다.

4. 신종의 발견

백두산에서 발견된 신종은 1종이었으며 2009년에 대만의 충칭시에서 개최된 아시아균학회(AMC2009)와 2010년 영국의 에딘버러에서 개최된 국제균학회(IMC9)에 발표하였다.

Asterphora gracilis D. H. Cho 가는대덧부치버섯

균모의 지름은 0.1~0.5cm로 둥근모양이나 가운데는 들어간다. 전체가 백색이나 가운데는 약간 회색이다. 육질은 얇고 백색이다. 주름살은 자루에 대하여 바른주름살로 백색이며 밀생한다. 자루의 길이는 1~3cm이고 굵기는 0.5~1mm로 원통형으로 가늘고 길며 백색 또는 연한 색이다. 포자의 크기는 3~4×2.5~3μm로 타원형이고 표면에 미세한 점들이 있으며 후막포자의 지름은 6×4μm로 구형 또는 아구형이지만 포자와 구분이 잘 안 된다. 담자기는 15~20×4~5μm이고 원통형이며 4-포자성이고 경자의 길이는 2~3μm이다. 주름살의 균사는 24~47×1.5~3μm로 원통형이다.

생태: 여름 / 숙주 버섯의 밑에 잔뿌리 같은 균사가 수없이 뻗어 있다. 숙주균은 갓버섯으로 추정된다. 군생.

분포: 한국(백두산), 중국

영문

Pieus 0.1-0.5cm broad, subglose, depressed at center, fruiting body white, grayish at center. Lamellae whitish, crowded. Stipe 1-3cm long, 0.5-1mm thick, white to flesh color, long cylindrica. Spores 3-4×2.5-3μm, seldom 1.5-2μm, globose, slightly subglobose with fine spots, amyloid. Basidia 15-20×4-5μm, clavate, 4-spored, sterigmata 2-3μm, long, hyphae from lamellae 24-47×1.5-3μm, cylindrical. Chlamydo spores 6×4μm, elliptical.

Habitat : Summer. Clustered on Lepiota spp. With many slender hyphae under host fungi.

Distribution : Mt. Backdu(Mt. Backdu and Idobackha)

Studied specimens : CHO-1137(18, 19, 20 August, 2009) were collected at forests of Mt. Backdu.

Remarks : Spores of host fungi 9-11×2.5-4μm, elliptical, pseudoamyloid, with the minute granule. So host fungi thinked Lepiota spp. because of reaction pseudoamyloid.

라틴어

Pileo 0.1-0.5cm late, subglobose, depresus, carpophores whitish, grayish. Lamellae whitish, crowded. Stipe 1-3cm long, 0.5-1mm crassa, whitish, subbwhitish, longitudinally cylindratus. Sporis 3-4×2.5-3μm, seldom 1.5-2μm, globose, subglobose, with fine spots, amyloid. Basidia 1.5-20×4-5μm, claviforms, 4-spored, sterigmata 2-3μm, long. Chlamydo sporis 6×4μm, elliptical.

5. 백두산 버섯의 중요 의의

한반도는 남하하는 버섯과 북상하는 버섯이 만나는 교차점으로 생물지리학상 중요한 의의가 있다. 백두산은 한대의 버섯들이 남하하는 버섯의 출발점으로 볼 수 있는 곳이다. 백두산은 지형, 기후가 세계에서도 보기 드문 아주 독특한 자연환경을 가지고 있는 곳이다. 백두산은 한국의 버섯을 남한과 북한, 백두산을 포함해 두루 비교 연구할 수 있는 좋은 지역이다. 버섯의 생물지리상의 분포상을 연구하는 데 좋은 자료를 제공하여 줄 것이다.

어떤 종류의 버섯들이 많이 발생하는가를 보면 버섯의 원산지를 알 수 있다. 따라서 어떤 버섯이 북방계 버섯인지 알 수 있다. 송이가 북방계 버섯이라는 것은 이 지역에서 엄청나게 많이 발생하며 남으로 내려갈수록 발생량이 적어지며 마침내 백두대간의 끝자락인 지리산의 남쪽은 송이버섯의 종착지점으로 지리산 이남에서는 발생이 안 된다. 반대로 남방계 버섯으로 추측되는 그물버섯류들이 백두산에서도 발생하는데 이 버섯은 한국의 중부지방까지는 여름철에 많은 양이 발생한다. 그물버섯류의 발생량이 백두산에서 현저히 적은 것을 보면 이 버섯들이 북쪽으로 북상하고 있다는 증거다.

버섯의 다양성도 현재 남북한의 지역에서 발생하지 않는 종류가 많이 발견되었다. 앞으로 한국의 버섯 다양성이 풍부해질 것이라고 예상할 수 있다.

백두산은 남하하는 한국의 버섯의 출발점의 정상에 있다고 볼 수 있으며 또한 북상하는 한국버섯들의 종착점이 될 수 있는 곳이다.

6. 백두산의 생물상

백두산의 생물상은 북한이 지정한 식물보호구역으로 면적 약 140㎢로 1989년 국제생물권보호구로 등록되었으며 중국에서는 백두산을 1906년에 자연보호구역으로 지정하여 관리하고 있다.

1) 백두산의 식물상은 330종으로 47과 162속 262종 64변종 4품종이다. 원시림(침엽수와 활엽수의 혼합림과 침엽림)을 이루고 있어서 식물의 종류가 다양하고 특히 수직분포가 뚜렷하여 '입체식물원'이라고도 부른다. 백두산은 동쪽은 동해에 접해 있고 기후와 지형의 영향으로 기온은 해발고도에 따라 단계적으로 낮아져 식물은 뚜렷한 5단계의 수직분포대로 나타난다. 백두산의 식물의 수직분포는 해발고도 720m 이하는 온대활엽수림, 해발고도 720~1,100m 사이는 한·온대침엽수림과 활엽수림의 혼효림, 1,100~1,700m 사이는 아한대 침엽수림, 1,700~2,000m 사이는 한대, 아고산대수림, 2,000~2,700m 사이는 고산, 이끼 평야로 이루어져 있다. 이렇게 뚜렷한 수직분포는 세계적으로 보기 드문 일이다.

수목한계선인 2,000m를 경계로 산 아래서 수목한계선까지는 잎갈나무, 분비나무, 가문비나무, 자작나무, 사시나무 등의 혼효림이 있고, 그 외에 약용식물인 황기, 만삼, 오미자와 산나물인 고사리, 도라지, 더덕 등이 있다. 수목한계선인 해발고도 2,000m 이상의 초본식물은 큰금매화, 금매화, 각씨투구꽃, 두메바꽃, 산새풀 등의 풀과 관목인 가솔송, 좀참꽃, 담자리꽃나무 등이 섞여 자란다. 그 다음은 구름국화, 바위구절초, 씨범꼬리, 하늘매발톱 등의 전형적인 고산초본식물이 자란다. 수목한계선을 지나서 정상으로 넓은 초원이 펼쳐지는데 만병초, 백두산부채붓꽃, 백두산들쭉(천연기념물 461호), 백두산진달래, 자주꽃방망이, 곰취 등 키가 작거나 누운 형태의 고산식물들이 자란다. 또 탄화목들을 볼 수 있는데 이것은 이곳에서 자라던 나무들이 화산이 분출할 때 파묻히면서 타버린 것이다.

한국에서는 이미 멸종된 것으로 알려진 유영란을 지하삼림의 바위가 많은 지점에서 두 번이나 발견할 수 있었다. 물론 이것은 식물 전문가인 김수철 교수도 확인하였고 그 다음에 최명림 씨와 지하삼림으로 버섯을 채집하러 갔을 때도 발견하고 확인하였다.

2) 백두산의 동물상은 1,100여 종의 동물이 사는데 포유류 50종, 조류 137종, 양서류와 어류 등이다. 북한 천연기념물로 제357호로 지정된 백두산호랑이와 백두산사슴, 검은담비 외에 산달, 사향노루, 백두산노루 등 50여 종의 포유류와 메닭, 알락딱따구리, 들꿩, 붉은배산까치, 백두산 흰꼬리올빼미 등 130여 종의 조류가 있다. 이 중 삼지연메닭(348호)과 신무성 세가락딱따구리(353호)는 북한 천연기념물로 지정되었다. 파충류와 양서류는 비교적 적은데 북살모사와 도마뱀, 북개구리와 합수노통봉 등이 있다. 100여 종의 곤충이 있으며 이 중 홍모시범나비 등은 병사봉까지 날아오른다. 어류는 천지산천어를 비롯하여 찬물에서 사는 어류가 있다.

7. 백두산의 자연경관

　백두산은 유라시아 대륙 동쪽의 제일 높은 산으로 해발고도가 2,750m에 달하는 이름난 휴화산이다. 북쪽으로는 장백산맥(長白山脈)이 북동에서 남서 방향으로 뻗어 있으며 백두산을 정점으로 남동쪽으로는 마천령산맥(摩天嶺山脈)이 2,000m 이상의 연봉(連峰)을 이루면서 종단하고 있다. 동쪽과 서쪽으로는 완만한 용암지대가 펼쳐져 있어 한반도와 멀리 북만주 지방까지 굽어보는 이 지역의 최고봉이다.

　한국에서는 천지에서 지리산에 이르는 백두대간의 기본 산줄기로서 모든 산들이 여기서 뻗어 내렸다. 단군(檀君)이 하늘에서 내려와 고조선을 세웠다 하여 예로부터 성산(聖山)으로 숭배하고 신성시해 왔다. 백두산의 명칭은 꼭대기에 백색의 부석(浮石)이 얹혀 있어서 마치 흰머리와 같다 하여 붙여진 이름이라고도 하고, 또 한편에서는 일 년 내내 산 정상에 눈이 쌓여 있다 하여 붙여진 이름이라고도 한다. 최고봉은 장군봉(2,750m)으로 처음 해발 2,744m로 측량되었으나 북한에 의하여 2,750m로 다시 수정되었다. 해발 2,500m 이상 봉우리는 16개로 향도봉(2,712m), 쌍무지개봉(2,626m), 청석봉(2,662m), 백운봉(2,691m), 차일봉(2,596m) 등이 있다.

　백두산의 위치는 북위 41° 01´, 동경 128° 05´에 있으며 한반도에서 가장 높은 산이며 행정구역상으로는 북한의 양강도 삼지연군과 중국 동북지방(만주)의 길림성이 접하고 있으며 총면적은 8,000㎢이다.

　한국의 문헌에 백두산은 태백산, 장백산, 백두산으로 기록되었으며 중국에서는 지금으로부터 2천여 년 전, 불함산(不咸山), 개마대산(蓋馬大山), 태산(太山), 도태산(徒太山), 태백산(太白山), 장백산(長白山) 등으로 불리었다.

　백두산은 아름답고 신비하고 웅장함과 위엄이 있는 산으로 독특한 임해기봉(林海奇峰)과 온천, 폭포, 이수진금(異獸珍禽) 그리고 풍부한 동식물로 아름답고 우아한 자연경관으로 세계적으로 보기 드문 명산이다.

　백두산의 화산활동은 쥐라기(약 6억 년 전)에서 신생대 제4기까지 지속되었는데 특히 신생대 제3기부터 활발히 진행되다가 약 200만 년 전부터 화산활동이 중지하였다. 최근의 화산활동은 지난 400년 동안 1597년, 1668년, 1702년에 각각 세 차례의 화산폭발이 있었으며 이때 생겨난 호수가 천지(天池)이다. 천지는 칼데라호로 면적 9.165㎢, 평균수심 213m, 최대수심 384m로 둘레 14.4km, 최대 깊이 384m, 물 용적이 약 19억 5천 5백만㎥로서 화구호 가운데서 제일 깊은 호수다. 천지의 물은 높이 67m의 장백폭포(長白瀑布)가 되어 이도백하(二道白河)로 떨어져 송화강(松花江)으로 흐른다. 천지에서 발원하는 폭포는 백두폭포, 사기문폭포, 형제폭포, 백두밀영폭포 등이며 압록강, 두만강, 삼도백하(三道白河)로 흘러들어간다. 천지에는 백암온천과 새로 개발된 백두온천이 있으며, 주변에 장백온천과 제운온천이 있다. 천지의 물은 맑고 푸르며 투명하고 깊이가 30m 이상에 달한다. 천지의 둘레는 모두 현무암 절벽이고 자갈밭이며 그럼에도 이곳에서는 진귀한 고산식물이 자라고 있다.

백두산은 한순간에 사계절을 다 볼 수 있는 곳이다. 백두산에서는 계절의 바뀜이 한순간에 봄, 여름, 가을, 겨울 사계절이 나타나는 변화무쌍한 기후를 경험할 수가 있다. 기후는 전형적인 고산기후로 기후변화가 가장 심한 곳이다. 연평균 기온은 6~8℃, 최고기온 18~20℃, 1월 평균 기온 -23℃(최저 -47℃), 1월의 평균 일교차는 7.5℃이고 7월의 평균 일교차는 4.8℃이다. 연평균 습도는 74%이며 여름에 가장 높고 겨울에 낮다. 북서풍과 남서풍이 강하게 불고 최대풍속은 40m/s, 연중 강풍일수는 270일이며, 천지 부근은 강한 돌개바람인 용권이 자주 일어난다.

문화재로는 1712년(숙종 38년)에 조선과 청나라가 국경을 확실히 하기 위하여 세운 정계비가 있다.

참고문헌

한국

이지열. 1988, 『『원색 한국의 버섯』, 아카데미

이지열. 2007, 『버섯생활백과』, 경원미디어

이지열, 홍순우. 1985, 『한국동식물도감』 제28권 고등균류(버섯 편), 문교부

이태수(감수: 조덕현, 이지열). 2013, 『한국 기록종 버섯의 총정리』, (사)한국산지환경조사연구회

이태수, 조덕현, 이지열. 2010, 『한국의 버섯도감』, 저숲출판

윤영범, 리영웅, 현운형, 박원학. 1987, 『조선포자식물(균류 편 1)』, 과학백과사전출판사

조덕현. 1997, 『한국의 버섯』, 대원사

조덕현. 2001, 『버섯』, 지성사

조덕현. 2003, 『원색 한국의 버섯』, 아카데미서적

조덕현. 2005, 『나는 버섯을 겪는다』, 한림미디어

조덕현. 2007, 『조덕현의 재미있는 독버섯 이야기』, 양문

조덕현. 2009, 『한국의 식용, 독버섯 도감』, 일진사

조덕현. 2014, 『버섯수첩』, 우듬지

조덕현. 2010, 『백두산의 균류자원』, 한국자원식물학회지, 23(1): 115-121

반승언, 조덕현. 2011, 『한국산 담자균류의 연구』, 한국자연보존연구지, 9(3-4): 153-161

반승언, 조덕현. 2012, 『백두산의 고등균류상(I)』, 한국자연보존연구지, 10(3-4): 193-220

방극소, 조덕현. 2012, 『신분류 체계에 의한 담자균류의 분류학적 연구: 백두산의 무당버섯을 중심으로』, 한국자연보존연구지, 10(3-4): 229-253

Cho, Duck-Hyun, Park, Seong-Sick and Choi, Dong-Soo, 1992. The Flora of Higher Fungi In Mt. Paekdu, Proc. Asian Mycol. Symp.: 115-124.

Duck-Hyun CHo, 2009. Flora of Mushrooms of Mt. Backdu in Korea, Asian Mycological Congress 2009 (AMC 2009): Symposium Abstracts, B-035 (p-109), Chungching (Taiwan)

Duck-Hyun Cho, 2010. Four New Species of Mushrooms from Korea, International Mycological Congress 9 (IMC9), Edinburgh (U. K)

Park, Seung-Sick and Duck-Hyun Cho, The Mycoflora of Higher Fungi in Mt. Paekdu and Adjacent Areas(I). Kor. J. Mycol. 20(1): 11-28. 1992.

중국

李玉, 图力古尔. 2003, 『中國長白山蘑菇』, 科學出版社

卵賤豊. 2000, 『中國大型眞菌』, 河南科學技術出版社

卵餞豊, 蔣張坪, 欧珠次旺. 1993, 『西蔣大型經濟眞菌』, 北京科學技術出版社

謝支錫, 王云, 王柏, 董立石. 1986, 『長白山傘菌圖志』, 吉林科學技術出版社

黃年來. 1993, 『中國食用菌百科』, 中國農業出版社

黃年來. 1998, 『中國大型眞菌原色圖鑒』, 中國农业出版社

李建宗, 胡新文, 彭寅斌. 1993, 『湖南大型眞菌志』, 湖南師範大學出版社

戴賢才, 李泰輝. 1994, 『四川省甘牧州菌类志』, 四川省科學技術出版社

Huang Nianlai, 1988. Colored Illustration Macrofungi of China, China Agricultural Press, China.

Bi Zhishu, Zheng Guoyang, Li Taihui. 1994. Macrofungus Flora of Guangdong Province, Guangdong Science and Technology Press

Bi Zhishu, Zheng Guoyang, Li Taihui, Wang Youzhao. 1990. Macrofungus Flora of Mountainous District of North Guangdong, Guangdong Science & Technology Press

Liu Xudong, 2002. Coloratlas of the Macrogfungi in China, China Forestry publishing House

일본

今關六也, 大谷吉雄, 本鄉次雄. 1989, 『日本のきのこ』, 山と溪谷社

伊藤誠哉. 1955, 『日本菌類誌』第2券 擔子菌類 第4號, 養賢堂

朝日新聞. 1997, 『きのこの世界』, 朝日新聞社

本鄉次雄 監修(幼菌の會編). 2001, 『きのこ圖鑑』, 家の光協會

本鄉次雄, 上田俊穗, 伊澤正名. 1994, 『きのこ』, 山と溪谷社

本鄉次雄, 上田俊穗, 伊澤正名. 『きのこ圖鑑』, 保育社

本鄉次雄. 1989, 『本鄉次雄教授論文選集』, 滋賀大學教育學部生物研究室

工藤伸一, 長澤榮史, 手塚豊. 2009, 『東北きのこ圖鑑』, 家の光協會

高橋郁雄. 2007, 『北海道きのこ圖鑑』, 亞璃西社

伍十嵐恒夫. 1997, 『北海道のきのこ』, 北海道新聞社

伍十嵐恒夫. 1997, 『續 北海道のきのこ』, 北海道新聞社

Imazeki, R. and T. Hongo, 1987. Colored Illustrations of Mushroom of Japan, vol. 1. Hoikusha Publishing Co. Ltd.

Imazeki, R., T. Hongo and K. Tubaki, 1970. Common Fungi of Japan in Color, Hoikusha Publishing Co. Ltd.

유럽 및 미국

http://www. Indexfungorum.org

Agerer, R. 1985. Zur Okologie der Mykorrhizapilze, J. Cramer

Baroni, T. J. 1981. A Revision of the Genus Rhodocybe Maire (Agaricales), J. Cramer

Barron, G. 1999. Mushrooms of Northeast North America, Lone Pine

Bas, C. TH., W. Kuyper, M. E. Noodeloos & E. C. Vellinga, 1995. Flora Agaricina
    Neerlandica (3), A. A. Balkema/Rotterdam/Brookfield

Bessette, A. E., A. R. Bessette and D. W. Fischer, 1997. Mushroons of Northeastern, North
    America, Syracuse University Press

Bessette, A. E., O. K. Miller, Jr. A. R. Bessette and H. H. Miller, 1995. Mushrooms of North
    America in Color, Syracuse University Press

Bessette, A. and W. J. Sundberg, 1987. Mushrooms, Macmillan Publishing

Boertmann, D. 1996. The genus Hygrocybe, The Danish Mycological Society

Bon, M. 1992. Hygrophoraceae, IHW-Verlag

Bon, M. 1995. Tricholomataceae 1, IHW-Verlag

Brandrud, T. E., H. Lindstrom, H. Marklund, J. Melot and S. Muskos, 1990. Cortinarius,
    Flora Photographica, Cortinarius HB, Sweden

Breitenbach, J. and Kränzlin, F., 1991. Fungi of Switzerland. Vols. 3, Verlag Mykologia,
    Lucerne

Breitenbach, J. and Kränzlin, F. 1995. Fungi of Switzerland. Vols. 4, Verlag Mykologia,
    Lucerne

Breitenbach, J. and Kränzlin, F. 2000. Fungi of Switzerland. Vols. 5. Verlag Mykologia,
    Lucerne

Buczacki, S. 2012. Collins Fungi Guide, Collins, London

Candusso, M. - G. Lanzoni, 1990. Lepiota, Libreia editrice Giovanna Biella, 1-21047 Saronno

Candusso, M. 1997. Hygrophorus s. l, Libreia Bassa, 1-17021 Alassio

Cappelli, A. 1984. Agaricus L.: Fr., Libreia editrice Giovanna, 1-21047 Saronno

Cetto, B., 1987. Enzyklopadie der Pilze Band 2, BLV Verlagsgesellschaft, Munchen Wein
    Zurich

Cetto, B. 1988. Enzyklopadie der Pilze Band 3, BLV Verlagsgesellschaft, Munchen Wein
    Zurich

Cetto, B. 1993. Funghi facili, Saturnia

Courtecuisse, R. & B. Duhem. 1995. Collins Field Guide, Mushrooms & Toadstools of
    Britain & Europe, Harper Collins Publishers

Courtecuisse, R. & B. Duhem. 1994. Les Chamignons de France, Eclectis

Dahncke R. M. 1994. 200 Pilze, At Verlag Aarau. Stuttgart

Dahncke, R. M. and S. M. Dahncke, 1989. 700 Pilze in Farbfotos, At Verlag Aarau, Stuttgart

Foulds, N. 1999. Mushrooms of Northeast North America, George Barron

Grau, J. P. Hiepko and P. Leins, 1996. Taxonomische Revision der Gattungen, Panaeolus und Panaeolina, E. Schweizerbartsche Verlagsbuchhandlung

Heilmann, J. - Clausen, A. Verbeken & J. Vesterholt, 1998. The genus Lactarius, The Danish Mycological Society

Hesler, L. R. 1967. Entoloma in Southestern North America Verlag Von, J. Cramer

Holmberg P., H. Marklund, 1996. Nya Svampboken, Prisma

Hudler G. W. 1998. Magical Mushrooms, Mischievous Molds, Princeton University Press

Jenkins, D. T. 1986. Amanita of North America, Mad River Press

Keller, J. 1997. Atlas des Basidiomycetes, Union des Societies Suisses de Mycologie

Kibby, G. 2012. The genus Agarcus in Britain, June 2012.

Kibby, G. 2012. The genus Amanita in Britain, July 2012.

Kibby, G. 1992. Mushrooms and other Fungi, Smithmark

Lado, C. & F. Pando, 1997. Flora Mycologica Iberica, J. Cramer

Lange M. & F. B. Hora, 1981. Mushrooms & Toadstools, Collins

Lincoff, G. H. 1981. Mushrooms, A Fireside Book Published by Simon & Schuster Inc.

Lincoff, G. H. 1992, Field Guide to North American Mushroom, Alfred A. Knof.

Marren, P. 2012. Mushrooms, British Wildife, UK

Miller, Jr. O. K. 1972. Mushrooms of North America, E. P. Dutton New York

Moser, M. and W. Julich, 1986. Farbatlas der Basidiomyceten, Gustav Fischer Verlag

Noordeloos, M. E. 1992. Entoloma s. l., Libreia editrice Giovanna Biella 1-21047 Saronno

Noordeloos, M. E. 1998. Pholiota, Psilocybe and Panaeolus, Mykoflora

Noodeloos, M. E. 1987. Entoloma (Agaricales) in Europe. J. Cramer

Nylen, B. 2000. Svampar I Norden Och Europa, natur och Kultur/Lts Forlag

Nylen, B. 2002. Svampar I Skog Och Mark, Prisma

O'Reilly, P. 2011. Fascinated by Fungi, Wales, UK

Persoonia, 1995. Volume 16, Part 1. An Internaional Mycological Journal

Petrini, O. & E. Horak, 1995. Taxonomic Monographs of Agaricales, J. Cramer

Petrini, P., L. E. Petrini & E. Horak, 1997. Taxonomic Monographs of Agaricales, II, J. Cramer

Phillips, R. 1981. Mushroom and other fungi of great Britain & Europe. Ward Lock Ltd. UK.

Phillips, R. 1991. Mushrooms of North AMerica, Little, Brown and Company

Phillips, R. 2006. Mushrooms, Macmillan

Riva, A. 1998. Tricholoma (Fr.) Staude, Mykoflora

Singer, R. 1986. The Agaricales in Modern Taxonomy, 4th ed. Koeltz Scientific Books, Koenigstein

Smith, A. H. and L. R. Hesler, 1968. The North American Species of Pholiota, Hafner Publishing Company

Smith, A. H. 1975. A Field Guide to Western Mushrooms, The University of Michigan Press

Stamets, P. 1996. Psiolocybin Mushrooms of the World, Ten Speed Press, Berkeley, California

Sterry, P. and B. Hughes, 2009. Collins Complete Guide British Mushrooms & Toadstools, Collins, London

Vesterholt. J. 2005. The genus Hebeloma, The Danish Mycological Society

Vladimir, A. and M. E. Noordeloos, 1997. A Monograph of Marasmius Collybia and related genera in Europe. IHW-Verlag

Westhuizen, G. C. A. van der and A. Eicker, 1994. Mushrooms of Southern Africa, Struik

색 인

색 인

index

지은이 _ 조덕현

- 경희대학교(학사)
- 고려대학교 대학원(석 · 박사)
- 영국 Reading대학 식물학과
- 일본 鹿兒島대학 농학부
- 일본 大分버섯연구소에서 연구

- 우석대학교 교수(보건복지대학장)
- 광주보건대학 교수
- 한국자원식물학회 회장
- 세계버섯축제 총괄집행위원장
- 새로마지 친선대사(인구보건협회)
- 전북도농업기술원 겸임연구관
- 경희대학교 자연사박물관 객원교수
- (현)한국자연환경보전협회 명예회장
  한국과학기술 앰배서더
  숲해설가 강사(광주전남, 대전충남, 충북)
  버섯칼럼 연재 중(월간버섯)

· 저서
『균학개론』(공역)
『한국의 버섯』
『암에 도전하는 동충하초』(공저)
『버섯』(중앙일보가 선정한 우수도서,
    어린이도서연구소, 아침 독서용 추천도서)
『원색한국버섯도감』
『푸른아이 버섯』
『제주도 버섯』(공저)
『자연을 보는 눈 "버섯"』
『나는 버섯을 겪는다』
『조덕현의 재미있는 독버섯 이야기』

『집요한 과학씨, 모든 버섯의 정체를 밝히다』
『한국의 식용, 독버섯 도감』(학술원 추천도서)
『옹기종기 가지각색 버섯』
『한국의 버섯도감 I』
『버섯과 함께한 40년』
『버섯수첩, 우듬지』 외 10권

· 논문
「백두산의 균류상」 외 200여 편

· 방송
마이산 1억 년의 비밀(KBS 전주총국)
과학의 미래(신년특집, YTN)
갑사(MBC)
숲속의 잔치(버섯)(KBS)
어린이 과학탐험(SBS)

· 수상
황조근조훈장(대한민국)
자랑스러운전북인 대상(전라북도)
전북대상 학술부문(전북일보)
교육부장관상(교육부)
제8회 과학기술 우수논문상(한국과학기술단체총연합회)
한국자원식물학회 공로패
우석대학교 공로패
자연환경보전협회 공로패

한국의 버섯(북한 버섯 포함): http://mushroom.ndsl.kr
가상버섯박물관: http://biodiversity.re.kr
사이버균류도감: http://nature.go.kr